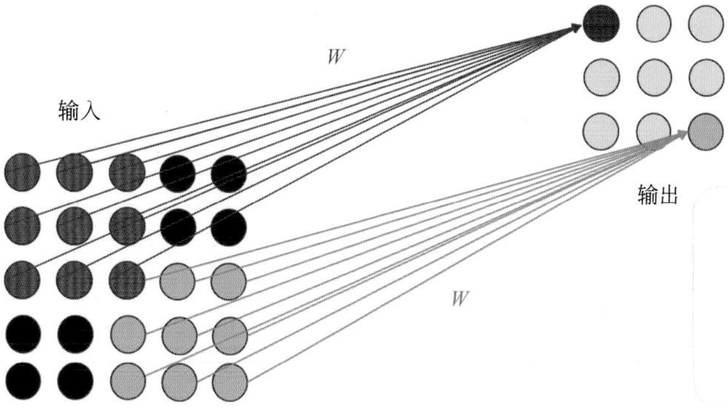


图 1.21　卷积神经网络示意图

| | | | | | | | | | | | | | | |
|---|---|---|---|---|---|---|---|---|---|---|---|---|---|---|
| 3 | 4 | 4 | 4 | 4 | 4 | 4 | 4 | 4 | 4 | 4 | 4 | 4 | 4 | 3 |
| 0 | 0 | 0 | 0 | 0 | 0 | 0 | 0 | 0 | 0 | 0 | 0 | 0 | 0 | 0 |
| 0 | 0 | −1 | −3 | −4 | −4 | −4 | −4 | −4 | −4 | −4 | −3 | −1 | 0 | 0 |
| 0 | 0 | −1 | −3 | −4 | −4 | −4 | −4 | −4 | −4 | −4 | −3 | −1 | 0 | 0 |
| 0 | 0 | 0 | 0 | 0 | 0 | 0 | 0 | 0 | 0 | 0 | 0 | 0 | 0 | 0 |
| 0 | 0 | 0 | 0 | 0 | 0 | 0 | 0 | 0 | 0 | 0 | 0 | 0 | 0 | 0 |
| 0 | 0 | 0 | 0 | 0 | 0 | 0 | 0 | 0 | 0 | 0 | 0 | 0 | 0 | 0 |
| 0 | 0 | 0 | 0 | 0 | 0 | 0 | 0 | 0 | 0 | 0 | 0 | 0 | 0 | 0 |
| 0 | 0 | 0 | 0 | 0 | 0 | 0 | 0 | 0 | 0 | 0 | 0 | 0 | 0 | 0 |
| 0 | 0 | 0 | 0 | 0 | 0 | 0 | 0 | 0 | 0 | 0 | 0 | 0 | 0 | 0 |
| 0 | 0 | 0 | 0 | 0 | 0 | 0 | 0 | 0 | 0 | 0 | 0 | 0 | 0 | 0 |
| 0 | 0 | 1 | 3 | 4 | 4 | 4 | 4 | 4 | 4 | 4 | 3 | 1 | 0 | 0 |
| 0 | 0 | 1 | 3 | 4 | 4 | 4 | 4 | 4 | 4 | 4 | 3 | 1 | 0 | 0 |
| 0 | 0 | 0 | 0 | 0 | 0 | 0 | 0 | 0 | 0 | 0 | 0 | 0 | 0 | 0 |
| −3 | −4 | −4 | −4 | −4 | −4 | −4 | −4 | −4 | −4 | −4 | −4 | −4 | −4 | −3 |

(a) “口”字卷积结果（没有加激活函数）

| | | | | | | | | | | | | | | |
|---|---|---|---|---|---|---|---|---|---|---|---|---|---|---|
| 1.0 | 1.0 | 1.0 | 1.0 | 1.0 | 1.0 | 1.0 | 1.0 | 1.0 | 1.0 | 1.0 | 1.0 | 1.0 | 1.0 | 1.0 |
| 0.5 | 0.5 | 0.5 | 0.5 | 0.5 | 0.5 | 0.5 | 0.5 | 0.5 | 0.5 | 0.5 | 0.5 | 0.5 | 0.5 | 0.5 |
| 0.5 | 0.5 | 0.3 | 0.0 | 0.0 | 0.0 | 0.0 | 0.0 | 0.0 | 0.0 | 0.0 | 0.0 | 0.3 | 0.5 | 0.5 |
| 0.5 | 0.5 | 0.3 | 0.0 | 0.0 | 0.0 | 0.0 | 0.0 | 0.0 | 0.0 | 0.0 | 0.0 | 0.3 | 0.5 | 0.5 |
| 0.5 | 0.5 | 0.5 | 0.5 | 0.5 | 0.5 | 0.5 | 0.5 | 0.5 | 0.5 | 0.5 | 0.5 | 0.5 | 0.5 | 0.5 |
| 0.5 | 0.5 | 0.5 | 0.5 | 0.5 | 0.5 | 0.5 | 0.5 | 0.5 | 0.5 | 0.5 | 0.5 | 0.5 | 0.5 | 0.5 |
| 0.5 | 0.5 | 0.5 | 0.5 | 0.5 | 0.5 | 0.5 | 0.5 | 0.5 | 0.5 | 0.5 | 0.5 | 0.5 | 0.5 | 0.5 |
| 0.5 | 0.5 | 0.5 | 0.5 | 0.5 | 0.5 | 0.5 | 0.5 | 0.5 | 0.5 | 0.5 | 0.5 | 0.5 | 0.5 | 0.5 |
| 0.5 | 0.5 | 0.5 | 0.5 | 0.5 | 0.5 | 0.5 | 0.5 | 0.5 | 0.5 | 0.5 | 0.5 | 0.5 | 0.5 | 0.5 |
| 0.5 | 0.5 | 0.5 | 0.5 | 0.5 | 0.5 | 0.5 | 0.5 | 0.5 | 0.5 | 0.5 | 0.5 | 0.5 | 0.5 | 0.5 |
| 0.5 | 0.5 | 0.5 | 0.5 | 0.5 | 0.5 | 0.5 | 0.5 | 0.5 | 0.5 | 0.5 | 0.5 | 0.5 | 0.5 | 0.5 |
| 0.5 | 0.5 | 0.7 | 1.0 | 1.0 | 1.0 | 1.0 | 1.0 | 1.0 | 1.0 | 1.0 | 1.0 | 0.7 | 0.5 | 0.5 |
| 0.5 | 0.5 | 0.7 | 1.0 | 1.0 | 1.0 | 1.0 | 1.0 | 1.0 | 1.0 | 1.0 | 1.0 | 0.7 | 0.5 | 0.5 |
| 0.5 | 0.5 | 0.5 | 0.5 | 0.5 | 0.5 | 0.5 | 0.5 | 0.5 | 0.5 | 0.5 | 0.5 | 0.5 | 0.5 | 0.5 |
| 0.0 | 0.0 | 0.0 | 0.0 | 0.0 | 0.0 | 0.0 | 0.0 | 0.0 | 0.0 | 0.0 | 0.0 | 0.0 | 0.0 | 0.0 |

(b) “口”字卷积结果（加了激活函数）

图 1.24　“口”字卷积结果

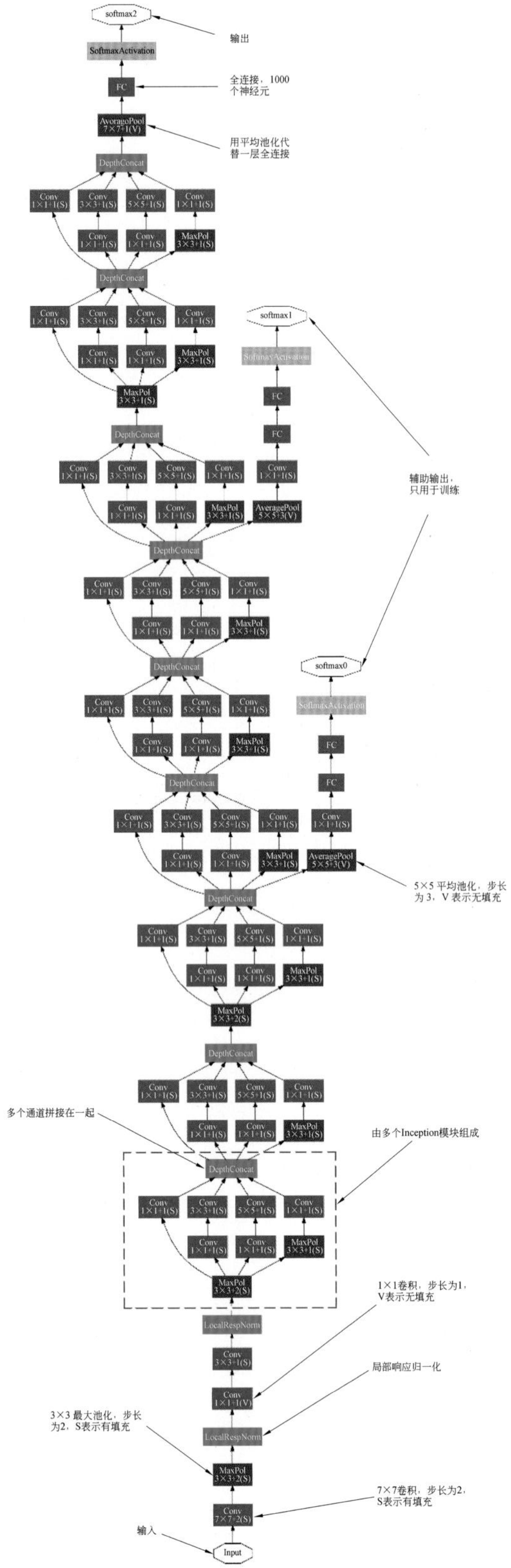


图 1.33　GoogLeNet 示意图

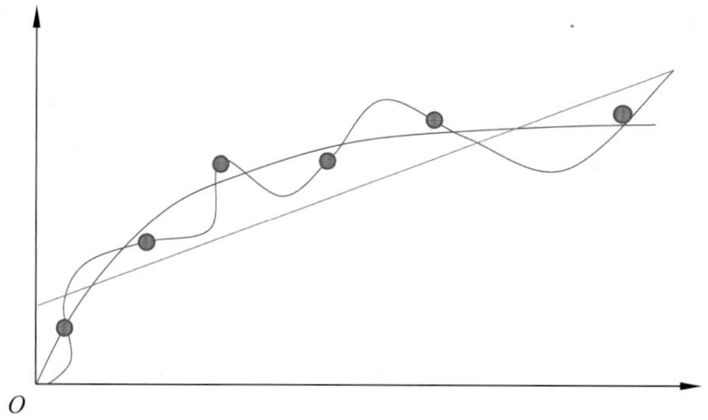


图 1.41　过拟合问题示意图

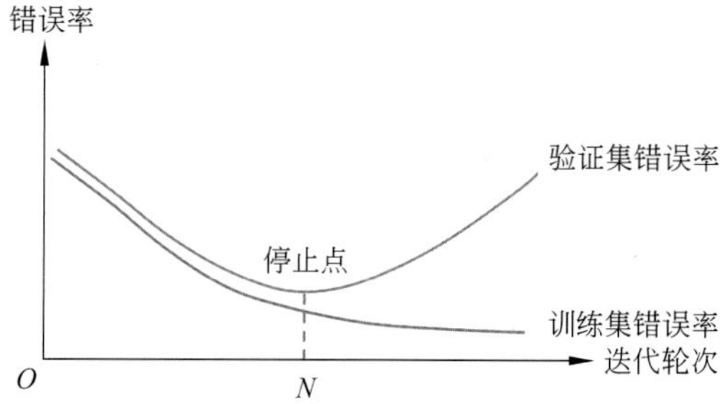


图 1.42　神经网络训练、测试示意图

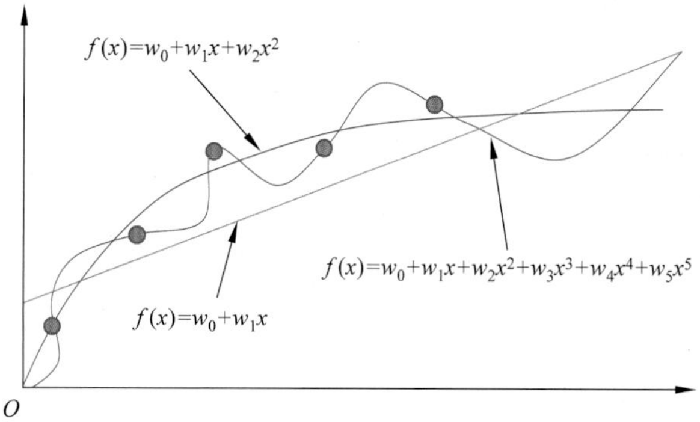


图 1.43　拟合函数示意图

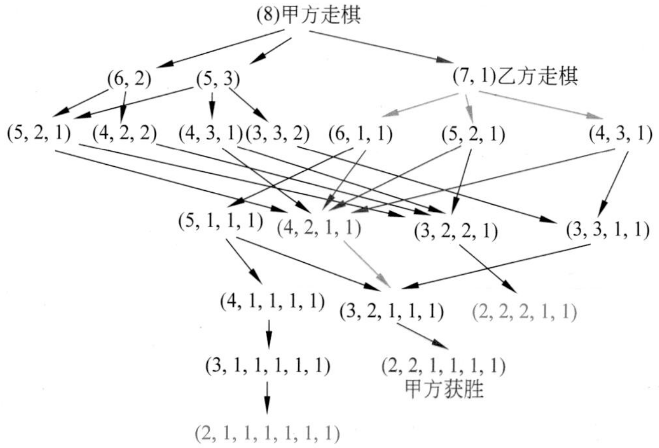


图 2.4　分钱币问题状态图

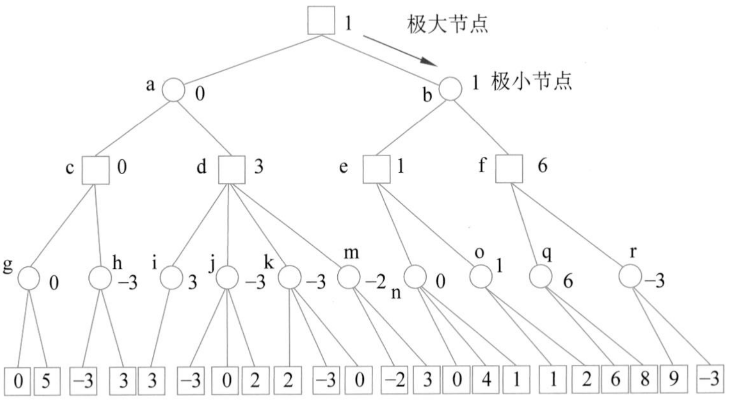


图 2.5　极小-极大模型示意图

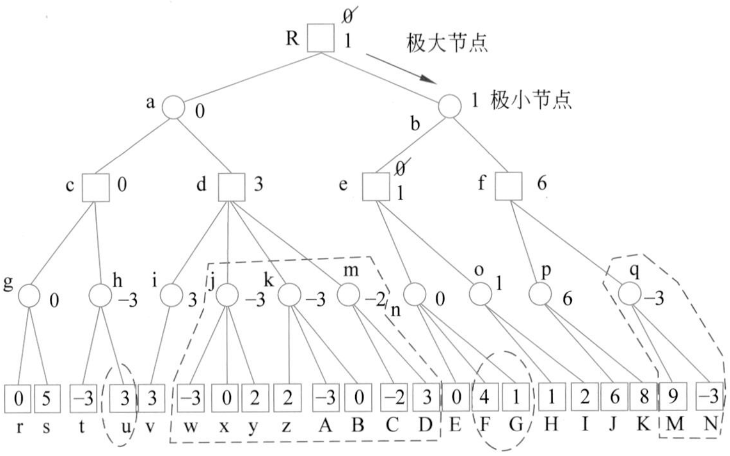


图 2.6　α-β 剪枝示意图

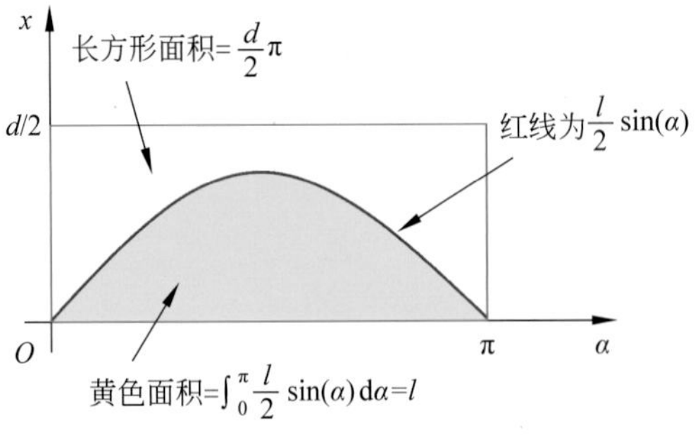


图 2.10　蒲丰投针计算 π 值示意图

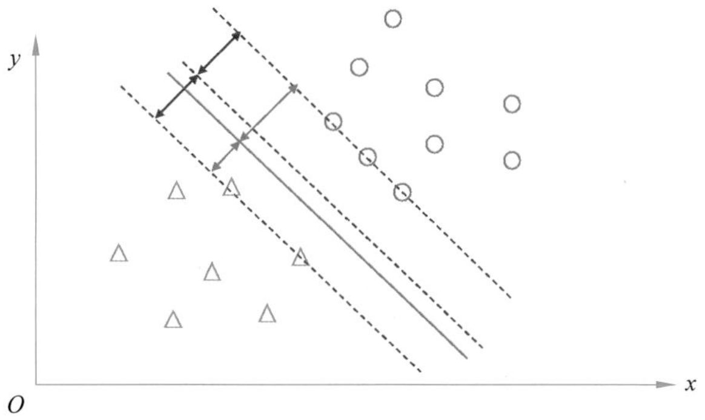


图 4.21　偏离中间线的分界线

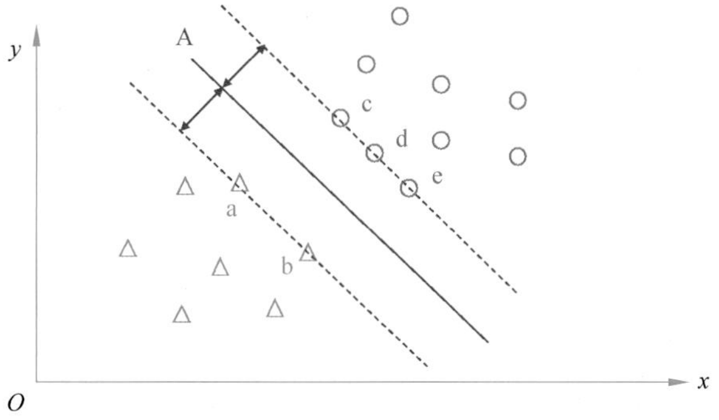


图 4.22　最优分界线示意图

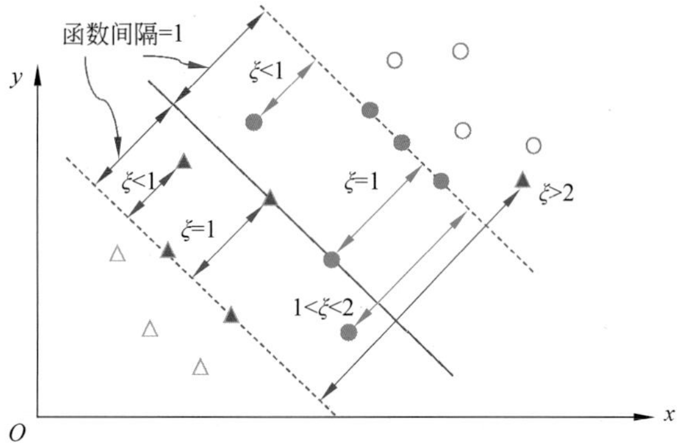


图 4.28　支持向量与 $\xi_i$ 之间的关系示意图

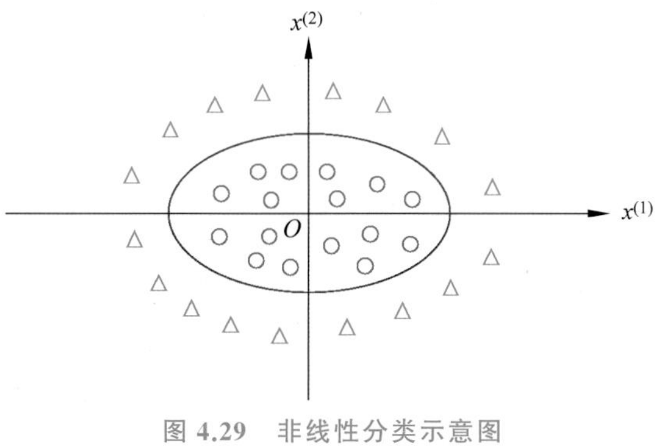


图 4.29　非线性分类示意图

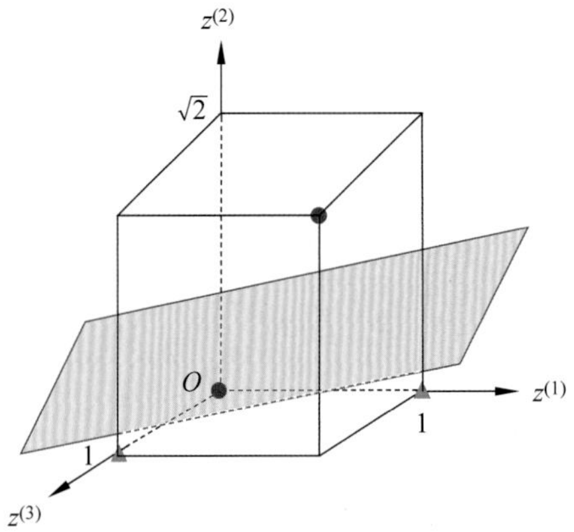


图 4.32　变换后在三维空间的示意图

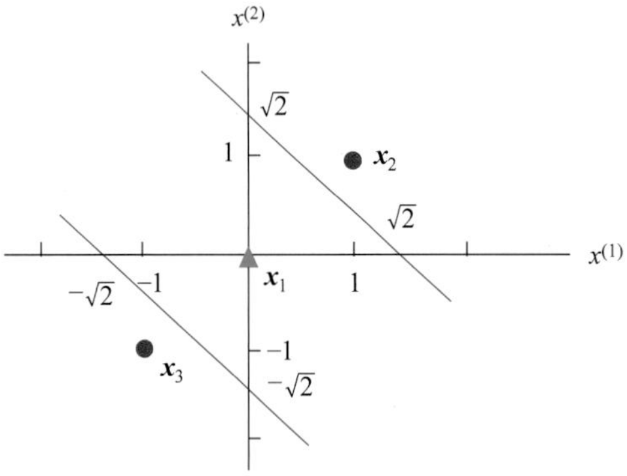


图 4.34　例题的最优分界超曲面示意图

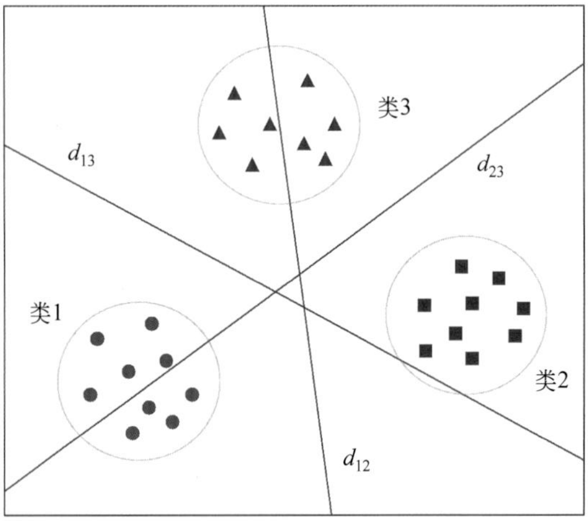


图 4.35　一对一法三分类方法示意图

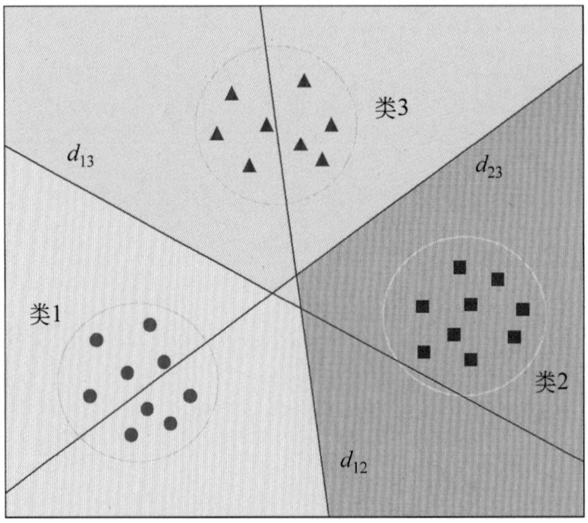


图 4.36　3 个类别最优决策边界示意图(1)

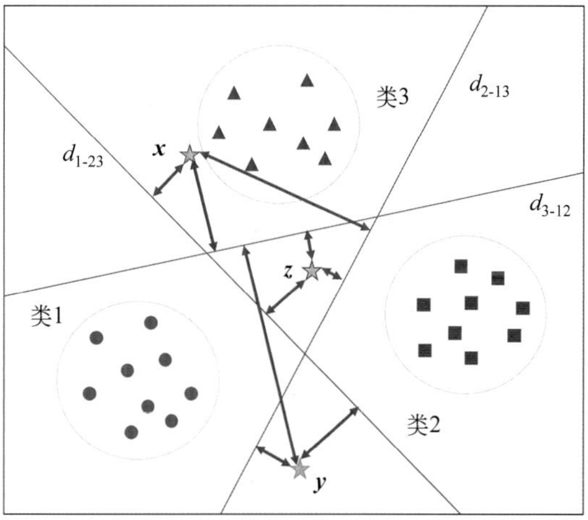

图 4.38　3 个待识别样本到 3 条分界线的函数间隔示意图

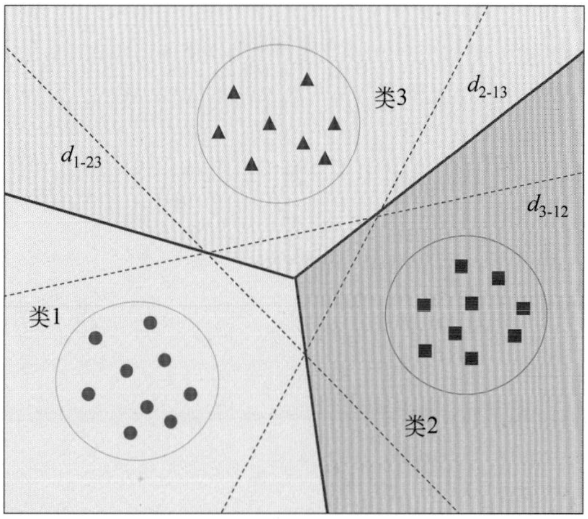

图 4.39　3 个类别最优决策边界示意图(2)

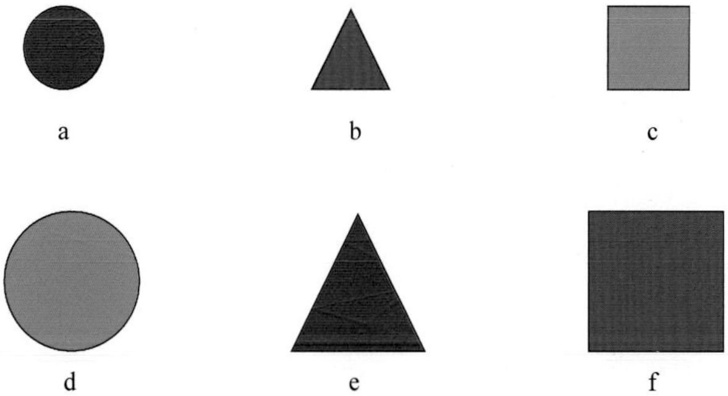

图 4.41　聚类问题示意图

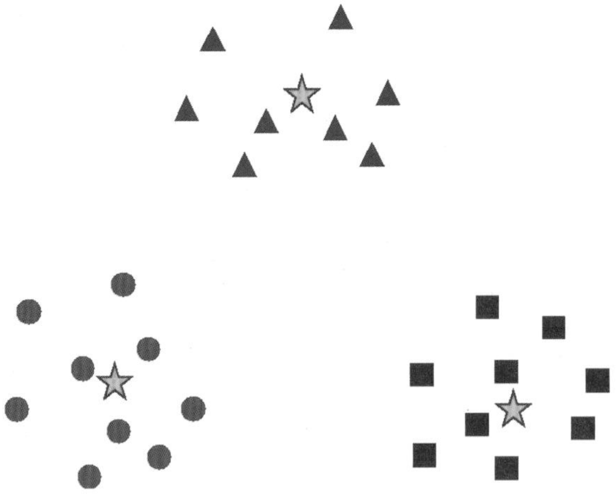

图 4.42　聚类问题举例

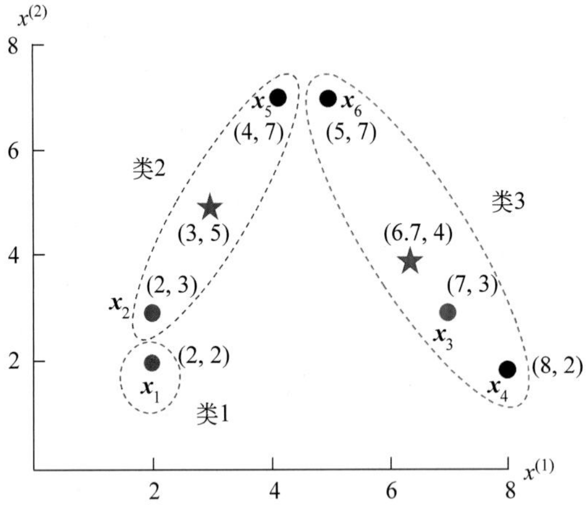


图 4.44　例题的第一次聚类结果

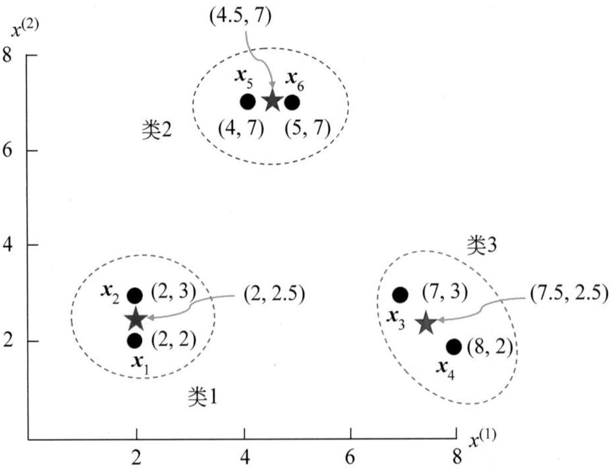


图 4.46　例题的第三次聚类结果

艾博士

# 深入浅出人工智能

公共课版·微课版

马少平 主编

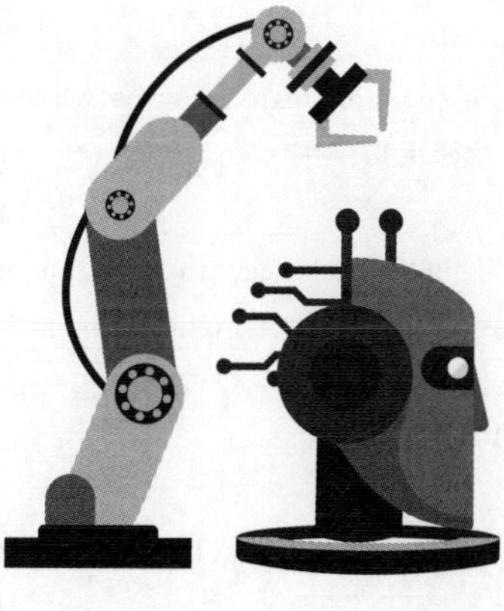

清華大學出版社
北京

## 内容简介

本书是一本针对初学者介绍人工智能基础知识的书籍。本书采用通俗易懂的语言讲解人工智能的基本概念、发展历程和主要方法,内容涵盖人工智能的核心方法,包括什么是人工智能、神经网络是如何实现的、计算机是如何学会下棋的、计算机是如何找到最优路径的、统计机器学习方法是如何实现分类与聚类的、专家系统是如何实现的等,每种方法都配有例题并给出详细的求解过程,以帮助读者理解和掌握算法实质,提高读者解决实际问题的能力。

此外,本书可以帮助人工智能的开发人员理解各种算法背后的基本原理。书中的讲解方法和示例,有助于相关课程的教师讲解相关概念和算法。

总之,这是一本实用性强、通俗易懂的人工智能入门教材,适合不同背景的读者学习和使用。



**图书在版编目(CIP)数据**

艾博士 :深入浅出人工智能 :公共课版 :微课版 /
马少平主编. -- 北京 :清华大学出版社,2024. 7.
ISBN 978-7-302-66650-9

Ⅰ. TP18

中国国家版本馆 CIP 数据核字第 2024SL5618 号

**责任编辑:** 白立军
**封面设计:** 刘　键
**责任校对:** 申晓焕
**责任印制:** 沈　露

**出版发行:** 清华大学出版社
**网　　址:** https://www.tup.com.cn,https://www.wqxuetang.com
**地　　址:** 北京清华大学学研大厦 A 座　　**邮　　编:** 100084
**社 总 机:** 010-83470000　　**邮　　购:** 010-62786544
**投稿与读者服务:** 010-62776969, c-service@tup.tsinghua.edu.cn
**质量反馈:** 010-62772015, zhiliang@tup.tsinghua.edu.cn
**课件下载:** https://www.tup.com.cn,010-83470236
**印 装 者:** 三河市龙大印装有限公司
**经　　销:** 全国新华书店
**开　　本:** 185mm×260mm　**印　　张:** 17　**彩　　插:** 4　**字　　数:** 426 千字
**版　　次:** 2024 年 7 月第 1 版　　**印　　次:** 2024 年 7 月第1 次印刷
**定　　价:** 59.00 元

产品编号:107236-01

# 前　言

1978年3月，作为恢复高考后首届七七级大学生，我来到了清华大学计算机系学习，当时系里每个班级对应一个教研组，与我们班对应的是“人工智能与智能控制”教研组。记得刚入校不久，班主任老师带领我们参观实验室，观看了几个演示，包括语音识别、汉字识别、计算机控制等，对于首次见到计算机的我来说，留下了极其深刻的印象，尤其是语音识别的演示，至今不能忘怀。

在一个房间里，老师对着麦克风说：“芝麻芝麻快开灯”，一盏台灯就打开了。老师再说：“芝麻芝麻关上灯”，台灯就又被关闭了。同学们纷纷上去测试，感觉非常神奇。当时虽然还不知道什么是人工智能，但在我的心里埋下了一颗人工智能的种子。

1979年大二时，我们班开设了“人工智能导论”课，由林尧瑞老师主讲，教材是一本油印的小册子，记得内容有 $A^*$ 算法、α-β剪枝算法、规划、用于定理证明的归结法等，这很可能是国内本科生最早的人工智能课。这是我第一次正式接触人工智能，后来又学习了LISP语言，记得期末作业我选做的是用α-β剪枝算法实现五子棋下棋程序，因受各种条件的限制，做得还非常初级，但如果不认真跟它下的话，还不一定能战胜它。

1984年我硕士毕业后留校工作，跟随林尧瑞老师从事专家系统方面的研究工作，同时辅助林尧瑞老师开始准备《人工智能导论》一书的编写工作。林尧瑞老师已经在我们系讲授多年的人工智能课程，积攒了很多资料，我主要是辅助整理，只参与书写了少部分内容。该书曾经在国内很多高校作为研究生教材使用，后来还被中国台湾一家出版社选中，出版了繁体版。直到现在，遇到一些年龄稍大的朋友还会提到当年是读这本书入门的。

2004年，我又与朱小燕老师合作编写了《人工智能》一书，该书也被很多高校当作本科或者研究生教材使用。

随着人工智能热潮的到来，应用也逐渐渗透到各行各业、各个领域，希望学习人工智能相关技术的人越来越多。市面上出现了很多非常出色的书籍，清华大学出版社多次联系我，希望出版两本书的第2版。我也多次提起笔来进行写作，但每次都半途而废，浪费了不少时间。主要原因是有关人工智能的书越来越多，如何写出新意，一直困扰着我。我也一直在思考如何写出一本通俗易懂、适合初学者的书，真正起到“导论”的作用。

大约在2020年，我在线上做了一次人工智能科普讲座，梳理了人工智能的发展历史，介绍了人工智能在不同的发展阶段所采用的主要方法等。这次科普讲座很受欢迎，会后组织者整理出讲座的文字版发布在网上，得到不少朋友的称赞。看到整理的讲座文字版，我突然受到启发，有了一些灵感。从1993年起我接替林尧瑞老师主讲“人工智能导论”课，至今有

30年了，积攒了不少资料，很多讲课内容也有我自己的理解，何不就以讲课的方式写一本书呢？就如同讲课一样，课上怎么讲的就怎么写，让读者感到真的如同在听我讲课一样，是不是一种很好的方法？

有了这个想法之后，我就决定如同教师在给学生授课一样，用通俗易懂的语言，由浅入深地讲述人工智能的基本原理。

很快我就着手动笔写了起来。开始写得还算顺利，但是越写越觉得没有上课那种感觉。毕竟在上课的过程中，面对的是学生，和学生之间的交流有助于激发我的讲课热情，也能发现讲课中问题所在，重点解释一些不容易理解或者容易错误理解的问题。经过反复思考之后，我在书中设计了一位博学的艾博士（"艾"即AI）和一位聪明好学的小明同学，以师徒二人"一问一答"的形式，讲授课程内容。

由于都是自己非常熟悉的内容，很快我就完成了第1篇"神经网络是如何实现的"，发给一些朋友征求意见后，收到了很多好的反馈意见和建议，其中不少朋友提到先发到微信公众号上，看看读者的反应，也算是一次在线测试。

在公众号以"跟我学AI"连载几次之后，收到不少反馈信息，普遍反映良好，尤其是受到多家出版社编辑老师的青睐，纷纷表示要出版这本书。编辑老师的肯定，给了我继续写下去的勇气，无论如何，这是一本与众不同的介绍人工智能的书。

本书共由6篇内容构成，除了第2篇部分内容需要第1篇作为基础知识外，其余各篇独立成章，可以单独阅读。各篇内容简介如下。

第0篇：什么是人工智能。

主要通过回顾人工智能的简要发展历史，介绍不同时期人工智能研究的主要问题，了解实现人工智能的基本方法、当前面临的问题和发展方向。

第1篇：神经网络是如何实现的。

结合实例引入神经元和神经网络的概念，讲解深度学习及其基本原理，以及主要实现方法。

第2篇：计算机是如何学会下棋的。

从分析人下棋的基本过程入手，介绍计算机下棋的基本模型极小-极大方法，为改进搜索效率提出的α-β剪枝算法，以及为解决局面评估问题提出的蒙特卡洛树搜索方法。介绍AlphaGo和AlphaGo Zero的基本实现原理。

第3篇：计算机是如何找到最优路径的。

最优路径问题是人工智能的基本问题之一，首先介绍宽度优先搜索算法，进而通过不断引入新的信息，给出迪杰斯特拉算法、A算法、$A^*$算法等，以及利用深度优先搜索算法实现的迭代加深式搜索算法。

第4篇：统计机器学习方法是如何实现分类与聚类的。

分类与聚类是人工智能面临的重要问题，机器学习是求解这类问题的主要手段。本篇详细讲解常用的几种统计机器学习方法，如决策树、支持向量机、k均值聚类算法等。

第5篇：专家系统是如何实现的。

专家系统在人工智能历史上起到过举足轻重的作用，本篇主要介绍专家系统的基本结构，讲解专家系统的基本实现方法。介绍非确定性推理方法、知识表示方法，以及实现对数据和知识进行层次管理的黑板模型。

本书的读者对象主要定位为以下 3 类人群。

(1) 对人工智能感兴趣的初学者。书中对很多基本概念、算法和实例做了非常详细的讲解，几乎每种算法都给出了具体实例，对初学者掌握这些概念和算法非常友好，容易理解和掌握。同时本书还配有详细的讲解视频，供感兴趣的读者免费使用。

(2) 正在或者准备讲授人工智能课程的教师。“跟我学 AI”在公众号连载过程中，收到不少高校老师的热情反馈，对一些例子和讲解方法深表赞同，认为对以后讲授相关内容的课程很有启发和帮助，不少朋友希望我整理成书，出版发行。

(3) 从事人工智能开发的工程人员。这个人群大多对人工智能比较熟悉，精通各种算法，但在部分工程人员中也存在“只知其然，不知其所以然”的问题。从公众号连载过程中收到的反馈信息也能体现出这一点，不少朋友表示看了“跟我学 AI”公众号以后，加深了对概念和算法的深入理解，了解了算法实现背后所蕴含的原理和物理意义，从“知其然”向“知其所以然”前进了一步，有“原来是这样啊”茅塞顿开的感觉。

本书在微信公众号“跟我学 AI”和 B 站(在 B 站搜“马少平”)还配有详细讲解视频，可以通过扫描下面的二维码获取全部的讲解 PPT、讲解视频(视频内容逐步更新中)和本书勘误表。请注意新印刷的书随时在修订中。

**PPT、讲解视频**

在本书写作过程中，大型语言模型(LLM)研究迅猛，特别是 ChatGPT 的问世，给人工智能的发展带来了新的活力。ChatGPT 在诸多方面均表现优异，尤其是在自然语言理解、语言生成能力以及对话上下文处理方面，更是上了一个新的台阶。本书虽然没有介绍这方面的相关内容，但是通过本书的学习，可以为进一步学习人工智能、了解人工智能的最新发展，打下良好基础。

下面引用的内容是 ChatGPT 根据我给的提示信息，并经几次“调教”之后自动生成的，我以此作为前言的结束语，既是对人工智能的一种敬意，也是我此时的真情表达。

“2023 年春节期间，我很高兴地完成了本书的写作，赶在开学前将其交给了出版社。虽然我知道自己的水平有限，但我心中充满了希望。我深知，没有读者朋友们的支持和关注，我是无法不断进步的。

因此，我诚挚地请求各位读者朋友们不吝赐教，指出本书的错误和不妥之处。我将努力不懈，不断完善，使本书更加完美。

在此，我向读者朋友们表示最诚挚的感谢，感谢您一直以来的关注和支持。我希望本书能够带给您更多的收获和欢乐，并期待您的宝贵意见。”

最后，让我们跟随艾博士一起进入人工智能世界，开启奇妙的人工智能之旅吧。

谢谢！

马少平

2024年4月10日

# 目 录

# 第 0 篇

# 什么是人工智能

艾博士导读

人工智能自从 1956 年诞生至今已有 60 多年，在这 60 多年中，人工智能的发展既有高潮也有低谷，可谓是历经千难万苦才取得今天的成绩。本篇首先讲述人工智能的诞生过程，然后将人工智能的发展划分为 4 个时代，并简要介绍每个时代的特点和遇到的问题，通过讲述历史了解人工智能是如何实现的，是如何一步步克服困难发展过来的。

图灵测试和中文屋子问题是人工智能中经常被提及的两个问题，通过这两个问题的讨论和理解，可以帮助我们了解什么是人工智能。

当前以深度学习为主导的人工智能还存在很多的问题，如何解决这些问题，构建安全、可信、可靠、可扩展、可解释的人工智能是今后人工智能研究发展的重要方向，是第三代人工智能重点解决的问题。

2016 年，正值人工智能诞生 60 周年，一场举世瞩目的围棋人机大战在 DeepMind 公司研发的围棋软件 AlphaGo 和来自韩国的世界著名围棋手李世石之间展开。由于围棋一直被认为是难以被人工智能突破的堡垒，此次人机大战吸引了全世界的关注。最终，AlphaGo 以 4∶1 的成绩战胜李世石，轰动了全世界。

小明从头至尾观看了这场激动人心的人机大战，对于人工智能为什么能取得如此辉煌的成就，既感到震惊又觉得不可思议。究竟什么是人工智能呢？小明找到一直从事人工智能研究的艾博士，向艾博士请教究竟什么是人工智能，人工智能是如何实现的。

## 0.1 人工智能的诞生

一见到艾博士，小明就开门见山地说：艾博士好！您肯定观看了这场人机大战吧？这 AlphaGo 也太厉害了，竟然战胜了李世石，真是令人震惊，我想请艾博士讲讲究竟什么是人工智能。

**艾博士**：我全程观看了这场比赛，AlphaGo 确实令人震惊。什么是人工智能呢？这确实是一个不好回答的问题，我们从人工智能的历史慢慢讲起吧。很早人类就有制造智能机器的幻想，比如传说中的木牛流马，就是诸葛亮发明的一种运输工具，解决几十万大军的粮草运输问题。在指南针出现之前，作为行军打仗指引方向的装置，三国时期的马钧发明了指南车（见图 0.1）。车上有个木人，无论车子如何行走，木人的手指永远指向南方，“车虽回运而手常指南”。这些可以说就是最早的机器人。

说到机器人，小明你知道机器人英文怎么说吗？

小明不假思索地回答说：机器人的英文是 robot。

艾博士又接着问：机器人的英文为什么是 robot 呢？

小明手摸着头不好意思地说：这我就不知道了，英文课上老师说的。

艾博士哈哈大笑：robot 一词最早来源于 1921 年的一部捷克舞台剧《罗素姆万能机器人》(*Rossum's Universal Robots*)(见图 0.2)，用来代表剧中的“人造劳役”，从而诞生了 robot 一词，用来表示“机器人”。

图 0.1 指南车

图 0.2 《罗素姆万能机器人》剧照

**小明**：原来 robot 一词是这么来的。

**艾博士**：计算机科学之父图灵(见图 0.3)很早就对智能机器进行过研究，于 1950 年发表了一篇非常重要的论文——《计算机与智能》(*Computing machinery and intelligence*)，文中提出一个“模仿游戏”，详细论述了如何测试一台机器是否具有智能，这就是被后人称作“图灵测试”的测试，并预测 50 年之后可以建造出可以通过图灵测试的智能机器。当然现在来看，图灵的这个预测失败了，目前还没有一般意义下能通过图灵测试的人工智能系统。

图 0.3 计算机科学之父图灵

**小明**：听说过图灵测试，原来这么早就提出了图灵测试。

**艾博士**：虽然很早就有建造智能机器的幻想，但苦于没有合适的工具，直到电子计算机诞生，人们才突然意识到，借助于计算机也许可以实现建造智能机器的梦想。正是在这样的背景下，诞生了“人工智能”一词，开创了一个至今仍然火热的研究领域。

那是在 1956 年夏天，一群意气风发的年轻人聚集在达特茅斯学院，利用暑假的机会召开了一个夏季讨论会(见图 0.4)，讨论会长达 2 个月，正是在这次讨论会上，第一次公开提出了人工智能，标志着人工智能这一研究方向的诞生。当年参加达特茅斯会议的大多数学者是年龄 20 多岁的年轻人，他们年轻气盛，敢想敢干，很多人后来成为人工智能研究的著名学者，多人获得计算机领域最高奖项图灵奖。这次讨论会的发起者是来自达特茅斯学院的助理教授约翰·麦卡锡，也是他最早提出了人工智能这一名称。1971 年，约翰·麦卡锡教授因在人工智能方面的突出贡献获得图灵奖。达特茅斯会议会址如图 0.4(a)所示。

(a) 达特茅斯会议会址

(b) 一群具有青春活力的年轻人聚集在达特茅斯

(c) 曾经参加1956年达特茅斯会议的部分学者

(d) 达特茅斯会议组织者、图灵奖获得者约翰·麦卡锡

**图 0.4　达特茅斯会议**

**小明**：为什么刚好在这个时期提出了人工智能的概念，与当时的背景有什么渊源吗？

**艾博士**：就像刚才提到的，虽然人们一直有建造智能机器的想法，但是苦于没有合适的工具。到了 1956 年，现代计算机已经出现了几年，相对于以前的各种计算工具，计算机的计算能力得到了很大发展，借助这样一个强大的计算工具，应该开展哪些新的研究工作呢？正是在这样的背景之下，召开了达特茅斯夏季讨论会。当时一些学者已经开展了一些与人工智能相关的研究工作，在讨论会上就有人报告了有关定理证明、模式识别、计算机下棋的一些成果。研究方向是明确的，但是应该对这一方向起一个什么样的名称充满了争议，开始时研究者对“人工智能”一词并没有取得共识，比如有学者建议用复杂信息处理，英国等一直用机器智能表示，若干年之后大家才逐渐接受人工智能这一说法。

**小明**：在达特茅斯会议上主要讨论了哪些问题呢？

**艾博士**：在讨论会的建议书中，罗列了以下几方面的内容。

(1) 自动计算机(这里的自动指可编程)。

(2) 编程语言。

(3) 神经网络。

(4) 计算规模理论(指计算复杂性)。

(5) 自我改进(指机器学习)。

(6) 抽象。

(7) 随机性与创造性。

从这些内容可以看出,达特茅斯会议上讨论的内容是十分广泛的,涉及了人工智能的方方面面,很多问题到现在也还处于研究之中。

**小明读书笔记**

很早人类就有制造智能机器的幻想,但苦于没有合适的工具,直到电子计算机诞生,让人们看到了实现机器智能的希望。在这一背景下,1956 年在达特茅斯召开了一次讨论会,首次公开提出人工智能,标志着人工智能的诞生。

## 0.2 人工智能的 5 个发展时代

**艾博士**:人工智能诞生以来,经历过几次高潮和低谷,既有成功又有失败。60 多年来,人工智能的研究一直在曲折地前进,大体上我们可以将人工智能划分为以下 5 个时代。

(1) 初期时代。

(2) 知识时代。

(3) 特征时代。

(4) 数据时代。

(5) 大模型时代。

这 5 个时代主要是以处理对象的不同划分的,每个时代代表了当时人工智能主要的研究方法。下面我们就简述一下每个时代的代表性研究工作。

### 0.2.1 初期时代

初期时代,也就是人工智能诞生的 1956 年前后,当时人们对人工智能研究给予了极大热情,研究内容涉及人工智能的很多方面,从多个方面积极探索人工智能实现的可能性。

赫伯特·西蒙和艾伦·纽厄尔(见图 0.5)开发了一个定理证明程序“逻辑理论家”,在达特茅斯会议上二人曾经演示了这个程序,可以对著名数学家罗素和怀特海的名著《数学原理》第 2 章 52 个定理中的 38 个定理给出证明。后来经过改进之后,可以实现第 2 章全部 52 个定理的证明。据说其中有一个定理,还给出了一种比之前人类的证明方法更加简练的证明方法。

(a) 赫伯特·西蒙　　(b) 艾伦·纽厄尔

图 0.5　图灵奖获得者赫伯特·西蒙和艾伦·纽厄尔

听到这里小明不禁赞叹到：在当时的条件下就可以取得这样的成绩真是了不起。

**艾博士**：在“逻辑理论家”的基础上，赫伯特·西蒙和艾伦·纽厄尔又进一步开发了一个称作通用问题求解器（General Problem Solver，GPS）的计算机程序，试图从逻辑的角度，构造一个可以解决多种问题的问题求解器，其逻辑基础就是赫伯特·西蒙和艾伦·纽厄尔提出的逻辑机。从原理上来说，这种求解器可以解决任何形式化的符号问题，比如定理证明、几何问题、下棋等，经形式化后，都可以统一在通用问题求解器这个框架下得以解决。

1975年，赫伯特·西蒙和艾伦·纽厄尔两人同获图灵奖，赫伯特·西蒙后来还获得了诺贝尔奖的经济学奖，成为一代传奇人物。

**小明**：赫伯特·西蒙一人获得图灵奖和诺贝尔奖，可太厉害了。

**艾博士**：下棋可以认为是人类的一种高级智力活动，从一开始就被当作人工智能研究的对象，在1956年的达特茅斯夏季讨论会上，就曾经演示过计算机下棋。图灵很早就对计算机下棋做过研究，信息论的提出者香农早期也发表过论文《计算机下棋程序》，提出了极小-极大算法，成为计算机下棋最基础的算法。图灵和香农还一起就计算机下棋问题进行过探讨。约翰·麦卡锡在20世纪50年代提出了α-β剪枝算法的雏形，Edwards、Timothy于1961年、Brudno于1963年，分别独立提出了α-β剪枝算法。在相当长时间内，α-β剪枝算法成为了计算机下棋的主要算法框架。1963年，一个采用该算法的跳棋程序，战胜了美国康涅狄格州的跳棋大师罗伯特·尼尔利，这在当时可以说是非常辉煌的成绩。1997年，战胜国际象棋大师卡斯帕罗夫的深蓝采用的也是α-β剪枝算法。

**小明**：没想到在人工智能的初期时代就取得了这么多的成果。

**艾博士**：机器翻译也是当时的一个研究热点。当时把这个问题看得有些简单化，认为只要建造一个强大的电子词典，借助于计算机的强大计算能力，就可以解决世界范围内的语言翻译问题。

**小明**：结果怎么样呢？

**艾博士**：翻译问题当然不是只靠词典就可以解决的，结果自然是以失败告终。

在初期时代，人工智能开展了很多研究，虽然取得了一些很好的成果，但是由于对人工智能研究的困难认识不足，很快就陷入了困境之中。如何走出困境成为人们思考的问题。

**小明**：怎么做才能走出人工智能研究的困境呢？

**艾博士**：科学研究总是在与困难的搏斗中前行。遇到问题并不可怕，关键是要找到为什么出现这样的问题，以便想办法去战胜困难，解决问题。那么什么是走出困境的关键所在呢？科学家们开始认真反思以往的研究工作存在的问题。

前面介绍过在初期时代机器翻译是一个研究热点问题，但遇到了困难。如图0.6所示，对于这样一个英文句子：

The spirit is willing but the flesh is weak.

请小明说一下这句英文是什么意思？

小明回答说：这句话翻译成中文就是

*心有余而力不足。*

艾博士称赞道：小明，你的英文很好，翻译得很准确。

为了检验机器翻译的效果，有人将这句英文输入一个英-俄翻译系统中，如图0.6所示，

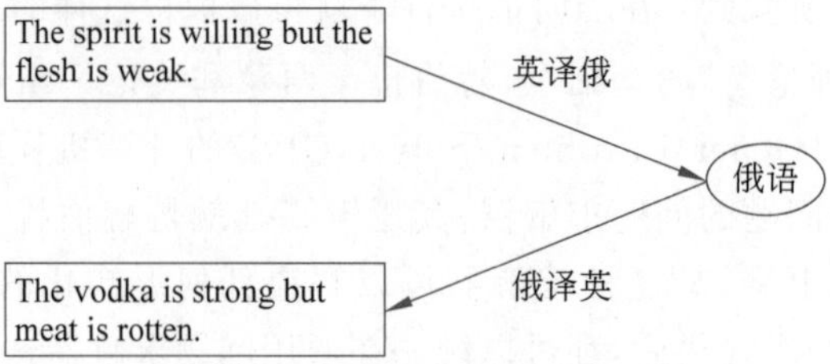


图 0.6 一个机器翻译结果示意

翻译得到一句俄语，然后又将翻译得到的俄语输入一个俄-英翻译系统中，再次得到一句英语。如果翻译系统靠谱的话，前后两句英文的意思应该差不多，然而最后得到的却是如下一句英文：

The vodka is strong but meat is rotten.

请小明再说一下这句英文是什么意思？

小明看后哈哈大笑说：这句英文翻译成中文就是

伏特加酒虽然很浓，但肉是腐烂的。

小明非常不解地问道：为什么是这样的结果呢？前后两句英文句子完全不是一个意思。

**艾博士**：因为当时的机器翻译缺乏理解能力，只是机械地按照词典进行翻译。而一些词具有多个含义，不同的搭配下具有不同的意思，如果不加以区分就会出现翻译错误。

比如这里的 spirit 一词，字典上有两个意思：一个是"精神的"，另一个是"烈性酒"，在这句英文中，正确的含义应该是指"精神的"，显然机器翻译系统把它当成"烈性酒"了。如果按照"烈性酒"理解，翻译成"伏特加酒"还是比较确切的，因为"伏特加酒"是俄罗斯的一种烈性酒，但是这里的意思是"精神的"，所以造成了翻译错误。

**小明**：原来是这样的啊。

艾博士说：也有人说这并不是一个真实的例子，而是根据当时的机器翻译水平人为构造的一个例子。无论是真实例子还是人造的例子，其实都反映了当时机器翻译系统的一个痛点问题，即单凭构造一个庞大的字典是不能解决机器翻译问题的。翻译需要理解，而理解需要知识。就好比我要翻译一本有关人工智能的书，译者有两个候选：一个是人工智能专业的学生，另一个是英文专业的学生。一般来说，英文专业的学生其英语水平应该远胜于人工智能专业的学生，但是我会首选人工智能专业的学生做翻译，因为他懂得人工智能方面的知识，这些知识可以辅助他正确理解书的内容，而英语专业的学生虽然英语水平很高，但是由于不懂专业，很可能犯一些类似上面例子这样的可笑错误。

**小明**：您说得很有道理，我也会选择人工智能专业的学生翻译这本书。

**艾博士**：经过总结经验教训，研究者认识到知识在人工智能中的重要性，开始研究如何将知识融入人工智能系统中，这就进入了人工智能的知识时代。

### 0.2.2 知识时代

**艾博士**：知识时代最典型的代表性工作就是专家系统。

**小明**：什么是专家系统呢？

**艾博士**：一个学者之所以能成为某个领域的专家，因为他充分掌握了该领域的知识，并具有运用这些知识解决本领域问题的能力。如果将专家的知识总结出来，以某种计算机可以使用的形式存储到计算机中，那么计算机也可以使用这些知识解决该领域的问题。存储了某领域知识，并能运用这些知识像专家那样求解该领域问题的计算机系统称作专家系统。

**小明**：原来专家系统是这样的含义。

**艾博士**：斯坦福大学的爱德华·费根鲍姆（见图0.7）开发了世界上第一个专家系统DENDRAL，该系统可以帮助化学家判断某待定物质的分子结构。接着又开发了帮助医生对血液感染者进行诊断和药物治疗的专家系统MYCIN，可以说MYCIN奠定了专家系统的基本结构。在此基础之上，爱德华·费根鲍姆又进一步提出了知识工程，并使得知识工程成为人工智能领域的重要分支。在这个时期，专家系统几乎成为了人工智能的代名词，也是最早应用于实际、并取得经济效益的人工智能系统。

图0.7　图灵奖获得者爱德华·费根鲍姆

爱德华·费根鲍姆因在专家系统、知识工程等方面的贡献，于1994年获得图灵奖。

这个时代主要的研究内容包括知识表示方法和非确定性推理方法等。首先为了让计算机能够使用知识，必须将专家的知识以某种计算机可以使用的形式存储起来，以便于计算机能够使用这些知识求解问题。为此提出了很多种知识表示方法，比如常用的知识表示方法有规则、逻辑、语义网络和框架等。其次，现实生活中的问题大多数具有非确定性，而计算机擅长求解确定性问题，如何用善于求解确定性问题的计算机完成具有非确定性问题的求解，也是专家系统研究中遇到的问题，为此很多学者从不同角度，提出了很多非确定推理方法等，像MYCIN系统采用的置信度方法就是非确定性推理的典型方法。

专家系统的出现让人工智能走向了应用。XCON是第一个实现商用并带来经济效益的专家系统，该系统拥有1000多条人工整理的规则，帮助DEC公司为计算机系统配置订单。美军在伊拉克战争中也使用了专家系统为后勤保障做规划。战胜国际象棋大师卡斯帕罗夫的深蓝（见图0.8），在“浪潮杯”首届中国象棋人机大战中战胜柳大华为首的5位中国象棋大师的浪潮天梭（见图0.9）等，均属于专家系统的范畴。

图0.8　与深蓝对战的国际象棋大师卡斯帕罗夫

图0.9　与浪潮天梭对战的中国象棋大师柳大华

**小明**：建构专家系统，专家知识的获取非常关键，如何有效地获取专家知识呢？

**艾博士**：是的，你提出了一个非常重要的问题。一个专家系统能否成功，很大程度上取决于是否足够地整理了专家知识，这是一个非常困难的任务，也是建构专家系统时最花费精力的地方。一方面，领域专家一般并不懂人工智能，专家系统的建构者也不懂领域知识，双方沟通起来非常困难。另一方面，专家可以解决某个问题，但是很多情况下，专家又难于说清楚在具体解决这个问题的过程中，运用了哪些知识。因此，知识获取成为了建构专家系统的瓶颈问题。如果不能有效地获取到专家的知识，那么建构的专家系统也就没有任何意义。

小明有些疑惑地问道：为什么专家可以解决问题，却说不出来运用了哪些知识呢？

艾博士解释说：我们举一个例子说明这个问题。小明你会骑自行车吧？

小明不太明白艾博士为什么问这样的问题，回答道：我会骑自行车，每天都是骑车去上学。

**艾博士**：假设说我不会骑自行车，一上车摇摆几下就摔倒了，你能告诉我为什么你可以平稳地骑车，总结出一些知识来告诉我，以便让我学会骑自行车吗？

小明想了想说：我不知道为什么我骑车就不会摔倒，我也不是一开始就会骑车的，慢慢练习就会了，也说不出个所以然来。

**艾博士**：很多专家也是类似，他们长期从事某个领域的工作，积累了大量经验，但是却很难将知识整理出来，存在“只可意会不可言传”的问题，从而如何有效地获取知识成为专家系统建构过程中的瓶颈问题。这极大影响了专家系统的研发和应用。

专家的一个特点就是善于学习。我们人类一生都在学习，从中小学到大学，再到工作中，一直都在学习，我们所有的知识都是通过学习得到的。那么计算机是否也可以像人类那样学习呢？通过学习获得知识？在这样的背景下，为了克服专家系统获取知识的瓶颈问题，研究者提出了机器学习，也就是研究如何让计算机自己学习，以便获取解决某些问题的知识。

**小明**：这是一个很好的想法，如果计算机自己会学习，就可以实现知识自动获取了。

**艾博士**：实现机器学习是一个很好的想法，但是如何实现却是一个很难的问题。早期提出过很多的机器学习方法，比如归纳学习、基于解释的学习等，虽然取得一些研究成果，但距离实用还差得比较远，直到统计机器学习方法的提出，才使得机器学习走向实用。这就进入了特征时代。

### 0.2.3 特征时代

**艾博士**：机器学习是通过执行某个过程从而改进系统性能的方法，统计机器学习是运用数据和统计方法提高系统性能的机器学习方法。统计机器学习方法的提出让人工智能走向了更广泛的应用，同时随着互联网的发展，网上内容越来越多，也为人工智能应用提供了用武之地。毫不夸张地说，统计机器学习方法的提出和互联网的发展拯救了人工智能，将滑向低谷的人工智能从崩溃的边缘又拉了回来，并逐步走向发展高潮。像 IBM 公司的“沃森”在美国电视智力竞猜节目《危险边缘》中战胜两位人类冠军选手（见图 0.10）、清华大学的中文古籍识别系统实现《四库全书》的数字化（见图 0.11）等，都采用了统计机器学习方法。

《危险边缘》是美国的一个智力竞猜节目，已经有数十年历史，问题涉及历史、文学、艺

图 0.10　"沃森"在《危险边缘》竞赛中

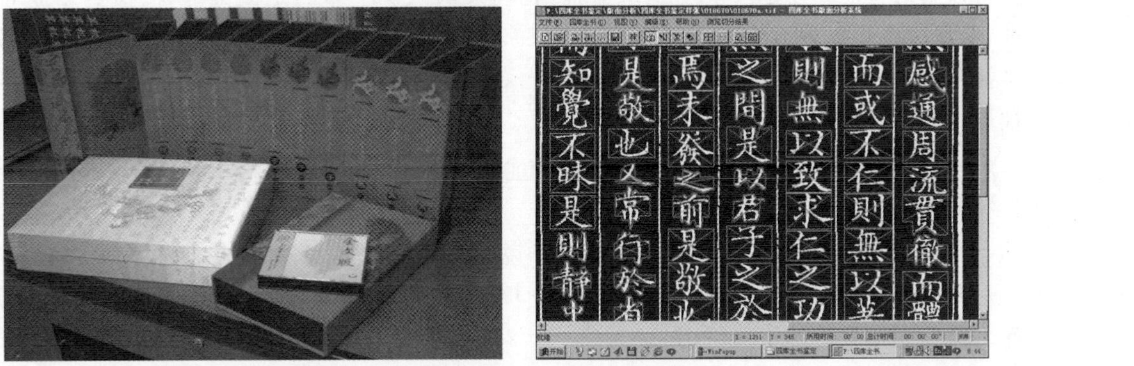

图 0.11　大型中文古籍《四库全书》识别

术、流行文化、科技、体育、地理、文字游戏等，范围广泛。与一般的智力竞猜节目不同，选手听到的题目是问题的答案，选手需要根据答案构造一个合适的问题。比如对于"他是一位计算机理论学家，他提出了一种测试方法，用于测试一台机器是否具有了智能"，选手要构造出类似"图灵是谁"这样的问题。

**小明**：这听起来是个很有意思的竞猜节目，在问题涉及这么广泛的情况下，采用统计机器学习方法实现的沃森竟然战胜了人类冠军选手，可真是件不容易的事情。那么都有哪些统计机器学习方法呢？

**艾博士**：研究者提出了很多不同的统计机器学习方法，常用的方法有朴素贝叶斯方法、决策树、随机森林、支持向量机等，这些都是在实际工作中经常使用的方法。莱斯利·瓦利安特和朱迪亚·佩尔(见图 0.12)两位学者做了很多基础理论方面的研究工作，为机器学习研究建立了理论基础，二人分别于 2010 年和 2011 年获得图灵奖。

**小明**：为什么把这个时期称作特征时代，而不是统计机器学习时代呢？

**艾博士**：前面曾经提到过，我这里对时代的划分是从处理对象的角度考虑的。统计机器学习方法具有很多种不同的方法，但是它们的共同特点是将特征作为处理对象，也就是输入是抽取的特征，对特征数据进行统计分析和处理。所以把这一时代称作是特征时代。比如用统计机器学习方法做汉字识别的话，首先需要我们编写程序抽取出汉字的特征，然后再运用统计机器学习方法对汉字的特征数据进行处理，从而实现汉字识别。而这里的特征是人为定义的。

图 0.12　图灵奖获得者莱斯利·瓦利安特和朱迪亚·佩尔

特别需要强调的是，计算机用的特征与我们人类用的特征并不一定一致，需要定义计算机可以用的特征。还是以汉字识别为例，我们人认识汉字靠的是偏旁部首、横竖撇捺等特征，但是这些特征并不能用于计算机识别汉字，因为无论是偏旁部首还是横竖撇捺特征都很难抽取出来，这些特征的抽取难度并不亚于汉字识别的难度。因此，定义的特征必须是容易抽取并且具有一定区分度的特征。

**小明**："特征"听起来有些抽象，能否举个例子，说明统计机器学习方法究竟采用的是什么特征呢？

**艾博士**：好的，我们简单地举几个例子说明。

比如说要对男女同学照片做分类，头发长短、鞋跟高度、衣服颜色和衣服式样等，都可以作为男女同学分类的特征使用。

如果要实现一个文本分类任务，就是将讲述不同内容的文本分类到不同的类别中。我们人要实现这样的任务是按照其文本内容做分类，但是目前计算机还很难做到理解文本的内容。

**小明**：那怎么办呢？有什么好的办法吗？

**艾博士**：这就要抽取特征，一种简单的办法就是看文本中都包含哪些词汇以及将不同词汇的多少作为特征。比如如果一个文本中足球、中超、国安等词汇比较多，显然这是一个有关体育方面的文本，应该分类到体育类别中。

**小明**：这听起来还是挺有道理的，这样就能实现分类任务吗？

**艾博士**：这只是抽取特征，还需要配合统计机器学习方法才能实现分类任务。

我们再举一个稍微复杂一点的例子，比如说汉字识别需要什么特征。小明请你说说你是如何区分"清"和"请"这两个汉字的？

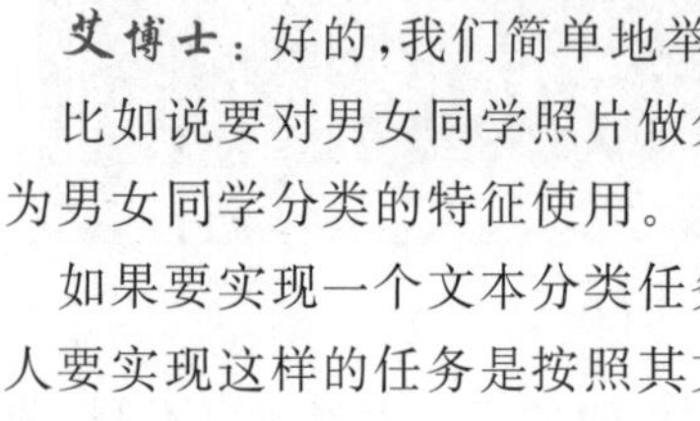


图 0.13　"清"和"请"的区别

**小明**：这两个汉字的主要区别在于偏旁不一样，"清"的偏旁是"三点水"，"请"的偏旁是"言字旁"（见图 0.13）。

**艾博士**：但是计算机并不认识什么是"三点水"、什么是"言字旁"，在统计机器学习中，只能通过一些"特征"来表达。

对汉字图像抽取其笔画的"骨架"后笔画宽度为一个像素，如图 0.14 所示。这样对应汉字中"横"的部分，左右排列的像素就比较多，对应"竖"的部分则是上下排列的像素比较多，同样，对应"撇"或者"捺"的部分则是左上右下或者右上左下排列的像素比较多。如果我们统计不同位置两个相连像素的排列数量，就可以大致判断这个位置具有哪种笔画比较多，从而可以区分不同的汉字。这种特征称作“方向线素特征”，如图 0.15 所示，统计不同的方向线素的数量，就可以区别出“三点水”和“言字旁”了。

**小明**：这些特征确实可以在一定程度上区分出不同的汉字。

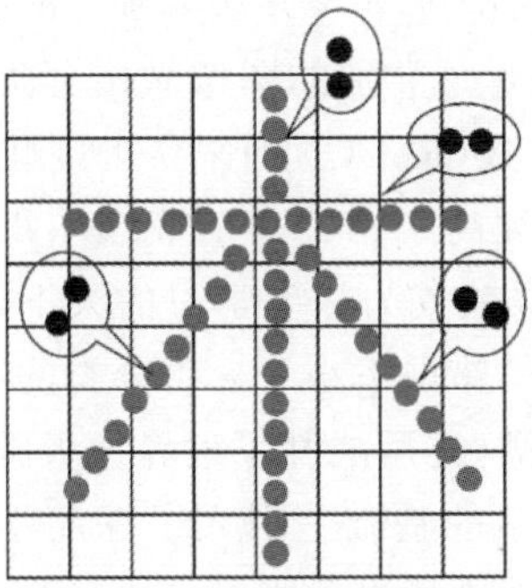

图 0.14　汉字笔画“骨架”

图 0.15　汉字的“方向线素特征”

**艾博士**：在利用统计机器学方法做应用时，最主要的就是如何抽取特征问题。然而寻找一个计算机可以使用、容易抽取并具有一定区分度的特征，并不是一件容易的事情。比如语音识别，我们很容易听懂别人在说什么，但是其特征是什么？什么特征可以区分出每一个音节？我们很难说出来。很多研究者对语音识别特征抽取做了大量的研究，然而并没有找出一个有效的特征，很长时间内语音识别的错误率居高不下。这就遇到了特征抽取的瓶颈问题。

**小明**：科学研究真是不容易啊，克服了一个困难又遇到了新的困难。

**艾博士**：我一直强调，遇到困难并不可怕，关键是要找出克服困难的方法，努力去攻克这些困难。我们人类很容易区分猫和狗，也很容易区分自家的猫和别人家的猫，哪怕是同一个品种的猫。在这个过程中并没有人告诉我们如何区分，用的特征是什么。一个小孩刚开始可能并不能准确地做出这些区分，但是慢慢地看得多了，自然就会区分了，即所谓的见多识广。计算机是否也可以从原始数据中自动抽取特征呢？这就进入了数据时代。

### 0.2.4　数据时代

**艾博士**：数据时代的典型代表就是深度学习，实际上是采用深层神经网络实现的一种学习方法，其特点是直接输入原始数据，深度学习方法可以自动地抽取特征。不仅是自动抽取特征，还可以抽取不同层次、不同粒度的特征，实现深层次的特征映射，获得更好的系统性能。

深度学习的概念首先由多伦多大学的杰弗里·辛顿教授提出，实际上就是一种多层的神经网络。神经网络的研究起始于 20 世纪 40 年代，20 世纪 80 年代中期随着反向传播算法（BP 算法）的提出又一次掀起研究热潮。由于受当时计算条件的限制，以及统计机器学习方法的崛起，有关神经网路的研究很快落入低谷，不被人看好。但是以辛顿教授为代表的少数研究者一直坚持自己的理念，在不被看好、得不到研究经费、发表不了论文的情况下，依然“固执”地从事相关研究，直到 2006 年辛顿教授在《科学》期刊上发表论文提出深度学习的概念，才再一次受到业界的重视。

在这个过程中，两件事情引起了研究者对深度学习的广泛关注，推动了深度学习的发展。第一件事是辛顿教授与微软公司合作，将深度学习应用于语音识别中，在公开的测试集上取得了非常惊人的成绩，使得错误率下降了30%，如同一石激起千层浪，让沉默了多年的语音识别看到了新的希望。在此之前，多年来语音识别没有什么大的进展，识别错误率每年只以不到1%的水平下降。第二件事是辛顿教授组织学生用深度学习方法参加ImageNet比赛。ImageNet比赛是一个图像识别任务，需要对多达1000个类别的图像做出分类。在比赛中辛顿教授及他的学生率先使用线性整流单元激活函数(ReLU)和舍弃正则化方法(Dropout)提升了深度卷积神经网络的性能，首次参赛就以远高于第二名的成绩取得了第一名，分类错误率几乎降低了一半。自此以后ImageNet比赛就成为深度学习的天下，历届前几名均为深度学习方法，并最终达到了在这个数据集上分类错误率小于人工分类的结果。

深度学习的提出，极大地推动这一次人工智能的发展浪潮，先后战胜了世界顶级围棋手李世石、柯洁的AlphaGo(见图0.16)，就是在蒙特卡洛树搜索的基础上引入了深度学习的结果。围棋曾经被认为是计算机下棋领域的最后一个堡垒，战胜世界顶级围棋手，这在以前是不可想象的。清华大学与搜狗公司合办的“天工”智能计算研究院研发的“汪仔”，在浙江卫视智力竞赛“一站到底”中，多次战胜人类，并最终战胜五年巅峰战的人类冠军，采用的也是深度学习方法。图0.17所示的就是“汪仔”参加《一站到底》节目时的电视截屏图，“汪仔”以一个机器人的形象出场，同时以语音和文字两种形式给出问题的答案。

图0.16 与AlphaGo对弈的李世石、柯洁

艾博士继续介绍说：在神经网络和深度学习的发展过程中，4位研究者的贡献功不可没，除了前面提到的辛顿教授外，另3位研究者分别是纽约大学的杨立昆教授、蒙特利尔大学的约书亚·本吉奥和瑞士人工智能实验室(IDSIA)的于尔根·施密布尔博士(Jürgen Schmidhuber)。这3位学者均出生于20世纪60年代初期，而辛顿教授则年长他们20岁左右。

纽约大学的杨立昆(Yann LeCun)教授曾经跟随辛顿教授做博士后研究，杨立昆是他自己确认的中文名。杨立昆教授在卷积神经网络方面做出了特殊贡献，早在20世纪90年代就开展了有关卷积神经网络的研究工作，实现的数字识别系统取得了很好的成绩，用于支票识别之中。现在卷积神经网络已经成为深度学习中几乎不可或缺的组成部分。

蒙特利尔大学的约书亚·本吉奥教授曾经于20世纪90年代提出了序列概率模型，将

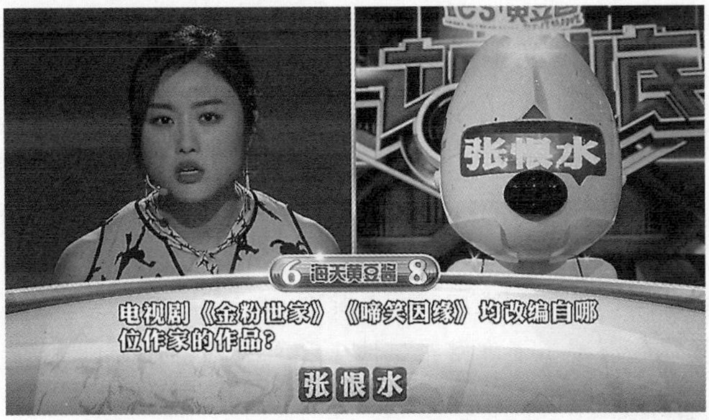


图 0.17　参加《一站到底》节目的“汪仔”(右)

神经网络与概率模型(隐马尔可夫模型等)相结合,用于手写识别数字,现代深度学习技术中的语音识别可以认为是该模型的扩展。2003 年本吉奥教授发表了一篇具有里程碑意义的论文《神经概率语言模型》,通过引入高维词嵌入技术实现了词义的向量表示,将一个单词表达为一个向量,通过词向量可以计算词的语义之间的相似性。该方法对包括机器翻译、知识问答、语言理解等在内的自然语言处理任务产生了巨大的影响,使得应用深度学习方法处理自然语言问题成为可能,相关任务的性能得到大幅度提升。本吉奥教授的团队还提出了一种注意力机制,直接导致机器翻译取得突破性进展,并构成了深度学习序列建模的关键组成部分。本吉奥教授与其合作者提出的生成对抗网络(GAN),引发一场计算机视觉和图形学的技术革命,使得计算机生成与原始图像相媲美的图像成为可能。

鉴于辛顿教授、杨立昆教授和本吉奥教授(见图 0.18)3 人对深度学习的贡献,2018 年 3 人同时获得图灵奖。

图 0.18　图灵奖获得者辛顿、杨立昆和本吉奥(从左至右)

非常难能可贵的是,在神经网络、深度学习遭遇学界质疑甚至不被看好的情况下,3 位教授仍然坚持研究,经过 30 多年的不断努力,终于克服种种困难,取得突破性进展。如今计算机视觉、语音识别、自然语言处理和机器人技术以及其他应用取得的突破,均与他们的研究探索有关,并引发了新的人工智能热潮。

小明:听了您的介绍,这些科学家可真了不起,在那么困难的情况下,仍然坚持研究,并最终取得这么了不起的成就,真是令人敬佩。

**艾博士**：在神经网络、深度学习的发展过程中，另一位值得一提的是瑞士人工智能实验室(IDSIA)的于尔根·施密布尔博士。1997年，施密布尔博士和塞普·霍克利特(Sepp Hochreiter)博士共同发表论文，提出了长短时记忆循环神经网络(Long Short-Term Memory，LSTM)，为神经网络提供了一种记忆机制，可以有效解决长序列训练过程中的梯度消失问题。由于其思想过于超前，在当时并没有得到学界的理解和广泛关注。后来的实践证明这项技术对于自然语言理解和视觉处理等序列问题的处理，起到了非常关键的作用，广泛应用于机器翻译、自然语言处理、语音识别、对话机器人等任务。2016年、2021年IEEE神经网络先驱奖分别授予了施密布尔博士和霍克利特博士。

图 0.19　施密布尔博士

对于2018年图灵奖颁发给辛顿、杨立昆和本吉奥3位教授，施密布尔博士(见图0.19)多次表达过不满，认为现在很多神经网络和深度学习的工作是在自己以前工作的基础上发展起来的，忽略了自己在神经网络方面做出的贡献，曾发表长文列举自己在20世纪90年代的20项有关神经网络方面的研究工作，以及这些工作与现在的深度学习方法的关系。

**小明**：这一时代称作数据时代，是不是因为深度学习的处理对象是原始数据的原因？

**艾博士**：小明，你的理解非常正确。深度学习方法不需要人为提取特征，直接输入原始数据，实现自动特征抽取，不但解决了特征抽取的瓶颈问题，其效果还远好于人为抽取的特征，因为深度学习方法可以抽取多层次、多粒度的特征。

### 0.2.5 大模型时代

**艾博士**：2022年年末随着OpenAI公司推出ChatGPT，标志着人工智能研究进入了大模型时代。

**小明**：我也听说过ChatGPT，感觉很神奇，请艾博士给讲讲吧。

**艾博士**：ChatGPT是OpenAI公司推出的一个以大语言模型为基础实现的“聊天”系统，其强大的语言理解能力和生成能力，一经推出就受到了研究界的广泛关注，由于其以“聊天”的形式出现，很快被社会大众所接受，成为人人谈论的话题。

ChatGPT是一个非常庞大的神经网络系统，拥有1750亿个参数，训练数据为45TB的文本数据，硬件系统由28.5万个CPU和1万个高端GPU组成，训练一次的成本就高达1200万美元，其主要花费为电费。

**小明**：啊，这么庞大的一个系统啊，耗电量竟然这么高。ChatGPT都有哪些特点呢？

**艾博士**：ChatGPT的特点是4个能力和1个缺陷。

(1) 强大的语言理解能力。其表现在无论向它提出什么问题，ChatGPT都会围绕着你的问题进行回答，很少出现答非所问的情况，虽然给出的回答不一定正确。

(2) 强大的语言生成能力。ChatGPT以自然语言的形式回答问题，其结果非常通顺、流畅，达到了非常高的水平，甚至可以帮助人类，对人类给出的文字进行润色。

(3) 强大的交互能力。ChatGPT具有很强的交互管理能力，可以很好地实现多轮会话管理，在会话过程中体现出很好的前后关联性，很少出现对话主题漂移的情况。

(4) 强大的多任务求解能力。ChatGPT 可以自动地适应不同类型的自然语言求解任务，实现对多种自然语言理解任务的求解，从某种程度来说，具有了通用人工智能的雏形。

(5) 幻觉。ChatGPT 虽然在上述几方面取得了惊人的成绩，但也存在一个缺陷——幻觉。

所谓的幻觉其实是一种"无中生有"的能力，常被人说成是"一本正经地胡说八道"，比如让 ChatGPT 介绍某个人，很可能就是拼凑出该人的简历，很多内容可能与该人没有任何关系。但是这种"无中生有"的能力，也体现出某种"创造力"，所以这也是一把双刃剑。

**小明**：ChatGPT 是如何实现这些能力的呢？

**艾博士**：下面我们简单"剖析"一下 ChatGPT 的基本原理。小明，你知道 chat 是什么意思吧？

**小明**：我知道，chat 是聊天的意思。

**艾博士**：对，chat 是英文聊天的意思，ChatGPT 中最重要的是 GPT，聊天只是它的展现形式。我们首先说一下什么是 GPT。

GPT 是"生成式预训练变换模型"(Generative Pre-Trained Transformer)的英文缩写，从字母含义可以看出包含了"生成式模型""预训练模型""变换模型"3 部分内容。

**小明**：GPT 原来是这个意思，请艾博士具体解释一下吧。

**艾博士**：ChatGPT 所具有的强大的自然语言生成能力就是通过生成模型实现的，其本质是一个"文字接龙"，根据当前输入信息生成出下一个文字。

如图 0.20 所示，假定当前输入是"我是一个"，小明，你说接下来可能是什么文字？

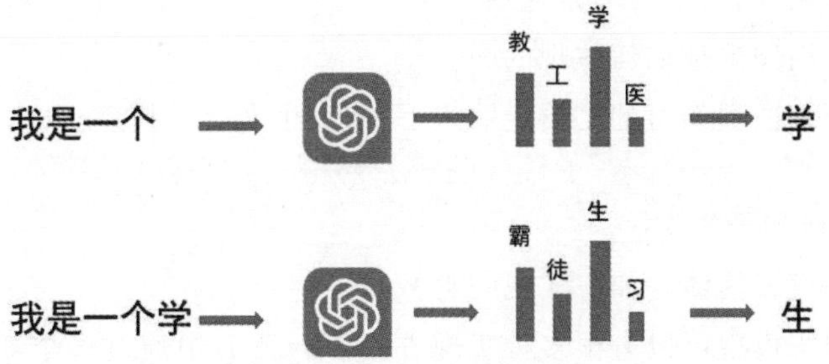


图 0.20　生成模型示意图

**小明**：我觉得有很多种可能，因为我是一个学生，所以让我来接的话，肯定会接"学"字。

**艾博士**：对，生成模型也是这样，预测出下一个文字可能是"教""工""学""医"等的概率，按照概率预测，得到下一个文字为"学"，然后将"学"拼接到输入中，将"我是一个学"作为输入，再次依据概率预测下一个文字为"生"。

采用这样的方法，生成模型就可以实现问答，比如输入为"白日依山尽的下一句是"，模型就可以给出回答是"黄河入海流"(见图 0.21)。当然，这里的"黄河入海流"也是一个文字一个文字生成出来的。

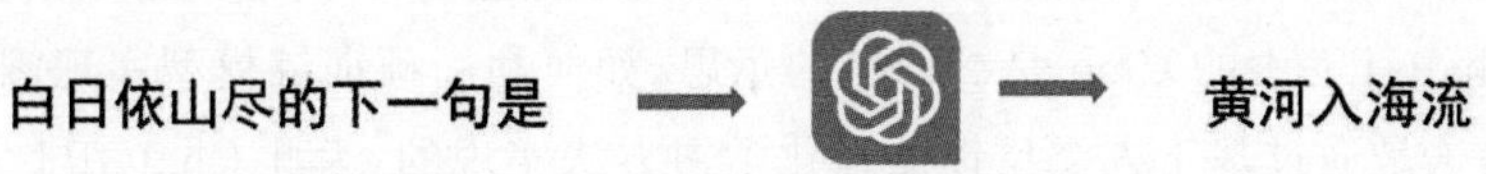


图 0.21　问答示意图

**小明**：这里所说的文字就是指汉字吗？如果是英文呢？

**艾博士**：这里所说的文字，在 GPT 中称作 token，是按照统计划分的词的基本组成元素，也是模型进行语言处理的基本信息单元，可以翻译为“词元”“词素”等。对于英文来说，极限情况下，一个英文字母可以是一个 token，共 26 个 token，显然 token 数太少，不利于预测。另一个极限情况是一个英文单词就是一个 token，有几十万个 token，显然数量又太多，而且无法处理新出现的单词。GPT 采用统计的方法，在字母和单词之间选择一个折中方案，按照统计规律划分出字母的常用组合作为 token。比如 re、tion 等，对于比较短的单词，比如 car 则直接作为 token。这样一个英文单词由一个或者若干个 token 组成，也可以处理一些新出现的单词。汉语也采用类似的处理方法，token 可能是字也可能是词。生成模型实际上是按照 token 进行预测。

**小明**：GPT 就是这样依靠“文字接龙”实现这样强大的功能的吗？

**艾博士**：所谓的“文字接龙”只是一个比喻，实际情况要复杂得多，其内容超出了本书的范围，我们不做详细的介绍。

**小明**：生成模型为什么会具有这样强大的预测能力呢？

**艾博士**：这是通过预训练实现的。

一般地，预训练模型是一种迁移学习方法，为了完成某种任务预先训练一个模型，或者将别人训练好的模型迁移到自己的目标任务上。

GPT 中的预训练模型是利用大量的文本信息，学习输入句子中每一个文字间的相关表示，隐式地学习通用的语法、语义知识。这种预训练方法类似于我们在中小学阶段的学习，并不针对学生将来做什么，学习的是通用知识。

**小明**：这种通用知识是如何体现的呢？

**艾博士**：预训练模型学习的是给定输入下，下一个文字的概率。即

$$P(w_i \mid w_1 w_2 \cdots w_{n-1})$$

其中 $w_i$ 是组成句子的文字。

**小明**：预训练模式具体是如何实现的呢？

**艾博士**：预训练模型可以有很多种实现方式，在 GPT 中通过多个基本的 Transformer 模块组合而成，具体的 Transformer 模块如图 0.22 所示，图 0.23 是多个 Transformer 模块组合而成的 ChatGPT 结构示意图，其中每个 Trm 都是一个 Transformer 模块。前面提到的 ChatGPT 拥有多达 1750 亿个参数指的就是这些模块的参数，预训练的目的就是通过大规模的文本数据确定这些参数值。

在这里我们不详细介绍 Transformer 模块的实现方法，其中最重要的是注意力机制，通过注意力机制，预训练模型在文本中的文字间建立联系，形成一定的概率约束，从而实现预测下一个文字的能力。

预训练模型利用大规模的文本信息，学习输入文本中的每一个文字的上下文相关的表示，从而实现隐式地学习通用的语法、语义知识。

**小明**：ChatGPT 中的 Chat 是“聊天”的意思，如何利用预训练模型实现“聊天”呢？

**艾博士**：这是通过基于人类反馈的强化学习方法实现的，为此 ChatGPT 通过以下三个步骤实现“聊天”能力。

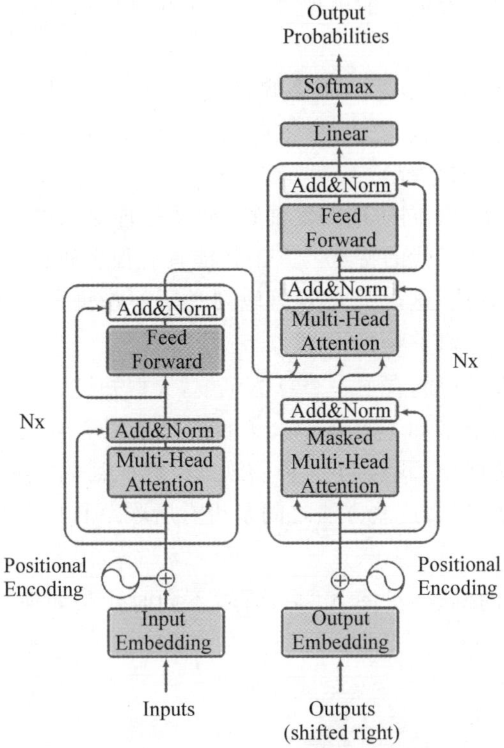


图 0.22　Transformer 模块示意图

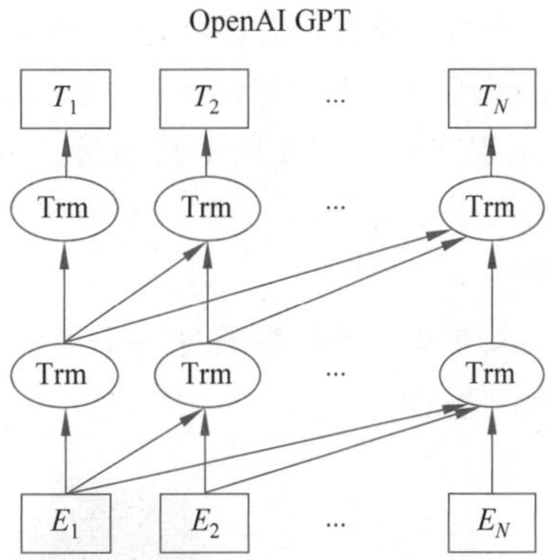


图 0.23　ChatGPT 结构示意图

第一步：指令学习。

首先随机地从问题集抽取问题，人工给出问题的答案，利用监督学习技术对预训练模型进行微调，学习像人一样回答问题。

通过指令学习，模型具有了一定的回答问题的能力。

第二步：偏好学习。

人给出的答案总是有限的，能否学习人类的偏好，让模型自己学习呢？偏好学习就是为了解决这个问题。首先让模型学会具有“判断是非”的能力，即对于同样的问题，哪些答案好，哪些答案不好。为此还是从问题集中随机抽取问题，模型采样生成多个问题的答案，然后标注人员按照答案质量给出排序。利用排序数据训练一个评估模型，该模型可以对问题的答案进行评估。

第三步：强化学习。

这一步也称作对齐，其意思是让模型进一步学会像人类一样回答问题，并符合人类的价值观。

同前面一样，还是从问题集中随机抽取问题，模型给出一个答案，评估模型对答案做出评价，依据评价结果利用强化学习方法优化模型。经过反复学习之后，模型逐步改善回答问题的能力，并在一定程度上符合人类的价值观。

通过以上步骤就得到了具有聊天能力的 ChatGPT。

**小明**：我明白了，预训练让 GPT 掌握了知识，基于人类反馈的强化学习方法提高了 GPT 回答问题的能力。

**艾博士**：现在国内外都建造了很多大模型，大模型的出现，标志着人工智能研究迈入了新时代，是人工智能发展史上的重要里程碑。

随着大模型技术的发展，大模型中也越来越多地融入了多媒体信息，不仅可以处理文本，也可以处理图像、视频等，这方面的发展也非常快，2024年年初出现的Sora就是一个采用大模型技术实现的根据给定的文字生成视频的系统。

艾博士最后总结说：前面我们根据人工智能不同时期的发展特点，从处理对象的角度，将人工智能划分为5个时代，每个时代具有每个时代的特点。人工智能具有很多研究方向，在60多年的发展史上，提出了很多种不同的方法，这里只是简单地列举了一些每个时代的主要方法，试图让大家对人工智能的发展有个大概了解。

**小明**：我觉得您的介绍挺好的，让我对人工智能有了一个总体了解，大概知道了人工智能是如何一步步发展起来的，也了解了其中的艰辛和不容易。人工智能之所以有今天的结果，是很多科学家长期不懈地努力的结果。艾博士，我想问一下，从知识、特征到数据时代，再到大模型时代，人工智能有各种不同的方法，那么这些方法之间是否有所联系和具有共同点呢？

**艾博士**：我们先通过一个男女同学分类的例子(见图0.24)，看看不同时代是如何解决这个问题的。

图0.24 男女同学分类问题

在知识时代，如果用专家系统解决这个问题的话，需要总结大量相关知识，并以规则的形式表达出来。比如可以总结如下规则：

如果 长发 并且 带发卡 则 是女同学

如果 短发 并且 穿短裤 则 是男同学

如果 穿高跟鞋 则 是女同学

通过这些知识实现男女同学的分类。需要总结很多知识才有可能建立一个具有一定分类能力的专家系统。

在特征时代，不需要总结知识，只需给出不同的特征即可。每种特征只需要具有一定的分类能力就可以，不需要完全100%的区分能力。比如头发长度、鞋跟高度、衣服颜色等都可以作为特征使用。也不需要给出特征的组合，这些都交给统计机器学习方法求解即可。比起总结知识来，抽取特征相对容易得多。

在数据时代，只需收集数据就可以了，找来足够多的男女同学照片，并分别标注哪些照片是男同学，哪些照片是女同学。收集好数据之后，提交给深度学习进行训练就可以了。比起总结知识、抽取特征来，收集数据是件容易得多的事情。

在大模型时代，可以预训练很多多媒体信息，并建立不同信息之间的联系，从而实现多种不同类型复杂任务求解。不但具有男女同学分类的能力，还可以解释图像内容等，回答与图像有关的问题，从某种程度上来说具有一定的通用型。下面我们给出国内某个大模型的应用例子。

图 0.25 给出一张头戴毛帽的男士照片，询问系统该照片所处的环境，系统识别出男士头戴的毛帽子以及背后的白雪，回答出照片所处环境是“下雪的寒冷天气”。再询问“这是位男性还是女性”，系统也给出“男性”的正确答案。

图 0.26 给出一张董存瑞的纪念雕塑，然后问“这个雕塑是谁”，系统不仅可以准确地识别出这是“董存瑞纪念碑”，还可以就照片内容给出一些具体的说明。

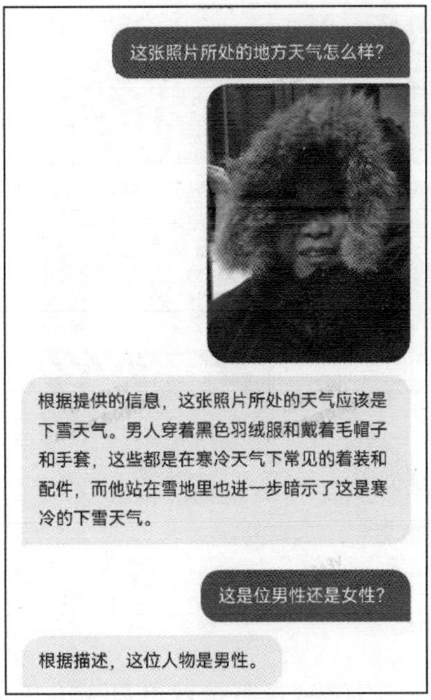


图 0.25　大模型应用举例 1

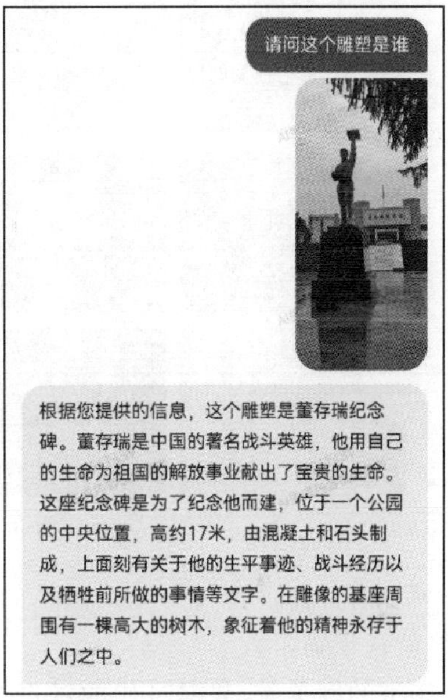


图 0.26　大模型应用举例 2

通过这两个例子，充分说明了大模型的强大功能，并显示出一定的通用人工智能能力。

从男女分类的例子可以看出，不同方法解决问题的角度是不同的，但它们也存在共同之处。从实现的角度，人工智能一直在研究如何定义问题、描述问题，然后再结合具体的表示方法加以求解。这样我们可以将人工智能表示如下：

人工智能＝描述＋算法

其中，“描述”指的如何定义问题、描述问题，告诉计算机做什么；“算法”则是具体的求解方法。这就如同老师布置作业一样。老师布置作业时，要说清楚具体的作业是什么，有什么要求，这就相当于描述问题。然后同学们按照学过的方法完成作业，所学的方法就相当于“算法”。

对于人工智能来说，不同时代用不同的描述方法，比如知识时代用规则等描述问题，而特征时代用特征描述问题，数据时代就用数据描述问题。而大模型时代则是通过预训练的方式描述问题，从而具有一定的通用性。这些必须以计算机可以处理的方式给出描述，不同的描述问题的方法，再配以相应的算法进行求解，比如数据时代用的是深度学习方法。

大模型时代采用的是更加复杂的预训练方法和基于人类反馈的强化学习方法等。

**小明**：还是感觉有些抽象，能否举一个例子说明呢？

**艾博士**：我们以识别猫为例说明这个问题。什么是猫呢？网上百科对猫的定义如下。

猫，头圆，颜面部短，前肢五指，后肢四趾，趾端具锐利而弯曲的爪，爪能伸缩，具有夜行性，行动敏捷，善跳跃，大多能攀缘上树，以伏击的方式猎捕其他动物。

这无疑是准确的描述，但是这个定义对于计算机识别猫无任何意义，因为计算机无法知道什么是头圆，什么是颜面部短等这些猫的特征，也就无法实现识别猫。在数据时代如何实现识别猫呢？这就是用数据定义猫，当然不是一两个数据，而是大量的数据，说明这些就是猫，如图 0.27 所示，告诉计算机这些就是猫，然后再利用深度学习方法，让计算机见多识广，自己去学习什么是猫，这样就可以实现如何识别猫了。

图 0.27　各种猫的数据

**小明**：这其实跟我们人类认识猫的过程是类似的，小孩子一开始并不认识猫，见得多了，自然就认识猫了。

从您举的例子看，数据时代的深度学习方法更具有优势，是不是就可以抛弃以前的方法了？

**艾博士**：虽然现在深度学习、大模型方法确实在多个方面具有优势，实现了很强大的功能，但是传统方法也有不可替代的作用。比如专家系统对结果比较容易控制，遇到不能求解或者求解错误的问题，容易分析出问题所在，找出问题的根源，也可以对结果给出解释。而基于特征的统计机器学习方法则具有很好的理论基础。这些都是深度学习方法不可比拟的。而深度学习方法也存在很多问题，比如不具有可解释性，理论依据不足等。以大模型为基础的多专家系统也是当前的研究热点之一，通过大模型调用一些专用系统，以更好地求解问题。所以学习人工智能的话，要多方面学习不同的方法，而不能只限于少数方法。知识面要宽，这样才有利于创新。

**小明读书笔记**

按照不同的处理对象，人工智能可以划分为 4 个时代。

在初期时代，研究者们从多方面开始探讨实现人工智能的可能性，并取得了初步成果，但是由于盲目乐观，对人工智能的实现难度估计不足，很快陷入困境之中。

如何走出困境？研究者认识到知识的重要性，试图通过总结专家知识，让计算机使用这些知识像专家那样解决某些领域内的问题。这就是专家系统，并进一步提出知识工程。从此人工智能进入知识时代。然后如何有效地获取知识成为专家系统建构过程中的瓶颈。

计算机能否像人类一样通过学习获取知识呢？从而提出了机器学习。真正让机器学习走向实用的是统计机器学习。统计机器学习利用统计学方法，对输入特征进行统计分析和建模，用于求解实际问题。统计机器学习有多种方法，共同特点是对人为定义、抽取的特征进行处理，所以把这一时代称作特征时代。同样，如何抽取特征成为人工智能新的瓶颈。

能否让计算机从原始数据中自动抽取特征呢？深度学习方法使其成为可能。深度学习可以实现从原始数据中抽取不同层次、不同粒度的特征，实现多层次的特征映射，从而获取更好的系统性能。

随着ChatGPT的推出，标志着人工智能研究进入了大模型时代。利用巨大的数据实现预训练，再通过微调、对齐等手段得到一个具有一定通用能力的大模型。以ChatGPT为代表的大模型，以其出色的语言理解能力、语言生成能力，以及多轮对话管理能力，实现了人工智能发展史上的大突破。

不同的方法各具特点，不拘泥于某种方法，更有利于创新。

## 0.3 人工智能的定义

**小明**：经过您的介绍，我对人工智能有了一个初步的了解，那么究竟什么是人工智能呢？是否有一个明确的定义？

**艾博士**：由于智能包含了多种因素，智能的表现也是各种各样，所以如何定义人工智能也是一个难题。很多研究者从不同的角度给出了人工智能的定义，都局限于智能的某一方面，挂一漏百。因此，到目前为止也没有一个能让大家都接受的统一定义。麻省理工学院人工智能实验室前任主任帕特里克·温斯顿(Patrick Winston)教授，从功能的角度将人工智能定义如下：

“人工智能就是研究如何使计算机做过去只有人才能做的智能工作。”

该定义虽然也存在一些问题，但比较通俗易懂，对初学者更容易理解。

从本质上来说，人工智能研究如何制造出人造的智能机器或系统，来模拟人类智能行为的能力，以延伸人们智能的科学。

这里有3个关键词：第一，人工智能是一个“人造”系统；第二，人工智能“模拟”人类的智能行为；第三，人工智能“延伸”人类的智能行为。这3点即是人工智能的关键因素，也反映了人们研究人工智能的目的，就是让人工智能为人类服务，帮助人类做更多的事情，成为人类智力的放大器。

**小明**：这个定义确实容易理解一些，回避了什么是智能的问题，直接从模拟人的智能行为角度说明了什么是人工智能。

**艾博士**：从这个角度出发，我们可以给出人工智能的定义为：人工智能是探讨用计算机模拟人类智能行为的科学。

**艾博士**：从应用的角度来说，一个实用、受欢迎的人工智能系统应该具有如下称作“五算”的要素。

(1) 算据。

(2) 算力。

(3) 算法。

(4) 算者。

(5) 算景。

**小明**：这“五算”具体是什么含义呢？

**艾博士**：我们先来做一个类比。小明你说一下，做一桌好的年夜饭需要哪些要素呢？

小明思考了一下回答说：我觉得首先要有好的食材，鸡鸭鱼肉样样都有，没有好的食材做不出来一桌丰盛的年夜饭，所谓的巧妇难为无米之炊。然后再有一个好的厨师，厨师的手艺很重要，否则再好的食材也做不出好的饭菜。还有就是有一副好的灶具，灶具对厨师来说是非常重要的武器，家里普通的灶具绝对做不出饭馆的味道，主要原因是火力不够。我能想到的就是这 3 个要素。

**艾博士**：这 3 个要素都很重要，也确实是做一桌丰盛年夜饭的主要要素。还有一个要素就是菜谱。比如鱼可以红烧，也可以清蒸，同样是鱼，红烧和清蒸的味道完全不同。并且有的鱼适合红烧，有的鱼适合清蒸。当然这个菜谱可能是一本书，也可能完全装在厨师的脑子里。

**小明**：这么说的话，菜谱也很重要。

**艾博士**：除此以外，还有一个重要要素，就是天时地利。做任何事情都需要考虑天时地利，做年夜饭也不例外。比如说年夜饭等到了凌晨三四点钟才开饭，你睡得正香甜呢，突然喊你起来吃饭，即便是满汉全席你也不会喜欢去吃。

**小明**：是这个理儿。

**艾博士**：所以一桌受欢迎的年夜饭应该具备食材、灶具、厨师、菜谱和天时地利这 5 个要素(见图 0.28)。

图 0.28　年夜饭 5 要素

小明不解地问道：这与人工智能有什么关系呢？

**艾博士**：一个实用、受欢迎的人工智能系统就如同一桌年夜饭一样，也具有与此对应的 5 要素（见图 0.29），就是前面说的“五算”。

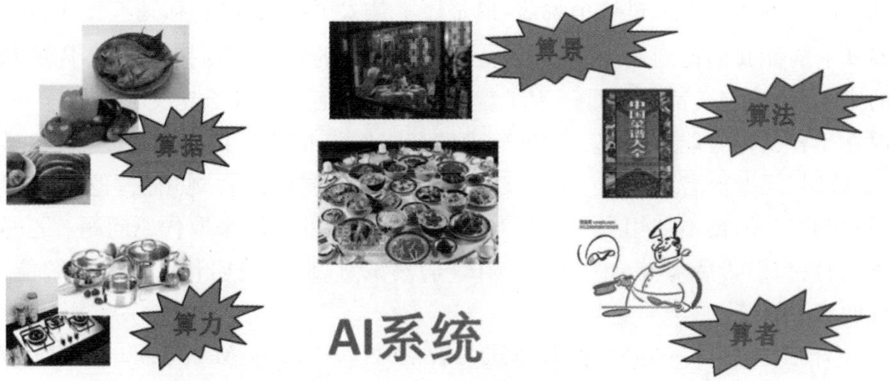


图 0.29 人工智能 5 要素

算据对应着食材，简单说就是计算的依据，包括数据、特征、知识等，是一个人工智能系统要加工的原始材料。

算力对应着灶具，就是计算的能力。现在强调大数据，对大数据的处理需要超强的计算能力，大型计算平台是必备条件。

算法对应着菜谱，就是对数据、特征、知识等进行处理的计算方法。不同的算法可以解决不同的问题，同一个问题也可以有不同的解决方法。

算者对应着厨师，是熟练掌握算法和计算工具的人。

算景对应的是天时地利，简单说就是合适的计算场景。如同年夜饭一样，必须正确选择合适的时间、合适的场景和合适的人，才能成为一款受欢迎的人工智能系统。

**小明读书笔记**

什么是人工智能？由于智能的多样性，很难给出一个让大家都接受的统一定义。温斯顿教授从功能的角度给出了一个比较通俗易懂的定义：

“人工智能就是研究如何使计算机做过去只有人才能做的智能工作。”

从本质上说，人工智能是研究如何制造出人造的智能机器或系统，来模拟人类智能活动的能力，以延伸人们智能的科学。研究人工智能的目的就是为了让计算机帮助我们做更多的事情。

一个实用的人工智能系统应具有“5 要素”，包括算据、算力、算法、算者和算景，强调人工智能系统要考虑天时地利，合适的时间、合适的环境，才有可能取得好的应用效果。

## 0.4 图灵测试与中文屋子问题

### 0.4.1 图灵测试

**小明**：艾博士，我一直有个疑问，一个人工智能系统做到什么程度就算有了智能呢？

**艾博士**：这是一个好问题。计算机科学之父图灵早在1950年就对这个问题进行了深入研究。在1950年发表的一篇论文中，图灵提出了被后人称为“图灵测试”的著名测试方法，详细讨论了这个问题。

**小明**：图灵测试？听说过这个说法，但是还不是太了解具体内容，请艾博士讲讲吧。

**艾博士**：前面我们提到过，人工智能至今没有统一的定义，不同的人从不同的角度给出了不同的定义，每种定义都是侧重了人工智能的某个方面。为什么定义人工智能这么难呢？究其根源在于什么是智能至今都无法准确说清楚。图灵早就意识到了这一点，在早期研究“机器能思维吗”问题时曾经提到：“定义很容易拘泥于词汇的常规用法，但这种思路很危险。”“与其如此定义，倒不如用另一个相对清晰无误表达的问题来取代原问题。”正是在这样的情况下，图灵提出了后来被称为“图灵测试”的测试，以此来说明什么是机器智能，也就是后来所说的人工智能。

1950年，图灵发表了一篇题为《计算机与智能》(*Computing Machinery and Intelligence*)的论文，这里的Computing Machinery指的就是现在所说的计算机，由于当时Computer一词指从事计算工作的一种职业，所以图灵采用了Computing Machinery。在这篇论文中，图灵提出了判断机器是否具有智能的一种测试方法，后来被称为“图灵测试”。

图灵测试来源于一种模仿游戏，描述图灵生平的电影《模仿游戏》片名就来源于此。游戏由一男(A)、一女(B)和一名测试者(C)进行；C与A、B隔离，通过电传打字机与A、B对话。测试者C通过提问和A、B的回答，做出谁是A即男士，谁是B即女士的结论。在游戏中，A必须尽力使C判断错误，而B的任务是帮助C。也就是说，男士A要尽力模仿女士，从而让测试者C错误地将男士A判断为女士。这也是《模仿游戏》名称的由来。在论文中，图灵首先叙述了这个游戏，进而提出这样一个问题：如果让一台计算机代替游戏中的男士A，将会发生什么情况呢？也就是说，B换成一般的人类，机器A尽可能模仿人类，如果测试者C不能区分出A和B哪个是机器，哪个是人类，那么是不是就可以说这台机器具有了智能呢？图灵在论文中预测，在50年之后，计算机在模拟游戏中就会如鱼得水，一般的提问者在5分钟提问后，能够准确鉴别“哪个是机器哪个是人类”的概率不会高于70%，也就是说，机器成功欺骗了提问者的概率将会大于30%。后来，图灵在一次BBC的广播节目中，进一步明确说：让计算机模仿人，如果不足70%的人判断正确，也就是超过30%的测试者误以为在和自己说话的是人而非计算机，那就算机器具有了智能。这样一种测试机器是否具有智能的方法，后来被称为图灵测试(见图0.30)。

事实上，与其说图灵测试是一种测试，倒不如说是一种思想实验，是对什么是人工智能的一种定义，计算机只有达到了这样的程度，才可以说具有了智能。

**小明**：原来图灵测试是这么提出来的。在图灵测试中，为什么提出“5分钟内”“30%”这样的标准呢？又是如何确定的呢？

**艾博士**：据说当初男士模仿女士的游戏就是5分钟之后由测试者判断，而据统计，当时测试者正确区分出男女的成功率大约为70%。也就是说，约30%的情况下，男士成功地扮演了女士，骗过了测试者。图灵也从拟人的角度，以此作为人工智能通过测试的标准。

在论文中，图灵非常详细地讨论了图灵测试的各种情况，但是在提到图灵测试时，经常会遇到一些错误的说法或用法。

图 0.30 图灵测试

**小明**：都有哪些错误说法或者用法呢？

**艾博士**：常见的错误有以下 2 种。

错误 1：将机器在某一方面的能力超过人类认作是通过了图灵测试。比如有人说 AlphaGo 在围棋比赛中通过了图灵测试。这也是不正确的说法。图灵测试要求的是模仿人类，不能让测试者很容易就分辨出它是机器，除了要求像人一样回答问题外，还要求它会伪装，不能表现出明显的超人一等的能力。因为如果一台机器具有明显的超出人类的能力，也很容易让测试者判断出它不是人类而是一台机器。就如同谷歌的 Master 在网上围棋赛上连续获胜时，很多人就已经猜测它是机器了。

图灵在论文中也已经明确地提到了这一点："有人声称，在游戏中提问者可以试问几道算术题来分辨哪个是机器，哪个是人，因为机器在回答算术题时总是丝毫不差。这种说法未免太轻率了。（带模拟游戏程序的）机器并没有准备给算术题以正确的答案。它会故意算错，以蒙骗提问者。"也就是说，一个通过了图灵测试的机器，应该会蒙骗，也会像人一样出错，也不能表现出明显超出人类的能力。比如当它遇到一个复杂的计算题时，应该会适当地说不会做，或者说我需要一些时间来计算，甚至可能会算错。学会隐藏自己的实力也是智能的表现。

错误 2：将超过 30％的测试者误把机器当作人类，理解为机器的回答中超过 30％的内容与人类一致，区分不出是否为机器所答。比如在某年某市的高考试卷上就出现了这样的说法："超过 30％的回答让测试者误认为是人类所答，那么就可以认为这台机器具有了智能"。在新闻中也看到过有公司声称自己的什么产品通过了图灵测试，给出的理由是超过 30％的内容区分不出是否是机器所答。这显然是错误的。因为对于测试者来说，只要有一个回答有明显的问题，就可以被认作为机器所答，图灵测试的通过标准是骗过 30％以上的测试者，而不是超过 30％的回答无法确认是否是人回答的。

还有一点需要说明的是，图灵测试是一个全面的测试，而不是某一单一领域的测试。在单一领域，机器水平再高，也不能说它通过了图灵测试。

**小明**：以上两点您总结得真好，如果不是您强调说明，我可能也会犯类似错误。

### 0.4.2 中文屋子问题

**艾博士**：关于图灵测试也一直存在一些争议，即便通过了图灵测试，就说明计算机具有智能了吗？哲学家希尔勒对此有不同看法，提出“中文屋子问题”(见图0.31)加以反驳。

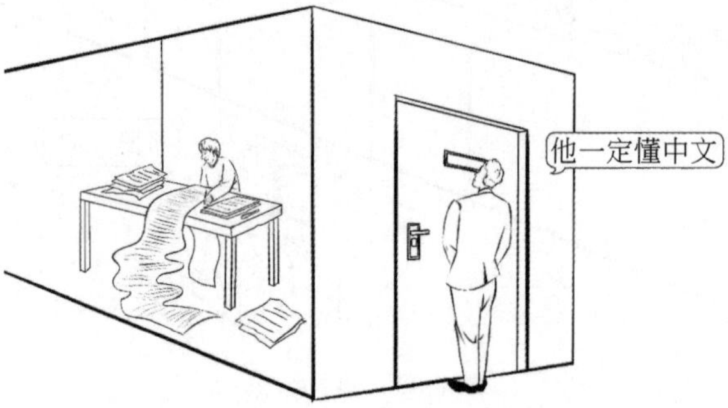


图 0.31 中文屋子问题

**小明**：希尔勒是如何反驳的呢？

**艾博士**：这要从罗杰·施安克设计的故事理解程序开始讲起，该程序可以理解用自然语言输入的一段简短的故事。

**小明**：如何知道这个程序理解了输入的故事呢？

**艾博士**：这就如同我们上课学习一样，老师怎么知道同学们是否听懂了上课内容呢？

**小明**：可以通过提问，看同学们是否能正确回答问题就知道同学们是否听懂了上课内容。

**艾博士**：对于故事理解程序也采用类似的方法，输入一段简短的故事之后，就故事内容进行提问，如果程序能正确回答问题，则说明程序理解了这段故事。提问的内容可以是故事中直接叙述的内容，也可以是故事并没有明确说明，但隐含在故事内的内容，尤其是后者更能检验程序是否理解了故事。

**小明**：听起来是一个很有意思的研究，那么罗杰·施安克的这个程序可以正确回答问题吗？

**艾博士**：对于比较简单的故事还是可以正确回答问题的。比如如下的两小段故事。

故事A：

“一个人进入餐馆并订了一份汉堡包。当汉堡包端来时发现被烘脆了，此人暴怒地离开餐馆，没有付账或留下小费。”

故事B：

“一个人进入餐馆并订了一份汉堡包。当汉堡包端来后他非常喜欢它，而且在离开餐馆付账之前，给了女服务员很多小费。”

这两段故事情节差不多，但是结果不同。作为对程序是否“理解”了故事的检验，可以分别向程序提问：在每个故事中，主人公是否吃了汉堡包。小明你回答一下，主人公是否吃了汉堡包？

**小明**：两段故事都没有明确说主人公是否吃了汉堡包，但是根据故事情节，故事A中主人公并没有吃汉堡包，因为该人“暴怒地离开餐馆，没有付账或留下小费”。而在故事B中，主人公肯定吃了汉堡包，因为该人“非常喜欢它”“给了女服务员很多小费”。这些都是隐含的内容，对于我们人来说理解起来并不难，但是让程序做到这一点感觉并不容易。

艾博士：小明，你的回答是对的。对于程序来说，这种理解确实具有难度，但是对于类似的简短故事，罗杰·施安克的程序做到了这一点。

但是，哲学家希尔勒却提出了异议。他说，能正确回答问题就是理解了吗？希尔勒背后质疑的实际是图灵测试，他认为，计算机即便通过了图灵测试，也并不代表计算机就具有了智能。

小明：不太理解希尔勒是怎样一种逻辑，难道都通过图灵测试了，还不能说计算机具备了智能吗？

艾博士：为此，希尔勒构造了一个理想实验，即“中文屋子问题”，用来阐述他的思想。

罗杰·施安克的程序本来是理解英文故事的，希尔勒认为什么语言并不重要，他假定该程序同样可以理解中文故事。

小明：为什么要换成理解中文故事呢？

艾博士笑道：可能与西方人认为中文最难有关吧？

艾博士接着讲道：既然这是一个程序，那么懂编程的人就可以看得懂这段程序，并按照程序像计算机一样进行数据处理，虽然可能很慢。希尔勒设想自己就是那个懂编程的人，把自己和程序一起关在一个称作“中文屋子”的屋子里，有人将中文故事和问题像输入给计算机一样送到屋子里，希尔勒按照程序一步步地操作，并按照程序给出答案，显然答案也是中文的，因为希尔勒一切都在按照程序操作，如果程序能给出中文回答，那么希尔勒也可以做到。如果程序可以理解这段中文故事、给出正确答案，那么希尔勒自己按照程序也同样可以给出正确答案。这似乎没有问题吧？

小明回答说：应该没有问题，如果不考虑处理所用时间的话。

艾博士：但是希尔勒最后说“我并不认识中文，也不知道这段故事讲了什么，甚至最后给出的答案是什么也不知道，但是我却通过了这个测试”。所以希尔勒提出疑问：能给出正确答案就是理解了吗？就实现了智能吗？

小明：哲学家就是不一样，通过一个简单的例子，提出了一个很有意思的问题。

艾博士：中文屋子问题提出后，引起了世界范围内有关什么是智能的大讨论，有赞同希尔勒观点的，也有反对他的观点的，公说公有理婆说婆有理，各自发表不同的见解。

小明：最终有什么结果吗？

艾博士：这类问题注定不会有一个统一的结果，但是通过讨论，加深了人们对什么是智能、什么是人工智能的认识。

小明：艾博士您是如何看待中文屋子问题的呢？

艾博士：我个人认为，中文屋子应该当作一个整体来看待，虽然屋子里的希尔勒并没有理解这段中文故事，但是从屋子整体来说，能正确回答问题就是理解了，也就具有了智能。就如同我们人，也是从一个人的整体来讨论是否理解了问题，不能说人体里面的哪个部分理解了故事。

小明：我觉得您说得很有道理，中文屋子应该当作一个整体看待，理解故事的是屋子整体，而不是内部的某个部分。

**小明读书笔记**

图灵测试和中文屋子问题是人工智能中经常被涉及的话题，这两个话题可以帮助我们理解什么是智能、什么是人工智能等问题。

简单地说，图灵测试就是测试者通过一定的对话，能否区分出与他对话的是人还是机器，如果机器成功地欺骗了测试者，则机器通过了图灵测试，即机器具有了智能。从某种程度上来说，图灵测试是一种对人工智能的定义。

通过了图灵测试机器就具有了智能吗？中文屋子问题是对图灵测试的一个反驳，通过一个假想试验，试图说明即便通过了图灵测试机器也不一定就具有了智能。这样的讨论对于弄清楚什么是理解、什么是智能具有重要意义。

## 0.5 第三代人工智能

**艾博士**：人工智能发展到今天虽然取得了很好的成绩，但是目前以深度学习为主导的人工智能还存在很多问题有待解决。

**小明**：主要存在哪些问题呢？

**艾博士**：我们通过一些典型的例子说明一下当前以深度学习为主导的人工智能存在的问题。

在大数据时代，人工智能需要大量的数据，但是人认识事物，并不需要太多的数据，人可以很容易做到举一反三。图 0.32 是国宝级文物东汉时期的青铜器“马踏飞燕”侧面和正面图，对于人来说，如果认识了侧面图是马踏飞燕，那么当看到正面图时，也能认出是马踏飞燕，不会由于没有见过正面图而不认识。但是对于目前的人工智能系统来说，很难做到这一点，需要学习大量不同角度的图片，才有可能正确识别出不同角度的马踏飞燕。

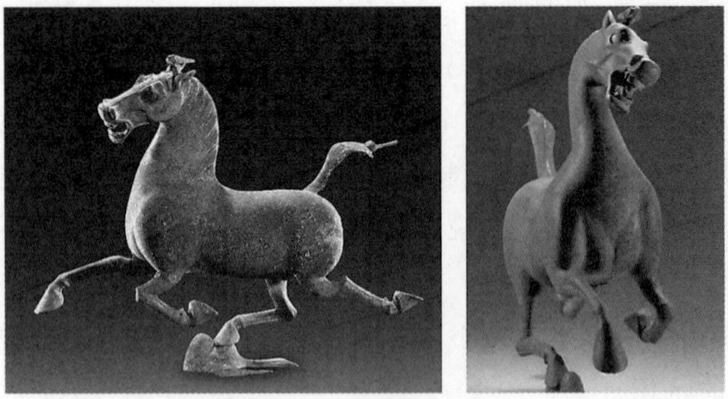

图 0.32 马踏飞燕图

**小明**：为什么人工智能系统不能像人一样做到举一反三呢？

**艾博士**：人之所以能做到举一反三，是人具有理解能力，是在理解的基础上做识别，很多情况下即便不给出全图也可以正确识别。而目前的人工智能系统依靠的是“见多识广”，通过大量数据的训练形成“概念”，人工智能所谓的“认识”，其实是在猜测，由于“见过”的数据多，往往猜测的也比较准确，但也存在猜错了的风险，甚至可能错的离谱。

小明不解地问道：会有哪些风险呢？

**艾博士**：比如图 0.33 给出的是某自动驾驶汽车发生的车祸照片，其中图 0.33(a)是车祸现场，图 0.33(b)是与汽车发生碰撞的大货车。当时该自动驾驶汽车在没有任何刹车的情况下，与大货车直接相撞，造成惨重后果。经事后分析，自动驾驶汽车将大货车识别成了立交桥，所以没有采取任何措施就撞了上去。图 0.33(b)椭圆形圆圈所标示的就是汽车与大货车相撞的具体位置。

(a) 某自动驾驶汽车车祸现场　　(b) 发生碰撞的大货车

图 0.33　某自动驾驶汽车车祸

**小明**：原来是这样啊，在自动驾驶汽车场景下，万一发生了识别错误，就可能造成严重后果。

**艾博士**：还有人针对人工智能系统研究对抗样本，利用人工智能系统的脆弱性，对人工智能系统进行攻击。

**小明**：这里所说的攻击是什么含义呢？又怎么实现的攻击呢？

**艾博士**：这里说的攻击，指的是在一个原始图像上增加少量人眼无法察觉的噪声，欺骗人工智能系统发生识别错误，达到攻击的目的。图 0.34 就是一个对抗样本攻击的例子。其中左图是一个熊猫图像，中图是专为攻击构造的噪声图像，然后将噪声图像以 0.7%的强度添加到左图中，得到右图所示的添加了噪声之后的熊猫图像。小明你对比一下看，能看出图 0.34 左图和右图有什么差别吗？

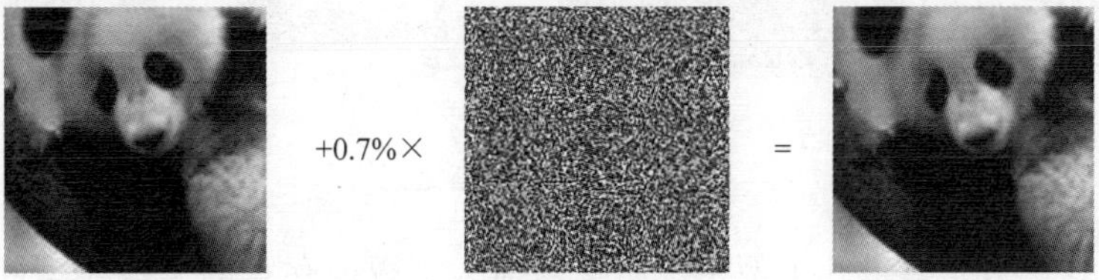


图 0.34　对抗样本举例

小明反复对比以后说：看不出任何差别来。

**艾博士**：对于人来说，加上这么少的噪声不会有任何影响，即便是涂抹几下，或者部分遮挡，也不会影响我们人类识别这是一个熊猫。但是对于人工智能系统就不同了，对于左图可以正确地识别出这是熊猫，但是却将右图识别为一只长臂猿，并且信心满满地认为是长臂猿的可信度高达 99.3%。

**小明**：这也太不可思议了，一点点噪声就会带来这么奇怪的事情发生。

**艾博士**：这就是对抗样本带来的效果，这个噪声不是普通的噪声，而是利用了目前人工智能方法的弱点，为了攻击有意构造的噪声。这件事情就更危险了，对一些人工智能的应用可能带来灾难性的后果。比如说如果自动驾驶汽车大量使用，有人对路标进行攻击，本来指引右转的路牌，攻击者通过对抗样本的方法让汽车错误地识别为向左转，而人又很难发现路牌有问题，岂不是非常危险？

**小明**：这确实是件可怕的事情。

**艾博士**：最近 MIT 和 UC Berkeley 的研究者发表了他们的研究成果，利用类似对抗样本的攻击方法，成功地攻击了与 AlphaGo 类似的计算机围棋系统 KataGo，通过训练得到的围棋 AI 可以 77%的胜率战胜 KataGo，而 KataGo 同 AlphaGo 一样，在围棋方面具有超越人类的能力。

**小明**：就是说通过对抗训练的这个围棋 AI 具有更高的下棋水平了吗？

**艾博士**：不是的，这个围棋 AI 水平并不高，甚至下不过普通的业余棋手，只能说是一物降一物，只对 KataGo 有效，它是通过欺骗 KataGo 犯下严重错误而获胜的，并不是真的具有什么下棋水平。

**小明**：艾博士，听您讲的人工智能存在的这些问题，让我想起来古希腊神话中的“阿喀琉斯之踵”（图 0.35）。阿喀琉斯是位大英雄，在他刚出生时其母将其沉浸进冥河中做洗礼，因为相传在冥河水中洗过礼就可以做到刀枪不入、长生不老。但遗憾的是洗礼时被母亲提着的脚踝没有浸入水中，从而留下了一个死穴，最终在特洛伊战争中阿喀琉斯被帕里斯一箭射中脚踝而死。目前的人工智能可能就存在这样的“死穴”，一旦这些“死穴”被利用，就可能会带来不可预测的灾难性后果。

(a)

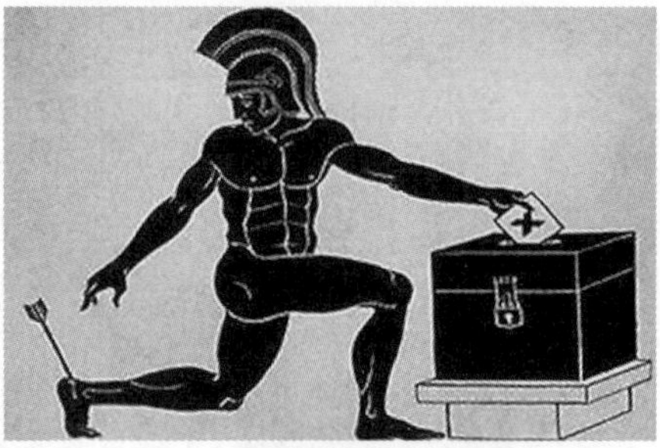

(b)

图 0.35　阿喀琉斯之踵

**艾博士**：这里只是通过几个例子说明了当前人工智能存在的一些典型问题，更多的问题我们就不再叙述了。这些问题在实际应用中出现就会带来不可靠、不可信、不安全等问题，究其原因是因为目前的人工智能方法靠的是猜测，缺乏理解和可解释性，无论是做对了还是做错了，都很难给出其原因所在。

为了克服这些存在的问题，清华大学的张钹院士提出了第三代人工智能的概念。张钹院士按照人工智能的发展，将目前的人工智能划分为两代。第一代是以专家系统、知识工程为代表的基于知识的人工智能，第二代是以统计机器学习、深度学习为代表的基于数据的人工智能。在这里张钹院士认为特征也是数据的一种，所以将我们前面讲的特征时代和数据时代合并为一代。在两代人工智能发展过程中，虽然取得了很好的成绩，但是还存在诸如我们所说的各种问题。

张钹院士认为，当前的人工智能适于求解满足如下条件的问题。

(1) 掌握丰富的数据或知识。

(2) 信息完全。

(3) 确定性信息。

(4) 静态与结构化环境。

(5) 有限领域与单一任务。

但是在实际应用中并不能满足这样的条件，比如不足的数据、不完备的信息、动态的环境、非确定性信息等，因此一旦超出了条件所限，人工智能系统就可能出现问题。而第三代人工智能就是要解决这些问题，在数据不充分、信息不完全、信息不确定、动态环境、复合任务条件下，实现安全、可信、可靠、可扩展、可解释的人工智能。这也是人工智能今后发展的重要方向，在其中一个或者几个方面取得进展，都将是人工智能研究的重大突破。

**小明**：看起来人工智能需要研究的问题还有很多，困难与机遇并存，我要努力学习，先打好基础，学会已有的东西，在前人的基础上才有可能取得新的进展。

**艾博士**：小明加油！将来就靠你们了！

**小明读书笔记**

目前以深度学习为主导的人工智能还存在很多问题，很大程度上靠的是猜测而不是理解，这样就可能出现很多问题，给应用带来不可靠、不可信、不安全等问题。之所以会出现这样的问题，是因为目前人工智能方法是在假定信息完全、确定性信息、静态与结构化环境、单一任务等条件下实现的，而现实条件往往并不满足这样的假设。为此张钹院士提出了第三代人工智能的概念，在数据不充分、信息不完全、信息不确定、动态环境、复合任务条件下，实现安全、可信、可靠、可扩展、可解释的人工智能。这是未来人工智能研究的重要方向。

## 0.6 总结

**艾博士**：关于什么是人工智能就简单地讲这么多，下面请小明对这部分内容做一个总结。

**小明**：好的，我试着总结一下。

1956年在达特茅斯讨论会上，第一次公开提出了人工智能这一概念，标志着人工智能的诞生。60多年以来，人工智能研究经风历雨，几次陷入困境，在一代代研究者不畏艰难的努力之下，终于取得今天这样的成绩。从研究对象的角度，人工智能60多年的研究史，可以大体上划分为4个时代。

第一个时代是初期时代。随着人工智能的提出，研究者们满腔热情地投入研究中，在诸如定理证明、通用问题求解、机器博弈、机器翻译等多个方面开展了全方位的研究工作，也取得了一些成绩。但是由于对实现人工智能的困难估计不足，很快陷入困境。通过总结经验教训，人们认识到知识的重要性，必须让计算机拥有知识，才有可能实现人工智能。

第二个时代是知识时代。一个专家之所以能够成为某个领域的专家，关键是他拥有了这个领域的知识以及运用这些知识解决领域内问题的能力。如果能将专家的知识总结出来，并以计算机可以使用的方式加以表示、存储，那么计算机也可以像专家那样求解该领域的问题。这就诞生了专家系统，专家系统是知识时代最具代表性的工作，后来又进一步发展为知识工程。

专家系统最重要的就是知识，但是如何获取专家的知识，成为建构专家系统的瓶颈问题。

第三个时代是特征时代。人的知识是通过学习获得的，那么计算机是否可以实现自动学习呢？这就诞生了机器学习，也就是让计算机自动获取知识。曾经提出过多种机器学习方法，但都无法应用于实际之中，直到统计机器学习方法的提出才改变了这一现象，使得机器学习可以真正解决实际问题。

统计机器学习方法利用统计学方法对输入特征进行统计分析，找出特征之间的统计规律，实现对特征数据统计建模，并应用于求解实际问题。在互联网大发展、数据海量增加的情况下，为人工智能的广泛应用打下了基础，可以说是统计机器学习方法将人工智能从低谷之中拯救回来，为后来的人工智能热潮奠定了基础。

在应用统计机器学习解决实际问题过程中，除了统计机器学习方法外，最重要的就是特征抽取，各种应用研究主要围绕着针对具体问题的特征抽取方法展开，但是如何抽取特征又成为了人工智能应用中新的瓶颈问题，阻碍了人工智能的发展。

第四个时代是数据时代。能否让计算机从原始数据中自动抽取特征呢？能够从数据中自动抽取特征的深度学习方法应运而生。

简单地说，深度学习就是一种多层人工神经网络，简称神经网络。神经网络的研究起始于20世纪40年代，五六十年代曾经有过很多研究，但由于缺少通用的学习方法而受到冷落。到了20世纪80年代中期，随着BP算法的提出再次受到研究者的重视，并掀起新的研究热潮。但由于受诸如计算能力、数据量等客观条件的限制，有关神经网络的研究再次陷入低潮。直到2006年神经网络以深度学习的面貌再次出现，并在语音识别、图像识别中获得成功应用后，以深度学习为主导的人工智能才取得爆发性发展，在多个不同的领域取得快速发展和应用，重新引领了人工智能的发展热潮。

深度学习之所以能在多个方面取得好成绩，主要是因为深度学习方法具有从原始数据中自动抽取特征的能力，通过多层神经网络，可以实现不同层次、不同粒度的特征抽取，实现多层的特征映射。

第五个时代是大模型时代，这一时代刚刚开始。利用巨大的数据实现预训练，再通过微调、对齐等手段得到一个具有一定通用能力的大模型。以ChatGPT为代表的大模型，以其出色的语言理解能力、语言生成能力，以及多轮对话管理能力，实现了人工智能发展史上的大突破。

如何验证一个计算机系统是否具有了智能呢？图灵对此进行了深入研究，提出了著名的图灵测试。图灵在论文中设想，有一台机器A和一个人B，并有一个测试者C。测试者C向机器A和人B提出问题，机器A和人B回答问题。如果经过若干轮测试之后，测试者C不能准确地判断出A是机器、B是人，则说明机器A通过了测试，具有了智能。

针对通过图灵测试是否就预示着具有智能这个问题也引起过争论，“中文屋子问题”就是针对此问题而提出的。假设有一个可以理解中文的程序，一个懂得编程但并不懂中文的人，把人和程序放在一个称作“中文屋子”的房间里，提问者用中文向屋子里的人提问，屋子里的人按照程序像计算机那样“人工”执行程序。如果程序可以给出正确答案，那么屋子里的人也应该可以给出正确答案，因为他是严格按照程序操作的。虽然答案是正确的，但是屋子里的人不懂中文，他根本不知道问题是什么，也不知道回答的是什么，能说他理解了中文吗？这样的讨论推动了研究者对什么是智能、什么是人工智能的理解。

基于深度学习的人工智能虽然取得了很辉煌的成绩，但是在很多方面还存在不足，具有被攻击的风险，从而导致人工智能系统具有不安全、不可靠、不可信等问题。如何解决这些问题，是下一代人工智能也就是第三代人工智能要解决的问题，也是未来人工智能的重要发展方向。

# 第1篇

# 神经网络是如何实现的

艾博士导读

这些年来人工智能蓬勃发展，在语音识别、图像识别、自然语言处理等多个领域得到了很好的应用。推动这波人工智能浪潮的无疑是深度学习。深度学习实际上就是多层神经网络，至少到目前为止，深度学习基本上是用神经网络实现的。神经网络并不是什么新的概念，早在20世纪40年代就开展了以感知机为代表的神经网络的研究，只是限于当时的客观条件，提出的模型比较简单，只有输入、输出两层，功能有限，连最简单的异或问题（XOR问题）都不能求解，神经网络的研究走向低潮。

到了20世纪80年代中期，随着反向传播算法（BP算法）的提出，神经网络再次引发研究热潮。当时被广泛使用的神经网络，在输入层和输出层之间引入了隐含层，不但能轻松求解异或问题，还被证明可以逼近任意连续函数。但限于计算能力和数据资源的不足，神经网络的研究再次陷入低潮。

一直对神经网络情有独钟的多伦多大学的辛顿教授，于2006年在《科学》上发表了一篇论文，提出了深度学习的概念，至此神经网络以深度学习的面貌再次出现在研究者的面前。但是深度学习并不是简单地重复以往的神经网络，而是针对以往神经网络研究中存在的问题，提出了一些解决方法，可以实现更深层次的神经网络，这也是"深度学习"一词的来源。

随着深度学习方法先后被应用到语音识别、图像识别中，并取得了传统方法不可比拟的性能，深度学习引起了人工智能研究的再次高潮。

那么神经网络是如何实现的呢？本篇将逐一解开这个谜团。

小明是个聪明好学的孩子，对什么事情都充满了好奇心。最近人工智能火热，无论是电视上，还是网络媒体上，经常听到的一个词就是神经网络。小明在生物课上学习过人类的神经网络，我们的思维思考过程，都是依赖于大脑的神经网络进行的。那么计算机上的神经网络是如何实现的呢？带着这个问题，小明找到了万能的艾博士，向艾博士请教有关神经网络的实现原理以及计算机是如何利用神经网络实现人工智能的。

## 1.1 从数字识别谈起

这天是周末，艾博士正在家中整理自己的读书笔记，为周一的讲课做准备，在得知了小明的来意之后，对小明说：小明，你来得刚好，我正在准备这方面的资料，我们一起来探讨一下这个问题。

小明你看，图 1.1(a)是数字 3 的图像，其中 1 代表有笔画的部分，0 代表没有笔画的部分。假设想对 0～9 这 10 个数字图像进行识别，也就是说，如果任给一个数字图像，我们想让计算机识别出这个图像是数字几，我们应该如何做呢？

| | | | | | | | | | | | | | | |
|---|---|---|---|---|---|---|---|---|---|---|---|---|---|---|
| 1 | 1 | 1 | 1 | 1 | 1 | 1 | 1 | 1 | 1 | 1 | 1 | 1 | 0 | 0 |
| 1 | 1 | 1 | 1 | 1 | 1 | 1 | 1 | 1 | 1 | 1 | 1 | 1 | 1 | 0 |
| 1 | 1 | 1 | 1 | 1 | 1 | 1 | 1 | 1 | 1 | 1 | 1 | 1 | 1 | 1 |
| 0 | 0 | 0 | 0 | 0 | 0 | 0 | 0 | 0 | 0 | 0 | 0 | 1 | 1 | 1 |
| 0 | 0 | 0 | 0 | 0 | 0 | 0 | 0 | 0 | 0 | 0 | 0 | 1 | 1 | 1 |
| 0 | 0 | 0 | 0 | 0 | 0 | 0 | 0 | 0 | 0 | 0 | 0 | 1 | 1 | 1 |
| 1 | 1 | 1 | 1 | 1 | 1 | 1 | 1 | 1 | 1 | 1 | 1 | 1 | 1 | 0 |
| 1 | 1 | 1 | 1 | 1 | 1 | 1 | 1 | 1 | 1 | 1 | 1 | 1 | 0 | 0 |
| 1 | 1 | 1 | 1 | 1 | 1 | 1 | 1 | 1 | 1 | 1 | 1 | 1 | 1 | 0 |
| 0 | 0 | 0 | 0 | 0 | 0 | 0 | 0 | 0 | 0 | 0 | 0 | 1 | 1 | 1 |
| 0 | 0 | 0 | 0 | 0 | 0 | 0 | 0 | 0 | 0 | 0 | 0 | 1 | 1 | 1 |
| 0 | 0 | 0 | 0 | 0 | 0 | 0 | 0 | 0 | 0 | 0 | 0 | 1 | 1 | 1 |
| 1 | 1 | 1 | 1 | 1 | 1 | 1 | 1 | 1 | 1 | 1 | 1 | 1 | 1 | 1 |
| 1 | 1 | 1 | 1 | 1 | 1 | 1 | 1 | 1 | 1 | 1 | 1 | 1 | 1 | 0 |
| 1 | 1 | 1 | 1 | 1 | 1 | 1 | 1 | 1 | 1 | 1 | 1 | 1 | 0 | 0 |

(a) 数字 3 的图像

| | | | | | | | | | | | | | | |
|---|---|---|---|---|---|---|---|---|---|---|---|---|---|---|
| 1 | 1 | 1 | 1 | 1 | 1 | 1 | 1 | 1 | 1 | 1 | 1 | 1 | -1 | -1 |
| 1 | 1 | 1 | 1 | 1 | 1 | 1 | 1 | 1 | 1 | 1 | 1 | 1 | 1 | -1 |
| 1 | 1 | 1 | 1 | 1 | 1 | 1 | 1 | 1 | 1 | 1 | 1 | 1 | 1 | 1 |
| -1 | -1 | -1 | -1 | -1 | -1 | -1 | -1 | -1 | -1 | -1 | -1 | 1 | 1 | 1 |
| -1 | -1 | -1 | -1 | -1 | -1 | -1 | -1 | -1 | -1 | -1 | -1 | 1 | 1 | 1 |
| -1 | -1 | -1 | -1 | -1 | -1 | -1 | -1 | -1 | -1 | -1 | -1 | 1 | 1 | 1 |
| 1 | 1 | 1 | 1 | 1 | 1 | 1 | 1 | 1 | 1 | 1 | 1 | 1 | 1 | -1 |
| 1 | 1 | 1 | 1 | 1 | 1 | 1 | 1 | 1 | 1 | 1 | 1 | 1 | -1 | -1 |
| 1 | 1 | 1 | 1 | 1 | 1 | 1 | 1 | 1 | 1 | 1 | 1 | 1 | 1 | -1 |
| -1 | -1 | -1 | -1 | -1 | -1 | -1 | -1 | -1 | -1 | -1 | -1 | 1 | 1 | 1 |
| -1 | -1 | -1 | -1 | -1 | -1 | -1 | -1 | -1 | -1 | -1 | -1 | 1 | 1 | 1 |
| -1 | -1 | -1 | -1 | -1 | -1 | -1 | -1 | -1 | -1 | -1 | -1 | 1 | 1 | 1 |
| 1 | 1 | 1 | 1 | 1 | 1 | 1 | 1 | 1 | 1 | 1 | 1 | 1 | 1 | 1 |
| 1 | 1 | 1 | 1 | 1 | 1 | 1 | 1 | 1 | 1 | 1 | 1 | 1 | 1 | -1 |
| 1 | 1 | 1 | 1 | 1 | 1 | 1 | 1 | 1 | 1 | 1 | 1 | 1 | -1 | -1 |

(b) 数字 3 的模式

图 1.1　数字 3 的图像和模式

一种简单的办法就是对每个数字构造一个模式，比如对数字 3，我们这样构造模式：有笔画的部分用 1 表示，而没有笔画的部分，用 −1 表示，如图 1.1(b)所示。当有一个待识别图像时，我们用待识别图像与该模式进行匹配，匹配的方法就是用图像和模式的对应位置数字相乘，然后再对相乘结果进行累加，累加的结果称为匹配值。为了方便表示，我们将模式

一行一行展开用 $w_i(i=1,2,\cdots,n)$ 表示模式的每一个点。待识别图像也同样处理，用 $x_i(i=1,2,\cdots,n)$ 表示。这里假定模式和待识别图像的大小是一样的，由 $n$ 个点组成。则以上所说的匹配可以表示为：

$$\text{net}=w_1\cdot x_1+w_2\cdot x_2+\cdots+w_n\cdot x_n$$

艾博士问小明：你看这样的匹配会是什么结果呢？

小明想了一下回答道：如果模式与待识别图像中的笔画是一样的，就会得到一个比较大的匹配结果，如果有不一致的地方，比如模式中某个位置没有笔画，这部分在模式中为 $-1$，而待识别图像中相应位置有笔画，这部分在待识别图像中为 1，这样对应位置相乘就是 $-1$，相当于对结果做了惩罚，会使得匹配结果变小。所以我猜想，匹配结果越大说明待识别图像与模式越一致，否则差别就比较大。

听了小明的回答，艾博士很高兴：小明，你说得很对。我们用 3 和 8 举例说明。如图 1.2 所示是 8 的图像。这两个数字的区别只是在最左边是否有笔画，当用 8 与 3 的模式匹配时，8 的左边部分与 3 的模式的左边部分相乘时，会得到负值，这样匹配结果受到了惩罚，降低了匹配值。相反如果当 3 与 8 的模式匹配时，由于 3 的左边没有笔画值为 0，与 8 的左边对应位置相乘得到的结果是 0，也同样受到了惩罚，降低了匹配值。只有当待识别图像与模式笔画一致时，才会得到最大的匹配值。

| | | | | | | | | | | | | | | |
|---|---|---|---|---|---|---|---|---|---|---|---|---|---|---|
| 0 | 0 | 1 | 1 | 1 | 1 | 1 | 1 | 1 | 1 | 1 | 1 | 1 | 0 | 0 |
| 0 | 1 | 1 | 1 | 1 | 1 | 1 | 1 | 1 | 1 | 1 | 1 | 1 | 1 | 0 |
| 1 | 1 | 1 | 1 | 1 | 1 | 1 | 1 | 1 | 1 | 1 | 1 | 1 | 1 | 1 |
| 1 | 1 | 1 | 0 | 0 | 0 | 0 | 0 | 0 | 0 | 0 | 0 | 1 | 1 | 1 |
| 1 | 1 | 1 | 0 | 0 | 0 | 0 | 0 | 0 | 0 | 0 | 0 | 1 | 1 | 1 |
| 1 | 1 | 1 | 0 | 0 | 0 | 0 | 0 | 0 | 0 | 0 | 0 | 1 | 1 | 1 |
| 0 | 1 | 1 | 1 | 1 | 1 | 1 | 1 | 1 | 1 | 1 | 1 | 1 | 1 | 0 |
| 0 | 0 | 1 | 1 | 1 | 1 | 1 | 1 | 1 | 1 | 1 | 1 | 1 | 0 | 0 |
| 0 | 1 | 1 | 1 | 1 | 1 | 1 | 1 | 1 | 1 | 1 | 1 | 1 | 1 | 0 |
| 1 | 1 | 1 | 0 | 0 | 0 | 0 | 0 | 0 | 0 | 0 | 0 | 1 | 1 | 1 |
| 1 | 1 | 1 | 0 | 0 | 0 | 0 | 0 | 0 | 0 | 0 | 0 | 1 | 1 | 1 |
| 1 | 1 | 1 | 0 | 0 | 0 | 0 | 0 | 0 | 0 | 0 | 0 | 1 | 1 | 1 |
| 1 | 1 | 1 | 1 | 1 | 1 | 1 | 1 | 1 | 1 | 1 | 1 | 1 | 1 | 1 |
| 0 | 1 | 1 | 1 | 1 | 1 | 1 | 1 | 1 | 1 | 1 | 1 | 1 | 1 | 0 |
| 0 | 0 | 1 | 1 | 1 | 1 | 1 | 1 | 1 | 1 | 1 | 1 | 1 | 0 | 0 |

**图 1.2　数字 8 的图像**

接着，艾博士让小明算一下数字 3、8 分别与 3 的模式的匹配值各是多少。小明很快就给出了计算结果，3 与 3 的模式的匹配值是 143，而 8 与 3 的模式的匹配值是 115。可见前者远大于后者。图 1.3 给出了数字 8 与模式 3 匹配的示意图，为表示方便用了一个小图。

看着计算结果小明很是兴奋，马上问艾博士：如果我想识别一个数字是 3 还是 8，是不是分别和这两个数字的模式进行匹配，看与哪个模式的匹配值大，就是哪个数字？

艾博士肯定地回答说：非常正确。如果识别 0～9 这 10 个数字，只要分别建造这 10 个数字的模式就可以了。对于一个待识别图像，分别与 10 个模式匹配，选取匹配值最大的作

| | | | | |
|---|---|---|---|---|
| 0 | 1 | 1 | 1 | 0 |
| 1 | 0 | 0 | 0 | 1 |
| 0 | 1 | 1 | 1 | 0 |
| 1 | 0 | 0 | 0 | 1 |
| 0 | 1 | 1 | 1 | 0 |

(a) 数字8

●

| | | | | |
|---|---|---|---|---|
| 1 | 1 | 1 | 1 | -1 |
| -1 | -1 | -1 | -1 | 1 |
| 1 | 1 | 1 | 1 | -1 |
| -1 | -1 | -1 | -1 | 1 |
| 1 | 1 | 1 | 1 | -1 |

(b) 模式3

=

0×1+1×1+1×1+1×1+0×(-1)+
1×(-1)+0×(-1)+0×(-1)+0×(-1)+1×1+
0×1+1×1+1×1+1×1+0×(-1)+
1×(-1)+0×(-1)+0×(-1)+0×(-1)+1×1+
0×1+1×1+1×1+1×1+0×(-1)
=9

图 1.3 数字 8 与模式 3 的对应位置相乘再累加

为识别结果就可以了。但是由于不同数字的笔画有多有少，比如 1 笔画就少，而 8 就比较多，所以识别结果的匹配值也会有大有小，为此我们可以对匹配值用一个称作 sigmoid 的函数进行变换，将匹配值变换到 0 和 1 之间。sigmoid 函数如下式所示，通常用 $\sigma$ 表示。

$$\sigma(x)=\frac{1}{1+\mathrm{e}^{-x}}$$

其图形如图 1.4 所示。

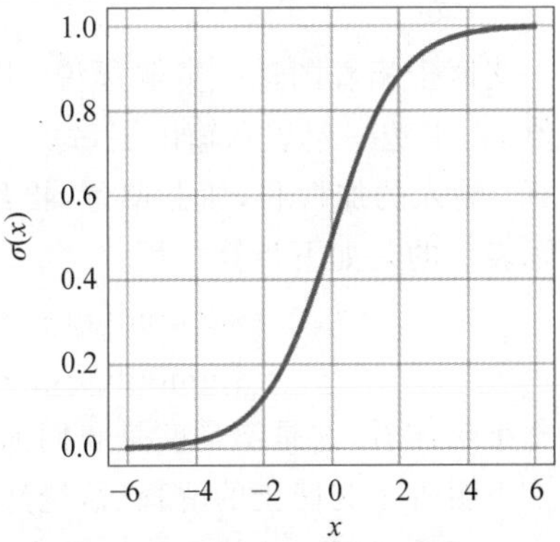

图 1.4 sigmoid 函数示意图

从图中可以看出，当 $x$ 比较大时，sigmoid 输出接近于 1；当 $x$ 比较小时(负数)，sigmoid 输出接近于 0。经过 sigmoid 函数变换后的结果可以认作是待识别图像属于该数字的概率。

听艾博士讲到这里，聪明的小明用计算器计算一番后，马上想到一个问题：艾博士，像前面的 3 和 8 的匹配结果分别为 143、115，把两个结果代入 sigmoid 函数中，都接近于 1，并没有明显的区分啊？

艾博士夸赞小明想得仔细：小明你说得非常对，sigmoid 函数并不能直接这样用，而是要“平移”一下，加上一个适当的偏置 $b$，使得加上偏置后，两个结果分别在 sigmoid 函数中心线的两边，来解决这个问题：

$$\mathrm{net}=w_1\cdot x_1+w_2\cdot x_2+\cdots+w_n\cdot x_n+b$$

比如这里我们让 $b=-129$，小明你再计算一下这样处理后的 sigmoid 值分别是多少？

小明用计算器再次计算一番后，得出结果分别是：

$$\mathrm{sigmoid}(143-129)=0.999999$$

$$\mathrm{sigmoid}(115-129)=0.000001$$

小明对这个结果非常满意：这个 sigmoid 函数真是神奇，这样区分就非常清楚了，接近 1 的就是识别结果，而接近 0 的就不是识别结果。但是艾博士，对于不同的数字模式这个偏置 $b$ 是固定值吗？

艾博士回答说：当然不能是固定的，不同的数字模式具有不同的 $b$ 值，这样才能解决前面提到的不同数字之间笔画有多有少的问题。

经过艾博士的详细讲解，小明明白了这样一种简单的数字识别基本原理。但是，这与神经网络有什么关系呢？

对于小明的问题，艾博士在纸上画了一个示意图，如图 1.5 所示。艾博士指着图说：我们上面介绍的，其实就是一个简单的神经网络。这是一个可以识别3和8的神经网络，与前面介绍的一样，$x_1, x_2, \cdots, x_n$ 表示待识别图像，$w_{3,1}, w_{3,2}, \cdots, w_{3,n}$ 和 $w_{8,1}, w_{8,2}, \cdots, w_{8,n}$ 分别表示3的模式和8的模式，在图中可以看成是每条边的权重。如果用 $y_3$、$y_8$ 分别表示识别为3或者8的概率的话，则这个示意图实际表示的和前面介绍的数字识别方法是完全一样的，只不过是换成了用网络的形式表达。

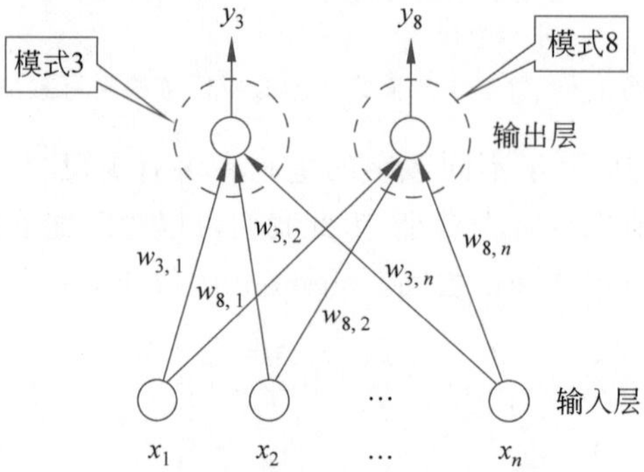


图1.5 用神经网络形式表达的数字识别

艾博士指着图进一步解释说：图中下边表示输入层，每个圆圈对应输入图像在位置 $i$ 的值 $x_i$，上边一层表示输出层，每一个圆圈代表了一个神经元，所有的神经元都采取同样的运算：输入的加权和，加上偏置，再经过 sigmoid 函数得到输出值。这样的一个神经网络，实际表示的是如下计算过程：

$$y_3 = \text{sigmoid}(w_{3,1} \cdot x_1 + w_{3,2} \cdot x_2 + \cdots + w_{3,n} \cdot x_n + b_3)$$
$$y_8 = \text{sigmoid}(w_{8,1} \cdot x_1 + w_{8,2} \cdot x_2 + \cdots + w_{8,n} \cdot x_n + b_8)$$

小明你看，这是不是就是我们前面讲的数字识别方法？

小明听了艾博士的解释后，恍然大悟，问道：那么是不是说每个神经元对应的权重都代表了一种模式呢？比如在这个图中，一个神经元代表的是数字3的模式，另一个神经元代表的是数字8的模式。进一步，如果在输出层补足了10个数字，是不是就可以实现数字识别了？

在得到了艾博士的肯定回答后，小明又问道：刚刚您说这是一个简单的神经网络，那么是否有更复杂的神经网络呢？复杂的神经网络又是如何构造的呢？

艾博士回答说：这个网络过于简单了，要想构造复杂一些的网络，可以有两个途径。比如一个数字可以有不同的写法，这样的话，同一个数字就可以构造多个不同的模式，只要匹配上一个模式，就可以认为是这个数字。这是一种横向扩展，如图1.6(a)所示，图中增加了数字3和8的新模式。另外一个途径就是构造局部的模式。比如可以将一个数字划分为上下左右4部分，每部分是一个模式，多个模式组合在一起合成一个数字。不同的数字，也可以共享相同的局部模式。比如3和8在右上、右下部分模式可以是相同的，而区别在左上和左下的模式上。要实现这样的功能，需要在神经网络的输入层、输出层之间增加一层表示局部模式的神经元，这层神经元由于在神经网络的中间部分，所以被称为隐含层。如图1.6(b)所示，输入层到隐含层的神经元之间都有带权重的连接，而隐含层到输出层之间也同样具有带权重的连接。隐含层的每个神经元，均表示了某种局部模式。这是一种纵向扩展。

小明对照着艾博士画的图，思考了一下说：如果要刻画更细致的局部模式，是不是增加

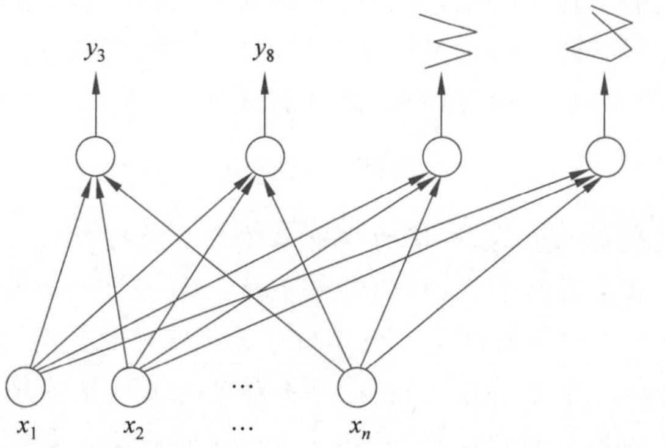


(a) 神经网络横向扩展——表达更多的模式

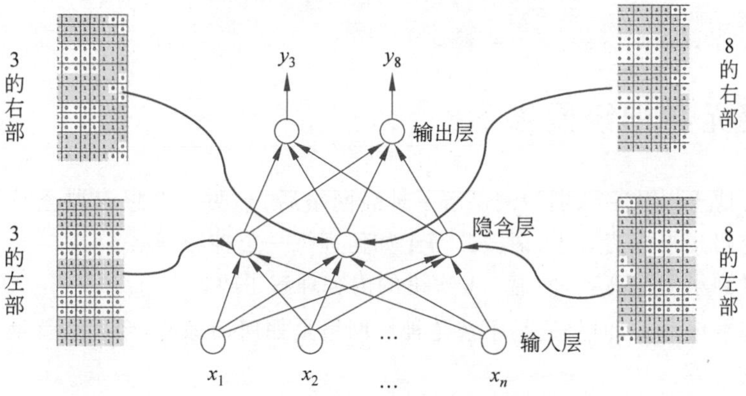


(b) 神经网络纵向扩展——表达更细的模式

**图 1.6　扩展神经网络**

更多的隐含层就可以了？

艾博士回答说：小明你说得很对，可以通过增加隐含层的数量来刻画更细致的模式，每增加一层隐含层，模式就被刻画得更详细一些。这样就建立了一个深层的神经网络，越靠近输入层的神经元，刻画的模式越细致，体现的越是细微信息的特征；越是靠近输出层的神经元，刻画的模式越是体现整体信息的特征。这样通过不同层次的神经元体现的是不同粒度的特征。每一层隐含层也可以横向扩展，在同一层中每增加一个神经元，就增加了一种与同层神经元相同粒度特征的模式。

小明又问道：这样看起来，神经网络越深越能刻画不同粒度特征的模式，而横向神经元越多，则越能表示不同的模式。但是当神经网络变得复杂后，所要表达的模式会非常多，如何构造各种不同粒度的模式呢？

艾博士很是欣赏小明善于思考的作风：小明你这个问题非常好，上面咱们只是举例说明可以这么做。构造模式是非常难的事情，事实上我们也很难手工构造这些模式。在后面我们可以看到，这些模式，也就是神经网络的权重是可以通过样本训练得到的，根据标注好的样本，神经网络会自动学习这些权值，也就是模式，从而实现数字识别。

最后艾博士总结到：通过上述讲解，我们了解了神经元可以表示某种模式，不同层次的神经元可以表示不同粒度的特征，从输入层开始，越往上表示的特征粒度越大，从开始的细粒度特征，到中间层次的中粒度特征，再到最上层的全局特征，利用这些特征就可以实现对数字的识别。如果网络足够复杂，神经网络不仅可以实现数字识别，还可以实现更多的智能系统，比如人脸识别、图像识别、语音识别、机器翻译等。

**小明读书笔记**

神经元实际上是模式的表达，不同的权重体现了不同的模式。权重与输入的加权和，即权重与对应的输入相乘再求和，实现的是一次输入与模式的匹配。该匹配结果可以通过 sigmoid 函数转换为匹配上的概率。概率值越大说明匹配度越高。

一个神经网络可以由多层神经元构成，每个神经元表达了一种模式，越是靠近输入层的神经元表达的越是细粒度的特征，越是靠近输出层的神经元表达的越是粗粒度的特征。同一层神经元越多，说明表达的相同粒度的模式越多，而神经网络层数越多，越能刻画不同粒度的特征。

## 1.2 神经元与神经网络

自从听艾博士以数字识别为例讲解了神经网络后，小明一直想着神经网络如何训练的问题。这天小明又来找艾博士，请教艾博士如何训练一个神经网络。

艾博士见到小明很高兴，问道：上次讲的内容理解了吗？

**小明**：基本理解了，但是还是不清楚神经网络是如何训练的，今天来就是想请艾博士给讲讲这方面的内容。

艾博士说：小明，你先别着急。上次讲的内容，只是为了让你了解神经元和神经网络是怎么回事。因此，上次讲的网络结构比较特殊，不具有一般性。比如前面我们讲过的权重都是 1 或者 −1，这是很特殊的情况，实际上权重可以是任何数值，可以是正的，也可以是负的，还可以是带小数的。权重的大小可以体现模式在不同位置的重要程度。比如，在笔画的中心位置，权重可能会比较大，而在边缘权重可能会比较小。正像上次已经说过的，这些权重也不是依靠手工设置的，而是通过样例学习得到的。

那么神经网络是如何学习的呢？在讲这个问题之前，我们先给出神经元和神经网络的一般性描述，这样比较方便我们讲解如何训练神经网络。

首先需要强调的是，这里所说的神经元和神经网络，指的是人工神经元和人工神经网络，为了简化起见，我们常常省略“人工”二字。

那么什么是神经元呢？图 1.7 所示是一个神经元，它有 $x_1, x_2, \cdots, x_n$ 共 $n$ 个输入，每个输入对应一个权重 $w_1, w_2, \cdots, w_n$，一个神经元还有一个偏置 $b$，每个输入乘以对应的权重并求和，再加上偏置 $b$，我们用 net 表示：

$$\begin{aligned}\text{net} &= w_1 \cdot x_1 + w_2 \cdot x_2 + \cdots + w_n \cdot x_n + b \\ &= \sum_{i=1}^{n} w_i \cdot x_i + b\end{aligned}$$

对 net 再施加一个函数 $g$，就得到了神经元的输出 $o$：

$$o = g(\text{net})$$

这就是神经元的一般描述。为了更方便地描述神经元，我们引入 $x_0 = 1$，并令 $w_0 = b$，

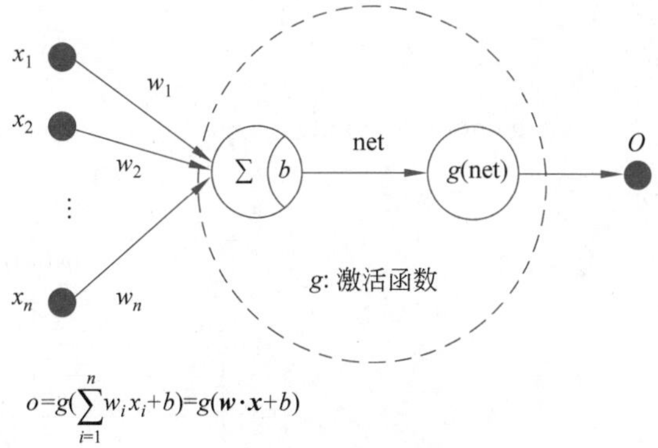


图 1.7 神经元示意图

则 net 也可以表示为：

$$\begin{aligned}\text{net} &= w_0 \cdot x_0 + w_1 \cdot x_1 + w_2 \cdot x_2 + \cdots + w_n \cdot x_n \\ &= \sum_{i=0}^{n} w_i \cdot x_i\end{aligned}$$

艾博士指着上式对小明说：小明你看，上式中的求和符号与前面式中的求和符号有什么区别吗？

小明对比了两个表达式后回答说：后一个表达式中起始下标由原来的 1 变为了 0，由于我们用 $w_0$ 表示 $b$，并且 $x_0=1$，所以就可以去掉原来式中的 $b$。这样看起来更加简练。

艾博士说：小明总结得很到位，这些都是为了表达简便。还可以更加简单。

小明不解地问道：还能表达得更简单吗？我可想不出来。

艾博士说：这就要引入向量的概念了。小明你看，我们可以把 $n$ 个输入 $x_i$ 用一个向量 $\boldsymbol{x}$ 表示：$\boldsymbol{x}=[x_0, x_1, \cdots, x_n]$。

同样，权重也可以表示为向量：$\boldsymbol{w}=[w_0, w_1, \cdots, w_n]$。

这样 net 就可以表示为两个向量的点积：

$$\text{net} = \boldsymbol{w} \cdot \boldsymbol{x}$$

向量的点积，就是两个向量对应元素相乘再求和。从相似性的角度，向量的点积表达了两个向量的相似程度，从这里也可以看出，为什么说一个神经元的输出表达了输入与模式的匹配程度。

有了向量表示，神经元的输出 $o$ 就可以表达为：

$$o = g(\text{net}) = g(\boldsymbol{w} \cdot \boldsymbol{x})$$

小明你看，这样表达是不是就更简单了？

小明高兴地拍起手来：用向量表示果然更简单了，但是这个 $g$ 又是表示什么呢？

艾博士对小明说：这里的 $g$ 叫激活函数，你还记得前面我们讲过的 sigmoid 函数吗？sigmoid 函数就是一个激活函数。除了 sigmoid 函数外，激活函数还可以有其他形式，以下是常用的几种。

(1) 符号函数：

$$g(\text{net}) = \text{sgn}(\text{net}) = \begin{cases} 1, & \text{当 net} \geqslant 0 \\ -1, & \text{当 net} < 0 \end{cases}$$

其图形如图 1.8 所示。

(2) sigmoid 函数：

$$g(\text{net}) = \sigma(\text{net}) = \frac{1}{1 + e^{-\text{net}}}$$

其图形如图 1.9 所示。

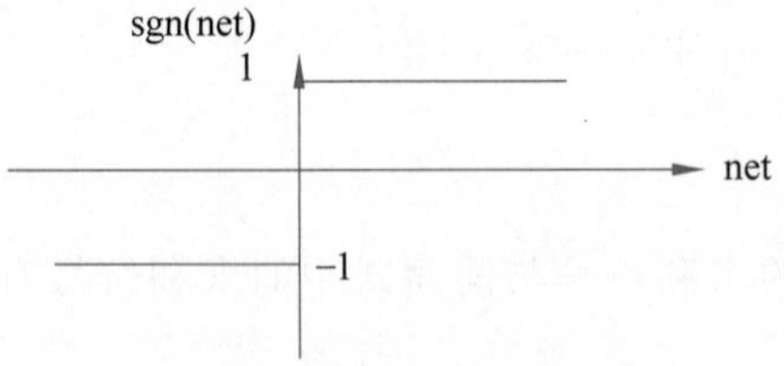


图 1.8　符号函数

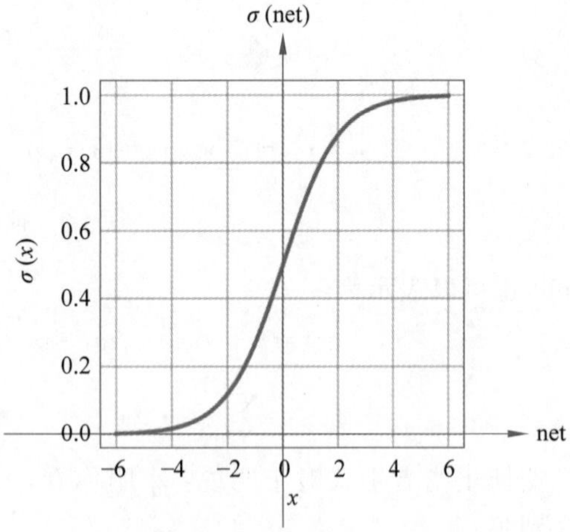


图 1.9　sigmoid 函数

(3) 双曲正切函数：

$$g(\text{net}) = \tanh(\text{net}) = \frac{e^{\text{net}} - e^{-\text{net}}}{e^{\text{net}} + e^{-\text{net}}}$$

其图形如图 1.10 所示。

(4) 线性整流函数：

$$g(\text{net}) = \text{ReLU}(\text{net}) = \max(0, \text{net})$$

其图形如图 1.11 所示。

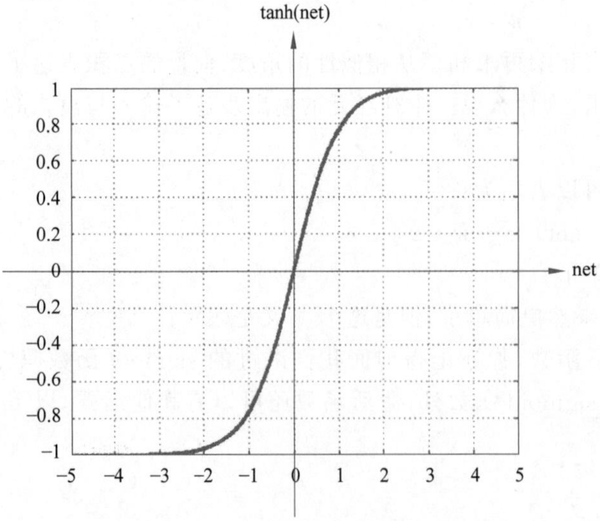


图 1.10　双曲正切函数

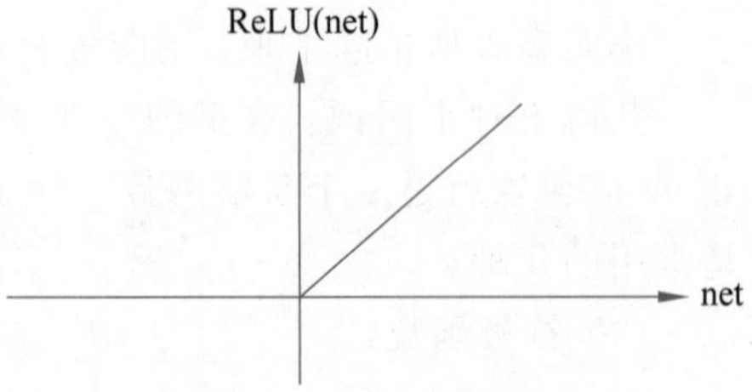


图 1.11　线性整流函数

小明听了艾博士的讲解，对神经元有了更深入的了解，感叹道：原来神经元还有这么多的变化呢。

艾博士接着小明的话说：是的。多个神经元连接在一起，就组成了一个神经网络。图 1.12 所示就是一个神经网络示意图。

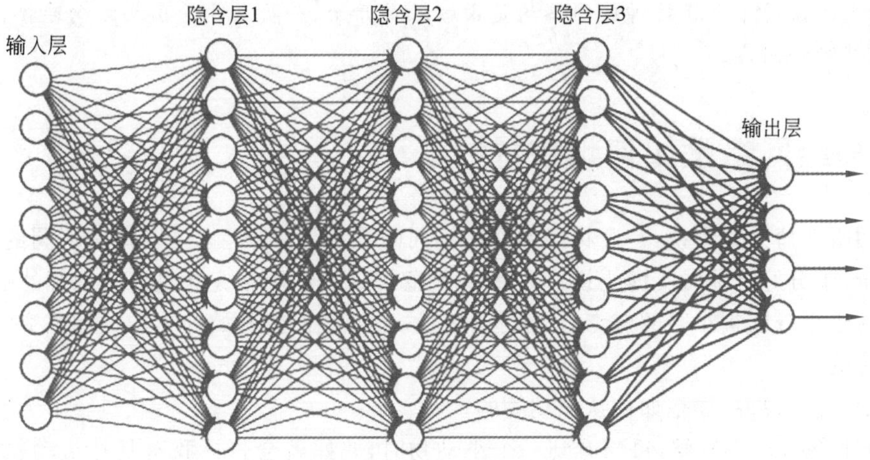


图 1.12　神经网络示意图

在这个神经网络中，有一个输入层和一个输出层，中间有 3 个隐含层，每个连接都有一个权重。

小明看着图问艾博士：这个神经网络和您前面讲的数字识别神经网络，工作原理是否一样呢？

艾博士说：工作原理是完全一样的。假定这是一个训练好的识别宠物的神经网络，并假定第一个输出代表狗、第二个输出代表猫、……，当输入一个动物图像时，如果第一个输出接近于 1，而其他输出接近于 0，则这个动物图像被识别为狗；如果第二个输出接近于 1，其他输出接近于 0，则这个动物被识别为猫。至于哪个输出代表什么，则是人为事先规定好的。这样的网络可以识别宠物，也可以识别花草，也可以识别是哪个人。用什么数据做的训练，就可以做到识别什么，网络结构并没有什么大的变化。

介绍到这里，艾博士问小明：小明你看看，这个网络在神经元的连接上有什么特点？

小明看着图思考了一下说：艾博士，我看相邻两层的神经元，每两个神经元之间都有连接，这是不是一个特点呢？

艾博士高兴地说：小明说得非常正确，这正是这类神经网络的特点，由于相邻的神经元间都有连接，我们把这种神经网络称为全连接神经网络。同时，在计算时，是从输入层一层一层向输出层计算，所以又称为前馈神经网络。对应全连接神经网络也有非全连接神经网络，对应前馈神经网络也有其他形式的神经网络，这些我们将在以后再介绍。

**小明读书笔记**

一个神经元有 $n$ 个输入，每个输入对应一个权重，输入与权重的加权和再经过一个激活函数后，得到神经元的输出。

激活函数有很多种，常用的包括符号函数、sigmoid 函数、双曲正切函数、线性整流函数等。

前馈神经网络，又称全连接神经网络，其特点是连接只发生在相邻的两层神经元之间，并且前一层的神经元与下一层的神经元之间，两两均有连接，这也是全连接神经网络名称的来源。由于全连接神经网络均是由输入层开始，一层层向输出层方向连接，所有又称为前馈神经网络。

## 1.3 神经网络是如何训练的

小明听艾博士介绍说，一个神经网络用不同的数据做训练，就可以识别不同的东西，感到很神奇，十分好奇地对艾博士说：艾博士，请您说说神经网络究竟是怎么训练的吧？

艾博士十分欣赏小明的好奇心，说道：好的，下面我们就开始介绍神经网络究竟是如何进行训练的。

小明，你先说说，你是如何认识动物的？

小明回答说：小时候，每当看到一个小动物时，妈妈就会告诉我这是什么动物，见得多了，慢慢地就认识这些小动物了。难道神经网络也是这么认识动物的吗？

艾博士说：是的，神经网络也是通过一个个样本认识动物的。人很聪明，见到一次猫，下次可能就认识这是猫了，但是神经网络有点笨，需要给它大量的样本才可能训练好。比如我们要建一个可以识别猫和狗两种动物的神经网络，首先需要收集大量的猫和狗的照片，不同品种、不同大小、不同姿势的照片都要收集，并标注好哪些照片是猫，哪些照片是狗，就像妈妈告诉你哪个是猫哪个是狗一样。这是训练一个神经网络的第一步，数据越多越好。其实我们人类有时候也会这么做，所谓的“熟读唐诗三百首、不会作诗也会吟”，说的就是这个道理，所谓的见多识广。

准备好数据后，下一步就要进行训练。所谓训练，就是调整神经网络的权重，使得当输入一个猫的照片时，猫对应的输出接近于 1，狗对应的输出接近于 0，而当输入一个狗的照片时，狗对应的输出接近于 1，猫对应的输出接近于 0。

**小明**：如何做到这一点呢？

艾博士接着对小明说：我们先来举个例子。小明，你每天是不是要洗澡？洗澡时，你是怎么调节热水器的温度的？

小明不解地看着艾博士，心想我在问神经网络是怎么训练的，怎么说起洗澡了？不知道艾博士这葫芦里卖的什么药。但既然艾博士问到了，只好回答说：这个很容易啊，热水器上有两个旋钮阀门，一个调节热水，一个调节冷水，如果感觉水热了，就调大冷水，如果感觉水冷了，就调大热水。

艾博士又问道：感觉水热时也可以调小热水，感觉水冷时也可以调小冷水，对不对？

小明一想也确实这样，回答道：是的，有不同的调整方法，究竟调整哪个阀门可能还需要看水量的大小。比如感觉水热了，但是水量也很大，这时就可以调节热水变小，如果水量不够大，则可以调节冷水变大。总之要根据水温和水量两个因素进行调节。

艾博士见小明终于说到点子上了，在肯定了他的说法之后又说：其实还有个调节大小的问题，如果感觉水温与自己的理想温度差别比较大，就一次把阀门多调节一些，如果差别不大就少调节一些，经过多次调整之后，就可以得到比较理想的水温和水量了。热水器调节示意图如图 1.13 所示。

艾博士继续讲解说：我们可以把热水器抽象成图 1.14，你看看这是不是就是一个神经网络？

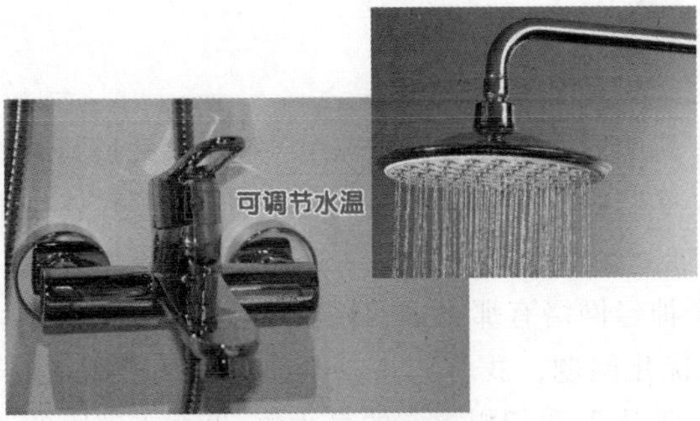


图 1.13 热水器调节示意图

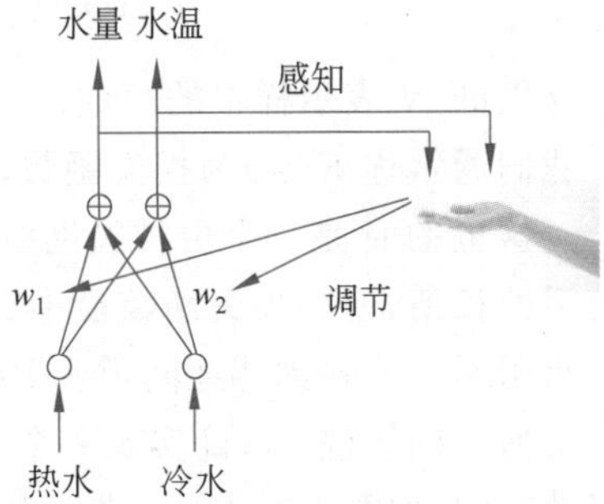


图 1.14 热水器可以表达为一个神经网络

小明用手拍着自己的小脑瓜说：我终于明白了，这确实就是一个神经网络。两个输入是热水和冷水，冷热水的两个阀门大小相当于权重，冷热水汇合的地方就相当于加权求和，最后从莲蓬头出来的水相当于两个输出：一个是水温，另一个是水量。

那么调整冷热水阀门的大小是不是就相当于训练呢？小明歪着小脑瓜又问道。

艾博士回答说：正是这样的。调整水阀门时可以向大调也可以向小调，这是调整的方向，也可以一次调整得大一些，也可以调整得小一些，这是调整量的大小，还有就是调整哪个阀门，或者两个阀门都调整，但是大小和方向可能是不同的。

小明感慨道：没想到，我们每天洗澡时调整洗澡水这么简单的事情还有这么多的学问。那么这个思想如何用到训练神经网络上呢？

艾博士说：小明，在回答如何训练神经网络之前，我们先说说如何评价一个神经网络是否训练好了，这与训练神经网络是紧密相关的。在前面热水器的例子中，什么情况下你会认为热水器调节好了？

小明回答说：如果我觉得水温和水量跟我希望的差不多了，就认为调节好了。

艾博士说：你说的没错。但是对于计算机来说，什么叫差不多呢？需要有个衡量标准。比如我们用 $t_{水温}$ 表示希望设定的水温，而用 $o_{水温}$ 表示实际的水温，用 $t_{水量}$ 表示希望的水量，用 $o_{水量}$ 表示实际的水量，这样就可以用希望值与实际值的误差来衡量是否“差不多”，即当误差比较小时，则认为水温和水量调节得差不多了。但是由于误差有可能是正的(实际值小于希望值时)，也可能是负的(实际值大于希望值时)，不方便使用，所以我们常常用输出的“误差平方和”作为衡量标准。如下式所示：

$$E(\text{阀门}) = (t_{水温} - o_{水温})^2 + (t_{水量} - o_{水量})^2$$

其中，$E$ 是阀门大小的函数，通过适当调节冷、热水阀门的大小，就可以使得 $E$ 取得比较小的值，当 $E$ 比较小时，就认为热水器调节好了。这里的“阀门”就相当于神经网络的权值 $\boldsymbol{w}$。

对于一个神经网络来说，我们假定有 $M$ 个输出，对于一个输入样本 $d$，用 $o_{kd}$ $(k=1, 2, \cdots, M)$表示网络的第 $k$ 个实际输出值，其对应的期望输出值为 $t_{kd}$ $(k=1, 2, \cdots, M)$，对

于该样本 $d$ 神经网络输出的误差平方和可以表示为：

$$E_d(\boldsymbol{w})=\sum_{k=1}^{M}(t_{kd}-o_{kd})^2$$

这是对于某一个样本 $d$ 的输出误差平方和，如果是对于所有的样本呢？只要把所有样本的输出误差平方和累加到一起即可，我们用 $E(\boldsymbol{w})$表示：

$$E(\boldsymbol{w})=\sum_{d=1}^{N}E_d(\boldsymbol{w})=\sum_{d=1}^{N}\sum_{k=1}^{M}(t_{kd}-o_{kd})^2$$

这里的 $N$ 表示样本的总数。

我们通常称 $E(\boldsymbol{w})$为损失函数，当然还有其他形式的损失函数，误差平方和只是其中的一个。这里的 $\boldsymbol{w}$ 是一个由神经网络的所有权重组成的向量。神经网络的训练问题，就是求得合适的权值，使得损失函数最小。

小明看着公式困惑地问道：艾博士，一个神经网络有那么多的权值，这可怎么求解啊？

艾博士回答说：这确实是一个复杂的最优化问题。我们先从一个简单的例子说起，假定函数 $f(\theta)$如图 1.15 所示，该函数只有一个变量 $\theta$，我们想求它的最小值，怎么求解呢？

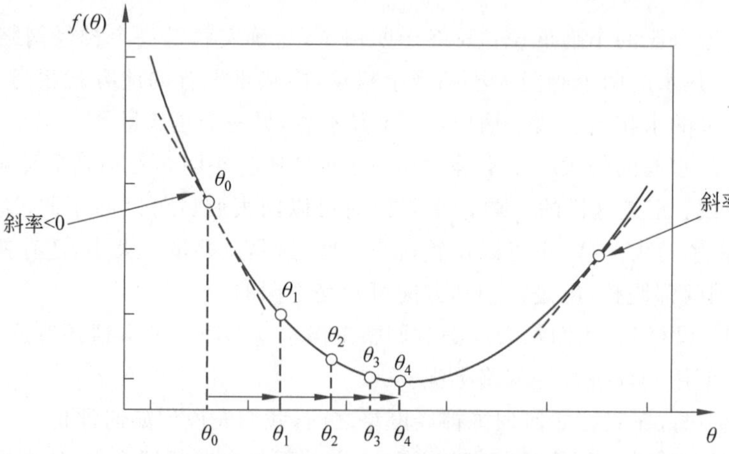


**图 1.15　最小值求解示意图**

基本想法是，开始我们随机地取一个 $\theta$ 值为 $\theta_0$，然后对 $\theta_0$ 进行修改得到 $\theta_1$，再对 $\theta_1$ 做修改得到 $\theta_2$，这么一步步地迭代下去，使得 $f(\theta_i)$一点点接近最小值。

假设当前值为 $\theta_i$，对 $\theta_i$ 的修改量为 $\Delta\theta_i$，则：

$$\theta_{i+1}=\theta_i+\Delta\theta_i$$

如何计算 $\Delta\theta_i$ 呢？这里有两点需要确定：一个是修改量的大小，另一个是修改的方向，即加大还是减小。

小明你看图 1.15，在图的两边距离最小值比较远的地方比较陡峭，而靠近最小值处则比较平缓，所以在没有其他信息的情况下，有理由认为，越是陡峭的地方距离最小值就越远，此处对 $\theta$ 的修改量应该加大，而平缓的地方则说明距离最小值比较近了，修改量要比较小一些，以免越过最小值点。所以修改量的大小，也就是 $\Delta\theta_i$ 的绝对值，应该与该处的陡峭程度有关，越是陡峭修改量越大，而越是平缓则修改量越小。

请小明说一下，如何度量曲线某处的陡峭程度呢？

小明很快地回答道：艾博士，我们学过函数的导数，在某一点的导数就是曲线在该点切线的斜率,斜率的大小直接反映了该处的陡峭程度。是不是可以用导数值作为曲线在某点陡峭程度的度量呢?

艾博士说:小明真是一个善于思考的好孩子!导数确实反映了曲线在某点的陡峭程度。接下来的问题就是如何确定 $\theta$ 的修改方向,也就是 $\theta$ 是加大还是减小。

艾博士指着图 1.15 问小明:在最小值两边的导数有什么特点呢?

小明想了想学过的高等数学知识,回答道:就像前面说过的,在某一点的导数就是曲线在该点切线的斜率,我们看图 1.15 的左半部分,曲线的切线是从左上到右下的,其斜率也就是导数值是小于 0 的负数,而在图 1.15 的右半部分,曲线的切线是从左下到右上的,其斜率也就是导数值是大于 0 的正数。

艾博士接着小明的话说:左边的导数值是负的,这时 $\theta$ 值应该加大,右边的导数值是正的,这时 $\theta$ 值应该减小,这样才能使得 $\theta$ 值向中间靠近,逐步接近 $f(\theta)$ 取值最小的地方。所以,$\theta$ 的修改方向刚好与导数值的正负号相反。因此,我们可以这样修改 $\theta_i$ 值:

$$\theta_{i+1}=\theta_i+\Delta\theta_i$$

$$\Delta\theta_i=-\frac{\mathrm{d}f}{\mathrm{d}\theta}$$

其中,$\frac{\mathrm{d}f}{\mathrm{d}\theta}$表示函数 $f(\theta)$的导数。

小明听着艾博士的讲解,兴奋地说:这样求最小值的问题就解决了吧?

艾博士回答说:还有一个问题,如果导数值比较大可能会使得修改量过大,错过了最佳值,出现如图 1.16 所示的“振荡”,降低了求解效率。

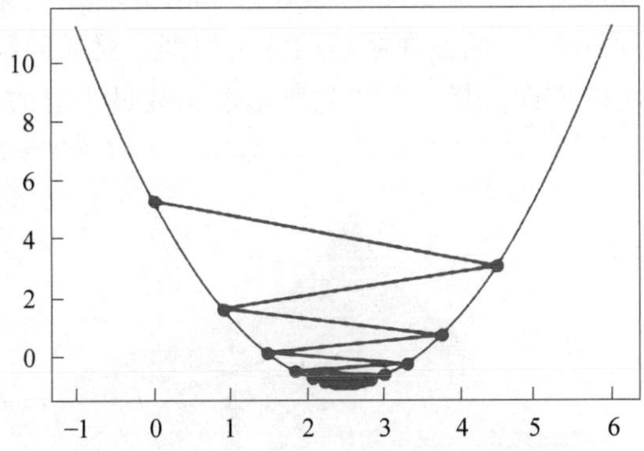


图 1.16　当步长过大时可能会产生振荡

小明摸了摸自己的头问道:那可怎么办呢?

艾博士说:一种简单的处理办法是对修改量乘以一个叫作步长的常量 $\eta$,这是一个小于 1 的正数,让修改量人为地变小。也就是:

$$\Delta\theta_i=-\eta\frac{\mathrm{d}f}{\mathrm{d}\theta}$$

步长 $\eta$ 需要选取一个合适的值,往往根据经验和实验决定。也有一些自动选择步长,甚至变步长的方法,我们这里就不讲了,如果有兴趣可以阅读相关材料。

小明问艾博士:神经网络也是这样训练的吗?

艾博士说:基本原理是一样的。小明你还记得训练神经网络我们要优化的目标吗?

小明回答说：记得啊，就是求误差平方和的最小值，也就是前面讲过的损失函数 $E(\boldsymbol{w})$ 的最小值。

艾博士说：我们可以用同样的方法求解 $E(\boldsymbol{w})$ 的最小值，所不同的是 $E(\boldsymbol{w})$ 是一个多变量函数，所有的权重都是变量，都要求解，每个权重的修改方式与前面讲的 $\theta$ 的修改方式是一样的，只是导数要用偏导数代替。如果用 $w_i$ 表示某个权重的话，则采用下式对权重 $w_i$ 进行更新：

$$w_i^{\text{new}} = w_i^{\text{old}} + \Delta w_i$$

$$\Delta w_i = -\eta \frac{\partial E(\boldsymbol{w})}{\partial w_i}$$

其中，$w_i^{\text{old}}$、$w_i^{\text{new}}$ 分别表示 $w_i$ 修改前、修改后的值；$\frac{\partial E(\boldsymbol{w})}{\partial w_i}$表示 $E(\boldsymbol{w})$ 对 $w_i$ 的偏导数。所有对 $w_i$ 的偏导数组成的向量称为梯度，记作 $\nabla_w E(\boldsymbol{w})$：

$$\nabla_w E(\boldsymbol{w}) = \left[\frac{\partial E(\boldsymbol{w})}{\partial w_1}, \frac{\partial E(\boldsymbol{w})}{\partial w_2}, \cdots, \frac{\partial E(\boldsymbol{w})}{\partial w_n}\right]$$

所以对所有 $\boldsymbol{w}$ 的修改，可以用梯度表示为：

$$\boldsymbol{w}^{\text{new}} = \boldsymbol{w}^{\text{old}} + \Delta \boldsymbol{w}$$

$$\Delta \boldsymbol{w} = -\eta \nabla_w E(\boldsymbol{w})$$

这里的 $\boldsymbol{w}^{\text{old}}$、$\boldsymbol{w}^{\text{new}}$、$\Delta \boldsymbol{w}$、$\nabla_w E(\boldsymbol{w})$ 均为向量，$\eta$ 是常量。两个向量相加为对应元素相加，一个常量乘以一个向量，则是该常量与向量的每个元素相乘，结果还是向量。

小明看着梯度符号问艾博士：艾博士，这里的梯度物理含义是什么呢？

艾博士回答说：如同只有一个变量时的导数表示函数曲线在某个点处的陡峭程度一样，梯度反映的是多维空间中一个曲面在某点的陡峭程度。就如同我们下山时，每次都选择我们当前站的位置最陡峭的方向一样。所以这种求解函数最小值的方法又称作梯度下降算法(见图 1.17)。

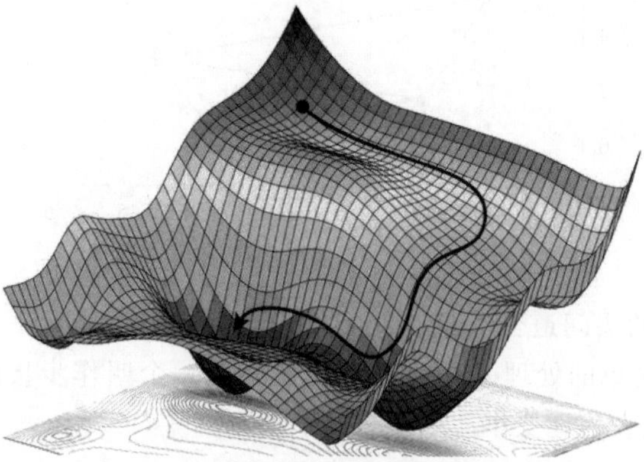

图 1.17 梯度下降算法示意图

小明又问道：艾博士，这样看来，要训练神经网络，主要问题就是如何计算梯度了？

艾博士回答说：确实是这样的。对于神经网络来说，由于包含很多在不同层的神经元，计算梯度还是有些复杂的。在计算时，也分 3 种情况，一种是这里所说的标准梯度下降方法。在计算梯度时要用到所有的训练样本，称作批量梯度下降方法。一般来说训练样本量是很大的，每更新一次权重都要计算所有样本的输出，计算量会比较大。另一种极端的方法是，对每个样本都计算一次梯度，然后更新一次权重，这种方法称为随机梯度下降。由于每个样本都调整一次 $w$ 的值，所以计算速度会比较快，一般情况下可以比较快地得到一个还不错的结果。在使用这个方法时，要求训练样本要随机排列，比如训练一个识别猫和狗的神经网络，不能前面都用猫训练，后面都用狗训练，而是猫和狗随机交错地使用，这样才可能得到一个比较好的结果。这也是随机梯度下降算法这一名称的由来。

**小明**：这倒是一个比较好的方法，但是这样一次只用一个样本是否会存在问题呢？

**艾博士**：确实存在一些问题。随机梯度下降方法在训练的开始阶段可能下降得比较快，但在后期，尤其是接近最小值时，可能效果并不好，毕竟梯度是由一个样本计算得到的，并不能代表所有样本的梯度方向。另外就是可能有个别不好的样本，甚至标注错了的样本，会对结果产生比较大的影响。

说到这里艾博士又问小明：小明，我们说了两种情况：一种是一次用上全部样本，另一种是一次只用一个样本，你想想是否可以有折中的办法呢？

小明歪着小脑瓜回答说：折中的办法吗……，既不是用全部，也不是用一个，那就是一次用一部分了？

艾博士高兴地看着小明说：是的，介于上述两种方法之间的一种方法是每次用一小部分样本计算梯度，修改权重 $w$ 的值。这种方法称作小批量梯度下降算法，是目前用得最多的方法。

小明说：知道了这 3 种方法，但是还是不知道梯度如何计算啊？

艾博士说：小明你别着急，我们马上就讲梯度的计算方法。其实以上 3 种方法只是计算时用的样本量有所不同，梯度的计算方法是差不多的，为了简单起见，我们以随机梯度下降算法为例说明，很容易推广到梯度下降算法或者小批量梯度下降算法。

下面我们以随机梯度下降算法为例给出具体的算法描述。

利用随机梯度下降算法训练神经网络，就是求下式的最小值：

$$E_d(\boldsymbol{w}) = \sum_{k=1}^{M}(t_{kd} - o_{kd})^2$$

其中，$d$ 为给定的样本；$M$ 为输出层神经元的个数；$t_{kd}(k=1,2,\cdots,M)$ 为样本 $d$ 希望得到的输出值，$o_{kd}(k=1,2,\cdots,M)$ 为样本 $d$ 的实际的输出值。

作为损失函数，一般我们会乘以一个 $\frac{1}{2}$，即

$$E_d(\boldsymbol{w}) = \frac{1}{2}\sum_{k=1}^{M}(t_{kd} - o_{kd})^2$$

小明有些不太明白地问道：这是为什么呢？

艾博士解释说：首先，乘以 $\frac{1}{2}$ 以后，二者取得最小值的 $w$ 是一样的，因为乘以一个常量，不影响取得最小值的位置。其次，如果有一个 $\frac{1}{2}$，则在最后的结果中，刚好可以消掉这个 $\frac{1}{2}$，使得结果更加简练。

**小明**：原来是这个原因啊，我明白了。

艾博士接着说：为了叙述方便，对于神经网络中的任意一个神经元 $j$，我们约定如下符号：神经元 $j$ 的第 $i$ 个输入为 $x_{ji}$，相对应的权重为 $w_{ji}$。这里的神经元 $j$ 可能是输出层的，也可能是隐含层的。$x_{ji}$ 不一定是神经网络的输入，也可能是神经元 $j$ 所在层的前一层的第 $i$ 个神经元的输出，直接连接到了神经元 $j$。我们得到随机梯度下降算法如下。

算法：随机梯度下降算法。

1 神经网络的所有权值赋值一个比较小的随机值，如范围[−0.05, 0.05]内的随机值

2 在满足结束条件前做：

3 　对于每个训练样本

4 　把样本输入神经网络，从输入层到输出层，计算每个神经元的输出

5 　对于输出层神经元 $k$，计算误差项：

$$\delta_k = (t_k - o_k) o_k (1 - o_k)$$

6 　对于隐含层神经元 $h$，计算误差项：

$$\delta_h = o_h (1 - o_h) \sum_{k \in 后续(h)} \delta_k w_{kh}$$

7 　更新每个权值：

$$\Delta w_{ji} = \eta \delta_j x_{ji}$$
$$w_{ji} = w_{ji} + \Delta w_{ji}$$

其中算法第二行的结束条件，可以设定为所有样本中最大的 $E_d(\boldsymbol{w})$ 小于某个给定值时，或者所有样本中最大的 $|\Delta w_{ji}|$ 小于给定值时，算法结束。

小明指着算法第 6 行问艾博士：这里公式中的“$k \in 后续(h)$”是什么意思呢？

艾博士解释说：$h$ 是隐含层的神经元，它的输出会连接到它的下一层神经元中，“后续($h$)”指的是所有的以 $h$ 的输出作为输入的神经元，对于全连接神经网络来说，就是 $h$ 所在层的下一层的所有神经元。

第 6 行公式中：

$$\sum_{k \in 后续(h)} \delta_k w_{kh}$$

就是用 $h$ 的每个后续神经元的误差项 $\delta_k$ 乘以 $h$ 到神经元 $k$ 的输入权重，再求和得到。

小明弄清楚了这些符号的意义后又问艾博士：艾博士，这个算法看起来像是从输出层开始，先计算输出层每个神经元的 $\delta$ 值，有了 $\delta$ 值，就可以对输出层神经元的权重进行更新。然后再利用输出层神经元的 $\delta$ 值，计算其前一层神经元的 $\delta$，这样就可以更新前一层的神经元的权重。这样一层层往前推，每次利用后一层的 $\delta$ 值计算前一层的 $\delta$ 值，就可以实现对所有神经元的权重更新了，真是巧妙。

艾博士说：小明的分析非常正确。当给定一个训练样本后，先是利用当前的权重从输入向输出方向计算每个神经元的输出值，然后再从输出层开始反向计算每个神经元的 $\delta$ 值，从而对每个神经元的权重进行更新，如图 1.18 所示。正是由于采用这样一种反向一层层向前推进的计算过程，所以它有个名称叫“反向传播算法”，简称 BP 算法(Backpropagation Algorithm)。该算法也是神经网络训练的基本算法，不只是可以训练全连接神经网络，到目前为止的任何神经网络都是采用这个算法或者该算法的改进算法，只是根据神经网络的结

构不同，具体计算上有所不同。另外，在训练过程中需要多轮次反复迭代，逐渐减小损失函数值，直到满足结束条件为止。

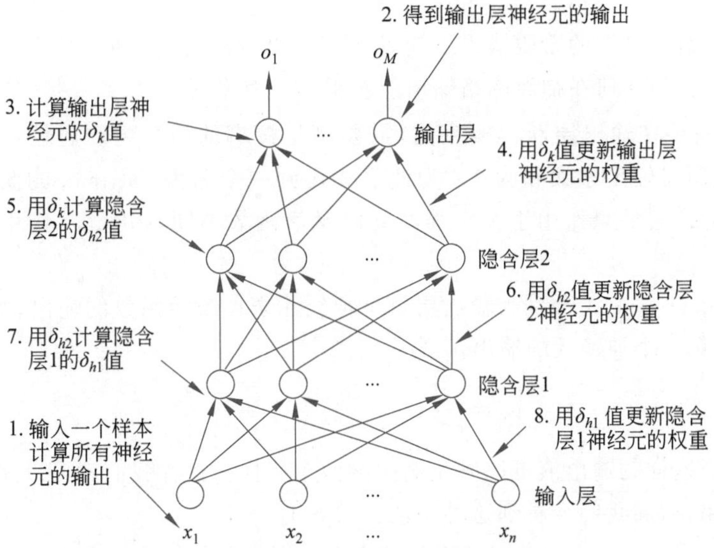


图 1.18　BP 算法计算过程示意图

**小明**：这里的“多轮次”是什么意思呢？

**艾博士**：在训练中，全部样本使用一次称为“一轮”，“多轮次”就是指反复、一遍一遍地使用样本进行训练。因为神经网络需要多轮次训练才可能得到一个比较好的训练结果。

**小明**：我明白了，就好像我们学习要反复复习、巩固一样，不能像狗熊掰棒子学了后面忘记了前面。

艾博士又强调说：前面介绍的随机梯度算法中的具体计算方法，是在损失函数采用误差平方和，并且激活函数采用 sigmoid 函数这种特殊情况下推导出来的，如果用其他的损失函数，或者用其他的激活函数，其具体的计算方法都会有所改变，这一点一定要注意。

听到这里，小明问道：我已经知道有多种不同的激活函数，但是还有其他的损失函数吗？

艾博士回答说：损失函数有很多种，还有一种常用的损失函数叫交叉熵损失函数，其表达式如下：

$$H_d(\boldsymbol{w}) = -\sum_{k=1}^{M} t_{kd}\log_2(o_{kd})$$

这是对于一个样本 $d$ 的损失函数，如果是对于所有的样本，则为：

$$H(\boldsymbol{w}) = \sum_{d=1}^{N} H_d(\boldsymbol{w}) = -\sum_{d=1}^{N}\sum_{k=1}^{M} t_{kd}\log_2(o_{kd})$$

其中，$t_{kd}$ 表示样本 $d$ 在输出层第 $k$ 个神经元的希望输出；$o_{kd}$ 表示样本 $d$ 在输出层第 $k$ 个神经元的实际输出；$\log_2(o_{kd})$表示对输出 $o_{kd}$ 求对数。

小明看着公式不明白地问道：交叉熵损失函数有什么具体的物理含义吗？

艾博士反问小明：你还记得我们前面以猫、狗识别举例时，神经网络的希望输出是什么样子吗？

小明想了想回答道：一个输出代表猫，另一个输出代表狗。当输入为猫时，代表猫的输出希望为1，另一个希望为0；而当输入为狗时，则是代表狗的输出希望为1，另一个希望为0。

艾博士说：对。这里的希望输出1或者0，可以认为就是概率值。

小明问道：我们如何在神经网络输出层获得一个概率呢？

**艾博士**：如果在输出层获得概率值，需要满足概率的两个主要属性：一个是取值在0～1，另一个是所有输出累加和为1。为此需要用到一个名为softmax的激活函数。该激活函数与我们介绍过的只作用于一个神经元的激活函数不同，softmax作用在输出层的所有神经元上。

设$\mathrm{net}_1, \mathrm{net}_2, \cdots, \mathrm{net}_M$分别为输出层每个神经元未加激活函数的输出，则经过softmax激活函数之后，第$i$个神经元的输出$o_i$为：

$$o_i = \frac{\mathrm{e}^{\mathrm{net}_i}}{\mathrm{e}^{\mathrm{net}_1} + \mathrm{e}^{\mathrm{net}_2} + \cdots + \mathrm{e}^{\mathrm{net}_M}}$$

很容易验证这样的输出值可以满足概率的两个属性。这样我们就可以将神经网络的输出当作概率使用，后面我们会看到这种用法非常普遍。

艾博士继续讲解说：我们再回到你问的交叉熵损失函数的物理意义这个问题上来。从概率的角度来说，我们就是希望与输入对应的输出概率比较大，而其他输出概率比较小。对于一个分类问题，当输入样本给定时，$M$个希望输出中只有一个为1，其他均为0，所以这时的交叉熵中求和部分实际上只有一项不为0，其他项均为0，所以：

$$H_d(\boldsymbol{w}) = -\log_2(o_{kd})$$

我们求$-\log_2(o_{kd})$的最小值，去掉负号实际就是求$\log_2(o_{kd})$的最大值，也就是求样本$d$对应输出的概率值$o_{kd}$最大。由于输出层用的是softmax激活函数，输出层所有神经元输出之和为1，样本$d$对应的输出变大了，其他输出也就自然变小了。

**小明**：原来是这个含义啊，我明白了。那么误差平方和损失函数与交叉熵损失函数各有什么用处呢？

**艾博士**：小明你这个问题问得非常好。从上面的分析看，交叉熵损失函数更适合于分类问题，直接优化输出的概率值。而误差平方和损失函数比较适合于预测等问题。

小明不明白什么是预测问题，马上问道：艾博士，什么是预测问题呢？

艾博士举例说：如果输出是预测某个具有具体大小的数值，就是预测问题。比如，我们根据今天的天气情况，预测明天的最高气温，就属于预测问题，因为我们预测的是气温的具体数值。

经过艾博士的认真讲解，小明终于明白了什么是神经网络，以及神经网络的训练方法，跟艾博士道别后，带着满满的收获回家了。

**小明读书笔记**

神经网络通过损失函数最小化进行训练，损失函数有误差的平方和、交叉熵等损失函数。不同的损失函数应用于不同的应用场景，误差的平方和损失函数一般用于求解预测等问题，交叉熵损失函数一般用于求解分类问题。

BP算法是神经网络常用的优化方法，来源于梯度下降算法。其特点是给出了一种反向传播计算误差的方法，从输出层开始，一层一层地计算误差，以便实现对权重的更新。

一次只使用一个样本的BP算法称为随机梯度下降算法，而一次使用若干个样本的BP算法称为小批量梯度下降算法。小批量梯度下降算法是更常用的神经网络优化算法。

BP算法是一个迭代过程，反复使用训练集中的样本对神经网络进行训练。训练集中的全部样本被使用一次称为一个轮次，一般需要多个轮次才能完成神经网络的训练。

## 1.4 卷积神经网络

小明对神经网络的学习越来越感兴趣，这天又来找艾博士。

**小明**：艾博士，上次您说除了全连接神经网络外，还有其他形式的神经网络，我想知道还有哪些形式的神经网络。

艾博士说：好的，今天我们就来讲讲神经网络的另一种形式——卷积神经网络。

首先我们看看全连接神经网络有什么不足。正如其名字一样，全连接神经网络，两个相邻层的神经元都有连接，当神经元个数比较多时，连接权重会非常多，一方面，会影响神经网络的训练速度，另一方面，在使用神经网络时也会影响计算速度。实际上，在有些情况下，神经元是可以共享的。

小明你还记得我们讲过，一个神经元的作用是什么吗？

小明回答说：艾博士，我记得您以数字识别举例时讲过，一个神经元就相当于一个模式。

艾博士说：小明你说得很对。一个神经元可以看作是一个模式，模式体现在权重上，通过运算，可以抽取出相应的模式。神经元的输出可以看作是与指定模式匹配的程度或者概率。

检测在一个图像的局部是否有某个模式，概率有多大，用一个小粒度的模式，在一个局部范围内匹配就可以了。比如，假设 $\boldsymbol{k}=\begin{bmatrix}-1,0,1\\-1,0,1\\-1,0,1\end{bmatrix}$ 表示一个3×3的模式，我们先不管这个模式代表什么，我们想知道在一个更大的图像中，比如5×5大小的图像上是否具有这种模式。由于图像比模式大，具有多个3×3的区域，每个区域上都可能具有这个模式，这样的话，我们就需要用 $\boldsymbol{k}$ 在每个区域上做匹配得到每个区域的匹配值，匹配值的大小反映了每个区域与模式的匹配程度。图1.19给出了左上角3×3区域与模式 $\boldsymbol{k}$ 的匹配结果，图1.20给出的是中间3×3区域与模式 $\boldsymbol{k}$ 的匹配结果。如果我们先按行、再按列，每次移动一个位置进行匹配，就得到了图1.19、图1.20中的输出结果。

图1.19和图1.20也可以看成是一个图1.21所示的神经网络，5×5的图像就是输入层，最终得到的3×3的匹配结果就可以看成输出层。

艾博士指着图问小明：你看看图1.21的神经网络与我们之前介绍的全连接神经网络有什么不同吗？

小明一边观察一边回答说：两层之间的神经元不是全部有连接的，比如输出层左上角的神经元只与输入层左上角区域的9个神经元有连接，而输出层右下角的神经元只与输入

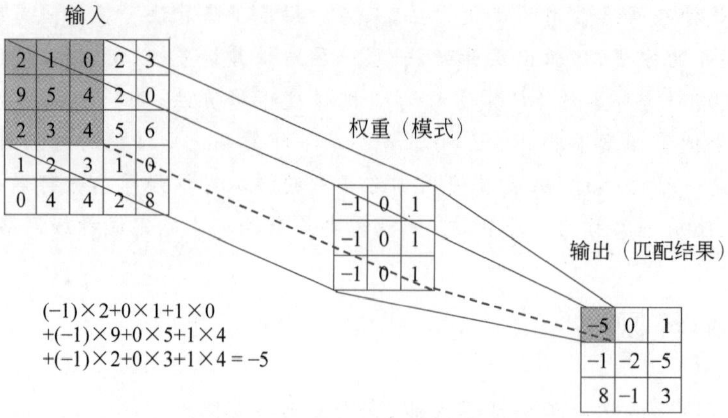


图 1.19 左上角区域与模式匹配示意图

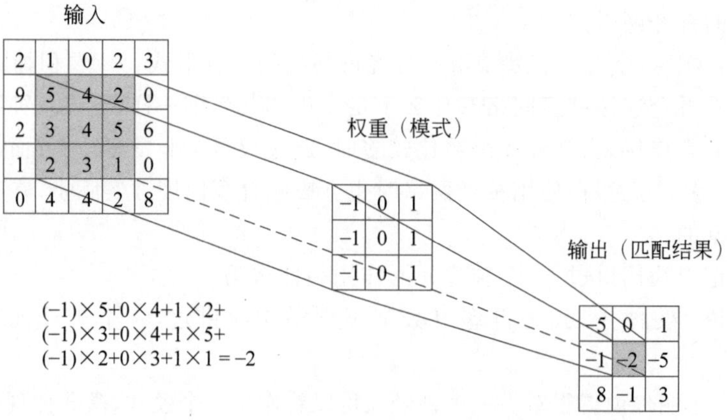


图 1.20 中间区域与模式匹配示意图

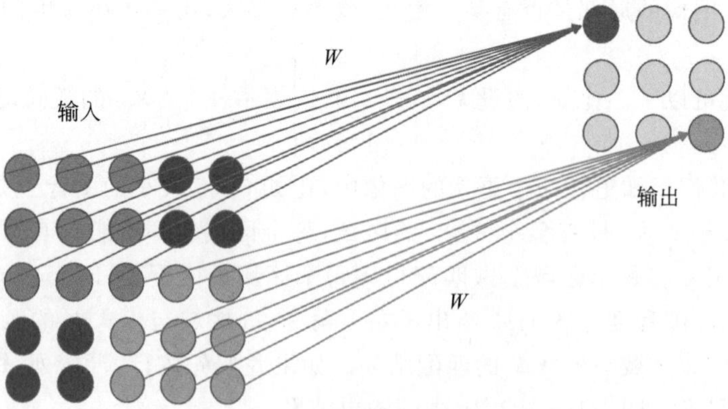


图 1.21 卷积神经网络示意图(见彩插)

层右下角区域的 9 个神经元有连接，其他神经元虽然没有画出来，也应该是一样的。

艾博士说：小明，你的回答很对，正是这样的。这就是所谓的局部连接。因为我们只是查看一个局部范围内是否有这种模式，所以只需要局部连接就可以了，既减少了连接数量，又达到了局部匹配的目的。这样就减少了连接权重，可以加快计算速度。还有就是，像图 1.21 所示的，无论是与图像的左上角匹配，还是与右下角匹配，我们都是与同一个模式进行匹配，因此图中红色（见彩插，后面正文描述有颜色的图都见彩插）的连接权重，和绿色的连接权重应该是一样的，这样才可能匹配的是同一个模式。

小明听到这里，忍不住说起来：还真是这样啊，不同区域的权重应该是一样的。

艾博士接着说：是这样的。在这种情况下，权重一共就 9 个，再加上神经元的偏置项 $b$，一共也就 10 个参数。而且与输入层有多少个神经元无关，这就是所谓的权值共享。

艾博士对小明说：小明，你计算一下如果是全连接神经网络需要多少个参数？

小明边说边计算起来：输入是 5×5 共 25 个输入，输出是 3×3 共 9 个神经元，如果是全连接的话，则需要 25×9=225 个权重参数，再加上每个神经元有一个偏置项 $b$，则总的参数量为 225+9=234 个。

**艾博士**：你看，如果是全连接神经网络需要 234 个参数，而采用这种局部连接、权值共享的神经网络则只需要 10 个参数，是不是大大减少了参数量？

**小明**：还真是这样的。

艾博士进一步解释说：这样的神经网络，称为卷积神经网络，其中的模式 $\boldsymbol{k}$ 称作卷积核。其特点就是局部连接、权值共享。

小明恍然大悟道：原来这就是卷积神经网络啊，那么卷积核的大小都是 3×3 吗？

艾博士说：当然不是，可以根据需要设置不同的大小，卷积核越小，所表示的模式粒度就越小。由于卷积核相当于抽取具有某种模式的特征，所以又被称作过滤器。

小明向艾博士提出建议：艾博士，经您的讲解基本了解了卷积神经网络是怎么回事，但是前面的例子还是比较抽象，能举个具体的例子吗？

艾博士回答说：好啊，下面我们就给一个例子。图 1.22 是“口”字的图像，我们想提取图像中“横”模式的特征，可以使用如图 1.23 所示的 3×3 卷积核对其进行匹配，卷积结果如图 1.24(a)所示。

| | | | | | | | | | | | | | | | | |
|---|---|---|---|---|---|---|---|---|---|---|---|---|---|---|---|---|
| 0 | 0 | 0 | 0 | 0 | 0 | 0 | 0 | 0 | 0 | 0 | 0 | 0 | 0 | 0 | 0 | 0 |
| 0 | 1 | 1 | 1 | 1 | 1 | 1 | 1 | 1 | 1 | 1 | 1 | 1 | 1 | 1 | 1 | 0 |
| 0 | 1 | 1 | 1 | 1 | 1 | 1 | 1 | 1 | 1 | 1 | 1 | 1 | 1 | 1 | 1 | 0 |
| 0 | 1 | 1 | 1 | 1 | 1 | 1 | 1 | 1 | 1 | 1 | 1 | 1 | 1 | 1 | 1 | 0 |
| 0 | 1 | 1 | 1 | 0 | 0 | 0 | 0 | 0 | 0 | 0 | 0 | 0 | 1 | 1 | 1 | 0 |
| 0 | 1 | 1 | 1 | 0 | 0 | 0 | 0 | 0 | 0 | 0 | 0 | 0 | 1 | 1 | 1 | 0 |
| 0 | 1 | 1 | 1 | 0 | 0 | 0 | 0 | 0 | 0 | 0 | 0 | 0 | 1 | 1 | 1 | 0 |
| 0 | 1 | 1 | 1 | 0 | 0 | 0 | 0 | 0 | 0 | 0 | 0 | 0 | 1 | 1 | 1 | 0 |
| 0 | 1 | 1 | 1 | 0 | 0 | 0 | 0 | 0 | 0 | 0 | 0 | 0 | 1 | 1 | 1 | 0 |
| 0 | 1 | 1 | 1 | 0 | 0 | 0 | 0 | 0 | 0 | 0 | 0 | 0 | 1 | 1 | 1 | 0 |
| 0 | 1 | 1 | 1 | 0 | 0 | 0 | 0 | 0 | 0 | 0 | 0 | 0 | 1 | 1 | 1 | 0 |
| 0 | 1 | 1 | 1 | 0 | 0 | 0 | 0 | 0 | 0 | 0 | 0 | 0 | 1 | 1 | 1 | 0 |
| 0 | 1 | 1 | 1 | 0 | 0 | 0 | 0 | 0 | 0 | 0 | 0 | 0 | 1 | 1 | 1 | 0 |
| 0 | 1 | 1 | 1 | 1 | 1 | 1 | 1 | 1 | 1 | 1 | 1 | 1 | 1 | 1 | 1 | 0 |
| 0 | 1 | 1 | 1 | 1 | 1 | 1 | 1 | 1 | 1 | 1 | 1 | 1 | 1 | 1 | 1 | 0 |
| 0 | 1 | 1 | 1 | 1 | 1 | 1 | 1 | 1 | 1 | 1 | 1 | 1 | 1 | 1 | 1 | 0 |
| 0 | 0 | 0 | 0 | 0 | 0 | 0 | 0 | 0 | 0 | 0 | 0 | 0 | 0 | 0 | 0 | 0 |

图 1.22　“口”字图像

| | | |
|---|---|---|
| −1 | −2 | −1 |
| 0 | 0 | 0 |
| 1 | 2 | 1 |

图 1.23　反映“横”模式特征的卷积核

| | | | | | | | | | | | | | | |
|---|---|---|---|---|---|---|---|---|---|---|---|---|---|---|
| 3 | 4 | 4 | 4 | 4 | 4 | 4 | 4 | 4 | 4 | 4 | 4 | 4 | 4 | 3 |
| 0 | 0 | 0 | 0 | 0 | 0 | 0 | 0 | 0 | 0 | 0 | 0 | 0 | 0 | 0 |
| 0 | 0 | -1 | -3 | -4 | -4 | -4 | -4 | -4 | -4 | -4 | -3 | -1 | 0 | 0 |
| 0 | 0 | -1 | -3 | -4 | -4 | -4 | -4 | -4 | -4 | -4 | -3 | -1 | 0 | 0 |
| 0 | 0 | 0 | 0 | 0 | 0 | 0 | 0 | 0 | 0 | 0 | 0 | 0 | 0 | 0 |
| 0 | 0 | 0 | 0 | 0 | 0 | 0 | 0 | 0 | 0 | 0 | 0 | 0 | 0 | 0 |
| 0 | 0 | 0 | 0 | 0 | 0 | 0 | 0 | 0 | 0 | 0 | 0 | 0 | 0 | 0 |
| 0 | 0 | 0 | 0 | 0 | 0 | 0 | 0 | 0 | 0 | 0 | 0 | 0 | 0 | 0 |
| 0 | 0 | 0 | 0 | 0 | 0 | 0 | 0 | 0 | 0 | 0 | 0 | 0 | 0 | 0 |
| 0 | 0 | 0 | 0 | 0 | 0 | 0 | 0 | 0 | 0 | 0 | 0 | 0 | 0 | 0 |
| 0 | 0 | 0 | 0 | 0 | 0 | 0 | 0 | 0 | 0 | 0 | 0 | 0 | 0 | 0 |
| 0 | 0 | 1 | 3 | 4 | 4 | 4 | 4 | 4 | 4 | 4 | 3 | 1 | 0 | 0 |
| 0 | 0 | 1 | 3 | 4 | 4 | 4 | 4 | 4 | 4 | 4 | 3 | 1 | 0 | 0 |
| 0 | 0 | 0 | 0 | 0 | 0 | 0 | 0 | 0 | 0 | 0 | 0 | 0 | 0 | 0 |
| -3 | -4 | -4 | -4 | -4 | -4 | -4 | -4 | -4 | -4 | -4 | -4 | -4 | -4 | -3 |

(a) “口”字卷积结果（没有加激活函数）

| | | | | | | | | | | | | | | |
|---|---|---|---|---|---|---|---|---|---|---|---|---|---|---|
| 1.0 | 1.0 | 1.0 | 1.0 | 1.0 | 1.0 | 1.0 | 1.0 | 1.0 | 1.0 | 1.0 | 1.0 | 1.0 | 1.0 | 1.0 |
| 0.5 | 0.5 | 0.5 | 0.5 | 0.5 | 0.5 | 0.5 | 0.5 | 0.5 | 0.5 | 0.5 | 0.5 | 0.5 | 0.5 | 0.5 |
| 0.5 | 0.5 | 0.3 | 0.0 | 0.0 | 0.0 | 0.0 | 0.0 | 0.0 | 0.0 | 0.0 | 0.0 | 0.3 | 0.5 | 0.5 |
| 0.5 | 0.5 | 0.3 | 0.0 | 0.0 | 0.0 | 0.0 | 0.0 | 0.0 | 0.0 | 0.0 | 0.0 | 0.3 | 0.5 | 0.5 |
| 0.5 | 0.5 | 0.5 | 0.5 | 0.5 | 0.5 | 0.5 | 0.5 | 0.5 | 0.5 | 0.5 | 0.5 | 0.5 | 0.5 | 0.5 |
| 0.5 | 0.5 | 0.5 | 0.5 | 0.5 | 0.5 | 0.5 | 0.5 | 0.5 | 0.5 | 0.5 | 0.5 | 0.5 | 0.5 | 0.5 |
| 0.5 | 0.5 | 0.5 | 0.5 | 0.5 | 0.5 | 0.5 | 0.5 | 0.5 | 0.5 | 0.5 | 0.5 | 0.5 | 0.5 | 0.5 |
| 0.5 | 0.5 | 0.5 | 0.5 | 0.5 | 0.5 | 0.5 | 0.5 | 0.5 | 0.5 | 0.5 | 0.5 | 0.5 | 0.5 | 0.5 |
| 0.5 | 0.5 | 0.5 | 0.5 | 0.5 | 0.5 | 0.5 | 0.5 | 0.5 | 0.5 | 0.5 | 0.5 | 0.5 | 0.5 | 0.5 |
| 0.5 | 0.5 | 0.5 | 0.5 | 0.5 | 0.5 | 0.5 | 0.5 | 0.5 | 0.5 | 0.5 | 0.5 | 0.5 | 0.5 | 0.5 |
| 0.5 | 0.5 | 0.5 | 0.5 | 0.5 | 0.5 | 0.5 | 0.5 | 0.5 | 0.5 | 0.5 | 0.5 | 0.5 | 0.5 | 0.5 |
| 0.5 | 0.5 | 0.7 | 1.0 | 1.0 | 1.0 | 1.0 | 1.0 | 1.0 | 1.0 | 1.0 | 1.0 | 0.7 | 0.5 | 0.5 |
| 0.5 | 0.5 | 0.7 | 1.0 | 1.0 | 1.0 | 1.0 | 1.0 | 1.0 | 1.0 | 1.0 | 1.0 | 0.7 | 0.5 | 0.5 |
| 0.5 | 0.5 | 0.5 | 0.5 | 0.5 | 0.5 | 0.5 | 0.5 | 0.5 | 0.5 | 0.5 | 0.5 | 0.5 | 0.5 | 0.5 |
| 0.0 | 0.0 | 0.0 | 0.0 | 0.0 | 0.0 | 0.0 | 0.0 | 0.0 | 0.0 | 0.0 | 0.0 | 0.0 | 0.0 | 0.0 |

(b) “口”字卷积结果（加了激活函数）

**图 1.24 “口”字卷积结果(见彩插)**

图 1.24(a)中，绿色部分反映了“口”字上下两个“横”的上边缘信息，除了两端的匹配结果为 3 外，其余均为 4，匹配值都比较大。而黄色部分反映的是“口”字上下两个“横”的下边缘信息，除了两端匹配值为－3 外，其余均为－4，匹配值的绝对值也都比较大。“口”字中间部分如图 1.22 所示的中间蓝色部分是没有笔画的，可以认为是一个没有笔画的“虚横”，其上边缘反映在图 1.24(a)中的粉色部分，匹配值为－3 或－4，而下边缘对应图 1.24(a)的灰色部分，匹配值为 3 或者 4。对于“口”字的其他与“横”没有关系的部分，匹配值基本为 0，少数几个与“横”连接的位置匹配是 1 或者－1。由此可见，只要是与“横”有关的，匹配值的绝

对值都比较大，大多为 4，少数位置为 3，而与“横”无关的部分，匹配值的绝对值都比较小，大多为 0，少数地方为 1。

同前面介绍过的数字识别的例子一样，也可以在卷积神经元中加上一个 sigmoid 函数，表示是不是“横”的概率。使用 sigmoid 函数后的结果如图 1.24(b)所示，从图中可以看出，与“横”的上边缘有关的位置概率值基本为 1.0，下边缘位置概率基本为 0.0；与此相反，与“虚横”(空白组成的“横”)的上边缘有关的位置概率值基本为 0.0，下边缘位置概率基本为 1.0；而其他位置的概率基本为 0.5，说明结果不确定。所以，图 1.22 所示的卷积核起到了提取“横”模式特征的作用，其值是“横”的上边缘或者“虚横”的下边缘的概率。同样地，我们也可以用类似的方法提取“竖”模式特征。

小明看着结果很兴奋地说：这个例子可以很好地体现出卷积神经网络提取局部模式特征的作用。但是如何设计卷积核呢？

艾博士回答说：同全连接神经网络一样，卷积核也就是权重，也是可以通过 BP 算法训练出来的，不需要人工设计。只是对于卷积神经网络来说，由于有局部连接和权值共享等，需要重新推导具体的 BP 算法，其算法思想是完全一样的。

听了艾博士的讲解，小明对卷积神经网络有了一定了解，但还是有一系列的问题想问艾博士，他一一问道：艾博士，那么卷积神经网络只有一个输入层和一个输出层吗？

**艾博士**：不是的，在一层卷积之后，还可以再添加卷积层，可以有很多层。

小明又问道：以图 1.19 所示的例子为例，输入层有 5×5 个神经元，经过一个 3×3 的卷积操作后，下一层就只有 3×3 个神经元了，这样一层层做下去后面的神经元数是不是就越来越少了？

**艾博士**：小明，你说的是对的，这样一层层加上卷积层后，每层的神经元确实会越来越少。如果想保持经过一个卷积层后神经元个数不变，可以通过在前一层神经元四周填充 0 的办法解决。比如图 1.19 的例子，我们可以在输入层填充一圈 0，由原来的 5×5 变为 7×7，这样卷积层的输出就还是保持 5×5 的大小了，如图 1.25 所示。究竟需要补充几圈 0，与卷积核的大小有关，对于 3×3 的卷积核需要补充一圈 0；而对于 5×5 的卷积核，则需要补充两圈 0，才能使得输出的神经元数与输入保持一致。事实上，在讲图 1.22 所示的“口”字的例

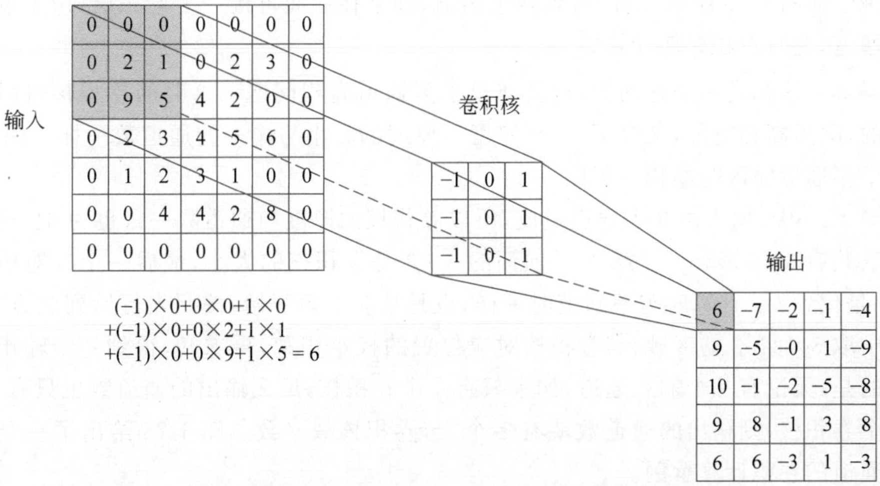


图 1.25　通过填充使得卷积层前后的神经元个数不变

子时，为了保持输出的神经元个数与输入一致，我们已经进行了填充操作。

**小明**：对于一个输入可以做不同的卷积吧？当有多个卷积核时，输出是怎样的呢？

**艾博士**：同一个输入可以有多个不同的卷积核，每个卷积核得到一个输出，称作通道，有多少个卷积核，就得到多少个通道，不同的通道并列起来作为输出。如图 1.26 所示，具有两个卷积核，得到两个通道的输出。

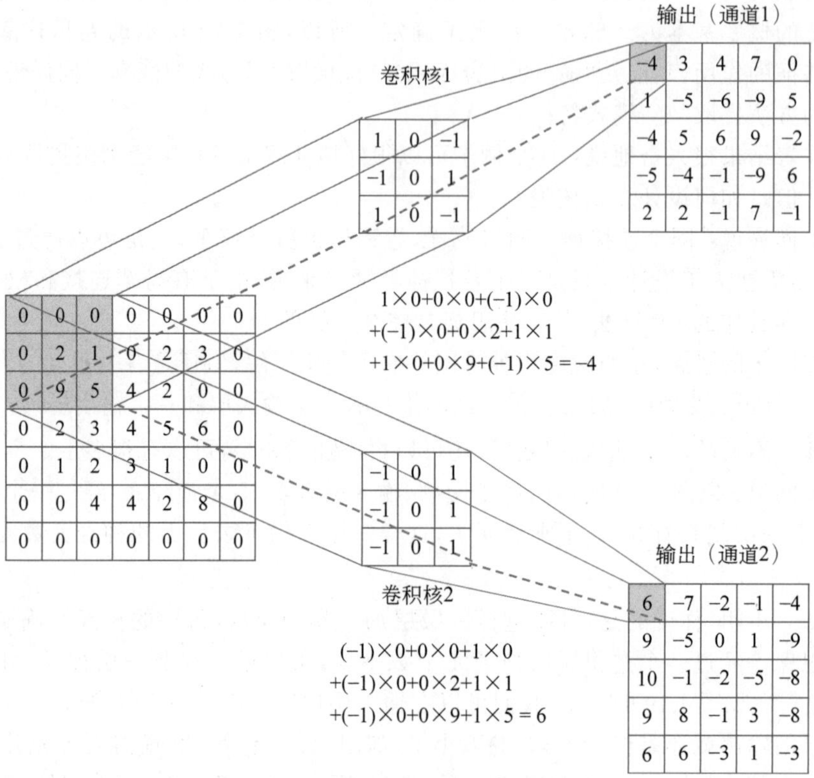


图 1.26 有两个卷积核的卷积示意图

**小明**：如图 1.26 所示，输出得到两个通道，如果在后面再接一个卷积层，由于输入变成了两个通道，这时卷积如何计算呢？

**艾博士**：这真是一个好问题，这就涉及了多通道卷积问题。这时的卷积核可以看成是"立体"的，除了高和宽外，又多了一个"厚度"，厚度的大小与输入的通道数一样。图 1.27 给出了一个多通道输入时卷积示意图。

在图 1.27 中，输入由 3 个通道组成，所以卷积核的厚度与通道数一致也为 3。这样卷积核的参数共有 $3\times3\times3+1=28$ 个。前面的 $3\times3$ 是卷积核的大小，最后一个 3 对应 3 个通道，加 1 是偏置 $b$。计算时与单通道时一样，也是从左上角开始，按照先行后列的方式，依次从输入中取 $3\times3\times3$ 的区域，与卷积核对应位置的权重相乘，再求和，得到一个输出值。值得注意的是，无论有几个输入通道，如果只有一个卷积核，那么输出的通道数也只有一个；如果有多个卷积核，则输出的通道数就有多个，与卷积核数一致。图 1.28 给出了一个输入具有两个通道的卷积计算示例。

图 1.28 中，最左边是输入的两个通道，中间是与两个通道相对应的厚度为 2 的卷积核，

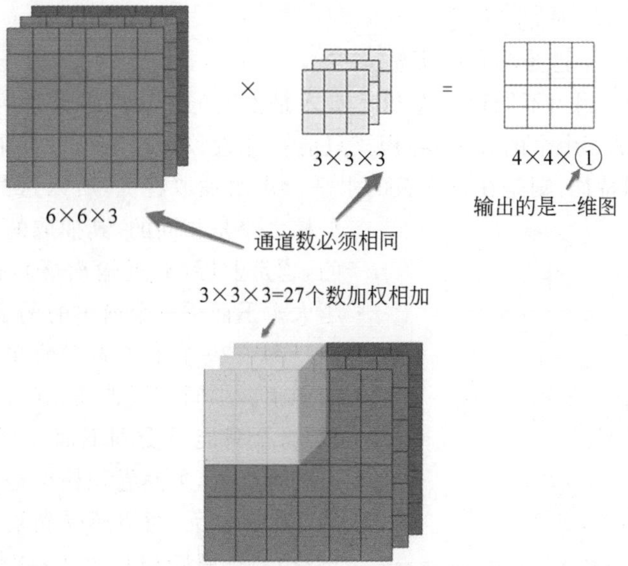


图 1.27　多通道输入时卷积示意图

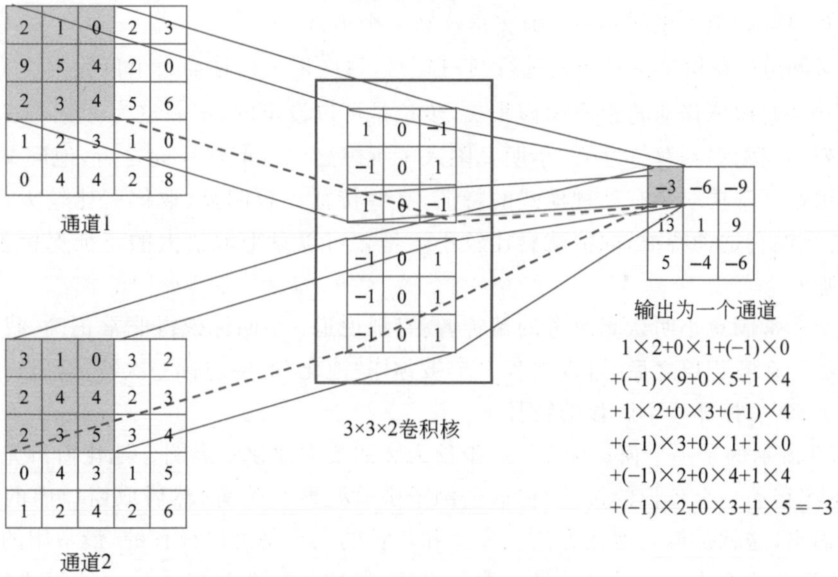


图 1.28　两通道卷积示意图

最右边是卷积的结果，由于只有一个卷积核，结果也只有一个通道。同样可以通过多个卷积核得到多个通道的输出。

由于卷积核的厚度总是与输入的通道数是一致的，所以平时说卷积核时，往往会省略其厚度，只说卷积核的高和宽，比如上例中的卷积核为 3×3，不用说具体的厚度是多少，默认厚度就是输入的通道数。

小明又问道：卷积核的大小体现了什么特点呢？

艾博士回答说：卷积核越小，关注的“视野”范围也越小，提取的特征粒度也就越小。反之卷积核越大，其视野范围也大，提取的特征粒度也就越大。但是这些都是相对于同样的输入情况下来说的。由于多个卷积层可以串联起来，同样大小的卷积核在不同的层次上，其提取的特征粒度也是不一样的。

小明不解地问道：这是为什么呢?

艾博士解释说：因为不同层的卷积其输入是不同的。以图像处理为例，如果输入是原始图像，则输入都是一个个的像素，卷积核只能在像素级提取特征。如果是下一个卷积层，输入是已经抽取的特征，则是在特征级的水平上再次抽取特征，所以这两种情况下，即便卷积核大小是相同的，其抽取的特征粒度也是不同的，越是上层(靠近输出层)，提取到的特征粒度越大。下面举一个简单的例子说明这个道理。

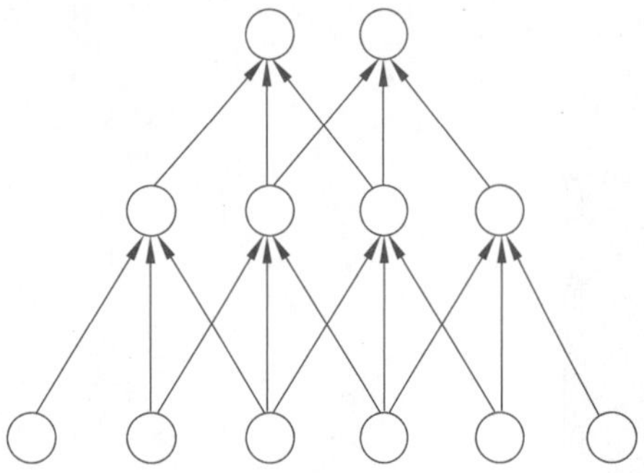

图 1.29　高层的卷积核具有更大的视野

图 1.29 给出了一个简单的卷积核大小为 3 的例子。中间一层神经元(可以认为是一个卷积核)每个只能感受到下面 3 个输入的信息，最上边的神经元，虽然卷积核也是 3，但是通过中间层的 3 个神经元，可以感受到输入层的 5 个输入信息，相当于视野被扩大了，提取的特征粒度也就变大了。

小明对照着图想了想回答道：确实是这么一个道理。

小明又问道：卷积核在对输入进行“扫描”时，每次都是只移动一个位置吗?

**艾博士**：卷积核移动的距离称为步长，步长是可以设定的，不一定为 1，可以是 2、3 等。

一系列的问题得到解答之后，小明又陷入了沉思之中。沉默片刻之后，他问艾博士：卷积核的作用相当于提取具有某种模式的特征，有些特征比较明显，取值就比较大，有些特征不明显，甚至没有这种特征，取值就会比较小。是否可以只把取值大的特征保留下来，突出这些特征呢?

艾博士非常满意小明认真思考的精神，高兴地说道：小明你说得非常正确，我正想讲解这个问题呢。在卷积层之后，可以加入一个被称作“池化”的层进行一次特征筛选，将明显的特征保留下来，去掉那些不明显的特征。

图 1.30 展示的是一个窗口为 2×2、步长为 2 的最大池化示意图。池化窗口先行后列进行移动，每次移动一个步长的位置，在这个例子中就是两个位置，然后取窗口内的最大值作为池化的输出，这就是最大池化方法。窗口和步长的大小是可以设置的，最常用的是窗口为 2×2、步长为 2 的池化。经过这种最大池化之后，保留了每个窗口内最大的模式特征，同时使得神经元的个数减少到原来的 1/4，起到了数据压缩的作用。

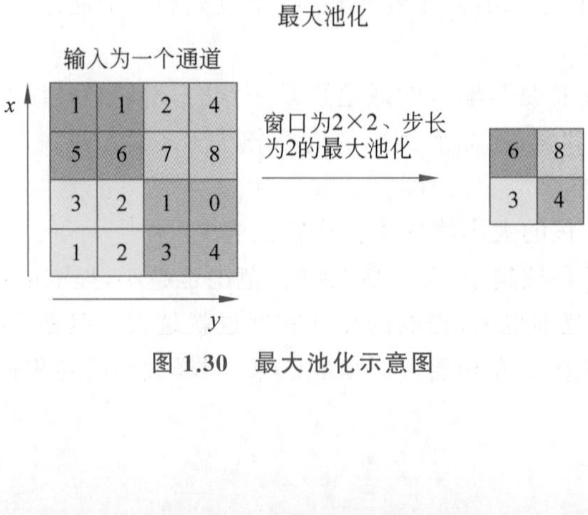


图 1.30　最大池化示意图

除了最大池化方法外，还有平均池化方法，取窗口内的平均值作为输出。最大池化体现的是一个局部区域内的主要特征，平均池化体现的是一个局部区域内特征的平均值。

另外，需要强调的是，池化方法是作用在每个通道上的，池化前后的通道数是一样多的。

小明越学越兴奋，迫不及待地问艾博士：艾博士，您讲解了全连接神经网络和卷积神经网络，能否举一个实际应用的例子呢？

艾博士说：可以的，下面就讲解一个数字识别的实际例子，该例子通过联合应用全连接神经网络和卷积神经网络实现手写数字的识别，如图 1.31 所示。

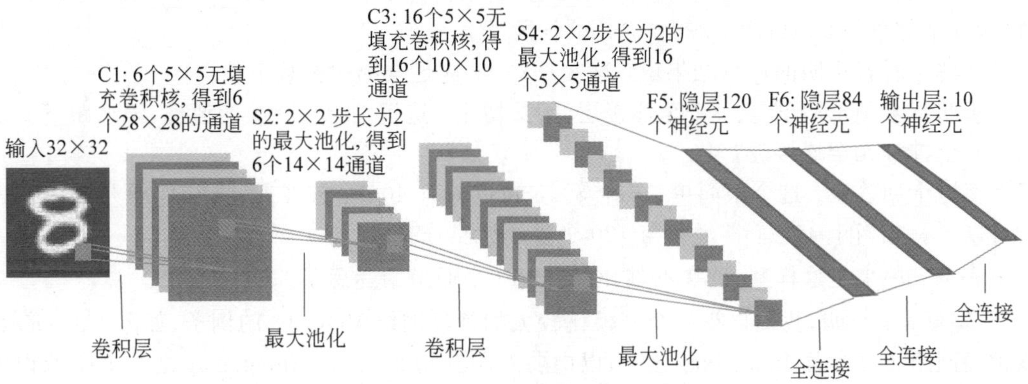


图 1.31　数字识别方法示意图

这是一个比较早期的用于手写数字识别的神经网络 LeNet，输入是 32×32 的灰度数字图像，第一个卷积层采用 6 个无填充、步长为 1 的 5×5 卷积核，这样就得到了 6 个通道，每个通道为 28×28 个输出。然后使用一个 2×2 的步长为 2 的最大池化，得到 6 个 14×14 的通道。第二个卷积层采用 16 个无填充、步长为 1 的 5×5 卷积核，得到 16 个通道，每个通道为 10×10 的输出。再使用一个 2×2 步长为 2 的最大池化，进一步压缩为 16 个通道、每个通道为 5×5 的输出。接下来连接两个全连接的隐含层，神经元个数分别为 120 和 84，最后一层是 10 个输出，分别对应 10 个数字的识别结果。每个卷积核或者神经元均带有激活函数，早期激活函数大多采用 sigmoid 函数，现在一般在输出层用 softmax 激活函数，其他层用 ReLU 激活函数。

艾博士指着图 1.31 对小明说：你计算一下，这个数字识别系统共有多少个参数？

小明拿出笔和纸认真地计算了起来。

第一个卷积层是 5×5 的卷积核，输入是单通道，每个卷积核 25 个参数，共 6 个卷积核，所以参数个数为 5×5×6＝150；第二个卷积层的卷积核还是 5×5 的，但是通道数为 6，所以每个卷积核参数个数为 5×5×6 个，共有 16 个卷积核，所以参数个数为 5×5×6×16＝2400；第一个全连接输入是 16 个 5×5 的通道，所以共有 5×5×16 个神经元，这些神经元与其下一层的 120 个神经元一一相连，所以有 5×5×16×120＝48000 个参数，该 120 个神经元又与下一层的 84 个神经元全连接，所以有 120×84＝10080 个参数；这层的 84 个神经元与输出层的 10 个神经元全连接，有 84×10＝840 个参数。所以这个神经网络的全部参数个数为上述参数个数之和，即 150＋2400＋48000＋10080＋840＝61470 个参数。

艾博士看着小明的计算结果，提醒小明说：小明，你再考虑一下，是否漏掉了什么？

小明一一验算刚才的计算结果，认为没有问题：我觉得全部考虑进去了，应该没有漏掉吧？池化层应该没有参数吧。

艾博士提醒说：池化层确实没有参数，我说的不是这个。我们前面讲神经元时，是不是还有一个偏置 $b$？

小明恍然大悟道：我怎么把这个给忘记了？偏置 $b$ 也应该是一个参数。对于卷积核来说，由于共享参数，所以一个卷积核有一个 $b$，而对于全连接部分来说，每个神经元有一个 $b$。这样的话，第一个卷积层有 6 个卷积核，所以有 6 个 $b$，第二个卷积层有 16 个卷积核，所以有 16 个 $b$，而后面的全连接层分别有 120、84 和 10 个神经元，所以偏置的数量分别是 120、84 和 10。这样算的话，在前面参数的基础上，应该再加上 6+16+120+84+10=236 个参数，所以全部参数是 61470+236=61706 个。

艾博士看着小明的计算结果说：这次算对了，这是全部的参数个数。

小明指着图 1.31 的第一个全连接层，问艾博士：这里 16 个 5×5 的通道，怎么跟下一层的 120 个神经元全连接呢？

艾博士回答说：这个很简单，16 个 5×5 通道共有 400 个神经元，把它们展开成一长串就可以了。相当于 400 个神经元与 120 个神经元全连接。

**小明**：原来是这样啊，确实不难，刚才被 16 个通道给迷惑了。

**艾博士**：小明，我们再举一个规模比较大的神经网络 VGG-16 的例子，如图 1.32 所示。该神经网络曾经参加 ImageNet 比赛，以微弱差距获得第二名。ImageNet 是一个图像识别的比赛，有 1000 个类别的输出，该项比赛有力地促进了图像识别研究的发展。

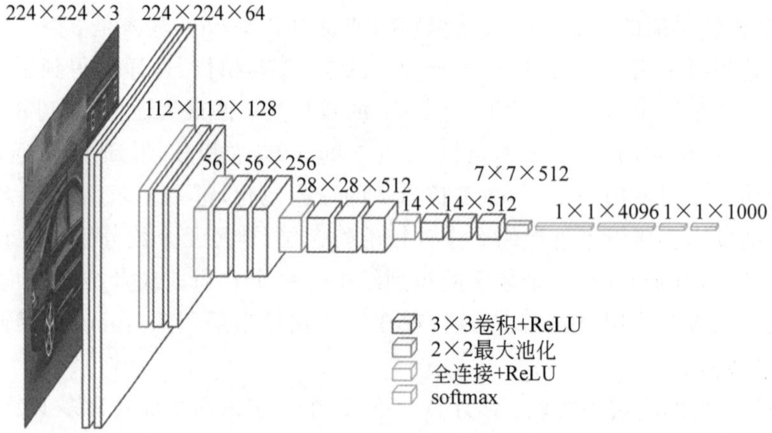


图 1.32 VGG-16 神经网络示意图

该神经网络非常规整，像一个电视塔一样，我们从输入到输出分块介绍其组成。

(1) 由于处理的是彩色图像，所以输入是由红、绿、蓝 3 色组成的 3 个通道，大小为 224×224×3，这里的 3 是指 3 个通道。

(2) 连续 2 层带填充步长为 1 的 3×3 卷积层(即边缘补充 0)，每层都有 64 个卷积核，输出是 64 个通道，每个通道为 224×224。每个卷积核均附加 ReLU 激活函数。后面的卷积核均附加了 ReLU 激活函数，如果没有特殊情况，就不再单独说明了。

(3) 2×2 步长为 2 的最大池化，池化不改变通道数，还是 64 个通道，每个通道被压缩到 112×112。

(4) 连续 2 层带填充步长为 1 的 3×3 卷积层，每层都有 128 个卷积核，输出是 128 个通道，每个通道为 112×112。

（5）2×2 步长为 2 的最大池化，输出是 128 个通道，每个通道被压缩到 56×56。

（6）连续 3 层带填充步长为 1 的 3×3 卷积层，每层都有 256 个卷积核，输出是 256 个通道，每个通道为 56×56。

（7）2×2 步长为 2 的最大池化，输出是 256 个通道，每个通道被压缩到 28×28。

（8）连续 3 层带填充步长为 1 的 3×3 卷积层，每层都有 512 个卷积核，输出是 512 个通道，每个通道为 28×28。

（9）2×2 步长为 2 的最大池化，输出是 512 个通道，每个通道被压缩到 14×14。

（10）连续 3 层带填充步长为 1 的 3×3 卷积层，每层都有 512 个卷积核，输出是 512 个通道，每个通道为 14×14。

（11）2×2 步长为 2 的最大池化，输出是 512 个通道，每个通道被压缩到 7×7。

（12）连续 2 层全连接层，每层 4096 个神经元，均附带 ReLU 激活函数。

（13）由于输出是 1000 个类别，所以输出层有 1000 个神经元，最后加一个 softmax 激活函数，将输出转化为概率。

**小明读书笔记**

卷积神经网络的特点是局部连接、参数共享，通过这种方式有效减少了神经网络的参数量。

卷积神经网络通过卷积核提取局部特征，由于其局部连接、参数共享的特点，可以提取输入图像在不同位置具有相似属性的特征模式。卷积核的大小决定了提取的特征粒度，卷积核越小，提取的特征粒度越小；卷积核越大，提取的特征粒度越大。当多个卷积层串联在一起时，越是在上层(靠近输出层)的卷积层，体现的视野越大，提取的特征粒度也越大，即便卷积核大小是一样的，由于输入的粒度大小不一样，其提取的特征粒度也是不一样的。

在图像处理中，卷积核的大小一般是 $k \times k$ 的方形矩阵，按照给定的步长对输入图像先行后列地进行“扫描”，获取图像中不同位置的相似特征。当输入为多个通道时，卷积核变成为一个长方体，其“厚度”与输入的通道数一致，所以通常在说卷积核大小时并不包含其厚度，厚度默认为输入的通道数。

一个卷积核构成一个输出通道，而不论其输入包含多少个通道。在同一个输入下可以使用多个卷积核，获得多个输出通道，输出通道数与卷积核的数量一致。

如果希望卷积层的输出大小与输入大小一致，可以通过在输入图像四周填充 0 的方式实现，具体需要填充多少圈 0，与卷积核的大小和步长有关。比如同是在步长为 1 的情况下，如果卷积核的大小是 3×3，则需要在输入图像四周填充一圈 0；如果卷积核的大小是 5×5，则需要填充两圈 0。

在卷积神经网络中，通常还包含池化层，起到特征压缩的目的。在图像处理中，池化窗口一般是方形的，依据取窗口内的最大值或者平均值，池化分为最大池化和平均池化两种。同卷积操作一样，池化也是依据给定的步长对输入进行先行后列的扫描。所不同的是，池化窗口并没有厚度，只作用在一个通道上，输入有多少个通道，输出还是多少个通道，并不改变通道的个数。

通常卷积神经网络是和全连接神经网络混合在一起使用的，前面几层是卷积层，用于提取特征，后面几层是全连接层，通过对特征的综合实现分类等操作。LeNet 网络和 VGG-16 网络是两个典型的应用。

## 1.5 梯度消失问题

**小明**：艾博士，在这两个例子中，您均提到了用 ReLU 这个激活函数，这是为什么呢？

**艾博士**：你又提了一个好问题。小明，我先问你一个问题，在前面我们介绍的 BP 算法中，是如何更新权重值的？

**小明**：这个我还记得，更新公式如下。

$$\delta_h = o_h(1-o_h)\sum_{k\in 后续(h)}\delta_k w_{kh}$$

$$\Delta w_{ji} = \eta\delta_j x_{ji}$$

$$w_{ji} = w_{ji} + \Delta w_{ji}$$

**艾博士**：小明你记得很清楚。BP 算法中主要是根据后一层的 $\delta$ 值计算前一层的 $\delta$ 值，一层一层反向传播。由 $\delta$ 的计算公式可以看到，每次都要乘一个 $o_h(1-o_h)$，其中 $o_h$ 是神经元 $h$ 的输出。当采用 sigmoid 激活函数时，$o_h$ 取值在 0～1，无论 $o_h$ 接近 1 还是接近 0，$o_h(1-o_h)$的值都比较小，即便是最大值也只有 0.25(当 $o_h=0.5$ 时)。如果神经网络的层数比较多的话，反复乘以一个比较小的数，会造成靠近输入层的 $\delta_h$ 趋近于 0，从而无法对权重进行更新，失去了训练的能力。这一现象称作梯度消失。而 $o_h(1-o_h)$刚好是 sigmoid 函数的导数，所以用 sigmoid 激活函数的话，很容易造成梯度消失。而如果换成 ReLU 激活函数的话，由于 ReLU(net)=max(0,net)，当 net>0 时，ReLU 的导数等于 1，$o_h(1-o_h)$这一项就可以用 1 代替了，从而减少了梯度消失现象的发生。当然，梯度消失并不完全是激活函数造成的，为了建造更多层的神经网络，研究者也提出了其他的一些减少梯度消失现象发生的方法。梯度消失问题是多层神经网络面临的重要问题之一，是深度学习发展过程中一直要解决的问题。

**小明**：都有哪些减少梯度消失问题的方法，能否再举几个例子呢？

**艾博士**：好的，我们再举两个比较典型的例子。

第一个例子是 GoogLeNet，该神经网络在 ImageNet 比赛中曾经获得第一名。

小明看着 GoogLeNet 这个名字有些奇怪，问艾博士：这里的 L 为什么是大写呢？是不是写错了？

艾博士说：没有写错，这里用的就是大写的 L。前面咱们介绍过一个早期的识别手写数字的神经网络 LeNet，可以说是最早的达到了实用水平的神经网络，所以 GoogLeNet 在命名时有意将 L 大写(后边 5 个字符刚好是 LeNet)，以示该网络是在 LeNet 的基础上发展而来。

GoogLeNet 有些复杂，其结构如图 1.33 所示，输入层在最下边。该网络有两个主要特点，第一个特点与解决梯度消失问题有关。

不同于一般的神经网络只有一个输出层，GoogLeNet 分别在不同的深度位置设置了 3 个输出，图 1.33 中用黄颜色表示，分别命名为 softmax0、softmax1 和 softmax2，从名称就可以看出，3 个输出均采用了 softmax 激活函数。对 3 个输出分别构造损失函数，再通过加权的方式整合在一起作为总体的损失函数。这样 3 个处于不同深度的输出，分别反向传播梯度值，同时配合使用 ReLU 激活函数，就比较好地解决了梯度消失问题。

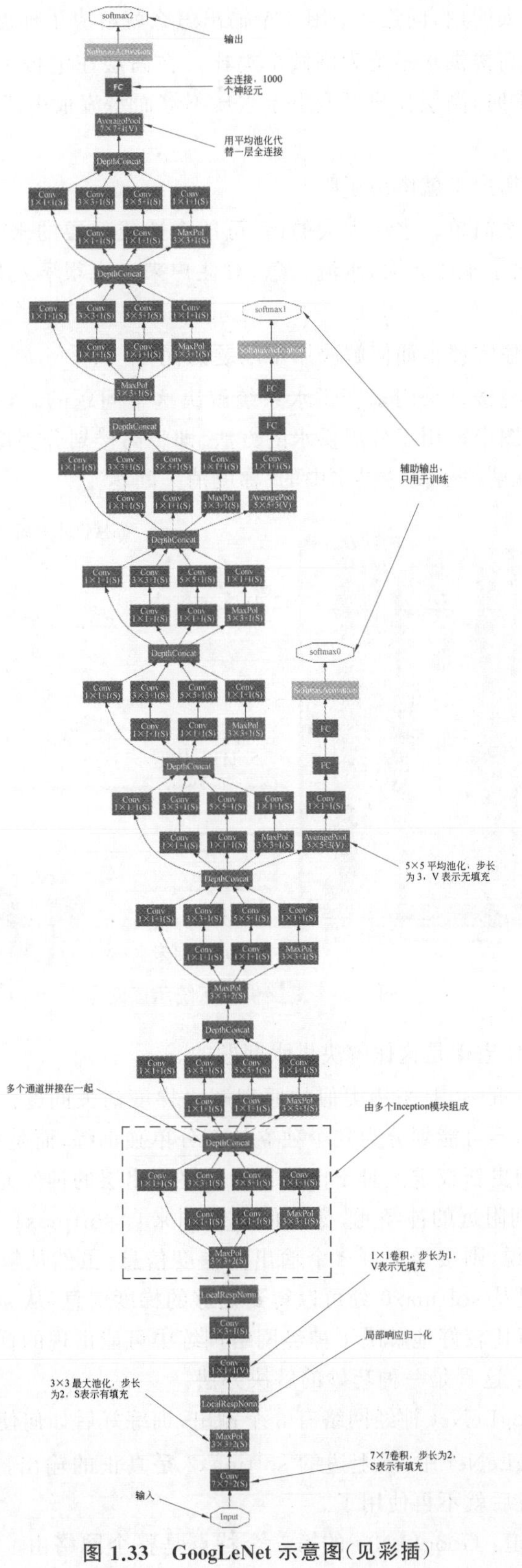


图 1.33　GoogLeNet 示意图(见彩插)

小明还是有些不太明白，问道：采用3个输出怎么就解决了梯度消失问题呢？

**艾博士**：我们以高楼供水系统为例做个类比。在高层住宅楼中，如果只用一套供水系统，低层住户用水正常时，高层住户可能由于水压不够而水流很小甚至无水。这就相当于出现了梯度消失现象。

**小明**：加大水的压力不就解决了吗？

**艾博士**：不是那么简单。水压太大的话，可能会造成低层的水管、水龙头破裂，即便没有这些情况的发生，由于水压太大，水流太急，对住户来说也很不友好。所以不能随意加大水压。

**小明**：那么高层住宅楼是如何解决用水问题的呢？

**艾博士**：高层住宅楼是采用多套供水系统解决这个问题的。如图1.34给出了一个高楼供水系统示意图。图中采用了分层供水的方法，即将高楼划分为低、中、高3个区域，每个区域单独供水，这样就解决了高楼供水中的"梯度消失问题"。

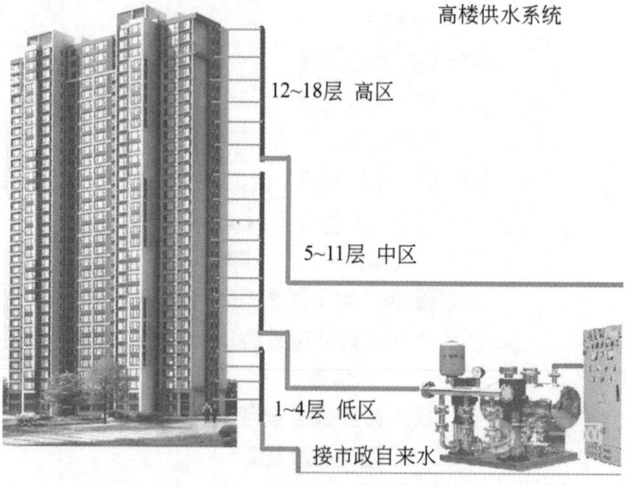


图1.34 高楼供水系统示意图

**小明**：原来高层住宅楼是这样解决供水问题的。

**艾博士**：GoogLeNet也是采用类似的原理解决梯度消失问题。当然在GoogLeNet中神经网络是一个整体，不可能划分为几个独立的部分单独训练，而是每个输出均反传梯度信息，并综合在一起使用更新权重。对于比较靠近最终输出层的神经元，全部梯度信息来自输出softmax2，对于中间附近的神经元，梯度信息分别来自softmax1和softmax2，而对于靠近输入层的神经元来说，则接受来自3个输出的梯度信息，虽然从输出softmax2获得的梯度信息可能很小，但是从softmax0处可以得到足够的梯度信息，从softmax1处也可以获取一些梯度信息，这样就比较好地解决了神经网络训练中可能出现的梯度消失问题。

小明不禁赞叹道：这真是一种巧妙的解决办法。

小明又问道：GoogLeNet神经网络有3个输出，训练好后如何使用呢？

**艾博士**：在GoogLeNet中，最上边的softmax2是真正的输出，另外两个是辅助输出，只用于训练，训练完成后就不再使用了。

艾博士继续讲解道：GoogLeNet的第二个特点是整个网络由9个称作inception的模

块组成，图 1.33 中虚线框出来的部分就是第一个 inception 模块，后面还有 8 个这样的模块。

**小明**：艾博士，这个 inception 模块是什么意思呢？

**艾博士**：我们先从最原始的 inception 模块讲起，如图 1.35(a)所示的就是一个原始的 inception 模块，它由横向的 4 部分组成，从左到右分别是 1×1 卷积、3×3 卷积和 5×5 卷积，最右边还有一个 3×3 的最大池化。每种卷积都有多个卷积核，假定 1×1 卷积有 $a$ 个卷积核，3×3 卷积有 $b$ 个卷积核，5×5 卷积有 $c$ 个卷积核，那么这 3 个卷积得到的通道数就分别为 $a$、$b$、$c$ 个，最右边的 3×3 最大池化得到的通道数与输入一致，假设为 $d$。将这 4 部分得到的通道再并列拼接在一起，则每个 inception 的输出共有 $a+b+c+d$ 个通道。

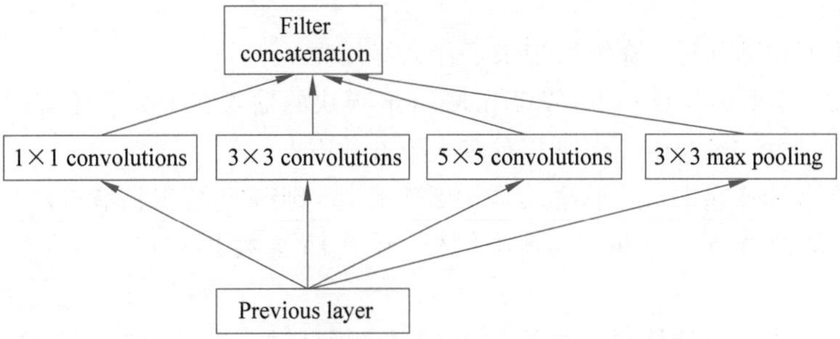


(a) 原始的inception模块

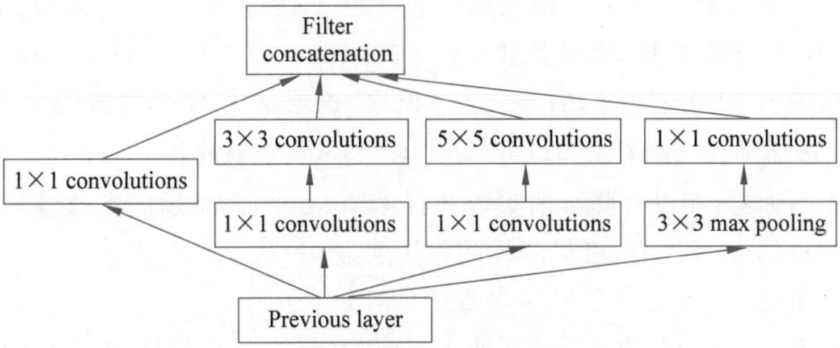


(b) 带降维的inception模块

图 1.35　inception 模块

小明看着原始 inception 模块的示意图问艾博士：这里为什么用不同大小的卷积核呢？以前介绍的卷积神经网络，同一层用的都是大小相同的卷积核。

艾博士回答说：这也是 GoogLeNet 的创新之一。我们介绍过，不同大小的卷积核可以抽取不同粒度的特征，GoogLeNet 通过 inception 模块在每一层都抽取不同粒度的特征再聚合在一起，达到更充分利用不同粒度特征的目的。

**小明**：我明白了原始 inception 模块的作用，是不是还有改进型的 inception 模块啊？

**艾博士**：是的，目前对 inception 模块有很多种改进，我们下面介绍一个比较典型的改进模块。其基本思想是引入了“网中网”的概念，主要目的是为了减少神经网络的参数量，也就是权重的数量，从而提高训练速度。图 1.35(b)给出的就是一个带降维的 inception 模块示意图，与原始的模块相比较，主要是引入了 3 个 1×1 卷积，其中两个分别放在了 3×3 卷积和 5×5 卷积的前面，一个放在了最右边 3×3 最大池化的后面。

**小明**：艾博士，为什么要引入 1×1 卷积呢？

艾博士回答说：引入 1×1 卷积有两个作用。第一，1×1 卷积核由于还有个厚度，相当于在每个通道上的相同位置各选取一个点进行计算，每个点代表了某种模式特征，不同通道代表不同特征，所以其结果就相当于对同一位置的不同特征进行了一次特征组合。第二，就是用 1×1 卷积对输入输出的通道数做变换，减少通道数或者增多通道数，如果输出的通道数少于输入的通道数，就相当于进行降维，反之则是升维。比如输入是 100 个通道，如果用了 60 个 1×1 的卷积核，则输出具有 60 个通道，通道数减少了 40%，就实现了降维操作。在 inception 模块中增加的 3 个 1×1 卷积均属于降维，所以这种模块被称为带降维的 inception 模块。

小明不太明白地问道：降维后带来了什么好处呢？

艾博士说：小明你计算一下，假设 inception 模块的输入有 192 个通道，使用 32 个 5×5 的卷积核，那么原始 inception 模块共有多少个参数呢？

小明认真地计算起来：由于输入是 192 个通道，则一个卷积核有 5×5×192+1 个参数，其中的 1 是偏置 $b$。一共 32 个卷积核，则全部参数共有(5×5×192+1)×32=153632 个。

艾博士看着小明的计算说：如果在 5×5 卷积前增加一层具有 32 个卷积核的 1×1 的卷积的话，则总参数又是多少个呢？

小明又埋头计算起来：1×1 卷积的输入是 192 个通道，则一个卷积核的参数个数为 1×1×192+1，共 32 个卷积核，则参数共有(1×1×192+1)×32=6176 个。1×1 的卷积输出有 32 个通道，输入 32 个卷积核的 5×5 卷积层，这层的参数总数为(5×5×32+1)×32=25632 个。两层加在一起共有 6176+25632=31808 个参数。

**艾博士**：小明你看，在没有降维前参数共有 153632 个，降维后的参数量只有 31808 个，只占降维前参数量的 20%左右，可见降维的作用明显。

小明恍然大悟道：原来是为了减少参数的计算量。

小明又指着图 1.35(b)右边问道：艾博士，这里在最大池化后面加入 1×1 卷积层又是为了什么呢？

艾博士回答说：这里就纯粹是为了降维，因为输入的通道数可能比较多，用 1×1 卷积把通道数降下来。

图 1.36 给出了 GoogLeNet 中第一个 inception 模块采用的卷积核数，我就不具体讲了，小明你自己看就可以了，有了前面卷积的知识很容易看懂。

**小明**：好的，我自己课后仔细对照着看看。艾博士，除了介绍的两个特点外，GoogLeNet 还有哪些特点呢？

**艾博士**：除此以外，GoogLeNet 还用了一些小技巧。在靠近输出层用了一层 7×7 的平均池化。在一般的神经网络中这一层一般是个全连接层，GoogLeNet 用平均池化代替了一个全连接层。由于池化是作用在单个通道上的，而每个通道抽取的是相同模式的特征，所以平均池化反映了该通道特征的平均分布情况，起到了对特征的平滑作用。据 GoogLeNet 的提出者介绍说，这样不仅减少了参数量，还可以提高系统性能。另外就是在第一个

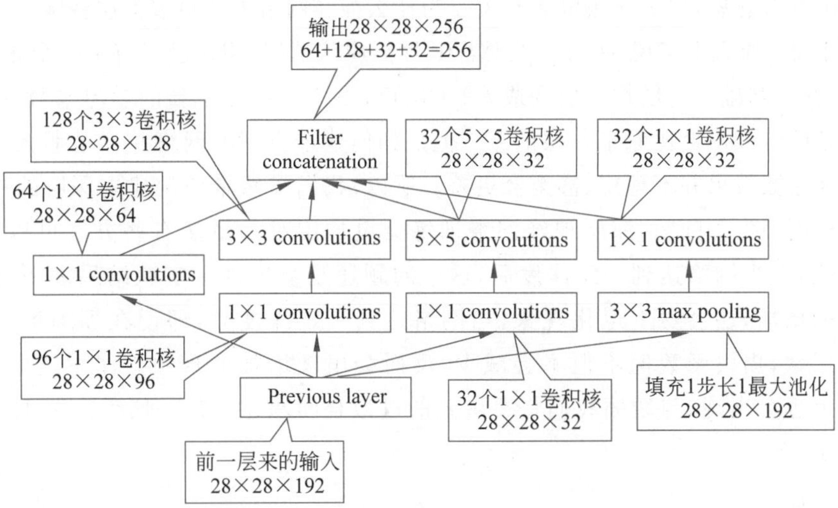


**图 1.36　GoogLeNet 第一个 inception 模块**

inception 模块之前分别加入了两层局部响应归一化。在适当的地方加入归一化层是一种常用的手段，其目的是为了防止数据的分布产生太大的变化，因为神经网络在训练过程中每一层的参数都在更新，如果前面一层的参数分布发生了变化，那么下一层的数据分布也会随之变化，归一化的作用就是防止这种变化不要太大。除了局部响应归一化外，现在用的更多的是批量归一化。具体的归一化方法我们就不介绍了，有兴趣的话，可以参阅有关文献。

小明听了艾博士的讲解，又很好奇地问道：艾博士，GoogLeNet 中的模块为什么叫 inception 呢？

艾博士解释说：inception 一词来源于电影《盗梦空间》的英文名，如图 1.37 所示。电影中有一句对话：We need to go deeper（我们需要更加深入），讲述的就是如何在某人大脑中植入思想，寓意进行更深刻的感知。这些年来，神经网络一直在向更深的方向发展，层数越来越多，“更加深入”也正是神经网络研究者所希望的，所以就以 inception 作为了模块名。

**图 1.37　电影《盗梦空间》**

**小明**：好有意思，原来还跟电影有关。为什么神经网络需要更多的层数呢？

艾博士说：原则上来说，神经网络越深其性能应该越好，假设已经有了一个 $k$ 层的神经网络，如果在其基础上再增加一层变成 $k+1$ 层后，由于又增加了新的学习参数，$k+1$ 层的神经网络性能应该不会比原来 $k$ 层的差。但是如何建造更深的网络并不是那么容易，往往简单地增加层数效果并不理想，甚至会更差。所以，我们虽然希望构建更深层的神经网络，但由于有梯度消失等问题，深层神经网络训练会更加困难。虽然有些方法可以减弱梯度消失的影响，但当网络达到一定深度后，这一问题还是会出现。实验结果表明，随着神经网络层数的增加，还会发生退化现象，当网络达到一定深度后，即便在训练集上，简单地增加网络层数，损失函数值不但不会减少，反而会出现增加的现象。注意这个现象即便在训练集上也会出现，与后面我们将要讲到的过拟合问题还不是一回事。图 1.38 给出了这样的例子。

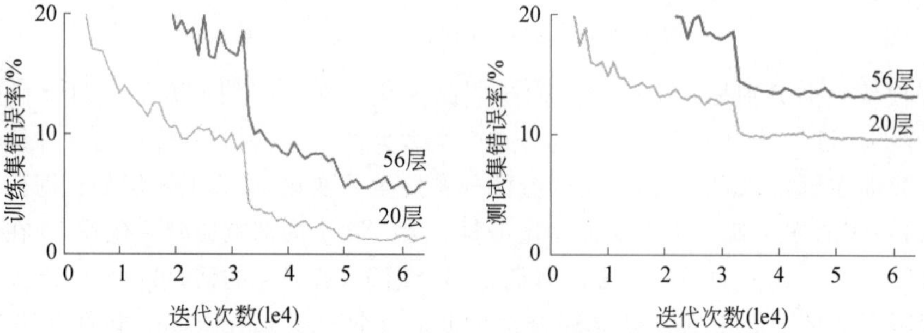


图 1.38 普通神经网络不同深度时的错误率

在图 1.38 中，横坐标是训练的迭代次数，纵坐标是错误率，其中左边是在训练集上的错误率，右边是在测试集上的错误率。从图中可以看出，无论是在训练集上还是在测试集上，56 层神经网络的错误率都高于 20 层神经网络的错误率。

小明惊愕地问道：为什么会出现这种情况呢？

艾博士回答说：这个问题比较复杂，并不是单纯地因为梯度消失问题造成的。原因可能有很多，还有待于从理论上进行分析和解释。这个例子说明，虽然神经网络加深后原则上效果应该会更好，但是并不是简单地加深网络就可以的，必须有新的思路解决网络加深后所带来的问题。

小明不等艾博士说完着急地问道：有什么好方法吗？

艾博士说：残差网络(ResNet)就是解决方案之一。残差网络在 GoogLeNet 之后，曾经以 3.57%的错误率获得 ImageNet 比赛的第一名，在 ImageNet 测试集上首次达到了低于人类错误率的水平。

图 1.39 给出了一个 34 层的残差网络示意图，而参加 ImageNet 比赛的残差网络，达到了 152 层。图中最上面是神经网络的输入层，最下边是输出层。

**小明**：残差网络是如何做到这么深的网络的呢？

**艾博士**：残差网络主要由多个如图 1.40 所示的残差模块堆砌而成。一个残差模块含有两个卷积层：第一层卷积后面接一个 ReLU 激活函数，第二层卷积不直接连接激活函数，

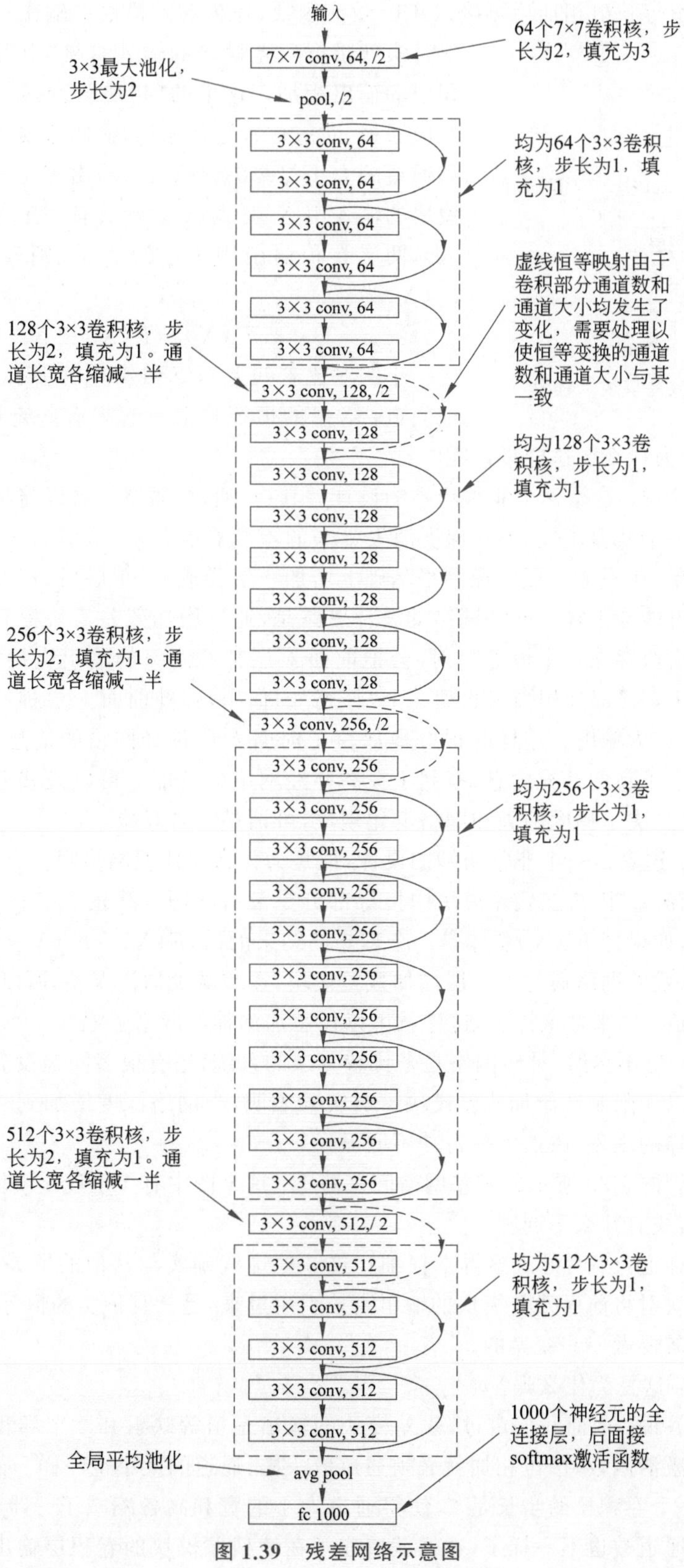


图 1.39　残差网络示意图

其输出与一个恒等映射相加后再接 ReLU 激活函数，作为残差模块的输出。这里的恒等映射其实就是把残差模块的输入直接“引”过来，与两个卷积层的输出相加。这里的“相加”指的是“按位相加”，即对应通道、对应位置进行相加，显然这要求输入的通道数和通道的大小与两层卷积后的输出完全一致。如果残差模块的输入用 $X$ 表示（$X$ 表示具有一定大小的多通道输入），两层卷积输出用 $F(X)$ 表示，则残差模块的输出 $F'(X)$ 为：

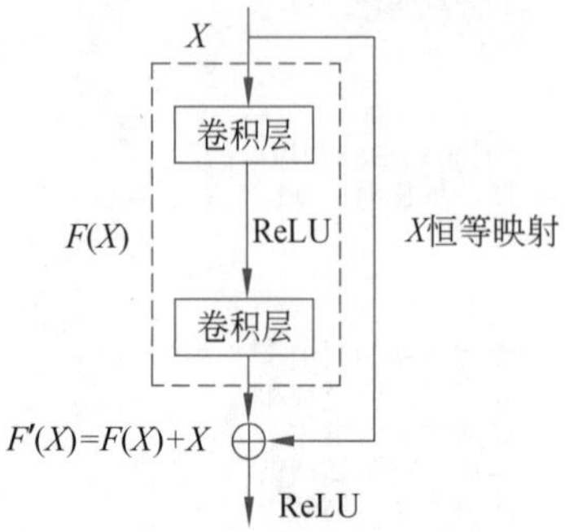

图 1.40　残差模块示意图

$$F'(X)=F(X)+X$$

小明对比着残差网络和残差模块示意图，有些疑惑地问道：这里的恒等映射看起来有些奇怪，感觉像电路中“短路”一样，为什么要这样设计呢？

艾博士回答说：这是一个非常巧妙的设计。其一，通过“短路”，可以将梯度几乎无衰减地反传到任意一个残差模块，消除梯度消失带来的不利影响。其二，前面我们说过，由于存在网络退化现象，在一个 $k$ 层神经网络基础上增加一层变成 $k+1$ 层后，神经网络的性能不但不能提高还可能会下降。残差网络的设计思路是，通过增加残差模块提高神经网络的深度。由于残差模块存在一个恒等映射，会把前面 $k$ 层神经网络的输出直接“引用”过来，而残差模块中的 $F(X)$ 部分相当于起到一个“补充”的作用，弥补前面 $k$ 层神经网络不足的部分，二者加起来作为输出。这样既很好地保留了前面 $k$ 层神经网络的信息，又通过新增加的残差模块提供了新的补充信息，有利于提高神经网络的性能。可以说残差网络通过引入残差模块，同时解决了梯度消失和网络退化现象，可谓是一箭双雕。

小明问道：这真是一个非常巧妙的设计，但是为什么叫残差网络呢？

艾博士解释说：因为在残差模块中恒等部分是没有学习参数的，只有 $F(X)$ 部分有需要学习的参数，如果把 $F'(X)$ 看作是一个理想的结果的话，$F(X)=F'(X)-X$ 就相当于是对误差的估计，残差网络通过一层层增加残差模块，逐步减少估计误差，所以取名残差网络。

小明醒悟道：原来是这样啊，这样就可以任意加深神经网络了吧？

艾博士说：也不尽然，神经网络是个比较复杂的系统，还有很多问题没有研究透。残差网络也不是可以无限制地添加残差模块。有实验表明，当网络深度增加到 1000 多层时，性能也会出现下降的现象，虽然下降得并不明显。

小明又指着图 1.39 所示的残差网络问艾博士：这个图中有 3 个残差模块的恒等映射画成了虚线，与实线有什么不同呢？

艾博士赞许道：小明你观察得真仔细！这 3 处虚线确实与其他的恒等映射有所不同。画实线的恒等映射将前面残差模块的输出直接引用过来，是货真价实的恒等映射，而画虚线的恒等映射是需要做一些变换的。

小明问道：这是为什么呢？

艾博士回答说：前面我们讲过，残差模块的输出是恒等映射和 2 个卷积层的输出按位相加后再连接激活函数，按位相加就必须通道数一样、通道的大小也一样。而在画虚线的残差模块中，第一个卷积核的步长是 2，使得通道大小的宽和高各缩减了一半，另外卷积核的个数与输入的通道数也不一样了，这样就造成了在该残差模块的卷积层输出不能与恒等映射的输出直接相加了。为此需要对恒等映射进行改造，使得其输出的通道数和通道大小与卷积层的输出一致。

**小明**：怎么进行改造呢？

**艾博士**：一种简单的办法就是在恒等映射时加上一个3×3的卷积层，其步长和卷积核数与该模块的第一个卷积层一致，这样就得到和模块的两个卷积层之后同样大小、同样通道数的"恒等映射"输出，可以实现直接按位相加了。当然这样处理后的恒等映射已经不是纯粹的恒等映射了。

艾博士又补充说：还有一点需要说明一下，图1.39所示的残差网络中，同GoogLeNet一样，在输出层的前面用一个平均池化代替一个全连接层，但是这里用的是一个全局平均池化。

小明问道：什么是全局平均池化呢？

艾博士反问道：小明，你还记得GoogLeNet中用的是多大的平均池化？

小明想了想回答道：我记得是7×7的平均池化。

艾博士称赞道：小明你记得很对。残差网络中用的也是平均池化，但是其大小刚好与输入的通道大小一样，也就是说，经过全局平均池化后，每个通道就变成了只有一个平均数，或者说，通道的大小变成1×1了。这相当于用一个具有代表性的平均值代替了一个通道。测试表明其效果不仅有效减少了要学习的参数个数，还可以提高神经网络的性能。

小明赞叹道：神经网络的设计中真是充满了各种小技巧啊。

### 小明读书笔记

BP算法是通过反向传播方法一层一层由输出层向输入层将梯度反传到神经网络的每一层的，在神经网络层数比较多的情况下，梯度值可能会逐步衰减趋近于0，从而造成距离输入层比较近的神经元的权重无法得到有效修正，达不到训练的目的，这种现象称为梯度消失问题。

为了消除梯度消失问题带来的影响，提出了一些解决方法。

当激活函数采用sigmoid函数时这种现象尤为严重，因为在BP算法中每次传播都要乘一个激活函数的导数，而sigmoid函数的导数值一般比较小，更容易造成梯度消失问题。用ReLU激活函数代替sigmoid函数是一种消除梯度消失问题的有效手段，因为ReLU函数当输入大于0时，其导数值为1，不会由于在反传过程中乘以激活函数的导数而导致梯度消失。这也是这些年来ReLU激活函数被广泛使用的原因之一。

在GoogLeNet中，为了解决梯度消失问题，除了使用ReLU激活函数外，还在神经网络的不同位置设置了3个输出，损失函数将3部分综合在一起，减少了梯度消失问题带来的不良影响。GoogLeNet由多个inception模块串联组成，每个inception模块中采用了不同大小的卷积核，将不同粒度的特征综合在一起。同时采用1×1卷积核做信息压缩，有效减少了训练参数，加快了训练速度。

原则上来说，神经网络越深其性能应该越好，但是一些实验表明，当网络加深到一定程度之后，即便是在训练集上也会出现随着网络加深而性能下降的现象，这一现象称为网络退化。这是个比较复杂的问题，并不是单纯的梯度消失造成的，还有待于从理论上进行分析和解释。

为解决网络退化问题，提出了残差网络 ResNet。残差网络由多个残差模块串联而成，每个残差模块含有两个卷积层，并通过一个恒等映射和卷积层的输出按位相加在一起。从消除梯度消失的角度来说，残差网络由于恒等映射的存在，可以将梯度信息传递到任意一个残差模块；从消除网络退化的角度来说，残差网络由于恒等映射的存在，每增加一个残差模块都会把前面的神经网络输出直接“引用”过来，而残差模块中的 $F(X)$ 部分相当于起到一个“补充”的作用，弥补前面神经网络不足的部分，二者相加作为输出，这样既很好地保留了前面神经网络的信息，又通过新增加的残差模块提供了新的补充信息，有利于提高神经网络的性能。

## 1.6 过拟合问题

**小明**：艾博士，这些神经网络设计的好复杂啊，这些复杂的神经网络也是通过 BP 算法进行训练的吗？

艾博士回答说：这些年神经网络的发展确实是越来越复杂了，应用领域越来越广，性能也越来越好，但是训练方法还是依靠 BP 算法。也有一些对 BP 算法的改进算法，但是大体思路基本是一样的，只是对 BP 算法个别地方的一些小改进，比如变步长、自适应步长等。还有就是，由于训练数据存在噪声，训练神经网络时也并不是损失函数越小越好。当损失函数特别小时，可能会出现“过拟合”问题，导致神经网络在实际使用时性能严重下降。

小明不解地问：什么是过拟合问题呢？

艾博士解释说：如图 1.41 所示，图中蓝色圆点给出的是 6 个样本点，假设这些样本点来自某个带噪声曲线的采样，但是我们又不知道原曲线是什么样子，如何根据这 6 个样本点“恢复”出原曲线呢？这就是曲线拟合问题。图 1.41 给出了 3 种拟合方案，其中绿色的是一条直线，显然拟合的有些粗糙，蓝色曲线有点复杂，经过了每一个样本点，该曲线与 6 个采样点完美地拟合在一起，似乎是个不错的结果，但是为此付出的代价是曲线弯弯曲曲，感觉是为拟合而拟合，没有考虑 6 个样本点的分布趋势。考虑到采样过程中往往是含有噪声的，这种所谓的完美拟合其实并不完美。红色曲线虽然没有经过每个样本点，但是更能反映 6 个样本点的分布趋势，很可能更接近于原曲线，所以有理由认为红色曲线更接近原始曲线，是我们想要的拟合结果。如果我们用拟合函数与样本点的误差平方和作为拟合好坏的评价，

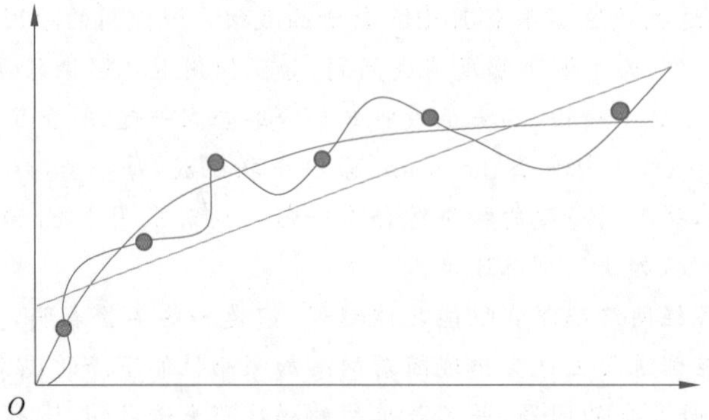


图 1.41　过拟合问题示意图(见彩插)

也就是损失函数，绿色曲线由于距离样本点比较远，损失函数最大，蓝色曲线由于经过了每个样本点，误差为 0，损失函数最小，而红色曲线的损失函数介于二者之间。绿色曲线由于拟合的不够，我们称作欠拟合，蓝色曲线由于拟合过渡，我们称为过拟合，而红色曲线是我们希望的拟合结果，我们称为恰拟合。在神经网络的训练中，也会出现类似的欠拟合和过拟合的问题，我们希望得到一个恰拟合的结果。

小明不太明白地问道：欠拟合显然是不好的结果，过拟合为什么不好？会带来什么问题呢？

艾博士解释说：我们把样本集分成训练集和测试集两个集合，训练集用于神经网络的训练，测试集用于测试神经网络的性能。如图 1.42 所示，纵坐标是错误率，横坐标是训练时的迭代轮次。红色曲线是在训练集上的错误率，蓝色曲线是在测试集上的错误率。每经过一定的训练迭代轮次后，就测试一次在训练集和测试集上的错误率。从图中可以发现，在训练的开始阶段，由于处于欠拟合状态，无论是在训练集上的错误率还是在测试集上的错误率，都随着训练的进行逐步下降。但是当训练迭代轮次达到 $N$ 次后，测试集上的错误率反而逐步上升了，这就是出现了过拟合现象。测试集上的错误率相当于神经网络在实际使用中的表现，因此，我们希望得到一个合适的拟合结果，使得测试集上的错误率最小。所以应该在迭代轮次达到 $N$ 次时就结束训练，以防止出现过拟合现象。

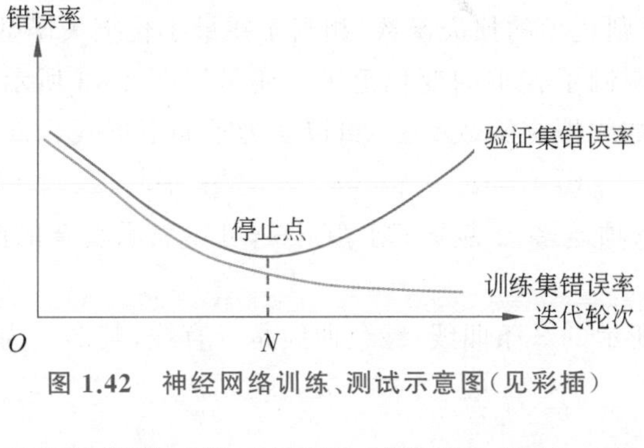

图 1.42　神经网络训练、测试示意图(见彩插)

**小明**：我明白了，所以说训练时并不是损失函数越小越好。那么如何知道是否过拟合了呢？

**艾博士**：这是一个非常好的问题。何时开始出现过拟合并不容易判断。一种简单的方法就是使用测试集，做出像图 1.42 那样的错误率曲线，找到 $N$ 点，用在 $N$ 点得到的参数值作为神经网络的参数值就可以了。

**小明**：这种办法倒是简单、直观。

**艾博士**：这种方法要求样本集合比较大才行，因为无论是训练还是测试都需要足够多的样本。而实际使用时往往是面临样本不足的问题。

**小明**：那怎么办呢？还有其他什么办法呢？

**艾博士**：为解决过拟合问题，研究者提出了一些方法，可以有效缓解过拟合问题。下面我们讲几种常用的方法，当然每种方法都不是万能的，只能说在一定程度上弱化了过拟合问题。

1. 正则化项法

**艾博士**：小明，你还记得我们讲 BP 算法时，用的什么损失函数吗？

**小明**：我记得损失函数是这样的：

$$E_d(\boldsymbol{w})=\sum_{k=1}^{M}(t_{kd}-o_{kd})^2$$

**艾博士**：对，小明记得很清楚。我们在这个损失函数上增加一个正则化项 $\|\boldsymbol{w}\|_2^2$，变成如下式所示：

$$E_d(\boldsymbol{w})=\sum_{k=1}^{M}(t_{kd}-o_{kd})^2+\|\boldsymbol{w}\|_2^2$$

其中，$\|\boldsymbol{w}\|_2$ 表示权重 $\boldsymbol{w}$ 的 2-范数；$\|\boldsymbol{w}\|_2^2$ 表示 2-范数的平方。

小明不解地问道：$\boldsymbol{w}$ 的 2-范数？2-范数是什么意思呢？

艾博士解释说：$\boldsymbol{w}$ 的 2-范数就是每个权重 $w_i$ 的平方和再开方，这里用的是 2-范数的平方，所以就是权重的平方和了。如果用 $w_i(i=1, 2, \cdots, N)$ 表示第 $i$ 个权重，则：

$$\|\boldsymbol{w}\|_2^2=w_1^2+w_2^2+\cdots+w_N^2$$

当然这里并不局限于 2-范数，也可以用其他的范数。

小明问道：为什么增加了正则化项后就可以避免过拟合呢？

**艾博士**：添加了正则化项的损失函数，相当于在最小化损失函数的同时，要求权重也尽可能地小，简单说就是限制了权重的变化范围。还是以图 1.43 所示的曲线拟合为例说明，作为一般的情况，一个曲线拟合函数 $f(x)$ 可以认为是如下形式：

$$f(x)=w_0+w_1x+w_2x^2+\cdots+w_nx^n$$

如果 $f(x)$ 中包含的 $x^n$ 项越多，$n$ 越大，则 $f(x)$ 越可以表示复杂的曲线，拟合能力就越强，也更容易造成过拟合。

比如在图 1.43 中所示的 3 条曲线，绿色曲线是个直线，其形式为：

$$f(x)=w_0+w_1x$$

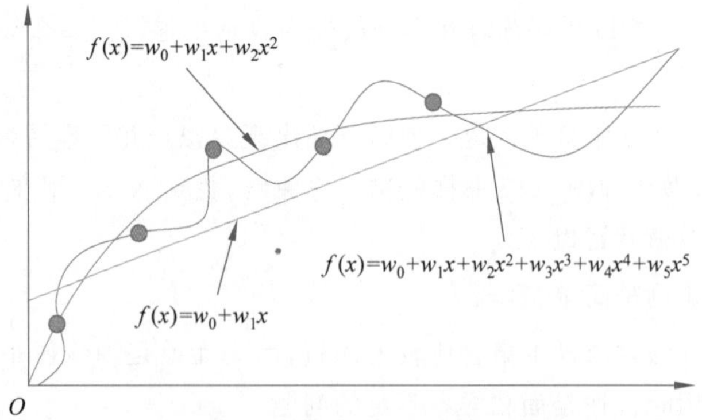


图 1.43　拟合函数示意图(见彩插)

只含有 $x$ 项，只能表示直线，所以就表现为欠拟合。而对于其中的蓝色曲线，其形式为：

$$f(x)=w_0+w_1x+w_2x^2+w_3x^3+w_4x^4+w_5x^5$$

含有 5 个 $x^n$ 项，表达能力比较强，从而造成了过拟合。而对于其中的红色曲线，其形式为：

$$f(x)=w_0+w_1x+w_2x^2$$

含有 2 个 $x^n$ 项，对于这个问题来说，可能刚好合适，所以体现了比较好的拟合效果。但是在实际当中呢，我们很难知道应该有多少个 $x^n$ 项是合适的，有可能 $x^n$ 项数多于实际情况，通过在损失函数中加入正则化项，使得权重 $\boldsymbol{w}$ 尽可能地小，在一定程度上可以限制过拟合情况的发生。比如对于蓝色曲线：

$$f(x)=w_0+w_1x+w_2x^2+w_3x^3+w_4x^4+w_5x^5$$

虽然它含有 5 个 $x^n$ 项，但是如果我们最终得到的 $w_3$、$w_4$、$w_5$ 都比较小的话，那么也就与红色曲线：

$$f(x)=w_0+w_1x+w_2x^2$$

比较接近了。

对于一个复杂的神经网络来说，一般具有很强的表达能力，如果不采取专门的方法加以限制的话，很容易造成过拟合。

**小明**：我理解为什么要加正则化项了，通过在损失函数中增加正则化项可以一定程度上弱化过拟合问题。

### 2. 舍弃法

艾博士解释说：所谓的舍弃法，就是在训练神经网络的过程中，随机地临时删除一些神经元，只对剩余的神经元进行训练。哪些神经元被舍弃是随机的，并且是临时的，只在这次权重更新中被舍弃，下一次更新时哪些神经元被舍弃，再重新随机选择，也就是说每进行一次权重更新，都要重新做一次随机舍弃。图 1.44 给出了一个舍弃法示意图，图中虚线所展示的神经元表示被临时舍弃了，可以认为这些神经元被临时从神经网络中删除了。舍弃只发生在训练时，训练完成后在使用神经网络时，所有神经元都被使用。

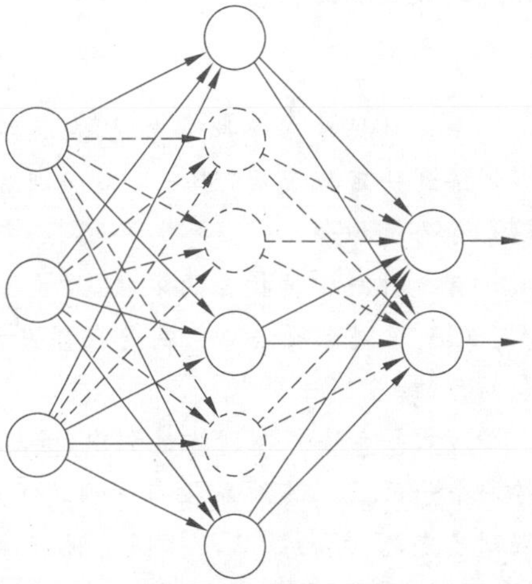
图 1.44　舍弃法示意图

小明不解地问道：这么做为什么可以减少过拟合呢？

艾博士回答说：一个神经网络含有的神经元越多，表达能力越强，越容易造成过拟合。所以简单地理解就是在训练阶段，通过舍弃减少神经元的数量，得到一个简化的神经网络，降低了神经网络的表达能力。但是由于每次舍弃的神经元又是不一样的，相当于训练了多个简化的神经网络，在使用神经网络时又是使用所有神经元，所以相当于多个简化的神经网络集成在一起使用，既可以减少过拟合，又能保持神经网络的性能。举一个例子说明这样做的合理性。比如有 10 个同学组成一个小组做实验，如果 10 个同学每次都一起做，很可能就是两三个学霸在起主要作用，其他同学得不到充分的训练。但是如果引入“舍弃机制”，每次都随机地从 10 名同学中选取 5 名同学做实验，这样会有更多的同学得到充分的训练。当 10 名同学组合在一起开展研究时，由于每个同学都得到了充分的训练，所以 10 人组合在一起会具有更强的研究能力。

小明：这个比喻好，我明白了。那么每次有多大比例的神经元被舍弃呢？

艾博士回答说：舍弃是在神经网络的每一层进行的，除了输入层和输出层外，每一层都会发生舍弃，舍弃的比例大概在50%，也就是说，在神经网络的每一层，都大约舍弃掉50%的神经元。

小明：原来会有这么大的舍弃比例啊。

### 3. 数据增强法

艾博士接着讲道：还有一种防止过拟合的方法称作数据增强法。在曲线拟合中，如果数据足够多，过拟合的风险就会变小，因为足够多的数据会限制拟合函数的激烈变化，使得拟合函数更接近原函数。

小明问艾博士：那么如何得到更多的数据呢？

艾博士说：除了尽可能收集更多的数据外，可以利用已有的数据产生一些新数据。比如想识别猫和狗，我们已经有了一些猫和狗的图片，那么可以通过旋转、缩放、局部截取、改变颜色等方法，将一张图片变换成很多张图片，使得训练样本数量数十倍、数百倍地增加。实验表明，通过数据增强可以有效提高神经网络的性能。辛顿教授和他的学生采用深度学习方法参加ImageNet比赛时，就采用了这种数据增强方法。我们在20世纪90年代中期研究中文古籍《四库全书》识别时，为了解决古籍汉字样本少的问题，也采用了类似的思想增加古籍汉字的样本量，但是我们是针对汉字特点做的数据增强，不是简单地采取旋转、缩放等方法，效果非常明显。

**小明读书笔记**

由于数据存在噪声等原因，在神经网络的训练过程中并不是损失函数越小越好，因为当训练到一定程度后，进一步减少训练集上的误差，反而会加大在测试集上的误差，这一现象称为过拟合。

有3种减少过拟合的方法。

(1) 正则化项法。也就是在损失函数中增加正则项，让权重尽可能小，达到防止过拟合的目的。

(2) 舍弃法。在训练过程中，随机地临时舍弃一部分神经元，每次舍弃都相当于只训练一个子网络。其结果相当于训练了多个子网络再集成在一起使用，网络的每个部分都得到了充分的训练，从而提高了神经网络的整体性能。

(3) 数据增强法。一般来说，训练数据越大，训练的神经网络性能会越好。当没有足够多的训练数据时，可以通过对已有数据进行处理产生新的数据的办法，增大训练数据。这一方法称为数据增强方法。比如对于图像数据，可以通过旋转、缩放、局部截取、改变颜色等方法，将一张图片变换成很多张图片，使得训练样本数量数十倍、数百倍地增加。

## 1.7 深度学习框架

小明：艾博士，我看这些神经网络越来越复杂，都是用BP算法求解。我看了一些BP算法的推导过程，还是挺复杂的，网络有些变化就可能需要重新推导，而在实验过程中可能会做很多尝试,这样每次都重新推导 BP 算法岂不是太麻烦了?

**艾博士**:你说得很有道理,好在现在有了很多深度学习框架,这些框架是专门为搭建各种神经网络设计的,你说的这些麻烦就不存在了,只要你设计好了神经网络,框架就可以自动实现 BP 算法,不需要自己推导了。

**小明**:这可太方便了,都有哪些框架可以用呢?

**艾博士**:很多公司设计了很多不同的框架,目前用的比较多的有 TensorFlow、PyTorch、Keras 等,近几年国内也推出了一些框架,比如百度公司的飞桨(paddlepaddle)、一流科技公司的 OneFlow 等,都是可以选用的框架。这些内容涉及很多编程的内容,而且一直在发展中,我们就不介绍了,有很多参考书可以参考。

## 1.8　总结

**艾博士**:小明,关于神经网络我们就介绍这么多,你总结一下,我们关于神经网络都讲了哪些内容?

小明边回忆边回答说:让我想想,还是讲了很多内容的。

(1) 以一个简单的数字识别引出了什么是神经元,什么是神经网络。

(2) 详细介绍了神经元的结构以及全连接神经网络,并以如何调节热水器作类比,讲解了神经网络训练的基本原理和 BP 算法。

(3) 介绍了神经网络训练中可能会遇到的过拟合问题、梯度消失问题,以及常用的解决方法。

(4) 介绍了什么是卷积神经网络,并列举了一些具体用例。

**艾博士**:小明总结得非常全面,但这些内容还只是最基本的内容,这些年神经网络的研究和应用发展都非常快,出现了很多新的网络结构和应用,要想解决实际问题,还需要多看相关的论文,了解别人的工作,结合自己要解决的问题,提出合适的架构。有了这些基础,其他的内容学习起来也就相对比较容易了。

**小明**:谢谢艾博士给我讲解了这么多的内容,使我对神经网络有了基本的了解,我一定努力学习,做出更好的实用系统来。

**艾博士**:小明,加油!

# 第2篇

# 计算机是如何学会下棋的

艾博士导读

下棋一直被认为是人类的高智商活动，从人工智能诞生的那一天开始，研究者就开始研究计算机如何下棋问题。图灵很早就对计算机下棋做过研究，信息论的提出者香农早期也发表过论文《计算机下棋程序》，提出了极小极大算法，成为计算机下棋的最基础的算法。著名人工智能学者、图灵奖获得者约翰·麦卡锡在20世纪50年代就开始从事计算机下棋方面的研究工作，并提出了著名的α-β剪枝算法的雏形。很长时间内，α-β剪枝算法成为计算机下棋程序的核心算法，著名的国际象棋程序深蓝采用的就是该算法框架。

1996年，正值人工智能诞生40周年之际，一场举世瞩目的国际象棋大战在深蓝与卡斯帕罗夫之间举行，可惜当时的深蓝功夫欠佳，以2∶4的比分败下阵来。1997年，经过改进的深蓝再战卡斯帕罗夫，这次深蓝不负众望，终于以3.5∶2.5的比分战胜卡斯帕罗夫，可以说是人工智能发展史上的一个里程碑事件。

到了2006年，为了庆祝人工智能诞生50周年，中国人工智能学会主办了浪潮杯中国象棋人机大战，先期举行的机器博弈锦标赛获得前5名的中国象棋系统，分别与汪洋、柳大华、卜凤波、张强、徐天红5位中国象棋大师对弈，人机分别先行共战两轮10局比赛，双方互有胜负，最终机器以11∶9的总成绩战胜人类大师队。

转眼到了2016年，又值人工智能诞生60周年，人工智能的发展已不可同日而语，呈现出蓬勃发展之势。沉默多年的计算机围棋界突然冒出个AlphaGo，先是4∶1战胜韩国棋手李世石，转年又战胜我国著名棋手柯洁。至此，在计算机下棋这个领域，机器已经完全碾压人类棋手，机器战胜人类最高水平棋手已无任何悬念。

3次重要事件均与人工智能提出的秩年有关，3大棋类机器战胜人类顶级棋手的时间顺序也刚好与3大棋类可能出现的状态数的多少一致，这也许只是一种巧合，在本篇正文中你可以看到，状态数的多少并不是棋类难度的主要问题。

那么计算机是如何学会下棋的呢？本篇将逐一解开这个谜团。

时间定位在2016年3月9日，这一年是人工智能诞生60周年，一场世界瞩目的围棋人机大战正在李世石与AlphaGo之间展开(见图2.1)。韩国棋手李世石曾经10次获得过世界冠军，是当今世界上最优秀的围棋手之一，而AlphaGo是谷歌公司旗下的人工智能实验室DeepMind最新推出的围棋系统，在此之前DeepMind曾经在多个游戏人机大战中战胜过人类，因此这场人机大战受到了世界范围的广泛关注。6天以后的3月15日，经过5场比赛之后，AlphaGo以4∶1的比分完胜李世石。一年以后，水平更高的AlphaGo Master

又战胜了世界排名第一的我国棋手柯洁，轰动了世界。

图 2.1　李世石、柯洁分别对战 AlphaGo

小明是一位人工智能爱好者，平时就比较喜欢下棋，全程观看了比赛后非常兴奋，求知的欲望又涌现了出来：计算机究竟是如何学会下棋的呢？带着这个疑问，小明又找到了万能的艾博士，请艾博士讲讲这个问题。

## 2.1　能穷举吗？

艾博士一见到小明，就猜出了他的来意：小明，这几天看了李世石与 AlphaGo 的人机大战了吧？有什么感想？

小明忍不住说道：艾博士，我看了全部比赛的传播，真是太震撼了，没有想到计算机下棋水平发展这么快。

**艾博士**：这次 AlphaGo 以 4∶1 战胜李世石确实出乎很多人的意外，因为围棋被认为是计算机下棋中最难的问题，可以说是计算机下棋的最后一个堡垒被攻克了。

**小明**：最后一个堡垒？以前计算机也战胜过人类下棋大师吗？

**艾博士**：1997 年 IBM 公司的深蓝，一台会下国际象棋的计算机，就首次在正式比赛中以 3.5∶2.5 的比分战胜了国际象棋大师卡斯帕罗夫（见图 2.2），卡斯帕罗夫是当时国际上最顶尖的国际象棋大师，曾经连续 10 年获得国际象棋比赛的世界冠军。

图 2.2　卡斯帕罗夫与深蓝对弈

**小明**：1997 年就有了这样的成绩啊，那时我还没有出生呢。

**艾博士**：2006 年为纪念人工智能诞生 50 周年，中国人工智能学会主办了浪潮杯中国象棋人机大战（见图 2.3），先期举行的机器博弈锦标赛获得前 5 名的中国象棋软件，分别与汪洋、柳大华、卜凤波、张强、徐天红 5 位中国象棋大师对弈，人机分别先行共战两轮 10 局比赛，双方互有胜负，最终机器以 11∶9 的总成绩战胜人类大师队。

(a) 比赛前的记者见面会　　(b) 5人同时在对局室内对战

图 2.3　浪潮杯中国象棋人机大战

**小明**：这次的人机大战有 5 个不同的软件参赛啊？看来普遍水平都很高啊。但是计算机是如何学会下棋的呢？

**艾博士**：小明你先别着急，我们先看一个"分钱币"游戏的例子。

分钱币游戏是这样的，桌上有若干堆钱币，每次对弈的一方选定一堆钱币，并将该堆钱币分成不等的两堆，这一过程称为行棋。甲乙双方轮流行棋，直到有一方不能行棋为止，则对方取胜。图 2.4 给出了初始状态为 8 个钱币的例子，图中给出了该问题所有可能的走法。

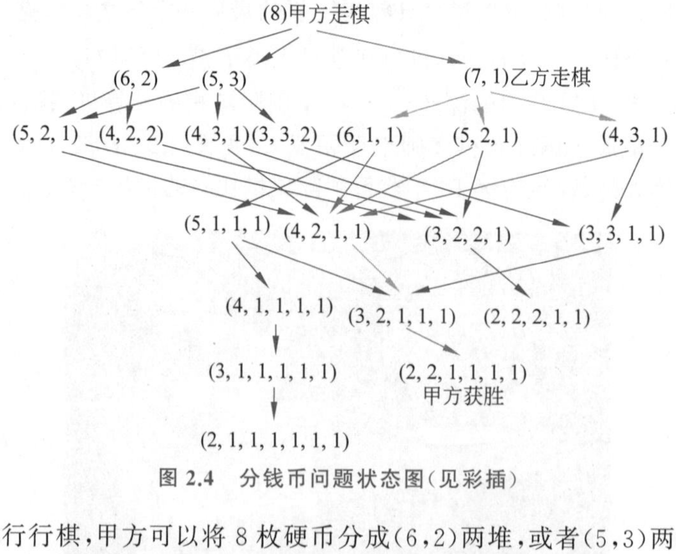


图 2.4　分钱币问题状态图（见彩插）

假设甲方先行行棋，甲方可以将 8 枚硬币分成(6,2)两堆，或者(5,3)两堆，或者(7,1)两堆，但不能分成(4,4)，因为这是分成了相等的两堆，是规则所不允许的。下一步轮到乙方行棋，1 这堆不能选，因为无法分成两堆，2 这堆也不能选，因为不能分成不相等的两堆，6、5、7 都是可选的，但是要注意 6 只能分成(4,2)或者(5、1)，而不能分成(3,3)，因为(3,3)是相等的两堆。按照这样的原则，我们在图 2.4 中给出了所有可能的行棋方法。

艾博士问小明：你能看出什么规律吗？

小明看了看摇摇头说：还看不出有啥规律。

艾博士指着图说：甲方如果按照红色箭头走成(7,1)，则乙方只能选择 7 这堆，将 7 分成(6,1)或者(5,2)或者(4,3)，也就是图中按照黄色箭头得到(6,1,1)、(5,2,1)、(4,3,1)。无论对于这 3 种情况中的哪一种，甲方都可以按照红色箭头选择行棋到(4,2,1,1)，比如乙方行棋到了(6,1,1)，则甲方将 6 分成(4,2)，如果乙方走的是(5,2,1)，则甲方将 5 分成(4,1)即可。而一旦甲方走到了(4,2,1,1)，则乙方只能行棋到(3,2,1,1,1)，这时甲方只需将 3 分成(2,1)，得到(2,2,1,1,1,1)，则乙方无棋可走，必输无疑。也就是说，对于这样一个分钱币游戏，甲方是存在必胜策略的。

小明恍然大悟道：还真是这样啊，只要甲方走棋正确，乙方无论如何是不可能获胜的。难道计算机下棋依靠的就是这种穷举方法找到必胜策略吗？

艾博士马上纠正说：不是这样的。对于分钱币游戏这样的简单问题，或者再稍微复杂一点的游戏，依靠穷举所有可能的方法也许可以找到必胜策略，但是对于象棋、围棋这样的变化非常多的棋类，是不可能穷举其所有可能的。这也是目前在一些人中存在的误解，认为现在计算机速度这么快，存储这么大，对于国际象棋、中国象棋这样的棋类，完全可以依靠穷举战胜人类。其实这是非常错误的看法。

小明不解地问道：我也听说过这种说法，但是为什么是错误的看法呢？

艾博士回答说：我们以中国象棋为例分析一下。在考虑不同的走棋顺序的情况下，总的状态数大约为 $10^{150}$ 个，假设 1 纳秒可以产生一个状态，则产生出这些状态大约需要 $10^{134}$ 年。这是什么概念呢？从存储上考虑，地球上的原子总数约 $10^{50}$ 个，如果一个原子可以存储一个状态的话，则需要 $10^{100}$ 个地球才有可能存储得下这么多状态。从时间上考虑，按照宇宙大爆炸的理论推算，宇宙年龄大概为 $1.38\times10^{10}$ 年，假设从宇宙诞生那一刻起就有一台高速计算机以每纳秒生成一个状态的速度在运行，到目前为止也只产生了其中的 $1.38\times10^{-124}\%$，也就是 0.000000000000000000000000000000000000000000000000000000000000000000000000000000000000000000000000000000000000000000000000000138%。

小明听着艾博士的讲解惊愕道：中国象棋的状态数竟然有这么多啊，看来依靠穷举所有可能的状态获得必胜策略的想法是行不通的。

艾博士接着讲解说：国际象棋的状态数稍微少一些，但也没有质的差别，围棋状态数则更多。所以结论就是不能靠穷举出所有可能状态的方法找到必胜的行棋策略。

**小明读书笔记**

棋类历史上有过 3 次著名的人机大战事件。大家对计算机围棋系统 AlphaGo 战胜李世石、柯洁，计算机国际象棋系统深蓝战胜卡斯帕罗夫比较熟悉，在这两次人机大战之间，我国的 5 套计算机中国象棋系统战胜了人类 5 位中国象棋大师，也是人工智能发展史上的一件大事。

在一些人中经常有这样的误解：认为现在计算机速度这么快，存储这么大，对于国际象棋、中国象棋这样的棋类，计算机完全可以依靠穷举出其所有可能状态的方法战胜人类，这是非常错误的看法。无论是国际象棋还是中国象棋，由于其可能出现的状态数过于庞大，是不可能通过穷举所有可能状态的方法找到必胜策略的。3 次人机大战均与人工智能提出的秩年有关，3 大棋类机器战胜人类顶级棋手的时间顺序也刚好与 3 大棋类可能出现的状态数的多少一致(按照可能出现的状态数从小到大排序依次为国际象棋、中国象棋和围棋)，这也许只是一种巧合。

## 2.2 极小-极大模型

艾博士接着问小明：你会下象棋，请说说你在下象棋时是如何考虑走哪步棋的？

小明说：在轮到我行棋时，我会考虑有哪几种下法，再考虑对于我的每种下法对方会如何考虑，我再如何考虑，……然后看几步棋之后的局面如何，我再选择一个我认为好的走步。我水平不太行，大概只能考虑 4、5 步棋，听说那些职业棋手能考虑到 7、8 步呢。

**艾博士**：你的这个思考过程可以用图 2.5 来示意。图中最上方的方框表示当前棋局，轮到甲方行棋，甲方考虑自己有 a 和 b 两种走法，下一步轮到乙方行棋，针对棋局 a，乙方可以有 c、d 两种走法，而对于棋局 b，乙方可以有 e、f 两种走法。下一轮又该轮到甲方行棋……。假设甲方只思考了 4 步棋，则形成了图 2.5 的搜索图，最后一行就是双方 4 步后可能出现的棋局。从甲方的角度来说，他希望最后走到一个对自己有利的局面，而对乙方来说他也希望走到一个对乙方有利的局面。

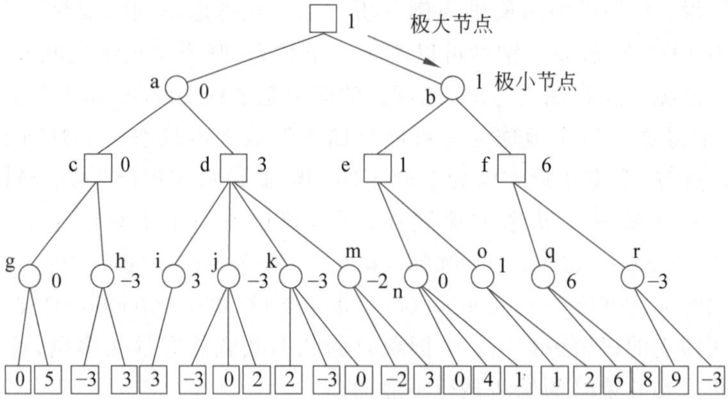


图 2.5 极小-极大模型示意图(见彩插)

假设局面是否有利可以用一个分值表示，大于 0 的分值表示对甲方有利，而小于 0 的分值表示对乙方有利，等于 0 则表示双方势均力敌，是一个双方都可以接受的局面。我们从倒数第二行的圆圈开始考虑，这一行应该轮到乙方行棋。比如对于节点 g，乙方可以有两个选择，一个可以得到分值 0，另一个可以得到分值 5。由于分值越小对乙方越有利，所以乙方肯定会选择走获得 0 分值的那一步，而不会选择走获得 5 分值的那一步。对于节点 h 也同样，乙方肯定会选择获得 −3 分值的那一步。这一行的其他节点也一样，都是从其子节点中选择获得分值最小的那步棋。所以我们可以总结为，对于这一层来说，乙方总是选择具有极小值的节点作为自己的走步。图中倒数第二行节点边标的数字就是乙方所获得的分值。

我们再看倒数第三行的方框，这一行应该轮到甲方行棋。甲方刚好与乙方相反，他肯定会选择子节点中分值最大的那步棋。比如对于节点 c，甲方可以选择走到 g，可以获得 0 分值，也可以选择走到 h 获得 −3 分值。由于分值越大对甲方越有利，甲方只会选择行棋到 g

获得 0 分值，而不会选择走到 h 获得 −3 分值。这一行的其他节点也同样，图中标出了其他节点可以获得的分值。

最后我们再看 a、b 两个节点。这两个节点又是轮到乙方行棋。乙方同样会从其子节点中选取分值小的节点作为走步，这样 a 可以获得 0 分值，b 可以获得 1 分值。而 a 和 b 是当前局面下可能的两个选择。如果选择 a，无论对方如何行棋，甲方都可以获得至少 0 分值；如果选择 b，无论对方如何行棋，甲方都可以至少获得 1 分值。虽然 0 分值对于甲方也是可以接受的，但是 1 分值结果会更好。所以经过这么一番思考之后，甲方决定如图 2.5 中红色箭头所示的，选择行棋到 b。这是一个模仿人类下棋的过程，小明，你下棋时是不是也是类似这样思考的呢？

小明说：确实是差不多的过程，只是对于最后可能形成的局面我并没有计算什么分值，只是大概估计一下是否对我有利。

艾博士说：这里之所以用数字表示，一方面是为了量化局面的有利程度，另一方面是为了以后用到计算机下棋上，计算机处理的话，必须表示为数字。

艾博士又进一步讲解说：由于这种方法一层求最小值、一层求最大值交替进行，所以称作极小-极大模型，是通过模仿人类的下棋过程得到的一个模型。其中求最小值的节点称作极小节点，求最大值的节点称作极大节点。

讲到这里，艾博士又进一步强调说：上面说的这些内容，都是甲方为了走一步棋，而在他大脑内的思考过程，并不是甲乙双方真的在行棋。经过一番这样的思考之后，甲方选择一步行棋，等待乙方下完一步棋后，甲方再根据乙方的行棋结果再次进行这样的思考。所以上述极小-极大模型只是描述了甲方走一步棋的过程。

小明又迫不及待地问道：我明白了，难道计算机就是采用这种办法下棋的吗？

艾博士回答说：还不是，因为这样做的话，对于实际的下棋过程计算量还是非常大的。以下国际象棋的深蓝为例，基本上要搜索 12 步，搜索树的节点数在 $10^{18}$ 量级，据估算，即便在深蓝这样的专用计算机上，完成一次搜索也需要大概 17 年，所以这个极小-极大模型只是用来描述这样一种模拟人类下棋的过程，并不能真正用于计算机下棋，一些简单的棋类或许可以。

**小明读书笔记**

人类在下棋的过程中，一般是通过向前考虑若干步的方法找到自认为比较好的走法。受人类棋手下棋过程的启发，提出了计算机下棋的极小-极大模型。该模型是在有限搜索深度内穷举所有可能的状态，从中找出一个在该搜索深度内的最好走法。

由于搜索深度越深计算机下棋的水平越高，极小-极大模型虽然限制了搜索的深度，但是对于真实的棋类问题，要达到与人类大师抗衡的水平，还是因为计算量过大、耗时过多而不能满足实际要求。以深蓝为例，搜索深度限制为 12 步，用极小-极大方法实现的话，完成一次搜索需要耗时 17 年。这显然是不现实的。

## 2.3　α-β 剪枝算法

听了艾博士的结论，小明不免有些沮丧：本以为这样就可以实现计算机下棋了，原来还是不行啊。

艾博士回答说：小明你不要沮丧，有困难不怕，想办法解决就是了。请再想想，刚才提到你下棋时只能考虑 4、5 步棋，但是这 4、5 步棋中是所有情况都考虑吗？

小明回答说：那肯定不是，所有可能的走步都考虑的话，我根本就记不住，只是考虑我觉得最重要的几步棋吧？比如下象棋时，开始几步我可能只考虑炮、马、车等，肯定不会考虑帅、士等。

**艾博士**：人类棋手在下棋时，会根据自己的经验只考虑在当前棋局下最重要的几个可能的走法，但是计算机没有这种经验。

小明还不等艾博士说完就问道：那要总结知识让计算机使用吗？

**艾博士**：这类知识太复杂了，需要考虑很多具体的情况，一旦知识总结得不到位，可能就会出现大的差错，这条路应该是走不通的。

**小明**：那就不知道怎么办好了。

**艾博士**：小明你别着急，我们再想想看是否有其他办法。我们换一个思路，假设并不是一开始就将整个搜索图生成出来，而是按照一定的原则一点一点地产生。比如图 2.6 是一个搜索图，我们假设一开始并没有这个图，而是按照从上到下从左到右的优先顺序来生成这个图。我们先从最上边一个节点开始，按顺序产生 a、c、g、r 4 个节点，假设就考虑 4 步棋，这时就不再向下生成节点了。由于 r 的分值为 0，而 g 是极小节点，所以我们知道 g 的分值应该≤0。接下来再生成 s 节点，由于 s 的分值为 5，g 是极小节点且没有其他子节点了，所以 g 的分值等于 0。由于 c 是极大节点，根据 g 的分值为 0，我们有 c 的分值≥0。再看 c 的其他后辈节点情况，生成 h 和 t 两个节点，由于 t 的分值为 −3，而 h 是极小节点，所以有 h 的分值≤−3。

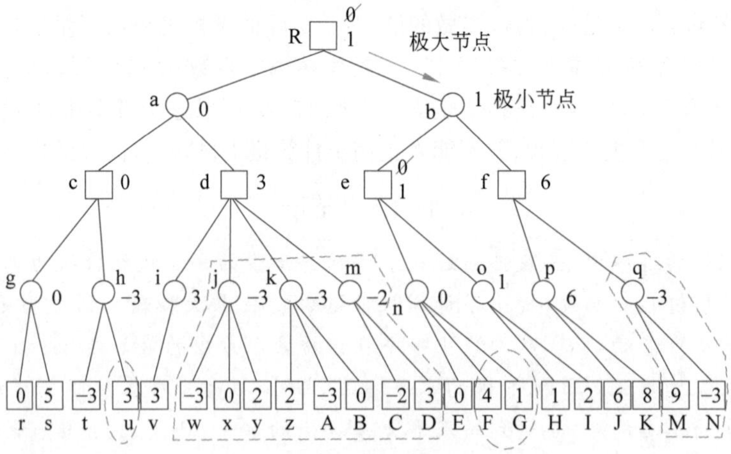


图 2.6 α-β 剪枝示意图(见彩插)

到这里，小明你注意一下，c 的分值≥0，而 h 的分值≤−3，所以这时是不是 u 的分值是多少都无关紧要了？

小明仔细想了一下说：确实是这样。图中 u 的分值如果大于 h 的当前分值 −3，则不影响 h 的分值，即便 u 的分值小于 −3，比如 −5，虽然改变了 h 的分值为≤−5，但是由于 c 是极大节点，c 的当前分值已经至少为 0 了，所以 h 的分值变小也不会改变 c 的分值。

艾博士说：小明分析得很正确。这样的话，遇到图中这种 h 的当前分值小于 c 的这种情况时，由于 u 的分值是多少都不会影响 c 的分值，所以就没有必要生成 u 这个节点。这种情况我们称为剪枝，其剪枝条件是如果一个后辈的极小节点（如图 2.6 中的 h），其当前的分值小于或等于其祖先极大节点的分值时（如图 2.6 中的 c），则该后辈节点的其余子节点（如图 2.6 中的 u）就没有必要生成了，可以被剪掉。注意我们这里用的是后辈节点和祖先节点，这是一种推广，因为这种剪枝并不局限于父节点和子节点的关系，后面我们会给出具体的例子。

在确认了 c 的分值为 0 之后，同样的理由，我们可以确认 a 的分值≤0。生成 a 的后辈节点 d、i、v，由于 v 的分值为 3，且 d 向下就一条路，所以有 d 的分值≥3。由于 a 的分值最大为 0，而 d 的分值最小为 3，所以大的红圈圈起来的那些分支的分值是多少又没有意义了，a 取 c 和 d 中分值最小的，最终 a 取值为 0，大红圈圈起来的部分都没有必要生成了，又可以被剪掉。这里我们又发现了另外一个剪枝条件：如果一个后辈的极大节点的分值（如图 2.6 中节点 d）大于或等于其祖先极小节点的分值时（如图 2.6 中节点 a），则该后辈节点还没有生成的节点可以被剪掉，如图 2.6 中大红圈圈起来的那些节点。

a 的分值被确定为 0 之后，就可以确定 R 的分值≥0，继续向下生成节点 b、e、n、E，由于 E 的分值为 0，所以有 n 的分值≤0。n 是极小节点，其极大节点祖先有 e 和 R，e 这时还没有值，但是 R 的分值≥0，所以满足后辈极小节点的分值小于或等于其祖先极大节点分值的剪枝条件，n 的两个子节点 F 和 G 都没有生成的必要，又可以被剪掉了。

小明插话说：艾博士，我明白了，你前面讲到剪枝条件时提到不只是跟父节点做比较而是要考虑祖先节点，就是这种情况吧？

艾博士回答说：对，这一点是非常需要注意的，很容易被初学者漏掉。

艾博士接着讲：n 的分值被确定为 0，从而有 e 的分值≥0。接着生成节点 o 和 H，由于 H 的分值为 1，有 o 的分值≤1，不满足剪枝条件，生成节点 I，I 的分值为 2，o 是极小节点，所以 o 的分值确定为 1。e 是极大节点，从 n 和 o 的分值中选取最大的，从而更新 e 的取值，由原来的 0 修改为 1。e 的分值确定为 1 后，有 b 的分值≤1。继续生成 b 的后辈节点 f、p、J，J 的分值为 6，得到 p 的分值≤6，不满足剪枝条件，继续生成子节点 K，得到 K 的分值为 8，p 是极小节点，选取子节点中最小的值 6，从而确定 f 的分值≥6。后辈极大节点 f 的分值 6 大于或等于其前辈极小节点 b 的分值 1，满足剪枝条件，q、M、N 3 个节点被剪枝，从而确定 b 的分值为 1。R 的分值取 a、b 中最大者，从而用从节点 b 得到的 1 代替原来从 a 得到的 0。搜索过程到此结束，按照刚才的搜索结果，甲方应该选择 b 作为行棋的最佳走步，如图 2.6 中的红色箭头所示。

这种方法就是 α-β 剪枝算法，其核心思想是利用已有的搜索结果，剪掉一些不必要的分枝，有效提高了搜索效率。

**小明**：深蓝就是采用的这种算法吗？

艾博士说：是的，深蓝采用的就是 α-β 剪枝算法，从而可以在规定时间内完成一次行棋过程。

小明又问道：艾博士，那么这种 α-β 剪枝算法得到的最佳走步跟极小-极大模型得到的结果是一样的吗？

艾博士说：这是个很好的问题，从前面的介绍可以知道，α-β 剪枝只是剪掉了那些不改变结果的分枝，所以不影响最终选择的走步，得到的结果与极小-极大模型是一样的。

**小明**：我还有个疑问，就是那些分值是如何得到的呢？何处发生剪枝完全取决于那些分值，如果分值不准确则得到的结果也就值得怀疑了。

**艾博士**：小明你说得非常正确，这些分值是非常重要的。据深蓝的研发者介绍说，他们聘请了好几位国际象棋大师帮助他们整理知识用于估算分值。但是基本思想并不复杂，大概就是根据甲乙双方剩余棋子进行加权求和，比如一个皇后算 10 分，一个车算 7 分，一个马算 4 分等。然后还要考虑棋子是否具有保护，比如两个相互保护的马，分数会更高一些，其他棋子也是大体如此。然后再考虑各种残局等，按照残局的结果进行估分。当然，这里我们给出的各个棋子的分数只是大概而已。最后甲方得分减去乙方得分就是该棋局的分值。

**小明**：我大概明白了，这个估值虽然看起来有些粗糙，但是由于在剪枝过程中探索得比较深，对于象棋来说，无论是国际象棋还是中国象棋，在探索得比较深的情况下，凭借棋子的多少基本就可以评判局面的优劣了，所以可以得到比较准确的估值。

艾博士补充说道：所以对于计算机下棋来说，探索得越深其棋力也就越强，在可能的情况下，应该尽可能探索得更深一些。

最后艾博士总结说：我再把 α-β 剪枝的关键点总结一下。

(1) 在判断是否剪枝时，都是后辈极小节点与祖先极大节点进行比较、后辈极大节点与祖先极小节点做比较。当后辈极小节点的值小于或等于祖先极大节点的值时，发生剪枝；当后辈极大节点的值大于或等于前辈极小节点的值时，发生剪枝。

(2) 在判断是否剪枝时，一定要注意不只是与父节点做比较，还要考虑祖先节点。

(3) 在完成一次 α-β 剪枝后，只是选择了一次行棋，下一次应该走什么棋，应该在对方走完一步棋后，根据棋局变化再次进行 α-β 剪枝过程，根据搜索结果确定如何行棋。

## 小明读书笔记

对于真实的棋类游戏，由于其状态数过于庞大，不可能通过穷举所有状态的方法获得最佳走步。受人类下棋时思考过程的启发，提出了计算机下棋的极小-极大模型。该模型只在有限步内搜索，获得有限范围内的最佳走步。但同样由于棋类变化太多，即便是有限范围的搜索也是非常花费时间的。人类棋手在做极小-极大搜索时，并不是考虑有限范围内的每一种可能的走法，而是根据经验砍掉大量的不合理分枝，从而极大地缩小搜索范围。受此启发提出 α-β 剪枝算法，与人类利用经验砍掉大量不合理分枝不同，计算机并没有这种经验，而是利用已有的搜索结果，砍掉没有必要产生的分枝，有效提高了搜索效率。深蓝采用的就是这种方法。

α-β 剪枝条件如下。

(1) 当后辈的极小节点值小于或等于其祖先的极大节点值时，发生剪枝。

(2) 当后辈的极大节点值大于或等于其祖先的极小节点值时，发生剪枝。

注意：比较时不只是与其父节点做比较，还要与其祖先节点做比较，只要有一个祖先节点满足比较的条件，就发生剪枝。

α-β 剪枝算法所得到的最佳走步质量严重依赖于最底层节点估值的准确性，搜索越深，估值越准确。这是因为越深的节点其对应的棋局中棋子越少，而棋子比较少的情况下，其局面的估值也就会比较准确。这与人下棋时的思考也是一致的。

α-β 剪枝算法结束时得到的只是当前棋局下的一步走法，相当于我们思考了半天决定了一步棋如何走，后面如何进行，需要待对方走完一步棋后再次进行 α-β 剪枝搜索获得下一步棋的走法。也就是说，每行棋一次都需要进行一次 α-β 剪枝搜索。

## 2.4　蒙特卡洛树搜索

小明听完艾博士的讲解，赞叹道：看起来 α-β 剪枝算法的效果还是非常显著的，但是为什么一直没有应用于围棋呢？

**艾博士**：α-β 剪枝算法不仅是在国际象棋上取得了成功，在中国象棋上也取得了成功。前面介绍过的浪潮杯中国象棋人机大战，采用的就是 α-β 剪枝方法。这种方法也不是没有用到围棋上，只是基本不成功，采用这种方法设计的围棋软件水平很低，别说是专业棋手了，就连普通业余棋手也不能战胜。

小明不解地问：那是为什么呢？

艾博士解答说：很多人对此进行过分析，其中的一个观点是，围棋可能的状态多，比象棋复杂，所以实现的计算机下棋软件水平不行。这种观点是不对的。围棋可能的状态数确实比象棋多，可能的状态数多也确实带来了很大的难度，但这并不是根本原因。前面我们讨论过，α-β 剪枝算法严重依赖于对局面评估的准确性，在这方面无论是国际象棋还是中国象棋，都相对容易一些，而且不同高手间对于局面评估的一致性也比较好。也就是说，对于同一个局面究竟是对甲方有利，还是对乙方有利，不同棋手之间看法基本一致，不会有太大的分歧。但是对于围棋来说，局面评估难度就大多了，而且由于不同棋手之间的风格不同，局面评估的一致性也比较差。另外，对于象棋来说，棋子之间的联系不像围棋那么大，可以通过对每个棋子评估实现对整个局面的评估，像前面提到过的，通过对每颗棋子单独评分再求和就可以实现对整个局面的评估。而围棋棋子之间是紧密联系的，单个棋子一定要与其他棋子联系在一起考虑，才有可能体现出它的作用。这些均给围棋局面评估带来很大的难度。另外，脑科学研究也表明，棋手在下象棋时用的更多的是左半脑，而下围棋时则用的更多的是右半脑，而一般认为左半脑负责逻辑思维，右半脑负责形象思维，而计算机处理逻辑思维的能力强于处理形象思维的能力。

**小明**：还真存在您说的这些问题。

艾博士继续说道：正是由于这样的原因，以前以 α-β 剪枝算法为基础的围棋程序都没有取得成功。所以如果想提高计算机下围棋的水平，首先要解决围棋的局面评估问题。正是在这一背景下，蒙特卡洛树搜索方法被提了出来。

小明有些疑惑地问道：蒙特卡洛树搜索？

艾博士进一步解释说：这一方法是将传统的蒙特卡洛方法与下棋问题中的搜索树相结合而产生的一种方法。

下面简单介绍一下蒙特卡洛方法。这个方法是一类基于概率方法的统称，不特指某种具体的方法，最早由冯·诺依曼和乌拉姆等人发明，用概率方法求解一些计算问题，“蒙特卡洛”这个名称来源于摩纳哥一个赌场的名字。

为了对这一方法有所体会，我们举一个用蒙特卡洛方法计算 π 值的例子。

艾博士问小明：小明，你知道 $\pi$ 如何计算吗?

小明回答说：有很多种方法可以计算 $\pi$，最早祖冲之就采用割圆术计算 $\pi$ 值，得出了 $\pi$ 值介于 3.1415926 和 3.1415927 之间的结论。

艾博士称赞说：小明你记得很准确，在当时没有任何计算工具的情况下，这是一项很了不起的成就。如果只给你一张带格子的稿纸和一根针，你能求出 $\pi$ 值吗?

小明摸着自己的小脑瓜说：只有一张稿纸和一根针，这怎么能求出 $\pi$ 值呢?

艾博士说：法国数学家蒲丰就给出了一种称作"蒲丰投针"(见图 2.7)的计算 $\pi$ 值的方法，其实就是最早的蒙特卡洛方法的运用。

小明迫不及待地说；这太神奇了，艾博士你快讲讲。

**艾博士**：如图 2.8 所示，假设有一张放在桌子上带格子的稿纸，随机向纸上扔一根针，那么针与格子之间会呈现出不同的状态，有时针会与格子相交，有时针会落在两条线之间。

图 2.7 蒲丰投针

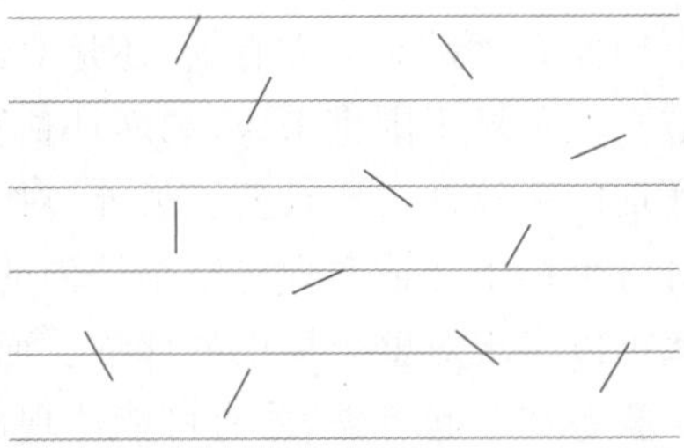

图 2.8 蒲丰投针示意图

为了方便计算，我们可以将蒲丰投针问题简化为图 2.9 所示的情况。图中左边是针与格子相交的情况，假设针的长度为 $l$，格子的宽度为 $d$，针与格子底线的夹角为 $\alpha$，针的中间位置到格子底线的距离为 $x$。图中右边是一种针刚好与底线相交的边缘情况，针如果再向上一点，就不会与格子底线相交了。所以这时的 $x_0$ 就是针与底线相交的最大值。当 $x \leqslant x_0$ 时，针与底线是相交的，否则针就不会与底线相交。

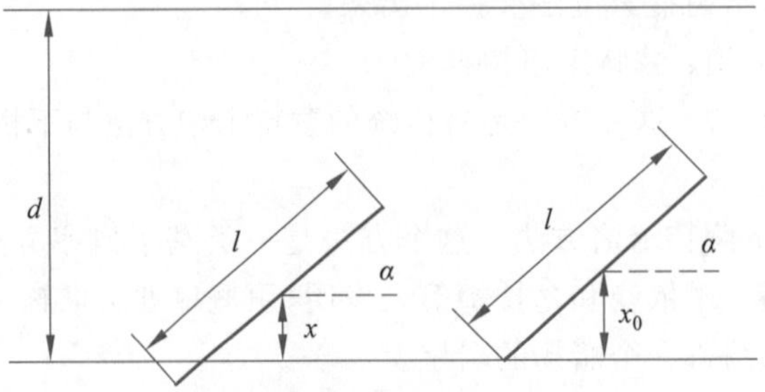


图 2.9 蒲丰投针计算示意图

按照三角函数公式，我们有：

$$x_0=\frac{l}{2}\sin(\alpha)$$

所以针与底线相交的条件就是：

$$x\leqslant\frac{l}{2}\sin(\alpha)$$

夹角 $\alpha$ 的可能变化范围应该是[0,2π]，对于针来说如果我们不区分针头和针尾的话，夹角 $\alpha$ 处于[0,π]和[π,2π]是一样的，所以为了简化起见，我们只考虑[0,π]这一变化区间。同理对于针的中间位置是处于格子的上半段还是下半段也是一样的，因为如果处于下半段就看是否与底线相交，如果处于上半段就看是否与顶线相交，所以我们也只考虑是否与底线相交这种情况。在这样的假定下我们有 $x$ 的取值范围为[0,$d/2$]，$\alpha$ 的取值范围为[0,π]。

一旦确定了 $\alpha$ 和 $x$ 之后，针的位置就确定了。如图 2.10 所示，绿色长方形内任何一点($\alpha$,$x$)就确定了一次投针的位置，按照针与底线相交的条件，黄色区域代表针与底线相交，绿色长方形内的白色区域，代表针没有与底线相交。所以黄色区域的面积除以绿色长方形的面积，就是针与底线相交的概率 $p_{相交}$。

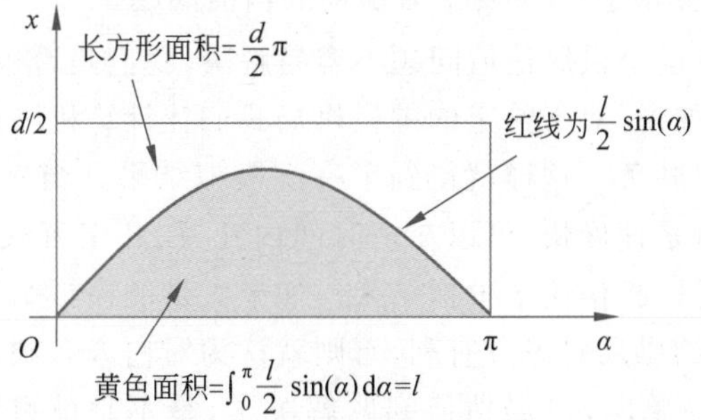


**图 2.10　蒲丰投针计算 π 值示意图（见彩插）**

按照面积的计算公式，绿色长方形的面积为：

$$S_{长方形}=\frac{d}{2}\pi$$

黄色部分的面积为：

$$S_{黄色}=\int_0^{\pi}\frac{l}{2}\sin(\alpha)\mathrm{d}\alpha=l$$

所以有针与底线相交的概率 $p_{相交}$ 为：

$$p_{相交}=\frac{S_{黄色}}{S_{长方形}}=\frac{l}{\frac{d}{2}\pi}=\frac{2l}{d\pi}$$

艾博士问小明：这里用到了定积分，你还会计算吗？

小明回答说：这个定积分应该不难，我会计算。

**艾博士**：好的，如果忘记了回去自己复习一下。

艾博士接着讲道：如果我们投掷了 $n$ 次针，其中有 $m$ 次针是与底线相交的，那么针与底线相交的概率就是：

$$p_{相交}=\frac{m}{n}$$

所以有：

$$\frac{2l}{d\pi}=\frac{m}{n}$$

所以：

$$\pi=\frac{2nl}{md}$$

只要投掷针的次数足够多，就可以求得一个一定精度的 $\pi$ 值。

小明看着艾博士的推导赞叹道：竟然还可以这样求解 $\pi$ 值，可真是神奇。

艾博士说：这种方法就是蒙特卡洛方法，通过将一个计算问题转化为概率问题后，利用随机性，通过求解概率的方法求解原始问题的解。小明，你回去后可以编写一个程序，利用随机数发生器随机产生一些满足要求的 $x$ 和 $\alpha$，通过模拟投针的办法计算 $\pi$ 值。

小明说：好的，我回去一定试试这个神奇的方法。那么这种方法如何应用到围棋中呢？

**艾博士**：小明，围棋程序遇到的最大问题是什么？

小明回答说：刚才您讲过了，主要是对棋局的估值问题。

**艾博士**：对啊，既然这个棋局估值问题不容易解决，我们是否也可以利用随机模拟的办法评价一个棋局呢？比如说，对于给定的围棋棋局我们让计算机随机地交替行白棋和黑棋，直到一局棋结束，判定出胜负。这样就得到了一次模拟结果。当然一次模拟结果不说明任何问题，计算机的优势就是速度快，可以在短时间内几万、几十万次地进行模拟。如果模拟的次数足够多，我们就可以相信这个模拟结果。如果大量的模拟结果显示黑棋获胜概率大，那么就有理由认为当前的棋局对黑方有利，否则就认为对白方有利。

小明说：竟然这么简单啊，棋局估值问题解决了，是不是就可以写出高水平的围棋程序了？

**艾博士**：还没有这么简单，这只是一个思路，但是确实给实现高水平围棋程序指明了方向。

小明问道：那么还存在什么问题呢？

艾博士提示说：小明你想想，下棋是甲乙双方一步一步轮流进行的，我们在模拟过程中是否需要考虑这个因素呢？就像前面我们讲过的极小-极大模型中说过的一样，甲方希望走对自己最有利的棋，乙方也希望走对自己最有利的棋，双方是一个对抗的过程。所以在模拟过程中应该考虑到这种一人一步的对抗性问题，将搜索树考虑进来。正是在这样的思想指导下，才提出了我们马上要讲的蒙特卡洛树搜索方法，在随机模拟的过程中，将一人一步的搜索过程考虑进来。

**小明**：我明白了，确实需要考虑这个问题，否则就是只想着自己怎么行棋，完全不考虑对方可能的行棋方法，这样不可能达到高水平的。

**艾博士**：为此有研究者将蒙特卡洛方法与下棋问题的搜索树相结合，提出了蒙特卡洛树搜索方法。

蒙特卡洛树搜索方法如图 2.11 所示，共包括 4 个过程。

(1) 选择过程：如图 2.11 第一个图所示，从根节点 r 出发，按照某种原则自上而下地选

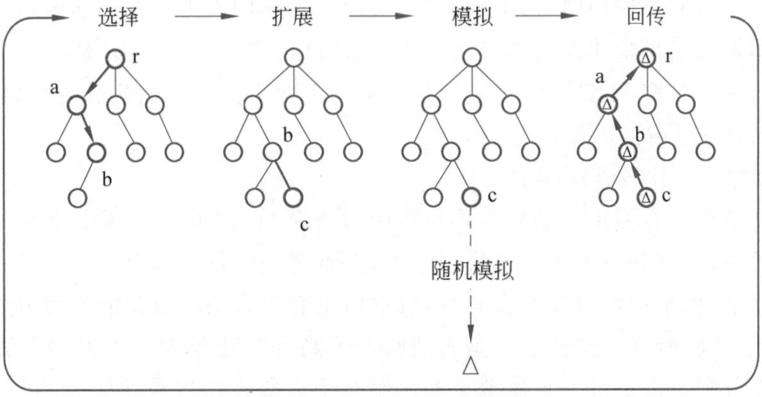


图 2.11　蒙特卡洛树搜索方法

择节点，直到第一次遇到一个节点，该节点还存在未生成的子节点为止。如图所示，从根节点 r 开始，从 r 的 3 个子节点中按照某种原则选择一个节点，假设选择了节点 a。接下来又从 a 的子节点中选择节点，假设选择了 b。这时发现 b 还存在子节点没有生成，则选择过程结束，节点 b 被选中。

(2) 扩展过程：如图 2.11 第二个图所示，生成出被选中节点的一个子节点，并添加到搜索树中。由于在上一步选中的节点为 b，所以生成出 b 的一个子节点 c，然后将节点 c 添加到搜索树中。

(3) 模拟过程：如图 2.11 第三个图所示，对新生成的节点 c 进行随机模拟，即黑白轮流随机行棋，直到分出胜负为止。然后根据模拟的胜负结果计算节点 c 的收益 Δ。

(4) 回传过程：如图 2.11 第四个图所示，将收益 Δ 向节点 c 的祖先进行传递。因为对节点 c 的一次模拟也相当于对 c 的祖先节点 b、a、r 各进行了一次模拟，所以要将对节点 c 的模拟结果回传到 c 的祖先节点 b、a、r。

在上述 4 个过程中，第二个扩展过程比较简单，直接生成一个被选中节点的子节点，并添加到搜索树上就可以了。第三个模拟过程也比较简单，就是随机地轮流选择黑白棋，按规则行棋就可以了，直到能分出胜负为止。当然具体如何随机行棋、如何计算胜负等与具体的围棋规则有关，我们就不具体讨论了。第四个回传过程与具体的收益表示方法有关，我们留待后面结合具体例子再详细讲解，下面我们重点介绍第一个过程——选择过程。

选择过程就是选择哪个节点进行模拟，这里的模拟不一定是直接对该节点做随机模拟，也可能是通过对其后辈节点的模拟达到对该节点模拟的目的。因为就如同在回传过程中所说的那样，后辈节点的一次模拟，也相当于对其祖先节点做了一次模拟。所以在选择过程中，如果一个节点的子节点全部生成完了，则要继续从其子节点中进行选择，直到发现某个节点，它还有未生成的子节点为止。

小明不太明白地问：为什么要进行选择呢？或者说选择的目的是什么呢？

**艾博士**：选择的目的是要在有限的时间内对重点节点进行模拟，以便挑选出最好的行棋走步。我举个例子说明吧，假设你是班级体委，学校要举行篮球比赛，你要挑选上场队员。有些同学你比较了解，因为你知道这些同学以前打球比较好，有些同学你不太了解，不知道水平如何。为了确定上场队员，你计划打几场热身赛对同学们进行考查。考查过程中，对于以前你认为打球好的同学，你可能让他们上场打打试试，看是否还继续保持高水平。对于你不太了解的同学,你也可能让他们上场试试,以便了解他们的水平究竟如何。

**小明**：如果我是班级体委确实要这么做,以便挑选出真正有实力的队员。

**艾博士**：在热身赛中考查队员的过程中,利用了两个挑选上场队员的原则。

(1) 对不充分了解的同学的考查。

(2) 对以往水平比较高同学的确认。

选择哪些节点进行模拟就如同在热身赛中考查队员,也遵循这两个原则。在蒙特卡洛树搜索的过程中,根据到目前为止的模拟结果,搜索树上的每个节点都获得了一定的模拟次数和一个收益值,模拟次数可能有多有少,收益值也有大有小。收益值大的节点就相当于以往打球水平比较高的同学,这些节点是真的收益值高呢？还是因为模拟的不够充分暂时体现出虚假的高分呢？需要进一步模拟考查。而对于那些模拟次数比较少的节点,相当于不充分了解的同学,由于模拟的次数比较少,无论其收益值高低,都应该优先选择以便进一步模拟,了解其真实情况。

在这样的原则下,选择节点时应该要同时考虑到目前为止节点的收益值和模拟次数,比如对于某个节点 x,如果它的收益值又高、模拟次数又少,这样的节点肯定要优先选择,以便确认它的收益值的真实性。如果它的收益值比较低、模拟次数又多,说明这个低收益值已经比较可靠了,没有必要再进一步模拟了。所以我们可以得出结论：节点被选择的可能性与其收益值正相关,而与其模拟次数负相关,可以将收益值和模拟次数综合在一起确定选择哪个节点。

**小明**：那么具体如何选择呢？

**艾博士**：类似的问题早就有人研究过,我们可以借用过来。比如多臂老虎机模型就是求解此类问题的一种模型。

**小明**：多臂老虎机？这是个什么模型呢？还与赌博有关？

**艾博士**：很多概率问题的研究都与赌博有关,我们正在介绍的蒙特卡洛树搜索不也是因摩纳哥的一个赌城而得名吗？赌博不能沾,但是相关的研究成果我们可以利用,来求解我们的问题,为人类服务。

多臂老虎机(见图 2.12)是一个具有多个拉杆的赌博机,投入一个筹码之后,可以选择拉动一个拉杆,每个拉杆的中奖概率不一样。多臂老虎机问题就是在有限次行动下,通过选择不同的拉杆,以获得最大的收益。

图 2.12 多臂老虎机示意图

**小明**：这个多臂老虎机与蒙特卡洛树搜索中的选择过程具有什么关系呢？

**艾博士**：选择哪个节点进行模拟，就相当于选择拉动多臂老虎机的哪个拉杆，而模拟得到的收益，则相当于拉动拉杆后获得的收益。

**小明**：这么一对比就将两个看似无关的问题对应起来了。

**艾博士**：经过学者们的研究，对于多臂老虎机问题，提出了一种称作信心上限(Upper Confidence Bound，UCB)的算法。

该算法的基本思想是，作为初始化，先每个拉杆拉动一次，记录每个拉杆的收益和被拉动次数，此时拉动次数都是 1。然后按照下式计算拉杆 $j$ 的信息上限值 $I_j$：

$$I_j = \bar{X}_j + \sqrt{\frac{2\ln(n)}{T_j(n)}}$$

信心上限算法就是每次选择拉动 $I_j$ 值最大的拉杆。其中，$\bar{X}_j$ 表示第 $j$ 个拉杆到目前为止的平均收益；$n$ 是所有拉杆被拉动的总次数；$\ln(n)$是以 e 为底取对数运算；$T_j(n)$是总拉动次数为 $n$ 时，第 $j$ 个拉杆被拉动的次数。重复以上过程直到达到拉杆被拉动的总次数结束。

上述信心上限方法可以推广到蒙特卡洛树搜索过程的选择过程，也就是从上向下一层层选择节点时，按照信心上限方法，选择 $I_j$ 值最大的子节点，直到某个含有未被生成子节点的节点为止。在具体使用的过程中，一般会增加一个调节系数，以方便调节收益和模拟次数间的权重，如下式所示：

$$I_j = \bar{X}_j + C\sqrt{\frac{2\ln(n)}{T_j(n)}}$$

**小明**：我明白了可以用信心上限方法选择模拟节点。

**艾博士**：下面通过一个例子说一下蒙特卡洛树搜索的具体过程，同时也通过这个例子说明如何实现收益的回传过程。为此先给出记录收益和模拟次数的方法。对于搜索树中的每个节点，我们用 $m/n$ 记录该节点的获胜次数 $m$ 和模拟次数 $n$，收益用胜率表示，即$\frac{m}{n}$。注意这里的“获胜”均是从节点本方考虑的，也就是这个节点是由甲方走成的，则获胜是指甲方获胜；如果这个节点是由乙方走成的，则获胜指乙方获胜。比如在图 2.11 中最后一个图中，假设对节点 c 的模拟结果是获胜，则 c 的获胜数加 1，同时向上传递该结果，由于 b 是对方走成的节点，我方获胜就是对方失败，所以 b 的获胜次数不增加。模拟收益再向上传到节点 a，a 也是我方走成的节点，c 获胜也相当于 a 获胜，所以 a 的获胜数也加 1。同样节点 r 是对方走成的节点，所以 r 的获胜次数就不增加。

**小明**：由于搜索树是双方轮流行棋而形成的，所以获胜次数向上传递也是每次相隔一个节点增加的。

艾博士说：小明说的是对的，回传过程正是这样进行的。不过如何回传与我们选用的表示方法有关，如果采用其他的表示方法可能就会有所变化。比如说如果获胜我们用 1 表示，失败用－1 表示，则回传时就可能是加 1、减 1 交替地进行。

**小明**：明白了，原来回传方法还与如何表示有关。

**艾博士**：所以如果看其他的参考资料的话，一定要先弄清楚具体的表示方法。

**艾博士**：请看图 2.13，我们用这个例子再说明一下蒙特卡洛树的搜索过程。为了简单起见，在计算信心上限 $I_j$ 时，我们假定收益 $\bar{X}_j$ 为胜率，并假定调节参数 $C=0$，也就是说，假定信心上限 $I_j=\bar{X}_j$。当然这只是为了举例方便计算才这样假设的，实际使用时不会这样。

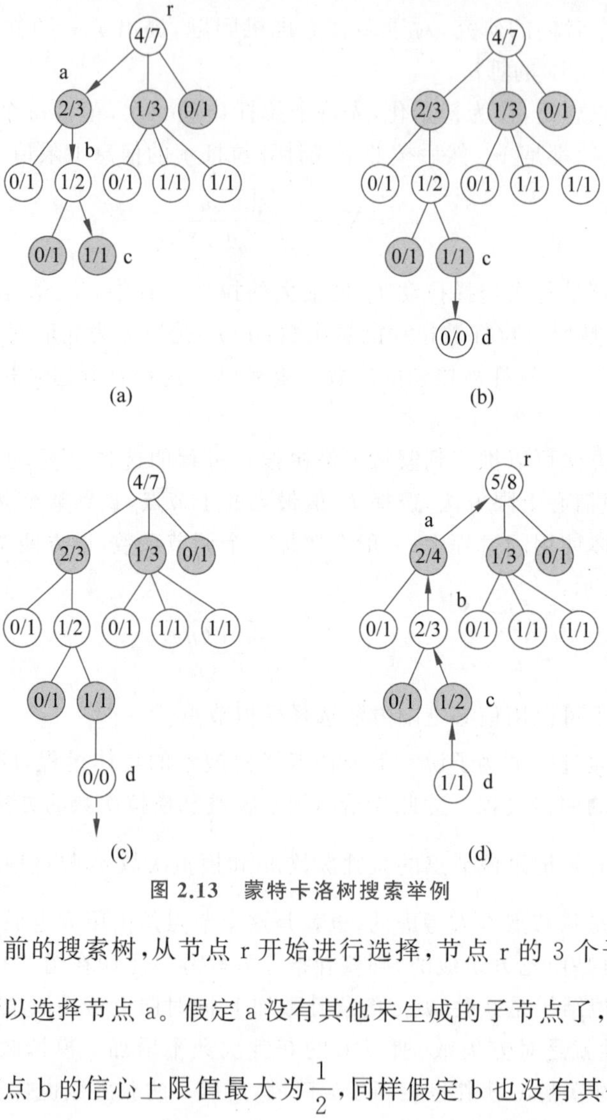


图 2.13　蒙特卡洛树搜索举例

图 2.13(a)是当前的搜索树，从节点 r 开始进行选择，节点 r 的 3 个子节点中，a 的信心上限值最大为$\frac{2}{3}$，所以选择节点 a。假定 a 没有其他未生成的子节点了，所以继续从 a 的两个子节点中选择，节点 b 的信心上限值最大为$\frac{1}{2}$，同样假定 b 也没有其他未生成的子节点了，继续从 b 的两个子节点中进行选择，节点 c 的信心上限值最大为$\frac{1}{1}$，而且由于 c 存在未生成的子节点，所以选择过程结束，节点 c 被选中。

进入扩展过程，如图 2.13(b)所示，节点 d 被生成并添加到搜索树中成为节点 c 的子节点。扩展过程结束。

接下来进入模拟过程，如图 2.13(c)所示，对节点 d 进行随机模拟，黑白双方随机选择行棋点，直到决出胜负。假定模拟结果是胜利，也就是说节点 d 经模拟后获得了一次胜利。模拟过程结束。

最后是回传过程，首先记录节点 d 的模拟结果为 1/1，表示 d 被模拟了一次，获胜一次。向上传递。节点 c 之前的模拟结果是 1/1，这次由于 d 被模拟一次，所以相当于 c 也被模拟了一次，但是从 c 的角度来说，这次的模拟结果是失败。所以 c 的模拟次数增加一次，但获胜次数保持不变，更新 c 的模拟结果为 1/2。继续回传到 b，b 之前的模拟结果为 1/2，这次模拟次数和获胜次数均被加 1，所以更新 b 的模拟结果为 2/3。再回传到节点 a，该节点只增加模拟次数 1 次，不改变获胜次数，更新 a 的模拟结果为 2/4。最后再回传到根节点 r，该节点获胜次数和模拟次数均增加 1 次，所以模拟结果为 5/8。

至此完成了一轮蒙特卡洛树搜索，反复该过程，直到达到一定的模拟次数或者规定的时间，蒙特卡洛树搜索过程结束。

**小明**：蒙特卡洛树搜索结束之后如何选择最佳走步呢？

**艾博士**：搜索结束后，根据根节点 r 的子节点的胜率，选择胜率最大的子节点作为我方的行棋点。因为按照刚刚结束的蒙特卡洛树搜索结果，这样可以获得最大收益。

小明仔细看着图 2.13 的示例，陷入沉思中，过了一会儿又问艾博士：在选择过程中，一直都是选择信心上限 $I_j$ 的最大值，哪里体现出了像极小-极大过程中我方取最大、对方取最小的思想呢？按理说到对方节点时，应该选取胜率小的才对啊。

**艾博士**：小明你又提出了一个很好的问题，这也跟我们的表示方法有关。还记得刚才讲解如何标记模拟结果时，我们记录的是从节点方角度考虑的获胜次数。也就是我方走成的节点记录的是我方的获胜次数，对方走成的节点记录的是对方的获胜次数。所以当我方选择时选择的是信心上限最大的节点，如果只考虑胜率的话，就相当于选择胜率最大的节点。而当对方选择时，虽然也是选择信心上限最大的节点，但是其中与胜率有关的 $\overline{X}_j$ 用的是对方的胜率，所以选的是对对方最有利而对我方最不利的节点。所以与极小-极大模型也是一致的，之所以极小-极大模型中我方选最大、对方选最小，是因为表示棋局的数字都是从我方角度考虑的，而在这里胜率是从各自角度考虑的。这样做的好处是，在选择过程中可以不考虑我方和对方，都统一选择最大就可以了，比较方便统一。

小明想了想说：确实是这么回事，这样感觉更简单了。

**小明读书笔记**

蒙特卡洛方法是一类基于概率方法的统称，最早由冯·诺依曼和乌拉姆等人提出，通过概率求解一些计算问题。“蒙特卡洛”这个名称来源于摩纳哥一个赌场的名字。为了解决围棋局势不容易判断的问题，将蒙特卡洛方法引入进来，通过随机模拟的方法判断棋局的局势。结合围棋下棋双方轮流走子的特点，提出了蒙特卡洛树搜索方法。

蒙特卡洛树搜索方法包含 4 个过程。

(1) 选择过程：这是蒙特卡洛树搜索的重点，借助于多臂老虎机模型的已有研究成果，从搜索树的根节点开始，从上到下依次选择信息上限最大的节点，直到遇到第一个含有子节点未被扩展的节点。

信心上限的计算公式为：

$$I_j = \bar{X}_j + C\sqrt{\frac{2\ln(n)}{T_j(n)}}$$

其中，$\bar{X}_j$ 为第 $j$ 个子节点的平均收益；$n$ 为父节点的模拟次数；$T_j(n)$为第 $j$ 个子节点的模拟次数；$C$ 为调节系数。

多臂老虎机模型综合体现了以下两个原则。

① 对收益好的节点的确认。

② 对不充分了解的节点的考察。

(2) 扩展过程：为被选择的节点生成一个新的子节点，也就是一种可行的走步之后得到的棋局。

(3) 模拟过程：从新的子节点开始进行随机模拟，直到分出胜负。

(4) 回传过程：将模拟结果向上回传到新节点的祖先各节点，回传时要注意对弈双方各自的立场。

当蒙特卡洛树搜索结束时，从根节点的各个子节点中选取平均收益最大的子节点作为最佳走步。

需要注意的是，每次轮到机器行棋时，都要以当前棋局作为根节点进行一次蒙特卡洛树搜索，以便找出当前棋局下计算机应该选择的走步。

## 2.5 AlphaGo 是如何下棋的

艾博士继续讲道：蒙特卡洛树搜索方法于 2006 年被应用于计算机围棋中，使得计算机围棋的水平有了质的飞跃，可以达到业余中高手的水平，可以说是计算机围棋发展史上的一个里程碑。但是，距离职业棋手的水平还有很大差距，经历了一段时间的发展后，很快又进入停滞期，水平很难再次提高。

小明问：这是为什么呢？从原理上来说蒙特卡洛树搜索方法是个很靠谱的方法啊。

艾博士解释说：依靠随机模拟的方法估算概率必须有足够的模拟次数，由于围棋可能的状态数太多，虽然在蒙特卡洛树搜索中通过信心上限有选择地做模拟，但是模拟的还是有些盲目，没有利用到围棋本身的一些特性或者知识，在规定的时间内模拟次数不够，估算的概率不够准确，从而影响了计算机围棋的水平。

**小明**：如何解决这个问题呢？

**艾博士**：取得突破的就是 AlphaGo 了。AlphaGo 将深度学习方法，也就是神经网络与蒙特卡洛树搜索有效地结合在一起，巧妙地解决了这个问题。

**小明**：AlphaGo 是如何解决的呢？

**艾博士**：小明你还记得前面我们分析为什么以前的计算机围棋水平比较低吗？

小明想了想回答说：艾博士，您讲了几条原因，第一条说的就是局势评估问题。但是局势评估采用蒙特卡洛树搜索方法已经解决了，您问的应该不是这个问题。我猜想是您最后提到的有关逻辑思维、形象思维问题，您提到人在下围棋的过程中用到的更多的是形象思维，而不是逻辑思维。

**艾博士**：小明说得非常正确。长期以来一直认为计算机更擅长处理逻辑思维问题，而不擅长处理形象思维问题，但是深度学习方法的提出改变了这一看法，利用深度学习也可以很好地处理一些形象思维的问题，如图像识别等。围棋的棋局看起来更像一幅图像，所以可能更适合用深度学习方法处理，通过深度学习方法从围棋棋谱中学习围棋知识，与蒙特卡洛树搜索结合在一起，提高蒙特卡洛树搜索的效率和随机模拟的准确性。

事实上，如何下围棋问题可以等效为一个图像分类问题。

**小明**：围棋和图像分类有什么关系呢？

**艾博士**：围棋就是在给定的棋局下，选择一个好的落子点行棋。如果将给定棋局看作是一个待识别图像的话，那么在哪一点行棋就可以看成是图像的分类标记。这样一来，将给定棋局作为待识别图像，下一步最佳落子点当作是图像的标记，则围棋问题就可以用类似图像识别的方法，采用神经网络学习给定棋局下的最佳落子点。图 2.14 给出了一个示意图。

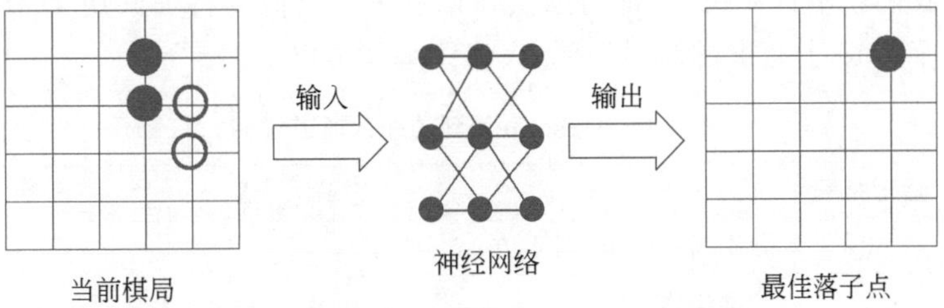


图 2.14　将围棋问题类比为图像分类问题

小明问道：那么如何获取训练样本呢？

**艾博士**：历史上有很多专业棋手的下棋棋谱，这些棋谱都可以当作训练样本使用。假定棋谱中胜方每一步棋都是正确的走步，胜方的每一步棋都可以对应一个训练样本——当前棋局作为输入，下一步行棋点作为该输入的分类标记，这样根据历史棋局就可以获得大量的训练用样本了。

**小明**：这倒是一个很好的思路，AlphaGo 具体是如何实现的呢？

**艾博士**：在此想法的指导下，AlphaGo 构建了两个神经网络：一个是策略网络；另一个是估值网络。我们先介绍这两个神经网络的功能以及具体的实现方法。

策略网络由一个神经网络构成，其输入是当前棋局，输出共 19×19＝361 个，每个输出对应棋盘上落子点的行棋概率。行棋概率越大的点，越说明这是一个好的可下棋点，应该优先选择在这里行棋。

图 2.15 给出了 AlphaGo 的策略网络示意图。输入由 48 个大小为 19×19 的通道组成，表示当前棋局。

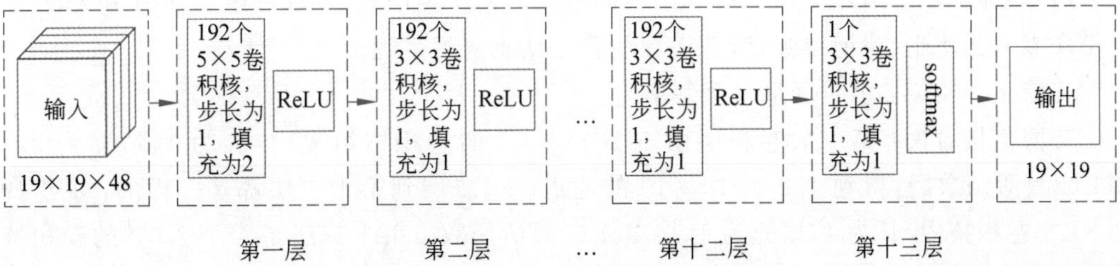


图 2.15　AlphaGo 的策略网络示意图

小明问道：我知道 19×19 是因为围棋棋盘的大小是 19×19 的，但是为什么有 48 个通道呢？

艾博士解释说：每个通道用来表示当前棋局的一些特征。比如：一个通道是当前棋局有我方棋子的位置为1,其他位置为0;一个通道是当前棋局有对方棋子的位置为1,其他位置为0;还有一个通道是当前棋局中没有落子的位置为1,其他位置为0。用8个通道分别表示当前棋局中一个棋链所具有的气数,这里的棋链可以理解为连接在一起的相同颜色的一块棋。比如一个棋链的气数是5,则在气数为5的通道中用1表示,其他位置为0。这样8个通道分别表示气数1到气数8。

小明听得有些迷糊,问艾博士：什么叫棋链的气数啊?

艾博士回答说：气数是围棋中一个很重要的概念,涉及一些围棋知识,我们就不详细介绍了,简单地说就是与棋链紧邻位置为空的数量。还有8个通道记录最近的8个棋局。其余的几个通道我们就不具体说了,都与围棋知识有关。类似的特征共用了48个通道表示,表2.1给出了所有48个通道的简要说明,大概了解就可以了。

**表2.1 AlphaGo用到的输入通道说明**

| 特 征 | 通道数量 | 描 述 |
|---|---|---|
| 执子颜色 | 3 | 分别为执子方、对手方、空点位置 |
| 壹平面 | 1 | 全部填入1 |
| 零平面 | 1 | 全部填入0 |
| 明智度 | 1 | 合法落子点且不会填补本方眼位,填入1,否则为0 |
| 回合数 | 8 | 记录一个落子距离当前的回合数,第$n$个通道记录到当前$n$个回合的落子 |
| 气数 | 8 | 当前落子棋链的气数 |
| 动作后气数 | 8 | 落子之后剩余气数 |
| 吃子数 | 8 | 落子后吃掉对方棋子数 |
| 自劫争数 | 8 | 落子后乙方有多少子会陷入劫争(可能会被提掉) |
| 征子提子 | 1 | 这个子是否会被征子提掉 |
| 引征 | 1 | 这个子是否起到引征的作用 |
| 当前执子方 | 1 | 当前执子为黑棋全部填1,否则全部填0,该通道只用于估值网络,策略网络不使用 |

**小明**：输入竟然这么详细。

**艾博士**：接下来就是一个普通的卷积神经网络,不知小明是否还记得卷积神经网络的相关内容,如果记不清楚了请复习我们前面讲过的第1篇内容“神经网络是如何实现的”。

**小明**：艾博士,我记得呢,听您讲完后我还认真复习了呢。

艾博士夸奖说：小明真是一个好学生。

艾博士接着说：第一个卷积层由192个5×5的卷积核组成,步长为1,填充为2,接ReLU激活函数后,得到192个19×19的通道。第二层到第十二层都是一样的,每层192个3×3卷积核,步长为1,填充为1,接ReLU激活函数。第十三层是1个3×3的卷积核,步长为1,填充为1,接softmax激活函数,得到策略网络最终大小为19×19的输出,输出值范围为0～1,表示棋盘上每个点的行棋概率。

小明问：棋盘上有些地方已经有棋子了,这些地方是不能再落子的,为什么输出是19×

19、是整个棋盘呢？

艾博士解释说：神经网络本身是很难做出这些判断的，在使用策略网络的输出结果时，会专门用程序判断一下，剔除这样的点。

小明问：程序判断一下倒是比较容易。怎么获得策略网络的训练数据呢？

**艾博士**：在 AlphaGo 中共用了 16 万盘人类棋手的棋谱进行训练，棋谱的每一步行棋都可以作为一个训练样本。策略网络的目标就是学会"像人类那样下棋"。所以如果棋谱中人类棋手在 a 处走了一步棋，则可以认为在 a 处下棋的概率为 1，我们用 $t_a$ 表示。如果用 $p_a$ 表示策略网络给出的在 a 处下棋的概率，则 $p_a$ 应该逼近 $t_a$。前面我们介绍过，围棋问题可以类比为一个图像分类问题，所以可以采用分类问题中常用的交叉熵损失函数，即

$$L(\boldsymbol{w}) = -t_a \log_2(p_a)$$

这样我们就可以通过逐步优化该损失函数，使得策略网络的性能逐步逼近人类棋手的水平。

**小明**：如果只是逼近人类棋手，如何做到战胜人类围棋高手呢？

**艾博士**：首先这种逼近是对 16 万盘人类棋谱的逼近，可以说是扬长避短，吸取了众多高手的精华。其次，后面我们还要讲到，AlphaGo 是将策略网络等与蒙特卡洛树搜索融合在一起，通过大规模的随机模拟选取一个最佳走步，蒙特卡洛树搜索相当于起到了一个"智力放大器"的作用，这可能是 AlphaGo 强大的真正原因。

**小明**：艾博士您这么一讲解，就明白怎么训练了，就像您前面讲过的跟神经网络用于图像分类原理是一样的，当前棋局相当于图像，在哪个位置行棋相当于类别标记。

**艾博士**：对，就是相当于一个图像分类问题。所以说在求解一个新问题时，要看看是否能套到一个已知问题上，如果可以的话，就可以用已有的办法求解了。

下面再介绍 AlphaGo 用到的另一个神经网络——估值网络。估值网络对当前棋局进行评估，输入是当前棋局，输出是一个 −1～1 的数值，表示棋局对当前执子方的有利程度，即收益。当数值大于 0 时，表示对当前执子方有利；当数值小于 0 时，表示对对方有利。

图 2.16 给出了估值网络的示意图。输入为 49 个大小为 19×19 的通道，其中前 48 个通道与策略网络的输入通道是一样的，但是比策略网络多了一个与当前执子方有关的通道，如果执子方为黑棋，则该通道全部为 1，否则全部为 0。估值网络共由 16 层组成，其中第一层为 192 个 5×5 的卷积核，步长为 1，填充为 2，后面接 ReLU 激活函数。第二层到第十三层是完全一样的卷积层，每层为 192 个 3×3 的卷积核，步长为 1，填充为 1，后面接 ReLU 激活函数。第十四层为 1 个 1×1 的卷积核，步长为 1，后面接 ReLU 激活函数。第十五层为含有 256 个神经元的全连接层，每个神经元接 ReLU 激活函数。第十六层为只有一个神经

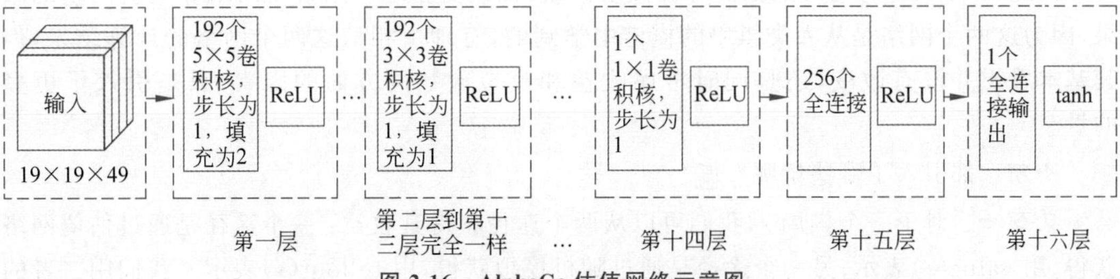


图 2.16　AlphaGo 估值网络示意图

元的全连接层，该神经元接 tanh 激活函数，得到取值为−1～1 的整个神经网络的输出。

估值网络的训练样本同样来自 16 万盘人类棋手的棋谱，一盘棋出现的所有棋局作为训练样本，获胜方的棋局标签为 1，失败方的棋局标签为−1。估值网络的目标就是预测一盘棋的胜负，对我方占优的局面，其输出值应该接近于 1；对对方占优的局面，其输出应该接近于−1。为此损失函数可以采用误差的平方。具体的损失函数如下：

$$L(\boldsymbol{w})=(R-V(s))^2$$

其中，$s$ 表示棋局，即输入的样本；$R$ 为该局棋的胜负情况，获胜 $R$ 取值为 1，失败取值为−1；$V(s)$为估值网络的输出。

小明听着艾博士的讲解领悟道：如果熟悉了神经网络，策略网络和估值网络看起来并不难。

**艾博士**：确实是这样的，无论是策略网络还是估值网络，其实就是一个普通的卷积神经网络。其实也不是 AlphaGo 第一次将神经网络用于围棋中，以前也有团队曾经做过尝试。AlphaGo 的主要贡献是将神经网络与蒙特卡洛树搜索巧妙地结合在一起，这才有了战胜人类最高水平棋手的能力。

**小明**：AlphaGo 是怎样将神经网络和蒙特卡洛树搜索结合在一起的呢？

**艾博士**：在蒙特卡洛树搜索中最主要的就是如何选择待模拟的节点，小明还记得如何选择吗？

小明想了想说：优先选择信心上限最大的节点，该策略同时考虑了收益和模拟次数两方面的因素，第 $j$ 个落子点的信心上限 $I_j$ 计算公式如下：

$$I_j=\bar{X}_j+c\sqrt{\frac{2\ln(n)}{T_j(n)}}$$

其中，$\bar{X}_j$ 是落子点 $j$ 的平均收益；$T_j(n)$是落子点 $j$ 的模拟次数；$n$ 是 $j$ 的父节点的模拟次数；$c$ 为加权系数。

**艾博士**：小明你记得很清楚。在蒙特卡洛树搜索中，收益值是通过随机模拟获得的，被选择模拟的次数越多其收益值越准确。一方面，信心上限策略对于已经被选择过多次的节点，其收益值已经比较可信，倾向于选择收益最好的节点，以便进一步确认其收益值。另一方面，对于被选择次数比较少的节点，其收益值的多少并不可信，希望再多被选择几次，以便提高其收益值的准确性。在 AlphaGo 中又增加了第 3 个原则，策略网络会提供每个可落子点的概率，具有高概率的可落子点应该是一个比较好的走步，希望具有高概率的可落子点被优先选择。

为此 AlphaGo 对信心上限的计算做了修改，以便更多地利用策略网络和估值网络的结果，因为这两个网络是从人类棋手的棋谱中学到的，有理由相信这两个网络的计算结果，但其基本思想并没有改变，还是同时考虑收益和模拟次数两方面的因素，只是引入了更多的量。

**小明**：都引入了哪些量呢？

**艾博士**：对于一个棋局 $s$，我们可以从两个途径获得其收益：一个途径是通过估值网络获得，用 value($s$)表示；另一个途径是通过随机模拟获得，用 rollout($s$)表示。我们用二者的加权平均作为棋局 $s$ 第 $i$ 次模拟的收益：

$$v_i(s)=\lambda\text{value}(s)+(1-\lambda)\text{rollout}(s)$$

其中，$0\leqslant\lambda\leqslant1$ 为加权系数。

为了方便起见，我们假设当前棋局为 $s$，一个可行的落子点为 $a$，在棋局 $s$ 下在 $a$ 处落子后得到的棋局用 $s_a$ 表示，用 $Q(s_a)$表示棋局 $s_a$ 的平均收益，则：

$$Q(s_a)=\frac{\sum_{i=1}^{n}v_i(s_a)}{n}$$

$Q(s_a)$相当于信心上限 $I_j$ 计算公式中的平均收益$\bar{X}_j$。对于还没有模拟过的节点，$Q(s_a)=\text{value}(s)$。

在 AlphaGo 中定义了一个与模拟次数有关的函数 $u(s_a)$，并引入了可落子点概率：

$$u(s_a)=c\cdot p(s_a)\frac{\sqrt{N(s)}}{N(s_a)+1}$$

其中，$p(s_a)$为策略网络给出的在 $s$ 棋局下在 $a$ 处行棋的概率；$N(s)$为棋局 $s$ 的模拟次数；$N(s_a)$为棋局 $s_a$ 的模拟次数，注意 $s_a$ 是在 $s$ 棋局下在 $a$ 处行棋后得到的棋局；$c$ 为加权系数。

$u(s_a)$与信心上限 $I_j$ 计算公式中的第二项 $c\sqrt{\frac{2\ln(n)}{T_j(n)}}$ 对应。所以在蒙特卡洛树搜索的选择阶段，用 $Q(s_a)+u(s_a)$代替信心上限 $I_j$，优先选择 $Q(s_a)+u(s_a)$大的子节点。

这样在选择过程中，从搜索树的根节点开始，从上向下每次都优先选择 $Q(s_a)+u(s_a)$大的子节点，直到被选择的节点是叶节点为止，该叶节点被选中，选择过程结束。

**小明**：明白了，这里很好地利用了策略网络和估值网络。但是艾博士，我有个问题，在前面讲蒙特卡洛树搜索时，选择过程是遇到一个含有未扩展的子节点的节点时，选择过程结束。这里为什么是被选择的节点为叶节点时结束呢？

艾博士解释说：AlphaGo 在这方面做了一点小改进，这与下面将要讲到的扩展方式有关。在 AlphaGo 中是一次性扩展出被选中节点的所有子节点，但只对被选中的节点进行模拟，这是因为即便是没有模拟过的节点，也可以根据策略网络和估值网络的输出计算出 $Q(s_a)+u(s_a)$从而进行选择。这样就可以只对被选中的节点进行模拟，从而提高了效率。

**小明**：原来是这样，我明白了。

艾博士接着说：如同刚才讲过的，扩展过程就是生成出被选中节点的所有子节点，每个子节点对应一个可能的走步，并通过策略网络、估值网络分别计算出每个子节点的行棋概率和估值。

接下来就是模拟过程，对被选中的节点进行随机模拟。如果模拟结果获胜，则收益为 1，模拟结果为失败，则收益为$-1$。模拟结果和估值网络计算出的收益估值加权平均后作为被选中节点本次模拟的收益 $v_i(s)$。这里有个需要注意的地方，就是模拟的是被选中的节点，而不是该节点的子节点，这些子节点是否被模拟以及什么时候模拟，需要看后续是否被选中。这也是与之前讲的传统蒙特卡洛树搜索不一样的地方。

在蒙特卡洛树搜索的模拟过程中，AlphaGo 并不是完全随机地行棋模拟，而是按照策略网络给出的每个落子点的概率进行模拟。前面我们说过，随机模拟的次数越多，其结果越可信，为了在一定的时间内获得更多次的模拟，AlphaGo 中又设计了一个快速网络，该网络的功能与策略网络完全一样，只是神经网络的结构更简单，虽然牺牲了一些性能，但是速度很快，大概是策略网络的1000倍。

**小明**：竟然快了这么多啊，为了更多的模拟次数，牺牲一些性能也是值得的。

**艾博士**：在蒙特卡洛树搜索的回传过程中，对每次模拟得到的结果 $v_i(s)$ 要逐层向上回传到其祖先节点，在回传过程中要注意正负号的变化，因为对于一方是正的收益的话，对于另一方就是负的收益。比如图2.17所示，a是当前棋局，b、c、d是依次产生的后辈节点，经模拟后d获得收益 $v$，该收益依次向上传，由于b和d是同一方产生的节点，所以d的收益要加到b的总收益中，而c、a是d对手方产生的节点，所以要从c、a的总收益中减去 $v$。

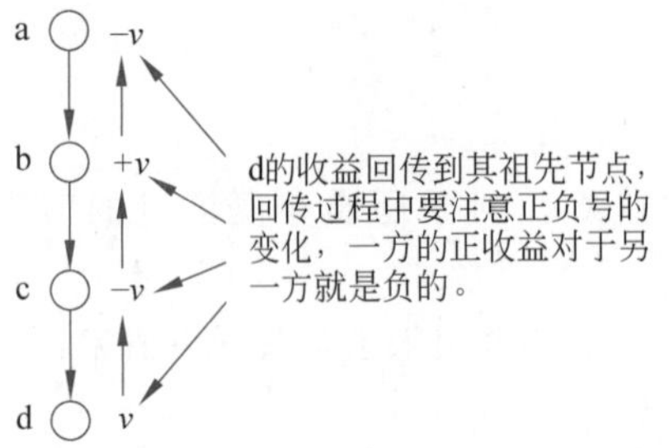


图2.17 回传过程示意图

小明说：原来是这样，我明白了。

**艾博士**：除了刚刚讲过的选择过程中的小改进外，在AlphaGo中还有几个小改进。

(1) 在蒙特卡洛树搜索中，并不是一直生成新的节点，当达到指定深度后，就不再生成新的子节点了。也就是说，只生成指定深度以内的节点。

(2) 规定了一个总模拟次数，当达到该模拟次数后，则蒙特卡洛树搜索结束。选择当前棋局的子节点中被模拟次数最多的节点作为选择的行棋点，而不是收益最高的子节点。

**小明**：这是为什么呢？为什么不选择收益最高的子节点？

艾博士解释说：主要为了防止由于模拟次数不足造成的虚假高收益。不过按照蒙特卡洛树搜索的选择方法，绝大多数情况下模拟次数最多的节点与收益最高的节点是一致的，个别情况下不一致时，宁愿选择模拟次数最多的节点，这样更加可靠。

**小明**：听您这么一讲觉得挺有道理的啊。

**艾博士**：最后我们再把AlphaGo的蒙特卡洛树搜索过程梳理一遍，图2.18给出搜索示意图，这是一个简化图，一些节点并没有画出来。

(1) 每个节点记录以下信息。

① 总收益。总收益包括该节点初次被选中时通过模拟和估值网络获得的加权平均收益，以及在搜索过程中，其后辈节点收益回传得到的收益总和。

② 行棋概率。从其父节点行棋到该节点的概率值，通过策略网络计算得到。

③ 选中次数。该节点被选中的总次数。

(2) 以当前棋局为根节点开始进行蒙特卡洛树搜索。

(3) 选择过程如图2.18(a)所示，从根节点开始从上到下依次选择 $Q+u$ 最大的子节点，直到被选择的节点为叶节点为止。图中假定先后选择了a、b、c，其中c为最后选定的节点。

(4) 生成过程如图2.18(b)所示，生成c的所有子节点，并通过策略网络计算出从节点c到每个子节点的概率，通过估值网络计算出c的每个子节点的估值。设置这些子节点的总收益为0，选中次数为0。在AlphaGo中为了不使搜索树过于庞大，限定了一个最大搜索深度，如果被选定的节点已经达到了这个深度，就不再对其做扩展，也就是不再生成其子节点。

(5) 模拟过程如图2.18(c)所示，随机对c进行模拟，根据模拟结果获得收益，获胜为1，失败为−1。计算模拟结果和估值收益的加权平均值作为c的此次模拟的收益 $v$。注意，这

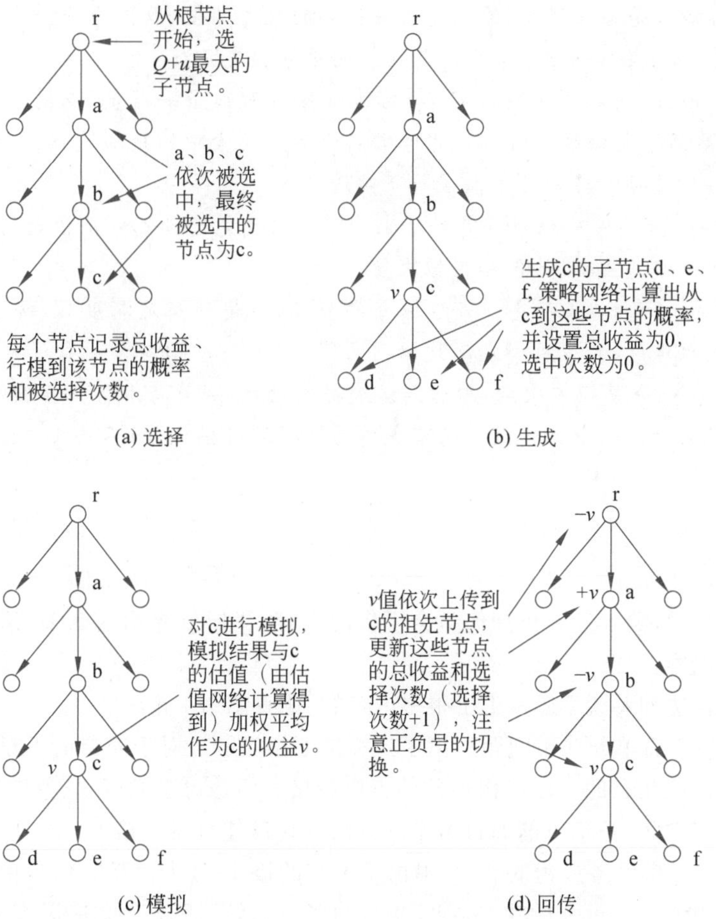


**图 2.18　AlphaGo 的蒙特卡洛树搜索**

里模拟的对象是 c，而不是 c 的子节点。这与一般的蒙特卡洛树搜索有所不同。

(6) 回传过程如图 2.18(d)所示，将 c 的收益 $v$ 回传给 c 的祖先节点，注意对于一方的收益为 $v$ 的话，对于另一方的收益就是 $-v$，所以在回传时 $v$ 的正负号要交替改变，按照回传的正负号将收益 $v$ 或者 $-v$ 累加到 c 的祖先节点中，更新这些节点的总收益，并且对包括 c 在内的相关节点的选中次数加 1。

(7) 重复(3)～(6)的过程，直至达到了给定的模拟次数，或者用完了给定的时限。

(8) 从根节点的所有子节点中选择一个被选中次数最多的节点，作为本轮的行棋点下棋。等待对手行棋后，根据对手的行棋情况再次进行蒙特卡洛树搜索，选择自己的行棋点，直到双方分出胜负，对弈结束。

**小明读书笔记**

AlphaGo 的基本框架是蒙特卡洛树搜索，在蒙特卡洛树搜索中引入了两个神经网络——策略网络和估值网络。

策略网络的输入是当前棋局，输出是每个可落子点的行棋概率。该网络通过学习人类棋手的 16 万盘棋谱得到，采用的是交叉熵损失函数。

估值网络输入是当前棋局，输出是当前棋局的收益估值，取值为－1～1。同样是通过学习人类的16万盘棋谱得到，采用的是误差的平方损失函数。

此外，AlphaGo还有一个快速网络，功能与策略网络是一样的，只是结构更简单，速度更快，比策略网络大概快1000倍，用于蒙特卡洛树搜索中的模拟过程。

AlphaGo对蒙特卡洛树搜索做了如下改进。

(1) 在选择过程中，从根节点开始从上向下每次优先选择$Q+u$值大的子节点，该值综合考虑了落子点的概率、估值和模拟次数。

(2) 在生成过程中，并不是一直生成新的节点，当达到指定深度后，就不再生成新的子节点了。也就是说，只生成指定深度以内的节点。

(3) 规定了一个总模拟次数，当达到该模拟次数后，则蒙特卡洛树搜索结束。选择当前棋局的子节点中被选中次数最多的节点作为选择的行棋点，而不是收益最高的子节点。

## 2.6 总结

**艾博士**：小明，关于计算机如何学会下棋的内容，我们就介绍这么多，请你总结一下我们都讲了哪些内容？

小明边回忆边回答说：还是讲了很多内容的，让我总结一下。

(1) 通过一个简单分钱币问题引出了计算机下棋问题。对于简单的下棋问题或许可以通过穷举所有可能状态的方法找出最佳的行棋策略。但是对于像围棋、象棋这样的棋类，由于其庞大的状态空间，是不可能通过穷举的办法寻找最佳行棋策略的。

(2) 受人类下棋思考过程的启发，提出了下棋的极小-极大模型。但是由于该模型需要搜索给定深度内的所有可能的状态，搜索时间过长，同样不适合于像围棋、象棋这样的棋类。

(3) 为了减少一些不必要的搜索，提出了α-β剪枝算法。α-β剪枝算法利用已有的搜索结果，剪掉一些不必要的分枝，有效提高了搜索效率。国际象棋、中国象棋的计算机程序均采用了这个框架。

(4) α-β剪枝算法的性能严重依赖于棋局的估值，由于围棋存在不容易估值问题，该方法不适用于计算机求解围棋问题。为此引入了蒙特卡洛树搜索方法，通过随机模拟的方法解决围棋棋局估值的问题，使得计算机围棋水平有了很大提高。

(5) 蒙特卡洛树搜索仍然具有盲目性，没有有效地利用围棋的相关知识。AlphaGo将深度学习，也就是神经网络与蒙特卡洛树搜索有效地融合在一起，利用策略网络和估值网络引导蒙特卡洛树搜索，有效提高了计算机围棋的性能，达到了战胜人类大师的水平。

**艾博士**：小明总结得非常全面。我们学习计算机是如何下棋的，并不单纯是学习这些方法，编写一个下棋程序，更重要的是从中学习解决问题的思想。无论是AlphaGo还是AlphaGo Zero，并没有什么创新的新技术，更多的是如何利用已有技术，将围棋问题转化为这些技术能求解的问题，并有机地将这些方法融合在一起，最终达到战胜人类最高水平棋手的目的。是集成创新的典范。

# 第 3 篇

# 计算机是如何找到最优路径的

艾博士导读

最优路径问题是人工智能研究中的一个重要问题，很多问题都可以转化为最优路径求解问题，如语音识别、汉字识别后处理、拼音输入法等。

$A^*$ 算法是求解最优路径的一个重要算法，在人工智能中具有重要地位，曾经被列为计算机领域最重要的 32 个算法之一。

那么都有哪些最优路径搜索算法呢？这些算法各自的特点是什么？每种算法是否可以找到最优路径？或者在什么条件下可以找到最优路径？本篇将逐一介绍，解开这些谜团。

秋天到了，正是看红叶的季节。北京香山的红叶最为著名，小明计划周末和同学们一起骑车去香山看红叶，线路图如图 3.1 所示。小明虽然以前多次和父母去过香山，但是每次都是爸爸开车去的，小明并不熟悉如何到达香山。不过这也难不倒小明，手机上有导航软件，输入目的地香山后，很容易就可以找到到达香山的路线。现在的导航软件做的是真好，可以提供好几条路线供选择：有距离最短，有花费时间最短，还有经过的红绿灯最少等，给出的是不同条件下的最优路径。这引起了小明强烈的好奇心：计算机是如何找到最优路径的呢？

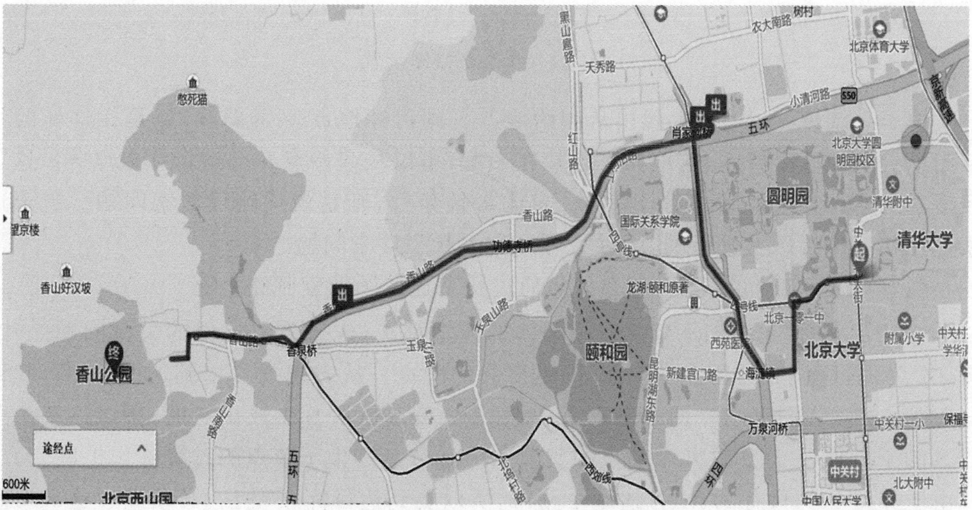


图 3.1 从清华大学到香山公园路线

游玩香山回来之后，带着这个问题，小明又来找艾博士请教。

## 3.1 路径搜索问题

明白了小明的来意之后，艾博士从书柜里找出了一张很久未用的纸质地图。

艾博士指着地图对小明说：现在真是太方便了，无论想去哪里，导航软件都能很快给出路径。以前我们都是依靠这种地图，在地图上查找半天，才能找到一条合适的路线。

艾博士让小明尝试着找到一条去香山的路。小明由于是第一次使用这种纸质地图，在地图上探索半天，才好不容易找到了一条到达香山的路线。

艾博士问小明：小明，你刚才是怎么找到去香山的路线的呢？

小明回答说：刚开始我有些不得要领，完全是无规律地乱找。后来我发现主要是找路口，重要的是在哪个路口应该向哪个方向走，因为相邻的两个路口之间只有一条路，是不需要考虑如何走的。

艾博士夸奖道：小明你真聪明！其实所谓的路线，就是将经过的路口——包括道路的入口和出口——连接在一起。所以找路线，重要的就是找到这些必须经过的路口。

为此，我们可以将路口看作是一个状态，相邻的路口用称作"边"的连线连接在一起，这样地图就可以用这种状态连接图表示了。如图 3.2 所示，就表示了一个简单的地图，图中 A、B、C 等表示的是路口，两个相邻路口用边连接在一起。边旁边的数字表示两个路口之间的距离。比如 S 到 A 的距离为 6。这里的状态，在图中又称作是节点。

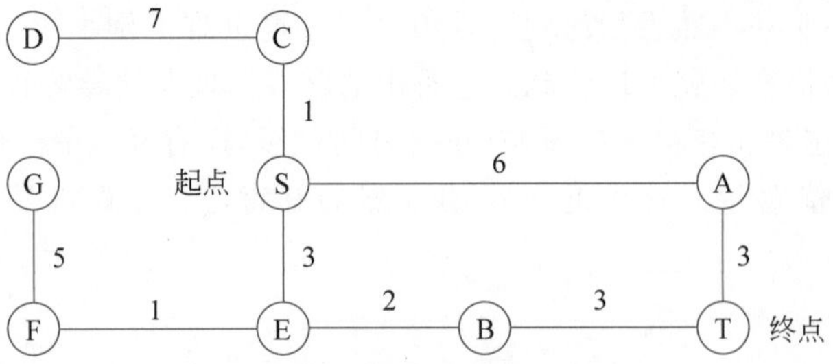


图 3.2 状态连接图示意

艾博士总结说：在地图上找出从起始地点 S 到目标地点 T 的路线，就是在这样的状态连接图上寻找出几个状态，这些状态连接在一起，可以从起始点 S 到达目标地点 T。这就是路径搜索问题。如果找到的路径满足一定的最优条件，则是最优路径搜索问题。由于这种搜索是在状态连接图上进行的，所以又可以称为状态搜索问题。

小明着急地问道：艾博士，那么如何通过状态连接图搜索到路径呢？

**艾博士**：小明，我们先不着急介绍具体的搜索算法，先来看看这里的关键问题是什么。以图 3.2 为例，假设 S 是所在的起点，T 是要去的终点。从 S 出发可以到达 A、C、E，我们用图 3.3 所示的搜索图表示。图中由于 A、C、E 3 个节点是从 S 生成出来的，所以这 3 个节点称作 S 的子节点，S 称作这几个节点的父节点。父节点产生子节点的过程称作扩展。

由于连接 S 的只有 A、C、E 这 3 个路口，所以要到达目标 T 的话，必须经过这 3 个路口中的一个，那么下一步应该选择哪个节点扩展呢？假设选择了节点 E 扩展，则生成子节点 B 和 F，得到的搜索树如图 3.4 所示。

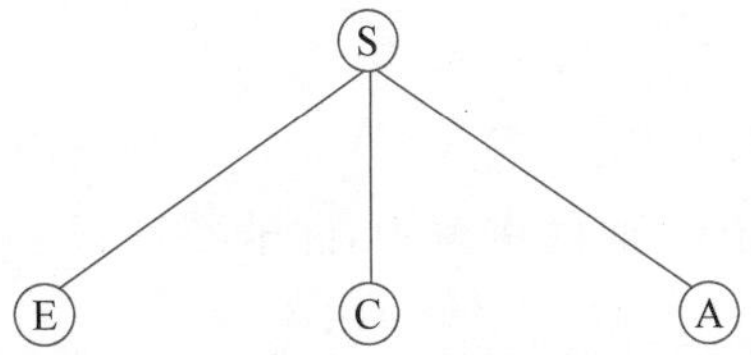


图 3.3　从 S 扩展出 3 个子节点 A、C、E

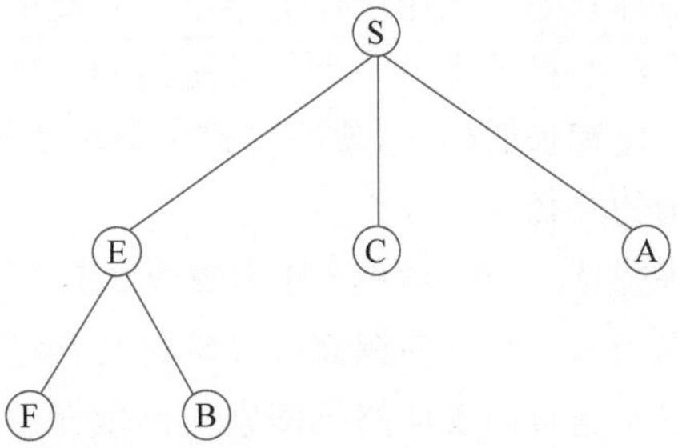


图 3.4　扩展节点 E 生成出子节点 B、F

到这一步之后，又面临选择哪个节点扩展的问题，从可能经过的 A、B、C、F 4 个路口中选择一个节点扩展。

讲到这里，艾博士问小明：小明你说说看，这里的关键问题是什么？

小明想了想回答道：这里的关键问题应该是如何选择哪个节点优先扩展。

听了小明的回答，艾博士非常高兴：小明，你说得很对。如何选择节点优先扩展是状态搜索问题的关键所在。事实上，不同的选择方法，就构成了不同的搜索算法。不同的算法具有不同的性质，下面我们分别介绍几个常用的方法。

另外我们需要强调的是，通过状态搜索不只可以求解路径问题，其他很多问题也都可以转化为状态搜索问题进行求解。比如八数码问题。

小明不解地问道：八数码问题是个什么问题呢？

艾博士解释说：八数码问题是一个智力游戏问题。在 3×3 组成的九宫格棋盘上，摆有 8 个将牌，每一个将牌都刻有 1～8 数码中的某一个数码。棋盘中留有一个空格，允许其周围的某一个将牌向空格移动，这样通过移动将牌就可以不断改变将牌的布局。这种游戏求解的问题是：给定一种初始的将牌布局（初始状态）和一个目标布局（目标状态），问如何通过移动将牌，实现从初始状态到达目标状态的转变。图 3.5 给出了一个八数码问题的示意图。

**小明**：我明白什么是八数码问题了，但是这与路径搜索问题有什么关系呢？

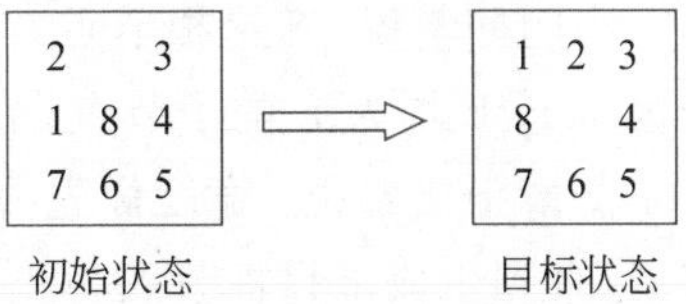


图 3.5　八数码问题示例

艾博士解释说：这个问题实际上跟路径搜索问题是一样的。初始状态可以认为是出发点，在这个状态下走一个将牌形成的新状态可以看作是与初始状态相邻的“路口”。八数码问题的解就是找到若干个相邻的“路口”（状态），可以从初始状态一步步达到目标状态。

小明恍然大悟道：经您这么一解释，八数码问题还真是和路径搜索问题是一样的。

**艾博士**：还有定理证明问题，从搜索的角度来说，也可以认为是寻找路径的过程。

**小明**：定理证明也跟路径搜索问题有关？

**艾博士**：你学过几何吧？几何证明题一般是怎么描述的？又是怎么证明的？

小明想了想回答说：一般都是先给几个已知条件，然后要求证明某个结论，比如证明两条直线平行、两个角相等等。证明过程一般是用某个定理，从已知条件推理出某个结论，然后再反复运用已知的定理得出更多的结论，直到最终得出要求证明的结论。

**艾博士**：这里的已知条件就相当于路径搜索问题中的起始状态，而要证明的结论就相当于目标状态。运用定理推导出的一些中间结果可以认为是搜索过程中出现的中间状态，从一个状态推导出另一个状态所用的定理，就相当于连接两个状态的边。所以从搜索的角度描述定理证明的话，就是找到一条从初始条件出发，通过一系列定理连接的、到达要证明的结论的路径。

小明认真思考后说：仔细想想还真是这么一回事。

**艾博士**：很多问题都可以转化为路径搜索问题，在下面的讲解中，除非特殊说明，我们均以状态连接图上的路径搜索为例做介绍。

**小明读书笔记**

路径搜索问题就是在一个状态图上，如何选择被扩展的节点，不同的选择方法就构成了不同的搜索算法。

路径搜索方法不仅适用于求解地图上查找路线问题，这里的“路径”是广义的路径概念，很多问题可以转化为路径搜索问题来求解。

## 3.2 宽度优先搜索算法

**艾博士**：小明，我们首先从宽度优先算法开始介绍。所谓宽度优先算法，就是选择节点深度最浅的节点优先扩展。

**小明**：什么是节点深度呢？

艾博士解释说：在搜索图中，第一个节点称作根节点，根节点的深度为0，其他节点的深度为其父节点的深度加1。简单地说，根节点深度为0，根节点的子节点深度为1，再下一层子节点深度为2，……

**艾博士**：小明，你说说看，图3.4中几个节点的深度分别多少？

小明回答说：S是根节点，深度为0；A、C、E 3个节点均为S的子节点，所以它们的深度均为1；B、F均为E的子节点，节点深度均为2。

艾博士接着说：宽度优先搜索就是从根节点开始，每次选择一个节点深度最浅的节点扩展，直到生成出目标节点为止。

小明问道：艾博士，如果深度最浅的节点存在多个时如何选择呢？

**艾博士**：这种情况下可以随机选择一个深度最浅的节点进行扩展。

下面我们以图3.2为例介绍如何采用宽度优先搜索求解从起点S到终点T的路径。图3.6给出了该问题的搜索图，其中红圈数字表示节点被扩展的次序，这里假定当深度一样时，排在左边的节点优先扩展。

该搜索过程首先选择深度最浅的根节点S进行扩展，产生了3个子节点A、C、E；由于这时这3个节点的深度都是1，我们根据假定优先扩展左边的节点E，产生节点B、F；这时A、C的节点深度最浅，我们选择C扩展，产生节点D；这时A的深度最浅，扩展后产生节点T。而这时T就是终点节点，搜索结束，得到路径S-A-T。

这个问题比较简单，很快就找到了达到终点也就是目标状态的路径。对于复杂一些的情况，需要继续寻找节点深度最浅的节点扩展，直到找到目标为止。

小明问艾博士：宽度优先搜索如何求解其他问题呢？比如前面提到过的八数码问题。

**艾博士**：当然可以求解八数码问题，方法是一样的。对于图 3.7 所示的八数码问题，图 3.8 给出了用宽度优先搜索求解该八数码问题的搜索图，其中红圈中的数字表示的是该节点被扩展的次序。

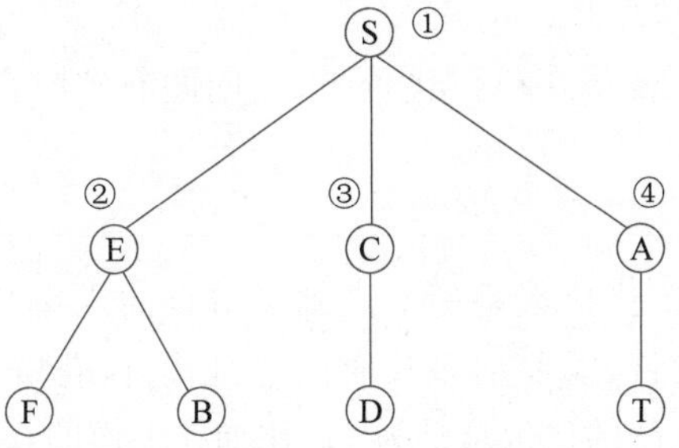


图 3.6　宽度优先搜索求解示意图

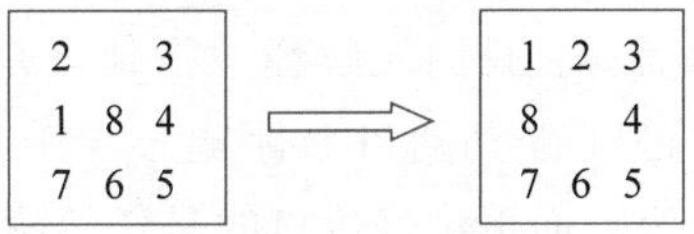


图 3.7　八数码问题

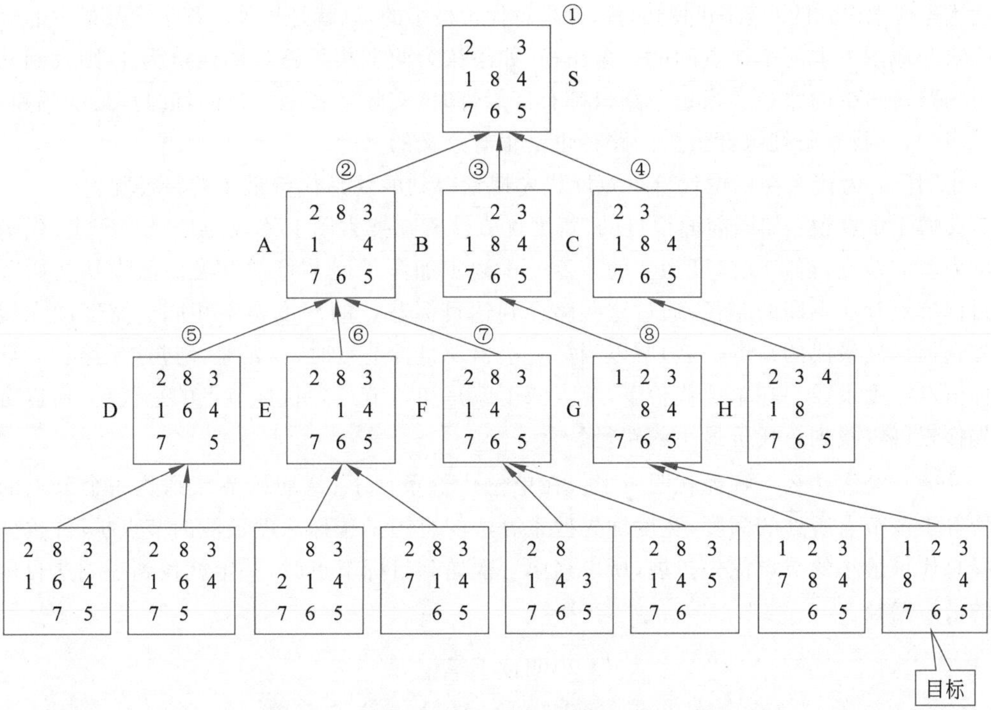


图 3.8　宽度优先搜索求解八数码问题搜索图

艾博士对照着图 3.8 给出的八数码问题搜索图说：我们来看看用宽度优先搜索求解八数码问题的搜索过程。开始只有初始节点 S，对 S 进行扩展，生成 A、B、C 3 个子节点。由于 A、B、C 3 个节点的深度是一样的，深度均为 1，按照约定选择最左边的节点 A 扩展，生成 D、E、F 3 个子节点。这时节点 B、C 的深度最浅，同样选择排在左边的节点 B 扩展，生成出子节点 G。再选择深度最浅的节点 C 扩展，生成出子节点 H。此时深度最浅的节点有 D、E、F、G、H 5 个节点，深度均为 2。同样依次扩展节点 D、E、F、G，当扩展到节点 G 时，其子节点中出现了目标节点，搜索到此结束。通过搜索图，可以得到该八数码问题的解，也就是为达到目标状态将牌的移动方法：将牌 2 右移，将牌 1 上移，将牌 8 左移。

小明听着艾博士的讲解，有些不太明白地问道：艾博士，这种方法为什么叫宽度优先搜索呢？

艾博士解释说：小明你看图 3.8 中所示的节点扩展次序，是沿着“横向”进行的，先优先扩展第一层节点，再扩展第二层、第三层……这就是宽度优先名称的由来。

**小明**：明白了。那么宽度优先搜索有什么特点呢？

**艾博士**：宽度优先搜索有一个重要的结论，就是在单位代价下，当问题有解时，可以找到问题的最优解，也就是路径总代价最小的解。

**小明**：单位代价是什么意思呢？

**艾博士**：我们先解释一下什么是代价。所谓代价就是父节点到子节点的广义“距离”。比如从路口 A 到路口 B 距离多少千米可以是代价，需要用多长时间也是代价，花费多少钱也是代价。而单位代价指的是任何两个父子节点间的代价总是为 1。比如在上面的八数码问题中，如果移动一个将牌的代价为 1 的话，则该问题就是单位代价的。在单位代价下，我们用宽度优先搜索得到的八数码问题的解，就是总代价最小的，也就是将牌的移动次数最少的解。

对于地图上求两个地点间的一条路径，如果认为两个相邻路口的代价为 1，则找到的是经过的路口最少的路径。当每个路口都有红绿灯时，实际上就是经过的红绿灯最少的路径。在城市中，寻找一条红绿灯最少的路径也是很有意义的。

小明问：为什么在单位代价下宽度优先搜索得到的就是代价最小的路径呢？

艾博士解释说：如同前面说过的，宽度优先搜索在搜索图上体现的是“横着”走，先扩展深度为 1 的节点，再扩展深度为 2 的节点……逐步加深扩展节点的深度。假设从初始节点到目标节点存在不同的路径，通过这些路径到达目标节点的深度也不相同。宽度优先搜索优先选择深度最浅的节点扩展，所以当第一次出现目标节点时，一定是经过这条路径计算的目标节点深度最浅。在单位代价下，节点深度就是初始节点到目标节点的总代价，所以宽度优先搜索可以找到总代价最小的路径。

**小明**：经您这么一解释就明白了。在单位代价条件下，从初始节点到达一个节点的总代价等于该节点所处的深度，宽度优先搜索算法的思想是选择深度最浅的节点扩展，也就是选择总代价最小的节点优先扩展，所以当第一次遇到目标节点时，一定就找到了到达目标节点的最短路径。

**小明读书笔记**

宽度优先搜索算法是一种常用的路径搜索算法，其特点是每次选择节点深度最浅的节点优先扩展。当问题是单位代价时，也就是任何相邻节点之间的代价均为 1 时，可以找到从初始节点到目标节点代价最小的最优路径。

## 3.3 迪杰斯特拉算法

**小明**：在单位代价下，宽度优先搜索算法可以找到代价最小的路径，但是很多问题并不是单位代价的。比如说对于八数码问题，如果移动将牌的代价为将牌的数码，如数码为 5 的将牌移动一次的代价为 5，每个将牌的数码不一样，移动的代价也不相同。再比如，如果步行或者骑车去某个地方，相对于红绿灯最少来说，可能距离最短更重要。即便是开车，距离也是一个重要的影响因素。那么是否有办法求解一般情况下总代价最小路径的方法呢？

艾博士反问小明：小明，宽度优先搜索是如何选择被扩展节点的？

小明马上回答说：优先选择深度最浅的节点扩展。

**艾博士**：小明回答得很好。如果我们用 $g(n)$ 表示从初始节点到节点 $n$ 的一条路径的代价，节点 $n$ 的深度就相当于单位代价下的 $g(n)$。所以，宽度优先搜索优先选择深度浅的节点，就相当于单位代价条件下优先选择 $g(n)$ 小的节点扩展。我们修改一下宽度优先搜索算法，优先选择 $g(n)$ 小的节点扩展，宽度优先搜索算法就变成了迪杰斯特拉算法。但是需要修改一下结束条件：当目标节点的 $g(n)$ 值最小时，算法才结束，而不是只要目标一出现就马上结束。

小明问：为什么要加上这样的条件呢？

**艾博士**：这个条件很关键，我们后面再讲为什么要有这样的条件。

我们还是通过图 3.2 的例子介绍迪杰斯特拉算法，为了看起来方便，我们将图 3.2 的状态连接图重画在图 3.9 中，图 3.10 给出了该问题的搜索图。同样，红圈里的数字表示节点被扩展的顺序，连接线旁边的数字表示的是两个节点间的距离。

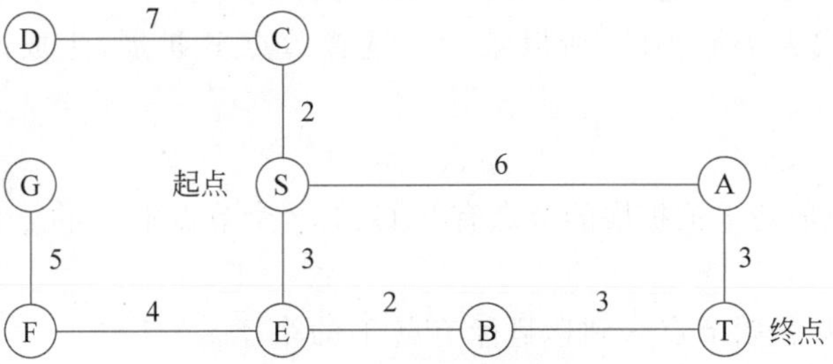


图 3.9　状态连接图示意

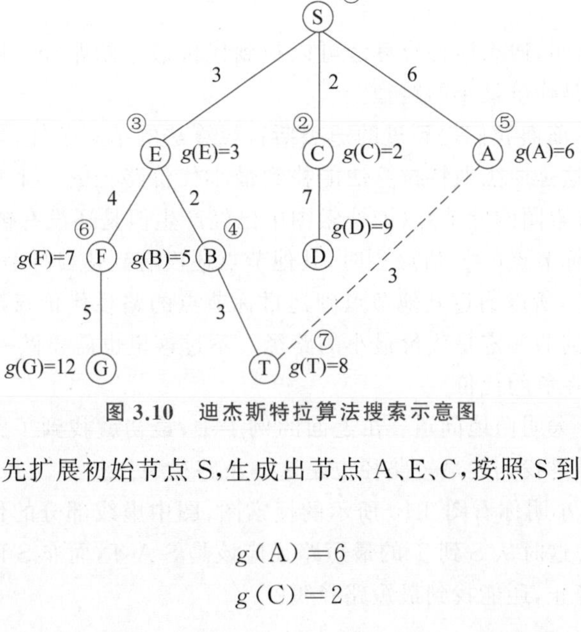


图 3.10　迪杰斯特拉算法搜索示意图

在图 3.10 中，首先扩展初始节点 S，生成出节点 A、E、C，按照 S 到这 3 个节点的距离，分别得到：

$$g(A)=6$$

$$g(C)=2$$

$$g(E)=3$$

由于 $g$(C)最小，所以第二次选择 C 扩展，生成出节点 D，并得到 $g(D)=g(C)+7=9$。

接下来从 A、D、E 中选择一个 $g$ 值最小的节点，$g(E)=3$ 被选中第三个扩展，产生节点 B、F，分别计算出：

$$g(B)=5$$
$$g(F)=7$$

在 A、D、B、F 几个节点中，$g(B)=5$ 最小，成为第四个被选择扩展的节点，生成出节点 T，经计算有：

$$g(T)=8$$

这时虽然已经找到一条从初始节点 S 到目标节点 T 的路径 S-E-B-T，但是由于 $g$(T) 并不是最小的($g(A)=6$、$g(F)=7$，均小于 $g(T)=8$)，所以算法并不停止，继续选择 $g$ 值最小的节点扩展。

接下来第五个被选择扩展的节点是 A，再一次生成出节点 T。这时找到了两条到达 T 的路径，一条是之前找到的 S-E-B-T，另一条是刚找到的 S-A-T。这种情况下，需要做一次选择，保留代价最小的路径，由于通过路径 S-E-B-T 计算 $g$(T)为 8，而通过路径 S-A-T 计算 $g$(T)为 9，所以保留前者，而忽略后者，图中用虚线表示。

这时 $g$(F)又成为了最小的，所以第六次选择节点 F 扩展，生成出节点 G，并计算 $g$ 值为：

$$g(G)=12$$

这时，已经生成但还未被扩展的节点有 F、G、T，3 个节点中 T 的 $g$ 值最小，而 T 又是目标节点，算法结束。

这样就找到了从初始节点 S 到达目标节点 T 的路径 S-E-B-T。

**小明**：艾博士，迪杰斯特拉算法每次选择 $g$ 值最小的节点扩展，当问题是单位代价时，与宽度优选搜索算法是等价的。那么在一般情况下，迪杰斯特拉算法一定能够找到最小代价的路径吗？

**艾博士**：可以证明，迪杰斯特拉算法可以找到代价最小的路径。即便不满足单位代价条件，找到的也一定是代价最小的路径。

但是一定要记住前面我们提到过的迪杰斯特拉算法的结束条件，当目标节点的 $g$ 值最小时，算法才结束。这是迪杰斯特拉算法能找到最小代价路径的一个重要条件。因为迪杰斯特拉算法总是从搜索图的叶节点(即搜索图中已经产生但是还没有被扩展的节点)中选择一个节点扩展，当目标节点的 $g$ 值最小时，其他节点还没有到达目标节点，其 $g$ 值就已经比目标节点的 $g$ 值大了，所以通过其他节点到达目标节点的路径代价肯定不会比目前得到的这条路径小，从而找到的一定是代价最小的路径。不过这里也需要做一个补充说明，即代价都是大于 0 的，不存在负的代价。

小明还是有些不太明白地问道：在上面的例子中，最初就找到了路径 S-E-B-T 为什么不能马上结束呢？最终找到的最短路径也是这一条路径啊。

艾博士解释说：小明你看图 3.10 所示的搜索图，图中虚线部分的代价如果不是 3 而是 1，会出现什么情况？这时从 S 到 T 的最短路径应该是 S-A-T，而非 S-E-B-T，如果开始找到了 S-E-B-T 就马上停止，还能找到最短路径吗？

小明想了想明白了：确实是这样的，所以迪杰斯特拉算法的这个结束条件是必须有的，否则就不能保证找到最优路径。

艾博士进一步补充说：我们还需要强调一下，一般介绍迪杰斯特拉算法时，叙述方法可能与我们这里介绍的不太一样，但是其核心思想是一样的。我们之所以这样讲解，主要是为了从宽度优先搜索算法扩展到迪杰斯特拉算法，后面还将再次扩展到启发式搜索方法，将这几个方法采用同一个框架连贯、统一起来。事实上，宽度优先搜索算法没有利用两个节点间的代价信息，所以只能在单位代价下找到最优路径。而迪杰斯特拉算法利用了两个节点间的代价信息，适应面更加广泛，在非单位代价情况下，也同样能找到最优路径。

**小明读书笔记**

迪杰斯特拉算法充分利用了到达每个节点的代价信息，优先选择代价最小的节点扩展，即便问题是非单位代价时，也可以找到最优路径。需要强调的是，当被选择扩展的节点是目标节点时算法才结束，而不是一发现目标节点马上就结束，只有这样才能保证算法找到最优解。

## 3.4　启发式搜索

### 3.4.1　A 算法

**艾博士**：迪杰斯特拉算法具有很好的性质，可以找到最小代价的路径。但是该算法也存在明显的不足。小明你想想看，有什么不足？

小明仔细看着图 3.10 所示的搜索图思考了一下说：艾博士，我一时还说不出来有什么不足。

艾博士启发小明说：你把图 3.10 所示的搜索图中节点的扩展次序标注到图 3.9 所示的状态连接图上，是否会发现点什么问题？

小明思考了一下，按照艾博士的要求在状态连接图上标识出节点的扩展次序，如图 3.11 所示。

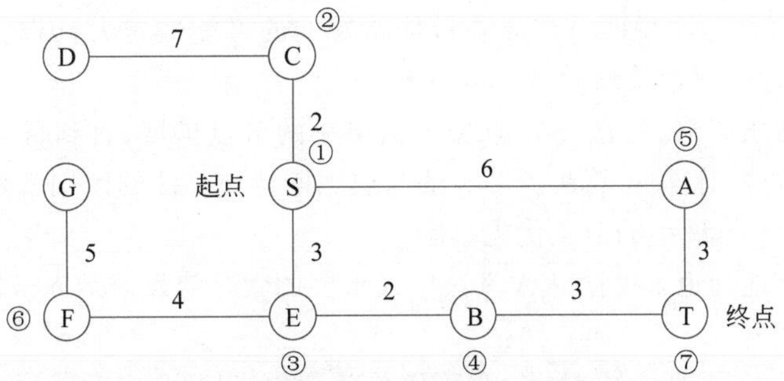


图 3.11　标注了扩展次序的状态连接图

然后，小明看着图思考起来。不一会儿小明就发现了问题，对艾博士说：我知道了迪杰斯特拉算法存在的不足了，我试着说一下，请艾博士看看是否正确。

在图 3.11 中，状态 C 是远离目标状态的，却第二个就被扩展，比距离目标更近且方向也正确的E、B先扩展。而状态F不仅远离目标状态，方向也是完全相反的，却也要尝试进行扩展。这是不是就是该算法存在的问题？

艾博士高兴地说：小明你分析得非常正确，这正是该算法存在的不足。算法只利用了节点的 $g$ 值，优先扩展 $g$ 值小的节点，而完全没有考虑这个节点是否距离目标更近。这样会造成很多不必要的节点扩展，严重降低算法的求解效率。

小明忍不住问艾博士：那么怎么克服这一不足呢？

**艾博士**：一种解决办法就是在选择待扩展节点时，不只是考虑该节点的 $g$ 值，同时还要考虑该节点到目标节点的距离。假设我们用 $h(n)$ 表示节点 $n$ 到目标节点的距离，那么：

$$f(n)=g(n)+h(n)$$

就反映了从初始节点S经过节点 $n$ 到达目标节点T的路径距离，也就是这条路径的代价。比如在前面的例子中，由于C和F都是远离目标状态的，它们的 $h$ 值就会比较大，从而导致 $f$ 值比较大，就有可能避免对这两个节点的扩展，从而提高了算法的效率。

听到这里，小明很高兴地说：对啊，这样的话就可以提高搜索效率了。

刚说到这里，小明刚刚还在微笑的面孔突然又凝固起来：可是，一个节点的 $h$ 值怎么计算呢？我们如何知道一个节点到达目标的距离呢？

艾博士说：你的疑虑是对的，一个节点的 $h$ 值确实无法事先知道，但是我们可以大概估计，如果可以估计出一个节点到达目标的大概距离，哪怕是不太准确，那么对于搜索路径也是很有帮助的。

**小明**：想一想是这样的道理。艾博士，公式中的 $f(n)$、$g(n)$ 和 $h(n)$ 这3个函数具有什么物理含义吗？

**艾博士**：这3个函数都具有明确的物理含义，我们具体总结一下。$g(n)$ 表示的是从初始节点S到达节点 $n$ 最短路径代价的估计值，通常为搜索图中已经找到的从S到 $n$ 的路径代价。$h(n)$ 称作启发函数，表示的是从节点 $n$ 到达目标节点T最短路径代价的估计值，该值的计算与具体问题有关。$f(n)$ 称作评价函数，表示的是从S出发、经过节点 $n$ 到达目标节点T最短路径代价的估计值，该值通过累加 $g(n)$ 和 $h(n)$ 获得。$f(n)$ 是对节点 $n$ 的总体评价，既考虑了从初始节点S到节点 $n$ 的代价，又考虑从节点 $n$ 到目标节点T的代价，是对通过节点 $n$ 到达目标节点最佳路径代价的估计，体现了节点 $n$ 是否在到达目标节点最佳路径上的可能性。$f(n)$ 越小说明节点 $n$ 在最佳路径上的可能性越大，因此优先扩展 $f(n)$ 小的节点，是一个可行的搜索策略。

采用这样的搜索策略，每次优先选取 $f$ 值最小的节点扩展，直到目标节点的 $f$ 值最小为止，这样的搜索算法称作A算法。A算法与迪杰斯特拉算法的区别就是用节点的 $f$ 值代替 $g$ 值，每次选取 $f$ 值最小的节点优先扩展。

小明有些着急地问道：我觉得A算法中最重要的就是启发函数 $h(n)$ 的计算，那么如何估计节点的 $h$ 值呢？

看着小明的样子，艾博士安慰说：先不用着急，这个问题我们后面再详细讲解。先假定已经给出了节点的 $h$ 值，看看A算法是如何工作的。

还是以上面说的问题为例，但是这次我们给出了每个节点的 $h$ 值，如图3.12所示。

艾博士对小明说：这次你尝试着用A算法求解一下试试。

小明马上找来一张纸画了起来，得到了图3.13所示的搜索图。

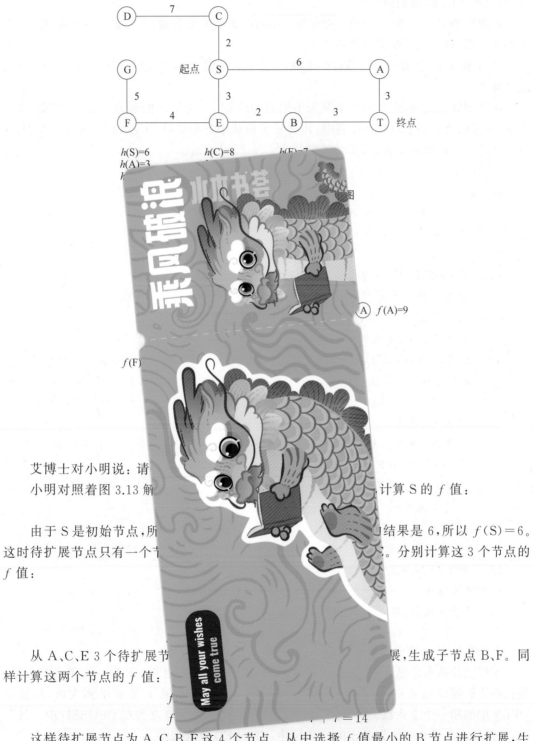

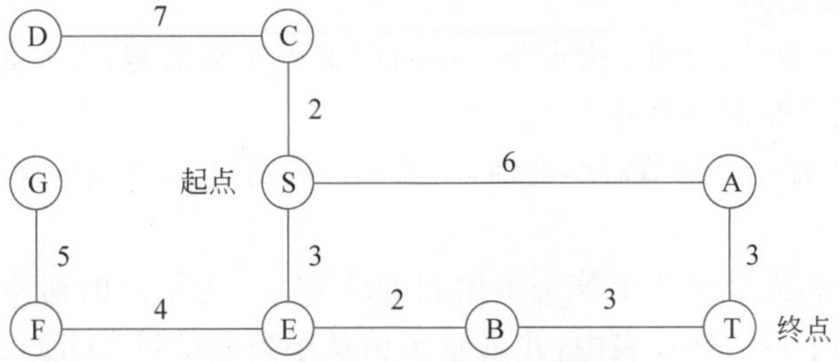


$h(S)=6$　$h(C)=8$　$h(F)=7$ [illegible]
$h(A)=3$ [illegible]

[illegible] 图 [illegible]

[illegible] A $f(A)=9$

$f(F)$ [illegible]

艾博士对小明说：请 [illegible]

小明对照着图 3.13 解 [illegible] 计算 S 的 $f$ 值：

由于 S 是初始节点，所 [illegible] 结果是 6，所以 $f(S)=6$。这时待扩展节点只有一个节 [illegible]。分别计算这 3 个节点的 $f$ 值：

[illegible]

从 A、C、E 3 个待扩展节 [illegible] 展，生成子节点 B、F。同样计算这两个节点的 $f$ 值：

$f$ [illegible]

$f$ [illegible] $+7=14$

这样待扩展节点为 A、C、B、F 这 4 个节点。从中选择 $f$ 值最小的 B 节点进行扩展，生成出节点 T，计算 T 的 $f$ 值：

$$f(T)=g(T)+h(T)=8+0=8$$

此时待扩展节点为 A、C、F、T 4 个节点，其中 $f$ 值最小的是节点 T，同时 T 也是目标节点，所以算法结束，得到路径 S-E-B-T。

看到小明的求解结果，艾博士夸奖道：小明讲解得非常清楚，尤其最后特意指明 $f(\mathrm{T})$ 最小才结束，这一点是非常重要的。

在 A 算法中，还有一些细节需要处理，为此我们先给出 A 算法的详细描述，以便说清楚这些细节。

在介绍算法之前，先介绍几个算法中用到的符号。S 为给定的初始节点。OPEN 是一个表，当前的待扩展节点放在该表中，并按照 $f$ 值从小到大排列。CLOSED 也是一个表，所有扩展过的节点放在该表中。

---

A 算法。

初始化：OPEN＝(S)，CLOSED＝( )，计算 $f(\mathrm{S})$；

循环做以下步骤直到 OPEN 为空结束：

循环开始

　　从 OPEN 中取出第一个节点，用 $n$ 表示该节点；

　　如果 $n$ 就是目标节点，算法结束，输出节点 $n$，算法成功结束；

　　否则将 $n$ 从 OPEN 中删除，放到 CLOSED 中；

　　扩展节点 $n$，生成出 $n$ 的所有子节点，用 $m_i$ 表示这些子节点；

　　计算节点 $m_i$ 的 $f$ 值，由于可能存在多个路径到达 $m_i$，用 $f(n,m_i)$ 表示经过节点 $n$ 到达 $m_i$ 计算出的 $f$ 值，不同的到达路径其 $g(m_i)$ 值可能不同，但是 $h(m_i)$ 是一样的，因为 $h(m_i)$ 是从 $m_i$ 到目标节点路径代价的估计值，与如何从初始节点到达 $m_i$ 无关；

　　如果 $m_i$ 既不在 OPEN 中，也不在 CLOSED 中，说明这是一个新出现的节点，则将 $m_i$ 加入 OPEN 中，并标记 $m_i$ 的父节点为 $n$；

　　如果 $m_i$ 在 OPEN 中，并且 $f(n,m_i)<f(m_i)$，则 $f(m_i)=f(n,m_i)$，并标记 $m_i$ 的父节点为 $n$；

　　如果 $m_i$ 在 CLOSED 中，并且 $f(n,m_i)<f(m_i)$，则 $f(m_i)=f(n,m_i)$，并标记 $m_i$ 的父节点为 $n$，将 $m_i$ 从 CLOSED 中删除并重新加入 OPEN 中；

　　对 OPEN 中的节点按照 $f$ 值从小到大排序；

循环结束

没有找到解，算法以失败结束

---

下面我们对 A 算法做具体解释。

A 算法的基本思想是从待扩展节点中，选一个 $f$ 值最小的节点扩展。为了表述方便，我们将待扩展节点放在 OPEN 中，并对 OPEN 中的节点按照 $f$ 值从小到大排序，这样 OPEN 中的第一个节点就是 $f$ 值最小的节点。而被扩展的节点放在 CLOSED 中。最开始，待扩展节点只有初始节点 S 在 OPEN 中，CLOSED 节点为空。

然后就是循环操作，每次从 OPEN 中取出第一个节点 $n$，也就是 $f$ 值最小的节点，首先判断 $n$ 是否目标节点，如果是目标节点，输出该目标节点，A 算法结束。否则就扩展节点 $n$，产生 $n$ 的所有子节点 $m_i$，然后将 $n$ 从 OPEN 中删除，加入 CLOSED 中。由于从 S 到达 $m_i$

的路径可能有多个，通过不同路径计算的 $g(m_i)$ 也可能不同，计算出的 $f$ 值也会不同。我们只需要保留一个最小的 $f$ 值即可。由于这次是通过节点 $n$ 扩展出的 $m_i$，所以我们用 $f(n,m_i)$ 表示经过节点 $n$ 到达 $m_i$ 计算出的 $f$ 值。如果 $m_i$ 既不在 OPEN 中，也不在 CLOSED 中，说明 $m_i$ 是第一次出现的节点，直接将 $m_i$ 加入 OPEN 中，并标记 $m_i$ 的父节点为 $n$，表示 $m_i$ 是从 $n$ 节点产生的。如果 $m_i$ 在 OPEN 中，说明到达 $m_i$ 至少有两条路径，之前已经从其他路径产生过节点 $m_i$，并且 $m_i$ 还没有被扩展过。通过之前路径计算得到的 $f(m_i)$ 与通过 $n$ 节点这条新路径计算得到的 $f(n,m_i)$ 进行比较，哪个路径计算的 $f$ 值小就保留哪条路径。如果以前路径计算的 $f(m_i)$ 小，就保持不变，忽略从 $n$ 产生 $m_i$ 这条路径。如果新路径的 $f(n,m_i)$ 小，就标记 $m_i$ 的父节点为 $n$，并用 $f(n,m_i)$ 作为节点 $m_i$ 的 $f$ 值。如果 $m_i$ 在 CLOSED 中，同样说明到达 $m_i$ 至少有两条路径。如果 $m_i$ 之前的 $f$ 值小于新路径的 $f$ 值 $f(n,m_i)$，则保持不变，忽略从 $n$ 产生 $m_i$ 这条路径。如果新路径的 $f(n,m_i)$ 小，就标记 $m_i$ 的父节点为 $n$，并用 $f(n,m_i)$ 作为节点 $m_i$ 的 $f$ 值。但是由于 $m_i$ 是在 CLOSED 中的，说明 $m_i$ 已经被扩展过，其子节点已经生成，如果 $m_i$ 的父节点被修改了，则到达 $m_i$ 的子节点及其后续节点（如果已经产生的话）的路径也被改变了，$g$ 值将有所变化，所以 $m_i$ 的子节点及其后续节点的 $f$ 值也应该有所改变。为了处理这种情况，A 算法采用了一种简化处理的方法，先将 $m_i$ 从 CLOSED 中删除，然后将 $m_i$ 重新放回到 OPEN 中，当以后该节点排在 OPEN 中的第一位、$m_i$ 节点再次被选择进行扩展时，重新生成其子节点，这时按照 A 算法自然就修改了 $m_i$ 的子节点的 $f$ 值，简化了 A 算法的处理过程。最后对 OPEN 中的节点按照 $f$ 值大小进行排序，再次循环进行以上操作，直到算法结束。

A 算法有两个结束出口：第一个出口是，当 OPEN 的第一个节点是目标节点时，说明找到了从初始节点到目标节点的路径，算法找到解成功结束；第二个出口是，当 OPEN 中不含有任何节点，也就是 OPEN 为空时，算法退出循环结束，此时表示算法已经遍历了所有的可能，但是仍然没有找到解，算法失败结束。

介绍完 A 算法之后，艾博士再次强调说：请注意 A 算法的结束条件，必须是当目标节点的 $f$ 值在 OPEN 中最小，也就是目标节点排在 OPEN 表的第一个位置时，算法才成功结束，而不是目标一出现就结束算法。这是初学者最容易犯的错误，一定要牢记这一点。该结束条件与迪杰斯特拉算法是一样的。

听了艾博士的讲解，小明说：谢谢艾博士的讲解，我一定牢记住这个结束条件。能否再举一个 A 算法求解的例子呢？

**艾博士**：好的，我们再举一个用 A 算法求解八数码问题的例子。该八数码问题如图 3.14 所示。

**艾博士**：为了用 A 算法求解八数码问题，需要先定义 $h$ 函数，以便计算 $f$ 值。我们定义 $h$ 函数为“不在位的将牌数”。也就是说，看一个状态的所有将牌所在的位置，与目标状态将牌所在位置进行比较，看有多少个将牌位置与目标状态不一致。不在位将牌的数量就是该状态的 $h$ 值。比如图 3.15 所示的状态，与目标相比 1、2、6、8 四个将牌不在目标位置，所以该状态的 $h$ 值就是 4。由于八数码问题一次只能移动一个将牌，在将牌移动一次的代价为 1 的情况下，不在位将牌数一定程度上体现了一个状态与目标状态的距离，可以用来估计其到达目标所需要的代价。

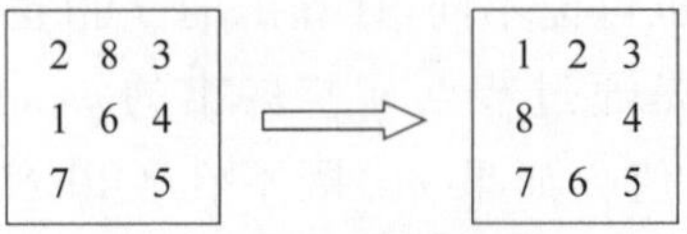


图 3.14　八数码问题举例

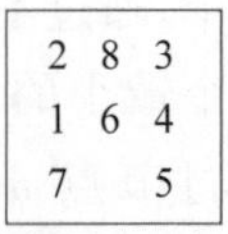


图 3.15　不在位将牌数作为 $h$ 函数计算举例

图 3.16 给出了采用 A 算法求解该八数码问题的搜索图。图中红圈中的数字表示节点被扩展的次序，英文字母旁括号中的数字表示计算出的该节点的 $f$ 值。

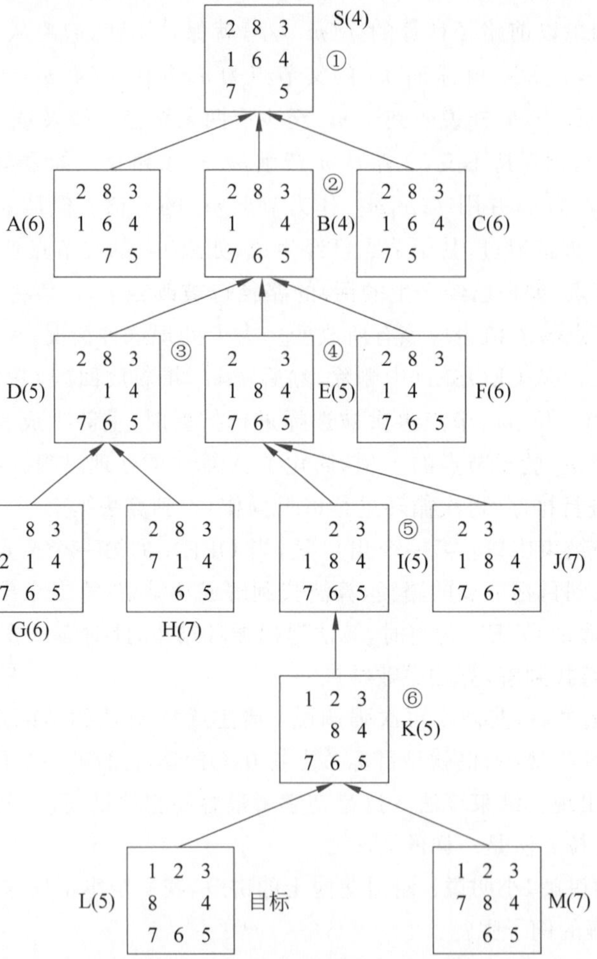


图 3.16　A 算法求解八数码问题的搜索图

按照 A 算法，S 首先被扩展，产生 A、B、C 3 个子节点，并标注这 3 个节点的父节点为 S，图中用指向 S 的箭头表示，S 被放入 CLOSED 中。由于这 3 个节点都是经过一步产生的，所以 $g$ 值都是 1。节点 A 有 1、2、6、7、8 五个将牌不在位，所以 $h(\mathrm{A})=5$，加上 A 的 $g$ 值 1，有 $f(\mathrm{A})=1+5=6$，同理可以得到 $f(\mathrm{B})=4$、$f(\mathrm{C})=6$。这样 OPEN 和 CLOSED 分别如下：

OPEN＝(B(4),A(6),C(6))

CLOSED＝(S(4))

从 OPEN 中取出第一个节点 B(4) 放入 CLOSED 中，扩展 B(4) 生成子节点 D、E、F，并标注这 3 个节点的父节点为 B。这 3 个节点均是经过两步走成的，所以 $g$ 值均为 2。节点 D、E 都是 1、2、8 三个将牌不在位，所以 $h$ 值都是 3。节点 F 是 1、2、4、8 四个将牌不在位，其 $h$ 值为 4。这样得到 $f(D)=f(E)=2+3=5$，$f(F)=2+4=6$。D(5)、E(5)、F(6) 分别放入 OPEN 中并按照 $f$ 值排序，有：

OPEN＝(D(5)，E(5)，A(6)，C(6)，F(6))

CLOSED＝(S(4)，B(4))

从 OPEN 表中取出第一个节点 D(5)放入 CLOSED 中，扩展 D(5)生成子节点 G、H，并标注这两个节点的父节点为 D，计算有 $f(G)=6$、$f(H)=7$，分别放入 OPEN 中并排序，有：

OPEN＝(E(5)，A(6)，C(6)，F(6)，G(6)，H(7))

CLOSED＝(S(4)，B(4)，D(5))

从 OPEN 表中取出第一个节点 E(5)放入 CLOSED 中，扩展 E(5)生成子节点 I、J，并标注这两个节点的父节点为 E，计算有 $f(I)=5$、$f(J)=7$，分别放入 OPEN 中并排序，有：

OPEN＝(I(5)，A(6)，C(6)，F(6)，G(6)，H(7)，J(7))

CLOSED＝(S(4)，B(4)，D(5)，E(5))

从 OPEN 表中取出第一个节点 I(5) 放入 CLOSED 中，扩展 I(5) 生成子节点 K，并标注 K 的父节点为 I，计算有 $f(K)=5$，放入 OPEN 中并排序，有：

OPEN＝(K(5)，A(6)，C(6)，F(6)，G(6)，H(7)，J(7))

CLOSED＝(S(4)，B(4)，D(5)，E(5)，I(5))

从 OPEN 表中取出第一个节点 K(5)放入 CLOSED 中，扩展 K(5)生成子节点 L、M，并标注这两个节点的父节点为 K，计算有 $f(L)=5$、$f(M)=7$，分别放入 OPEN 中并排序，有：

OPEN＝(L(5)，A(6)，C(6)，F(6)，G(6)，H(7)，J(7)，M(7))

CLOSED＝(S(4)，B(4)，D(5)，E(5)，I(5)，K(5))

从 OPEN 中取出第一个节点 L(5)，发现 L 就是目标节点，算法结束输出目标节点 L。

小明听着艾博士的讲解，对照着图 3.16 所示的搜索图说：不在位的将牌数虽然看起来是一个并不太准确的路径代价估计值，但是效果还是挺好的，看来 A 算法是一个不错的算法。但是我还有个问题，虽然 A 算法最终找到了目标节点，但是算法并没有说如何得到这条解路径，如何获得从初始节点到达目标节点的解路径呢？对于八数码问题来说，我们更关心的应该是如何移动将牌到达目标，而不是目标本身。

艾博士说：小明你提了一个很好的问题。虽然 A 算法并没有说如何得到解路径，但是保留了相关的信息。比如每个产生的节点都有一个父节点标记，算法成功结束时输出的是找到的目标节点，这样从目标节点开始，一步步沿着父节点标志反向寻找到初始节点，就得到了需要的解路径。

**小明**：我明白如何得到解路径了。对于图 3.16 所示的搜索图来说，算法输出的是目标节点 L，由 L 知道其父节点是 K，而 K 的父节点是 I，以此类推，我们可以得到该问题解路径的逆序表示为 L-K-I-E-B-S，将其反转过来就是 S-B-E-I-K-L，就得到了该问题的解。也就是将牌 6 下走一步，将牌 8 下走一步，将牌 2 右走一步，将牌 1 上走一步，将牌 8 左走一步，就实现了从给定的初始状态通过将牌的移动达到目标状态。

**艾博士**：正是这样的。

### 3.4.2 $A^*$ 算法

**艾博士**：小明，你发现没有，我们一直没有说 A 算法是否能够找到最优路径？

**小明**：确实啊。从前面的八数码问题例子看，A 算法的求解效率还是很高的，但是是否能保证找到最优解呢？

**艾博士**：我们在解释一个节点的 $h$ 值时，只说了是该节点到达目标节点路径代价的一个估计值，并没有对 $h$ 函数做具体的限制。所以在对 $h$ 函数没有任何限制的情况下，不好讨论 A 算法的性质。

可以证明，对于任何一个节点 $n$，如果 $h(n) \leqslant h^*(n)$ 的话，则 A 算法一定可以在有解的情况下找到最优解，也就是代价最小的路径。其中 $h^*(n)$ 表示从节点 $n$ 到达目标节点最优路径的代价。

当满足条件 $h(n) \leqslant h^*(n)$ 时，A 算法称作 $A^*$ 算法，其中 $h(n) \leqslant h^*(n)$ 称作 $A^*$ 条件。

小明有些不太明白地问：当 $h$ 函数满足 $A^*$ 条件时，A 算法就是 $A^*$ 算法吗？

艾博士肯定地回答说：是的，从算法描述的角度来说，$A^*$ 算法与 A 算法是完全一样的，只是对 $h$ 函数加上了 $A^*$ 条件限制。

小明又有些疑惑地问道：一般来说，在求解之前我们并不知道 $h^*(n)$ 的具体大小，那么如何判断 $h$ 函数是否满足 $A^*$ 条件呢？

**艾博士**：这又是一个很好的问题。我们需要根据具体问题具体判断。比如说我们在地图上用 $A^*$ 算法求给定两点的最短路径，假设我们知道每个路口，也就是节点的坐标的话，就可以将 $h$ 函数定义为每个路口到达终点的欧氏距离(欧几里得度量)。因为欧氏距离是两点间的最短距离，所以一个路口到达终点的实际最短距离不可能小于欧氏距离，所以这样的 $h$ 函数是满足 $A^*$ 条件的。

再比如，在前面的八数码问题例子中，我们定义 $h$ 函数为不在位的将牌数。由于八数码问题每次只能移动一步将牌，而移动一步将牌理想情况下最多也是把一个不在位的将牌移动到位，所以当有 $m$ 个不在位将牌时，至少需要 $m$ 步才可能把所有将牌移动到位，所以这样的 $h$ 函数也是满足 $A^*$ 条件的。

**小明**：我明白了，判断一个 $h$ 函数是否满足 $A^*$ 条件，需要根据具体问题具体分析，根据问题和定义的 $h$ 函数判断是否满足 $A^*$ 条件。

艾博士肯定地说：就是这样的，这里并不存在一般的方法，只能具体问题具体分析，根据实际问题判断是否满足 $A^*$ 条件。

### 3.4.3 定义 h 函数的一般原则

小明又问艾博士：$A^*$ 算法最重要的就是一个满足 $A^*$ 条件的 $h$ 函数。那么应该如何定义 $h$ 函数呢？

**艾博士**：如何定义 $h$ 函数是 $A^*$ 算法应用中最重要的内容，只能根据具体问题具体讨论，但还是有一般原则的。

小明忙问道：有哪些一般原则呢？

**艾博士**：一个重要的原则可以总结为，放宽原问题的限制条件，在宽条件下求解一个状态到目标状态的最优路径代价，以此代价作为该状态的 $h$ 值。在宽条件下求解的最小代价，不会比严格条件下的最小代价大，所以这样得到的 $h$ 函数肯定可以满足 $A^*$ 条件。

**小明**：应该怎样放宽条件呢？

**艾博士**：这个问题比较重要，而且与具体问题有关，我们通过几个例子加以说明，从简单问题到复杂一些的问题。

**1. 地图上求解两点间的最优路径问题**

**艾博士**：地图上求解两点间的最优路径问题，其限制条件是必须沿着道路前进，道路不一定是笔直的，可能有弯曲，甚至在某段路可能会向相反的方向行进。我们可以放宽这个条件，比如任何两点间都可以直行，不必沿着道路行进。这样放宽条件后，任何一个路口到终点的路径最小代价都可以用欧氏距离计算，该距离一定不会大于严格条件下最优路径的代价，所以用欧氏距离定义 $h$ 函数一定可以满足 $A^*$ 条件。

**小明**：这里例子比较容易理解，欧氏距离肯定是两点间的最短距离。

**2. 八数码问题**

**艾博士**：八数码问题的限制条件是将牌每次只能移动一步，而且只能移动到空格位置。我们把这一限制条件放宽，假定每个将牌可以“跳跃”，从当前位置跳跃到目标位置，而且不管目标位置是否有其他将牌存在，都可以跳跃过去。这样当有 $m$ 个将牌不在位时，采用这种跳跃的方式，最多经过 $m$ 次跳跃，就达到了目标状态。因此，这种宽条件下所移动的将牌次数不会多于原问题严格条件下的将牌移动次数，所以用“不在位的将牌数”定义 $h$ 函数，可以满足 $A^*$ 条件，而且不在位将牌的多少，也一定程度上反映了该状态到达目标状态的距离。

小明恍然大悟道：原来用不在位将牌数作为 $h$ 函数值是这样定义出来的。但是对于八数码问题来说，将限制放宽到可以跳跃，似乎条件放得太宽了，是否可以收紧一些呢？

**艾博士**：这正是我想要说的，其实条件可以再收紧一些。八数码问题将牌每次只能移动一步，我们可以继续保留这个限制，但是放宽只能移动到空格位置这个条件，也就是不管旁边位置是否有将牌，都可以移动过去。在这样的宽松条件下，每个不在位的将牌需要移动 $k$ 步到达目标位置，而 $k$ 就是该将牌到达目标位置的距离。所以我们可以用“每个不在位将牌到其目标位置的距离和”来定义 $h$ 函数。这是在宽松条件下达到目标状态所需要的最小代价，所以一定不会多于严格条件下所需要的代价，满足 $A^*$ 条件。

下面我们举例说明这种情况下如何计算一个状态的 $h$ 值。在图 3.17 给出的例子中，1、2、6、8 四个将牌不在目标位置，其中 1、2、6 三个将牌距离目标位置均为 1，也就是经过 1 步移动就可以到达目标位置，将牌 8 需要移动两步才能到达目标位置，所以将牌 8 到达目标位置的距离为 2，这样四个不在位将牌距离目标位置的距离和为 $1+1+1+2=5$，则该状态的 $h$ 值为 5。

**小明**：八数码问题这两个例子很好地说明了如何通过放宽条件，在宽松条件下定义 $h$ 函数的问题，很受启发，大概了解了如何定义 $h$ 函数的思路了。

| | | |
|---|---|---|
| 2 | 8 | 3 |
| 1 | 6 | 4 |
| 7 | | 5 |

图 3.17 用不在位将牌距离目标位置距离和作为 $h$ 函数计算举例

**3. 传教士与野人问题**

**艾博士**：下面我们再举一个稍微复杂一点的例子——传教士与野人问题。

传教士与野人问题描述如下。

有 5 个传教士和 5 个野人来到河边准备渡河，河岸有一条船，每次至多可供 3 人乘渡。问如何规划摆渡方案，使得任何时刻，在河的两岸以及船上的野人数目总是不超过传教士的数目(但允许在河的某一岸或者船上只有野人而没有传教士)。假设传教士和野人都会划船，而没有传教士和野人以外的其他划船人。

在这里我们主要讨论如何设计 $h$ 函数，以便可以用 $A^*$ 算法求解该问题。

我们假设开始时传教士和野人在河的左岸，目标是乘船到达河的右岸。由于总人数是固定的，所以我们可以考虑用左岸传教士和野人的人数，以及船在河的哪边表示一个状态。比如表达为一个如下三元组：

$$(M, C, B)$$

其中，$M$、$C$ 分别表示在左岸的传教士和野人人数；$B$ 表示船在河的哪一边，船在左岸时 $B=1$，船在右岸时 $B=0$。

该问题的一个特点是船在河的两岸转换，如果这个状态船在左岸，则下一个状态船在右岸；如果这个状态船在右岸，则下一个状态船在左岸。所以在定义 $h$ 函数时要考虑这种情况，需要分别考虑船在不同的岸边的情况。同时我们假设，摆渡一次船的代价为 1，而不考虑船上具体有多少人。

如何通过放宽条件的方法得到该问题的 $h$ 函数呢？

对于传教士和野人问题，主要的限制条件是在摆渡的过程中“在河的两岸以及船上的野人数目总是不超过传教士的数目”，我们将这个限制条件去掉，只考虑船每次最多可供 3 人乘渡这一个条件。

先考虑船在左岸的情况。如果不考虑限制条件，也就是说，船一次可以将 3 人从左岸运到右岸，然后再有 1 人将船送回来。这样，船一个来回可以将 2 人运过河，而船仍然在左岸。而最后剩下的 3 人，则可以一次将他们全部从左岸运到右岸。所以，在不考虑限制条件的情况下，至少需要摆渡 $\left\lceil \frac{M+C-3}{2} \right\rceil \times 2+1$ 次。其中分子上的“$-3$”表示剩下 3 人留待最后一次运过去。除以 2 是因为一个来回可以运过去 2 人，需要 $\frac{M+C-3}{2}$ 个来回把除了最后 3 人外的其他所有人运送过去，因为“来回”数不能是小数，需要向上取整，这个用符号$\lceil\ \rceil$表示。乘以 2 是因为一个来回相当于两次摆渡，总代价要乘以 2。最后的“$+1$”，则表示将剩下的 3 人运过去，需要一次摆渡。可以说，$\left\lceil \frac{M+C-3}{2} \right\rceil \times 2+1$ 是在宽松条件下，把所有的传教士和野人全部从左岸摆渡到右岸所需要的最小摆渡次数。

化简有：

$$\left\lceil \frac{M+C-3}{2} \right\rceil \times 2+1 \geqslant \frac{M+C-3}{2} \times 2+1=M+C-3+1=M+C-2$$

所以，当状态是船在左岸时，需要的摆渡次数至少为 $M+C-2$ 次，其中 $M$、$C$ 分别为当前状态在左岸的传教士和野人人数。

再考虑船在右岸的情况。同样不考虑限制条件。船在右岸，需要一个人将船运到左岸。因此对于状态 $(M,C,0)$ 来说，其下一个状态是 $(M+1,C,1)$ 或者是 $(M,C+1,1)$，具体看是传教士将船运到左岸，还是野人将船运到左岸，在宽松条件下我们并不需要具体区分这两种情况，我们假设下一个状态为 $(M+1,C,1)$，这时就相当于船在左岸的情况了。按照前面的分析，我们将此时左岸的传教士人数 $M+1$ 和野人人数 $C$ 代入上面分析的船在左岸的情况，可以得到对于状态 $(M+1,C,1)$ 至少需要 $(M+1)+C-2$ 次摆渡。但是我们需要计算的是船在右岸时状态 $(M,C,0)$ 所需要的最少摆渡次数，而状态 $(M+1,C,1)$ 是状态 $(M,C,0)$ 经过一次摆渡达到的，所以 $(M+1,C,1)$ 所需要的最少摆渡次数加 1，就是 $(M,C,0)$ 所需要的最少摆渡次数。所以有 $(M,C,0)$ 需要的最少摆渡次数为 $(M+1)+C-2+1$，化简有 $M+C$。

总结以上情况有：

对于船在左岸时的状态 $(M,C,1)$，需要的最少摆渡次数为 $M+C-2$。

对于船在右岸时的状态 $(M,C,0)$，需要的最少摆渡次数为 $M+C$。

考虑到船在左岸时 $B=1$，船在右岸时 $B=0$。两种情况可以综合在一起，状态 $(M,C,B)$ 需要的最少摆渡次数为 $M+C-2B$。

由于该摆渡次数是在不考虑限制条件下推出的最少所需要的摆渡次数。因此，当有限制条件时，最优的摆渡次数不可能小于该摆渡次数。所以这样定义的 $h$ 函数一定满足 $A^*$ 条件。

**小明**：这个例子确实有点复杂，但也可以很好地体现通过放宽限制条件定义 $h$ 函数的思想。如果不采用降低条件的方法，都不知道从何处着手。

## 3.5 深度优先搜索算法

**小明**：艾博士，我听说还有一种叫作深度优先的搜索算法？

**艾博士**：是的，下面我们就介绍一下深度优先搜索算法。小明，你说说宽度优先搜索算法是如何选择被扩展节点的？

小明想了一下回答说：宽度优先搜索算法优先选择节点深度最浅的节点扩展。

**艾博士**：小明说得非常正确。与宽度优先搜索算法相反，深度优先搜索算法优先选择深度最深的节点扩展。

小明问道：深度优先搜索算法具体是如何实现的呢？

**艾博士**：深度优先搜索算法有不同的实现方法，一种最常用的实现方法是利用回溯方法实现的。

**小明**：什么是回溯方法呢？

**艾博士**：假如我们走迷宫。我们事先规定好某种策略，比如每次遇到路口时，优先选择最左边的路口进入，如果遇到死胡同，则退回来试探第二个路口。当然很多情况下并不是直接就遇到死胡同，而是探索了若干个可能的走法之后才发现进入这个路口是不可行的，这样也相当于遇到了死胡同，退回来再选择其他可能的路口进行试探。这种遇到死胡同就退回的方法称为回溯方法。

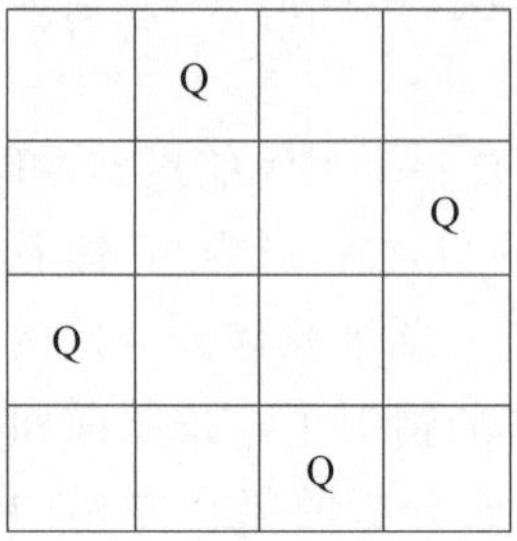

图 3.18　四皇后问题

为了介绍如何用回溯方法实现深度优先搜索，我们通过四皇后问题的求解，介绍深度优先搜索方法。

**小明**：请艾博士介绍一下什么是四皇后问题。

**艾博士**：所谓四皇后问题，就是在一个 4×4 的棋盘上，如何摆放 4 个皇后，使得任何两个皇后都不在一条直线上，包括横线、纵线和斜线。比如图 3.18 所示的就是四皇后问题的一个解，其中 Q 表示皇后。

为了叙述方便，我们设棋盘从上到下为第一行、第二行……从左到右为第一列、第二列……我们用棋盘上皇后所在的坐标组成的表表示四皇后问题的一个状态。比如图 3.18 所示的状态可以表示为：

((1,2),(2,4),(3,1),(4,3))

图 3.19 给出了采用深度优先搜索算法求解四皇后问题的搜索图。在求解过程中，我们从第一行开始，一行一行地进行由上到下探索。而在每一行，我们从第一列开始，一列一列地从左到右进行探索。具体过程如下。

图中最开始是一个空表，表示棋盘上没有皇后。然后在(1,1)位置放置一个皇后，得到状态((1,1))。

然后在第二行从左到右按列探索。第二行的一、二列都不能再放置皇后了，所以只能在第三列放置第二个皇后，得到状态((1,1),(2,3))。此时我们得到的皇后摆放情况如图 3.20 所示。

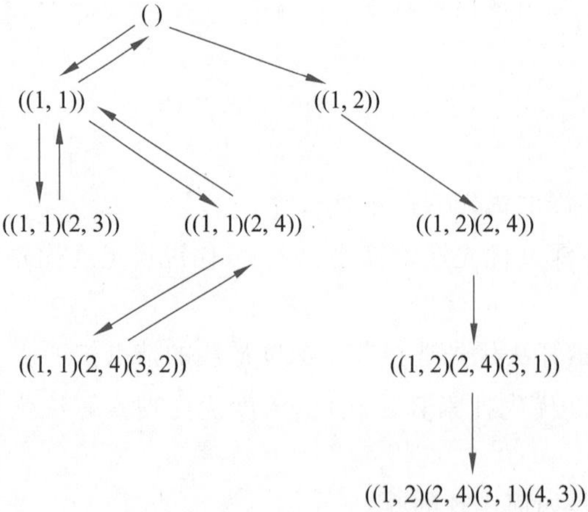

图 3.19　四皇后问题搜索图

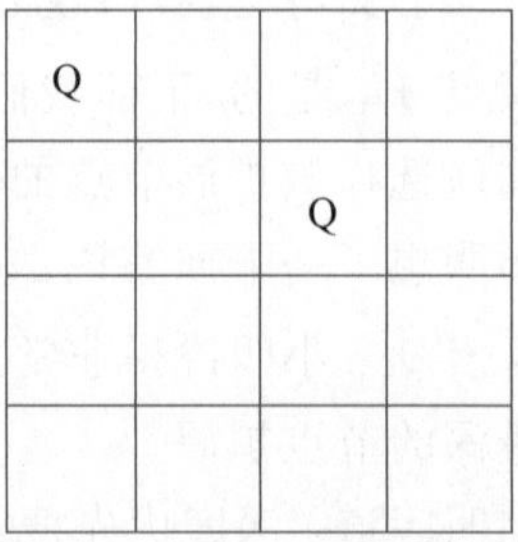

图 3.20　皇后的摆放情况示意图

从图中我们可以看出，此时第三行已经不能再放皇后了。虽然第四行还可以继续放皇后，但是由于在 4×4 的棋盘上摆放 4 个皇后，每行必须有一个皇后，所以这时就没有必要试探第四行了，相当于进入了死胡同，需要回溯。

回溯的结果是放弃第二个皇后，将其摆放在二行四列试试，得到状态((1,1),(2,4))。

接下来我们可以在第三行的第二列摆放第三个皇后，得到状态((1,1),(2,4),(3,2))。其皇后的摆放情况如图 3.21 所示。

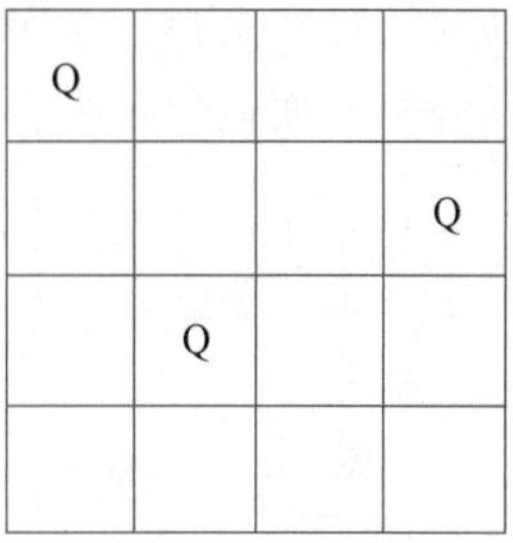


图 3.21　皇后的摆放情况示意图

这时我们又发现，第四行也没有任何位置可以放皇后了，说明前面皇后摆放的有问题，再次进入死胡同，需要回溯。

仔细观察图 3.21 就会发现，第二行、第三行可以摆放皇后的位置都试探过了，不再存在其他的可以摆放皇后的位置，需要连续两次回溯，又回到最初的状态，棋盘上只有(1,1)处有一个皇后。如果在(1,1)有皇后的话，后续就不能按照规则放皇后了，说明(1,1)位置不是一个正确的选择，也需要回溯，这时又变成了一个皇后都没有的空棋盘，似乎又回到了最原始状态。但是与最初的空棋盘不同的是，我们知道了不能在(1,1)位置摆放皇后这一信息。接下来就可以试探在(1,2)这个位置摆放皇后，得到状态((1,2))。

然后在第二行第四列放置皇后，得到状态((1,2),(2,4))。

再在第三行第一列放置皇后，得到状态((1,2),(2,4),(3,1))。

最后在第四行第三列放置皇后，得到状态((1,2),(2,4),(3,1),(4,3))。

至此我们就得到了该四皇后问题的解，图 3.19 清楚地给出了以上搜索过程的示意图。从图中也可以看出，深度优先搜索算法每次优先选择节点深度最深的节点扩展，当被选择的节点没有新的子节点可以生成时，也就是进入了“死胡同”时，则回溯一步，探讨其他的节点深度最深的节点，一直到找到到达目标的解路径为止，算法成功结束。或者在探索了所有可能之后，仍然没有找到到达目标节点的路径，算法失败退出。

小明问艾博士：如果节点深度最深的节点有多个时如何选择呢？

艾博士回答说：与宽度优先搜索算法一样，可以随机选择一个或者按照某种约定好的规则选择。在这个例子中，我们实际上是按照从左到右的棋盘位置进行选择的，所以在每一行试探时，总是先从左边开始试探。

**小明**：深度优先搜索算法只有遇到死胡同时才进行回溯吗？

**艾博士**：遇到死胡同是必须进行回溯的，但是如果只是这一个回溯条件，对于很多实际问题可能会出现问题。比如我们想在地图上寻找清华大学到达香山的路径，由于道路四通八达，几乎遇不到死胡同，如果按照深度优先算法的原则每次都选择深度最深的节点扩展，则可能会沿着某条高速路一直搜索下去，而很难到达香山。比如沿着八达岭高速走下去，可能就一直到达西藏拉萨了。这显然是不可取的。这种时候，可以设置“深度限制”作为回溯的一个条件。

小明问：如何增加深度限制呢？

**艾博士**：比如说，我们知道从清华大学到达香山的距离大约为 15 千米，不会超过 20 千米，则可以设置深度限制为 20 千米，如果从初始节点到被选择扩展的节点距离超过了 20 千米，虽然不是死胡同，也按照进入了死胡同一样进行回溯，不再试探下去。

**小明**：这倒是一个解决办法。

**艾博士**：深度优先搜索中可能还会遇到“死循环”问题。还是以搜索从清华大学到香山的路径为例，假如走到了北京四环路上，四环路是一个环形公路，进入以后就可能沿着四环路转起圈来，构成了死循环。一种解决办法就是在搜索过程中，记录从初始节点到目标节点的路径，每次选择一个节点扩展时，判断一下该节点是否在该路径上，如果在该路径上就进行回溯，从而避免了死循环情况的发生。

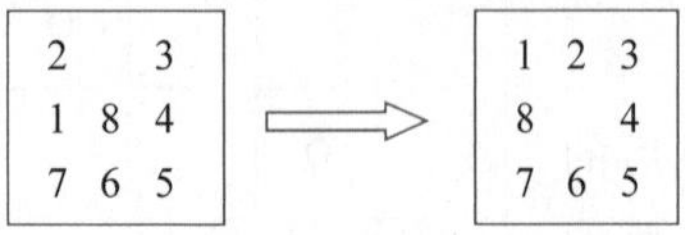

图 3.22 八数码问题

加深度限制和循环检测是深度优先搜索算法中除了死胡同以外的两个常用回溯点。

接下来艾博士给小明留了一个练习题，用深度优先搜索算法求解如图 3.22 所示的八数码问题，并假定深度限制为 4。

小明见艾博士留了练习题，马上认真做了起来，不一会儿工夫就给出了如图 3.23 所示的该问题的搜索图。图中用带红圈的数字和英文字母表示节点的扩展次序(1～9 以后用 a、b、c、…表示)，每次达到深度限制条件时进行回溯。通过搜索图可以得到该八数码问题的解为：将牌 2 右移、将牌 1 上移、将牌 8 左移。

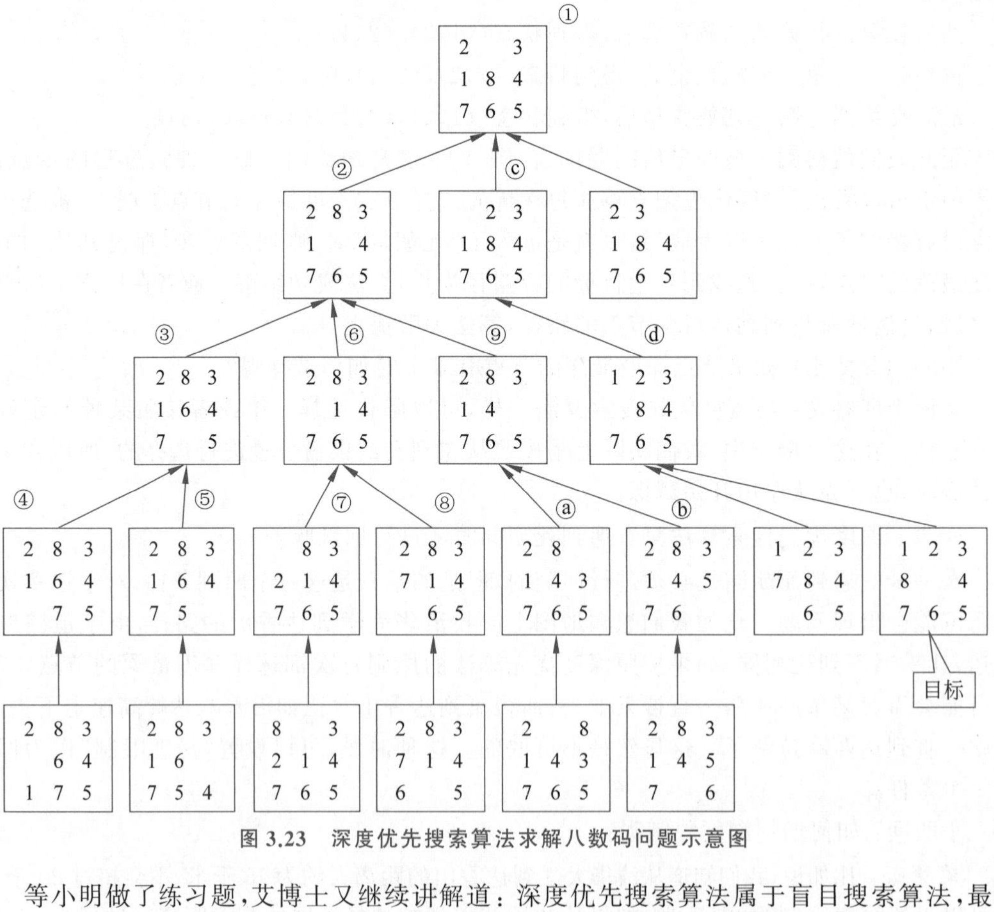

图 3.23 深度优先搜索算法求解八数码问题示意图

等小明做了练习题，艾博士又继续讲解道：深度优先搜索算法属于盲目搜索算法，最坏的情况下等同于穷举搜索。但有时结合具体问题，也可以在深度优先搜索中引入知识，利用知识减小问题的搜索范围。

**小明**：深度优先搜索算法还可以引入知识？怎么引入呢？

**艾博士**：我们通过一个例子说明这个问题。设有 1～9 九个数字，9 个数字的任何一个排列都组成了一个 9 位数整数。问是否存在一个排列，使得前 $i$ 个数字组成的 $i$ 位整数能被 $i$ 整除。比如 327654189 是一个 9 位数整数，前 1 位数字组成的整数为 3，肯定能被 1 整除，前 2 位组成的整数为 32，也容易验证能被 2 整除，前 3 位组成的整数为 327，也满足条件能被 3 整除……，一直验证下去，发现前 7 位组成的整数 3276541 是不能被 7 整除的，前 8 位组成的整数 32765418 也不能被 8 整除，所以这个 9 位数整数不符合题目要求。那么是否存在某个排列满足题目的要求呢？如果用深度优先搜索算法直接求解的话，9 个数字的排列数共有 9！＝362880 个。能否利用知识减少这个问题的搜索范围呢？答案是肯定的，一些简单的知识就可以大幅度减少该问题的搜索范围。

**小明**：有哪些知识可以利用呢？又如何利用这些知识呢？

**艾博士**：小明，首先我们看“前 5 位数组成的整数被 5 整除”。什么样的数字才能被 5 整除呢？

小明回答说：最后一位是 5 或者是 0 的整数才能被 5 整除。

**艾博士**：对，这就是一个可用的知识。在我们这个问题中，不包含数字 0，所以如果这个 5 位数能被 5 整除的话，只有一种情况满足这个条件，就是第 5 位必须为 5。依据这条知识，5 这个数字只能也必须排在第 5 位。

**小明**：确实只能是这个结果，否则就不能满足“前 5 位数组成的整数被 5 整除”这个条件了。

**艾博士**：能被 2、4、6、8 整除的整数，最后一位必须是偶数，所以排在偶数位的数字必须是偶数。共有 4 个偶数位，偶数也是 4 个，所以排在偶数位的数字只能是这 4 个偶数。还剩下 1、3、7、9 四个数字，这 4 个数字也就只能排在 1、3、7、9 这 4 个位置了。这样一来，2、4、6、8 这 4 个数字有 4 个位置可放，1、3、7、9 这 4 个数字也有 4 个位置可放，5 只有第 5 位这一个位置，所以可能的组合共有 4！×4！＝576 个，比起 9 个数字的排列数 9！＝362880 少太多了，有效减少了搜索范围，提高了搜索的效率。

**小明**：这真是一个令人惊喜的结果，只是简单地利用了这些很基本的知识就起到了这样的效果。

**艾博士**：因此，在具体使用搜索算法时，要尽可能地挖掘待求解问题的一些知识，利用知识提高搜索效率。

小明又问艾博士：深度优先搜索算法有什么优点呢？从搜索过程很难看出来。

**艾博士**：深度优先搜索不能保证找到最优解，在深度限制不合理的情况下，比如深度限制得太小了，甚至都找不到解。搜索效率也很低，最坏情况下等同于穷举搜索。从这些特点看来似乎深度优先确实没什么可取之处。但是有些问题并不需要找最优解，只要找到解就可以了。比如四皇后问题就是这样的问题。深度优先搜索算法最大的优势是比较节省存储空间，因为每当回溯时都可以释放掉用于存储节点的空间，只保留从初始节点到当前节点的一条路径就可以了，所用空间与找到的解的深度呈线性关系，所以占用空间比较少。而宽度优先搜索算法需要将所有产生的节点全部保留起来，随着搜索的进行，所需要的存储空间是呈指数增长的。指数增长是非常可怕的增长，非常消耗存储空间，对于稍微复杂一点的问题，就可能由于空间被消耗完而不能求解。即便是 $A^*$ 算法，多数情况下其占用的空间也是指数增长的，当求解比较复杂问题时空间消耗仍然非常严重。

**小明**：艾博士，我明白了，深度优先搜索算法最大的优势就是比较节省空间，所用空间与解的深度呈线性关系。

**小明读书笔记**

深度优先搜索算法每次选择节点深度最深的节点扩展，由于存在可能的"深渊"或者"死循环"，一般会加上深度限制和循环检测。深度优先搜索不能保证找到最优解，如果深度限制不当，还可能找不到解，即便问题是有解的。深度优先搜索的优势是占用空间比较少，因为每次回溯时，都可以将相关节点释放掉，只保留从初始节点到当前节点的路径即可。

在深度优先搜索算法中也可以利用知识减少搜索范围，根据待求解问题的特点，适当地引入知识，可以有效提高算法的搜索效率。

## 3.6 动态规划与 Viterbi 算法

**艾博士**：动态规划是求解决策过程最优化的一种方法，Viterbi 算法是其中一种常用的算法，是针对篱笆型有向图最短路径问题而提出的一种有效方法。从理论上来说，Viterbi 算法与 $h=0$ 时的 $A^*$ 算法是等价的，但是对于一类特殊问题，具有比较高的求解效率，应用广泛。

**小明**：什么是篱笆型有向图最短路径问题？

**艾博士**：图 3.24 所示的就是一个篱笆型有向图最短路径问题示意图。该图由 $s_0, s_1, \cdots, s_{n+1}$ 共 $n+2$ 列组成，每列包含有数目不等的节点，$w_{ij}$ 表示第 $i$ 列的第 $j$ 个节点，第 $i-1$ 列第 $j$ 个节点到第 $i$ 列第 $k$ 个节点的代价用 $D(w_{i-1,j}, w_{i,k})$ 表示。要求从每一列中选择一个节点构成从 $w_0$ 到 $w_{n+1}$ 的路径，并使得该路径的总代价最小。这就是篱笆型有向图最短路径问题，其名称来源于图中节点是一列列组成的，像一个篱笆一样，而左右两个"篱笆"间的两个节点是从左到右有向连接的。

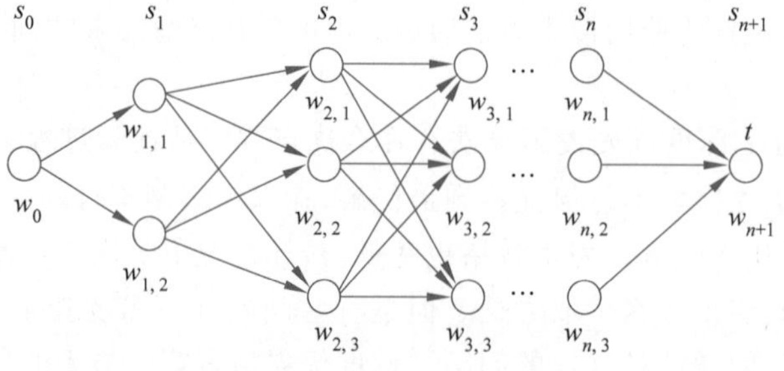


图 3.24　篱笆型有向图示意图

**小明**：这个名称倒是比较形象。

**艾博士**：Viterbi 算法是求解该类问题的有效算法，Viterbi 算法按列从左向右依次计算到达每个节点的最短路径，直到求得到达 $w_{n+1}$ 的最短路径为止。

以图 3.24 为例，先计算到达 $w_{1,1}$、$w_{1,2}$ 两个节点的最短路径，由于到达这两个节点都只有一条路径，所以最短路径分别为 $w_0-w_{1,1}$、$w_0-w_{1,2}$。接下来计算到达第 2 列 $w_{2,1}$、$w_{2,2}$、$w_{2,3}$ 3 个节点的最短路径。对于 $w_{2,1}$ 来说，可以通过 $w_{1,1}$ 到达，也可以通过 $w_{1,2}$ 到达，我们从两条路径中选取一个最小代价的路径作为到达 $w_{2,1}$ 的最短路径。由于前面已经求出了到达 $w_{1,1}$ 的最短路径，所以通过 $w_{1,1}$ 到达 $w_{2,1}$ 的最短路径代价为到达 $w_{1,1}$ 的最短路径代价加上 $w_{1,1}$ 和 $w_{2,1}$ 之间的代价，这样就求出了通过 $w_{1,1}$ 到达 $w_{2,1}$ 的最短路径。同样的方法可以计算出通过 $w_{1,2}$ 到达 $w_{2,1}$ 的最短路径代价。从两个最短路径中选取一个代价最小的路径就得到了到达 $w_{2,1}$ 的最短路径，并记录该路径是通过 $w_{1,1}$ 还是 $w_{2,1}$ 到达的。同样的方法可以求出到达 $w_{2,2}$、$w_{2,3}$ 的最短路径。依照此方法，利用到达左边一列节点的最短路径计算出到达右边一列节点的最短路径，依次推算下去，就求得了到达终点节点 $w_{n+1}$ 的最短路径，也就是从 $w_0$ 到 $w_{n+1}$ 的最短路径。这就是 Viterbi 算法。

综合以上过程，我们可以得到求解到达每个节点最短路径的递推公式：

$$Q(w_{i,j})=\begin{cases}\min\limits_{k}(Q(w_{i-1,k})+D(w_{i-1,k},w_{i,j})) & i\neq 0\\ 0 & i=0\end{cases}$$

其中，$Q(w_{i,j})$ 表示从初始节点 $w_0$ 到达节点 $w_{ij}$ 的最短路径的代价；$D(w_{i-1,k},w_{i,j})$ 表示节点 $w_{i-1,k}$ 到节点 $w_{i,j}$ 的代价。

**小明**：大概理解了 Viterbi 算法的求解过程，可以举一个具体的求解例子吗？

**艾博士**：好的，我们下面就给一个具体的求解例子，问题如图 3.25 所示。

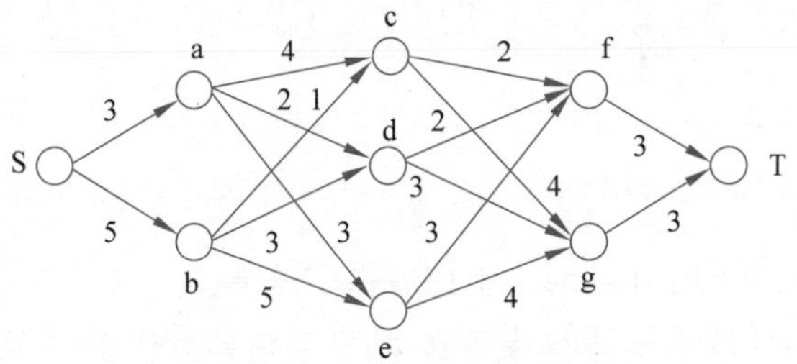


图 3.25　Viterbi 算法示意图

从 S 到 a、b 两个节点都只有一条路径，所以到 a 的最短路径为 S-a，其最短路径长度 $Q(\mathrm{a})=3$，到 b 的最短路径为 S－b，其最短路径长度 $Q(\mathrm{b})=5$。

到达节点 c 有两条路径，通过 a 到 c 的路径为 S-a-c，路径长度为 $Q(\mathrm{a})+D(\mathrm{a},\mathrm{c})=3+4=7$，通过节点 b 到 c 的路径为 S-b-c，路径长度为 $Q(\mathrm{b})+D(\mathrm{b},\mathrm{c})=5+1=6$。两条路径中 S-b-c 的长度 6 更短，所以 $Q(\mathrm{c})=6$。

到达节点 d 也有两条路径，分别是 S-a-d、S-b-d，路径长度分别为 5 和 8，前者更短，所以有 $Q(\mathrm{d})=5$。

到达节点 e 也有两条路径，分别是 S-a-e、S-b-e，路径长度分别为 6 和 10，前者更短，所以有 $Q(\mathrm{e})=6$。

至此得到了到达第 2 列 c、d、e 3 个节点的最短路径。

再看第 3 列 f、g 两个节点。有 3 条路径可以到达 f 节点，分别通过节点 c、d、e。对于通过 c 到达 f 的路径长度为 $Q(\mathrm{c})+D(\mathrm{c},\mathrm{f})=6+2=8$，通过 d 到达 f 的路径长度为 $Q(\mathrm{d})+$

$D$(d,f)=5+2=7，而通过 e 到达 f 的路径长度为 $Q$(e)+$D$(e,f)=6+3=9。3 条路径中通过节点 d 到达 f 的路径最短，其路径长度为 7，所以该条路径为到达 f 的最短路径，$Q$(f)=7。

同理我们可以得到通过节点 d 到达 g 的最短路径，其路径长度为 8，所以有 $Q$(g)=8。

最后，到达目标节点 T 有两条路径，分别经过节点 f、g。对于通过节点 f 到达 T 的路径，其长度为 $Q$(f)+$D$(f,T)=7+3=10，而对于通过节点 g 到达 T 的路径，其长度为 $Q$(g)+$D$(g,T)=8+3=11。两条路径中，通过节点 f 到达 T 的路径最短，其路径长度为 10，所以我们有 $Q$(T)=10。

到此，我们就求得了从初始节点 S 到达目标节点 T 的最短路径为 S-a-d-f-T，其路径长度为 10。

艾博士最后总结说：Viterbi 算法求解最优路径问题最主要的思想就是充分利用第 $i-1$ 列已经求得的节点的最优路径，计算第 $i$ 列节点的最优路径，从而有效提高了算法的求解效率。

初学者容易犯的错误是，求到达第 $i$ 列第 $j$ 个节点的最优路径时，又从头开始计算求解，没有利用第 $i-1$ 列已经求解的结果，从而导致求解效率低下，这一点一定要注意。

**小明读书笔记**

动态规划是求解决策过程最优化的一种方法，Viterbi 算法是其中一种常用的算法，是针对篱笆型有向图最短路径问题而提出的一种有效方法。

Viterbi 算法从左到右一列列地求解到达每列节点的最短路径，其核心思想是利用左边已有的结果，计算紧邻的右边节点的最短路径，通过递推的方法达到高效求解的目的。这是 Viterbi 算法最大的特点。

## 3.7 总结

最后，在艾博士的建议下，小明对本篇内容做了总结。

(1) 首先介绍了路径搜索问题的基本概念，以如何去香山举例说明了什么是路径搜索问题，很多问题也可以转换为路径搜索问题求解，比如八数码问题。

(2) 介绍了什么是宽度优先搜索算法，在宽度优先搜索算法中，优先选择节点深度最浅的节点扩展，通过例子讲解了宽度优先搜索算法的具体求解过程。当问题为单位代价时，也就是任何相邻的两个节点间的代价为 1 时，宽度优先搜索算法可以找到最优路径，也就是代价最小的路径。

(3) 宽度优先搜索算法只利用了节点的深度信息，而没有利用从初始节点到达待选择节点的路径代价。迪杰斯特拉算法充分利用了这一点，选择从初始节点到待选择节点路径最短的节点优先扩展。当被选择的节点是目标节点时算法结束，此时找到的到达目标节点的路径为最短路径。即便是非单位代价时，迪杰斯特拉算法也总是可以找到最优路径。这里一定要注意迪杰斯特拉算法的结束条件，必须是被选择扩展的节点是目标节点时算法才结束，而不是只要找到了一条到达目标节点的路径就立即结束，否则不能保证找到的是最佳路径。

(4) 迪杰斯特拉算法虽然用到了到节点的路径代价，但是并没有利用从一个节点到目标节点路径的代价，从而导致搜索效率低下，扩展过多的无用节点。但是一般情况下我们并不知道一个节点到目标节点的路径代价，A 算法采用估计的方法估计出一个节点到目标节点的代价。定义节点 $n$ 的评价函数 $f(n)=g(n)+h(n)$，其中，$g(n)$ 为从初始节点到达节点 $n$ 的路径代价，$h(n)$ 为从节点 $n$ 到达目标节点最优路径代价的估计，$f(n)$ 为从初始节点经过节点 $n$ 到达目标节点最优路径代价的估计。A 算法优先选择 $f(n)$ 最小的节点扩展，当目标节点的 $f$ 值最小时，算法结束。注意，A 算法的结束条件同迪杰斯特拉算法一样，必须是当被选择扩展的节点是目标节点时算法才结束。

(5) 在 A 算法中，对 $h$ 函数并没有具体的要求，只是说是从节点 $n$ 到目标节点最优路径代价的估计值。在 A 算法中，如果对于任何节点 $n$ 有 $h(n)\leqslant h^*(n)$，则 A 算法就成为了 $A^*$ 算法，其中 $h^*(n)$ 为节点 $n$ 到目标节点最佳路径的代价。从算法描述的角度，$A^*$ 算法与 A 算法是完全一样的，只是 $A^*$ 算法要求满足 $A^*$ 条件 $h(n)\leqslant h^*(n)$。当问题有解时，$A^*$ 算法可以保证找到最优解结束。

(6) 同宽度优先搜索算法相反，深度优先搜索算法每次优先选择节点深度最深的节点扩展，一般要加上深度限制和对循环路径的检测，以便防止搜索过程中陷入深渊或者死循环。深度优先搜索算法的最大特点是占用空间少，只需要记录从初始节点到当前节点的路径即可。

(7) 动态规划是求解决策过程最优化的一种方法，Viterbi 算法是其中一种常用的算法，特别适合求解篱笆型有向图最短路径问题。从本质上来说，Viterbi 算法与 $h=0$ 时的 $A^*$ 算法是等价的，但是对于一类特殊问题，具有比较高的求解效率，具有非常广泛的应用。Viterbi 算法从左到右一列一列地递推计算到达每个节点的最优路径，充分利用已有的求解结果，从而提高求解的效率。

# 第 4 篇

# 统计机器学习方法是如何实现分类与聚类的

艾博士导读

统计机器学习方法在人工智能发展历史上曾经起到过重要作用，当 20 世纪 90 年代初期人工智能陷入低谷时，也正是统计机器学习的发展才使得人工智能走出低谷，逐渐得到广泛的应用。当前的人工智能发展高潮应该与统计机器学习方法的发展紧密相关，即便在今天，统计机器学习方法也有着广泛的应用。

统计机器学习的最大特点是具有良好的理论基础，也可能正因为如此，本篇内容具有较多的公式，也打破了我在写作本书时定下的尽可能少用公式的禁忌，不过大家在学习本篇内容时，不要被大量出现的公式所吓倒，我会尽可能说明每个公式的含义及来龙去脉，即便你没有弄清楚具体的推导过程，也可以了解其中的思想。

这天正在学习人工智能的小明，看到了这样一个题目。如表 4.1 所示，给出的是一个男女性别样本数据表。该表共有称作样本的 15 组数据，每组数据对应一个样本，每个样本有“年龄”“发长”“鞋跟”“服装”4 种特征，最后一列给出了是“男性”或者“女性”的性别分类。其中年龄划分为老年、中年和青年，发长划分为短发、中发和长发，鞋跟划分为平底和高跟，服装划分为深色、浅色和花色，这些称为特征的取值。比如第一组数据，表示的是“一位老年人，留有短发，穿着平底鞋，身穿深色服装，其性别为男性”。而第三组数据，表示的是“一位老年人，头发中长，穿着平底鞋，身穿花色服装，其性别为女性”。题目要求根据这些样本数据建立一个人工智能系统，当任意输入一个人的“年龄”“发长”“鞋跟”“服装”这 4 个特征的取值后，即便是表 4.1 中不存在的样本，系统也可以判断出该人的类别，即是男性还是女性。

表 4.1　男女性别样本数据表

| ID | 年龄 | 发长 | 鞋跟 | 服装 | 性别 |
|---|---|---|---|---|---|
| 1 | 老年 | 短发 | 平底 | 深色 | 男性 |
| 2 | 老年 | 短发 | 平底 | 浅色 | 男性 |
| 3 | 老年 | 中发 | 平底 | 花色 | 女性 |
| 4 | 老年 | 长发 | 高跟 | 浅色 | 女性 |
| 5 | 老年 | 短发 | 平底 | 深色 | 男性 |
| 6 | 中年 | 短发 | 平底 | 浅色 | 男性 |

续表

| ID | 年龄 | 发长 | 鞋跟 | 服装 | 性别 |
|---|---|---|---|---|---|
| 7 | 中年 | 短发 | 平底 | 浅色 | 男性 |
| 8 | 中年 | 长发 | 高跟 | 花色 | 女性 |
| 9 | 中年 | 中发 | 高跟 | 深色 | 女性 |
| 10 | 中年 | 中发 | 平底 | 深色 | 男性 |
| 11 | 青年 | 长发 | 高跟 | 浅色 | 女性 |
| 12 | 青年 | 短发 | 平底 | 浅色 | 女性 |
| 13 | 青年 | 长发 | 平底 | 深色 | 男性 |
| 14 | 青年 | 短发 | 平底 | 花色 | 男性 |
| 15 | 青年 | 中发 | 高跟 | 深色 | 女性 |

小明第一次遇到这样的题目，思考了一会儿后也没有想到什么好的求解方法，又来请教艾博士。

## 4.1　统计学习方法

了解了小明的来意之后，艾博士讲解起来：这个问题属于统计学习方法研究的范畴，我们先简单介绍一下什么是统计学习方法。

统计学习方法又称作统计机器学习方法，属于机器学习的一种。

**小明**：什么是机器学习呢？

**艾博士**：我们人之所以能做很多事情，重要的就是具有学习能力。我们从小到大一直在学习，通过学习提高我们做事情的能力。计算机也是一样，我们也希望计算机能像人一样，拥有学习能力，一旦拥有了这种学习能力，计算机就可以帮助人类做更多的事情。这也是人工智能所追求的目标。

著名学者司马贺（赫伯特·西蒙）教授曾经对机器学习给出过一个定义："如果一个系统能够通过执行某个过程改进它的性能，这就是学习。"

**小明**：这和我们人类的学习也差不多，我们学习不就是提升自我做事的能力吗？

**艾博士**：统计机器学习就是计算机系统通过运用数据及统计方法提高系统性能的机器学习，其特点是运用统计方法，从数据出发提取数据的特征，抽象出问题的模型，发现数据中所隐含的知识，最终用得到的模型对新的数据进行分析和预测。

统计机器学习一般具有两个过程：一个是学习，又称作训练，是从数据抽象模型的过程；另一个是使用，用学习到的模型对数据进行分析和预测。为了实现第一个过程，一般需要一个供学习用的数据集，又称作训练集，由训练样本组成的集合，这是学习、训练的依据。

像小明刚刚提到的这个题目，表 4.1 给出的就是数据集，数据集中的每一个样本由若干特征和类别标签组成，其中的"年龄""发长""鞋跟""服装"就是特征，而性别就是类别标签。依据这个数据集采用某个统计学习方法建立一个男女性别分类模型，当任意给定一个人的"年龄""发长""鞋跟"和"服装"特征时，模型输出该人的性别。

当然这里只是给出了一个例子，对于实际问题来说，这个数据集太小了，需要更多的数据，特征数目也不够多，取值也需要再细化。

**小明**：统计机器学习都有哪些方法呢？

**艾博士**：统计机器学习具有很多种方法，从是否有类别标签的角度，可以划分为以下几种。

**1. 有监督学习**

**艾博士**：有监督学习(见图 4.1)又称作监督学习、有教师学习，也就是说给定数据集中的样本具有类别标签。这就好比是小孩认识动物一样，看到了一只猫，妈妈告诉小孩这是一只猫；看到了一只狗，妈妈又告诉说这是一只狗。慢慢地小孩就学会了认识猫和狗。

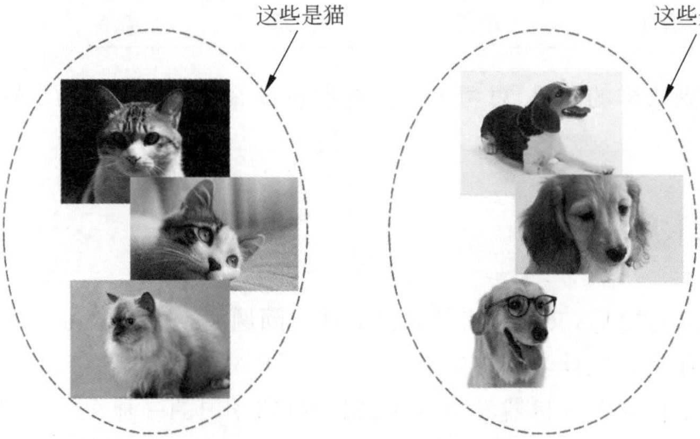


图 4.1　有监督学习示意图

**小明**：这里的"监督"指的就是类别标签吗？

艾博士肯定地说：是的，监督指的就是类别标签信息。这类任务为的是让人工智能系统学会认识某个事物属于哪个类别，也就是根据特征划分到指定类别，一般称作为分类。

**2. 无监督学习**

**艾博士**：无监督学习(见图 4.2)又称作无教师学习，与监督学习刚好相反，给定的数据集中的样本只有特征没有类别标签。比如假设一个人从没有看到过狗和猫，给他一些猫和狗的照片，他虽然不认识哪个是猫哪个是狗，但是该人观看了一会儿照片后，根据两种动物的特点，他可以区分出这是两种不同的动物，进而可以将这些照片划分为两类：一类是狗，另一类是猫，虽然他并不知道每一类是什么动物。

**小明**：由于没有标签信息，这类任务只能做到把类似的东西归纳为一个类别吧？

**艾博士**：确实如此，这类任务就是将特征比较接近的东西聚集为一类，一般称作聚类。

**3. 半监督学习**

**艾博士**：顾名思义，半监督学习(见图 4.3)就是数据集中部分样本有标签信息，部分样本没有标签信息。半监督学习就是如何利用这些无标签数据，提高学习系统的性能。比如在一

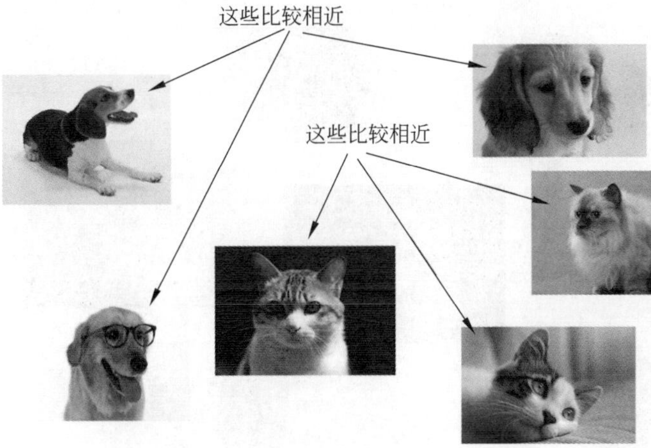


图 4.2　无监督学习

些猫和狗的照片中，一部分照片标注是猫或者是狗，但是也有一部分照片没有任何类别标注。

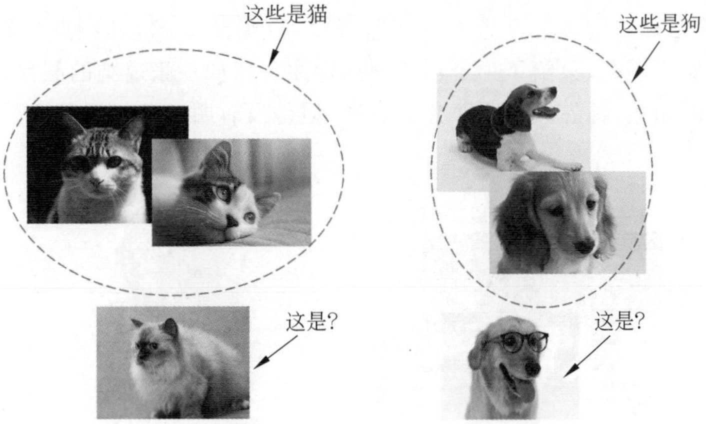


图 4.3　半监督学习示意图

**小明**：如何利用无标签样本呢？

**艾博士**：一般来说，半监督学习中大部分样本还是有标签的，利用有标签样本可以大概预测出那些无标签样本的类别，利用预测结果可以进一步优化系统的分类性能。当然预测结果会存在一定的错误，这是半监督学习要解决的问题。

#### 4. 弱监督学习

**艾博士**：弱监督学习指的是提供的学习样本中标签信息比较弱，这又可以分为几种情况。第一种是不完全监督学习（见图 4.4），其特点是标签信息不充分，只有少量样本具有类别标签，而大部分样本没有标签信息。

**小明**：这与半监督学习有什么区别呢？

**艾博士**：严格来说半监督学习可以归类到这类弱监督学习中，都属于不完全监督学习。但是一般情况下，半监督学习带标签样本会更多一些，而弱监督学习中的带标签样本会更少。

图 4.4 弱监督学习——不完全监督学习

**艾博士**：第二种弱监督学习是不确切监督学习(见图 4.5)，其特点是具有类别标签信息，但是标注对象不明确，只给了一个粗粒度的标注。比如一张遛狗的照片，照片中有狗，也有人，也有其他的东西，标签只说明照片中有狗，但是没有明确地指明具体哪个是狗。

图 4.5 弱监督学习——不确切监督学习

**小明**：感觉这类学习难度就更大了，因为虽然具有标签信息，但是属于粗粒度的标注，学习过程中需要明确具体的标注对象。

**艾博士**：是的，增加了不少学习难度。这类学习可以把样本想象成一个包，标签信息只说明了包内有什么，而没有说明包内的具体所指。

**艾博士**：还有一类弱监督学习就是强化学习(见图 4.6)。在强化学习中没有明确的数据告诉计算机学习什么，但是可以设置奖惩函数，当结果正确时获得奖励，而结果错误时遭受惩罚，通过不断试错的方法获得数据，从而进行学习。

**小明**：在第 2 篇中讲过的下围棋的 AlphaGo 就用到了强化学习吧？

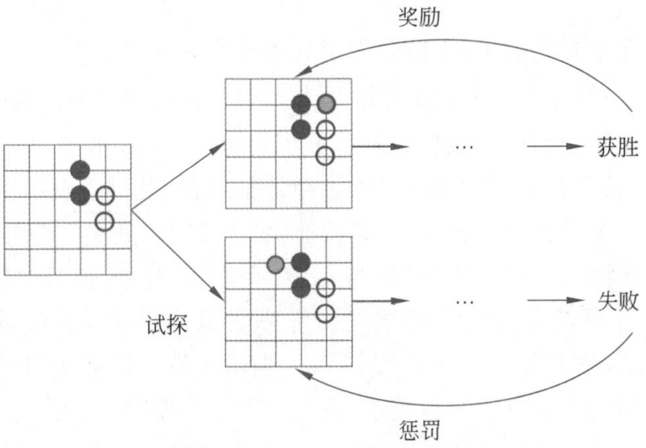


图 4.6　弱监督学习——强化学习

**艾博士**：AlphaGo 中用到了强化学习，而 AlphaGo Zero 则摆脱了人类数据，完全依靠强化学习达到了人类棋手所不能达到的下棋水平。

除此之外，还有不精确监督学习也属于弱监督学习，其特点是标签信息存在错误标注，比如将个别狗的照片标记成了猫，或者将个别猫的照片标记成了狗。一般来说当数据集大了以后都不可避免地会存在一些标注错误，有些机器学习方法对少量标注错误并不敏感，有些方法可能比较敏感，即便存在少量错误标注的样本，也可能会带来比较大的问题，这就涉及如何剔除这些错误标注样本的问题。

以上从样本标签的角度对机器学习方法做了分类，每类还有不同的机器学习方法。下面几节中，我们将介绍其中几个典型的监督和非监督统计机器学习方法。

**小明读书笔记**

统计机器学习属于机器学习的一种，其特点是运用数学统计方法，抽象出问题的模型，发现数据中蕴含的内在规律，用得到的模型实现对新数据的分析和预测。

统计机器学习分为两个过程：一个是训练过程，从数据抽象模型的过程；另一个是使用过程，用学习到的模型对数据进行分析和预测。为了实现训练过程，需要一个数据集，称作训练集，它是由训练用样本组成的集合，这是训练的依据。

按照是否有标注信息以及标注信息的多少，统计机器学习可以划分为有监督学习、无监督学习、半监督学习和弱监督学习等。

## 4.2　朴素贝叶斯方法

**艾博士**：朴素贝叶斯方法是一种基于概率的分类方法，其基本思想是：对于一个以若干特征表示的待分类样本，依次计算样本属于每个类别的概率，其中所属概率最大的类别作为分类结果输出。

为了叙述方便，我们给出如下符号表示：设共有 $K$ 个类别，分别用 $y_1, y_2, \cdots, y_K$ 表示。每个样本具有 $N$ 个特征，分别为 $A_1, A_2, \cdots, A_N$，每个特征 $A_i$ 又有 $S_i$ 个可能的取值，分别

为 $a_{i1}, a_{i2}, \cdots, a_{iS_i}$。

**小明**：这些看起来有些抽象，您结合例子具体说明一下吧。

**艾博士**：好的，我们还是以前面说过的男女性别分类的例子加以说明。在该例子中，共有男性和女性两个类别，所以类别数 $K$ 为 2，我们可以用 $y_1$ 表示男性，用 $y_2$ 表示女性。每个样本有“年龄”“发长”“鞋跟”和“服装”共 4 种特征，可以用 $A_1$ 表示“年龄”，$A_2$ 表示“发长”，$A_3$ 表示“鞋跟”，$A_4$ 表示“服装”。年龄特征 $A_1$ 可以有“老年”“中年”“青年”3 种取值，则特征 $A_1$ 的取值个数 $S_1$ 为 3，分别可以用 $a_{11}$ 表示老年，用 $a_{12}$ 表示中年，用 $a_{13}$ 表示青年。同样地，发长特征 $A_2$ 可以有“长发”“中发”“短发”3 种取值，则特征 $A_2$ 的取值个数 $S_2$ 为 3，分别可以用 $a_{21}$ 表示长发，用 $a_{22}$ 表示中发，用 $a_{23}$ 表示短发。以此类推，对于特征“鞋跟”和“服装”也可以用类似的表示方法进行表示，我们就不一一说明了。

**小明**：有了这几个例子就清楚各个符号的具体含义了。

**艾博士**：对于待分类样本我们用 $x$ 表示：

$$x = (x_1, x_2, \cdots, x_N)$$

其中，$x_i$ 为待分类样本的第 $i$ 个特征 $A_i$ 的取值。

比如：$x$=(青年，中发，平底，花色)，表示的是一个年龄特征为青年，发长特征为中发，鞋跟特征为平底，服装特征为花色的样本。

我们的目的就是计算给定的待分类样本 $x$ 属于某个类别 $y_i$ 的概率 $P(y_i|x)$，然后将 $x$ 分类到概率值最大的类别中。

**小明**：这个概率怎么计算呢？

**艾博士**：一般来说这个概率并不是太好计算，需要转换一下。小明你还记得我们在第 3 篇求解拼音输入法问题时提到过的贝叶斯公式吗？

小明回想了一会儿回答说：我印象中贝叶斯公式是这样的：

$$P(B \mid A) = \frac{P(A \mid B)P(B)}{P(A)} \tag{4.1}$$

**艾博士**：对，就是这个贝叶斯公式。我们看看这个贝叶斯公式是否可以帮助到我们。

假设待分类样本的出现表示事件 $A$，而属于类别 $y_i$ 表示事件 $B$，则根据贝叶斯公式我们有：

$$P(y_i \mid x) = \frac{P(x \mid y_i)P(y_i)}{P(x)} \tag{4.2}$$

式(4.2)中，$P(y_i)$表示类别 $y_i$ 出现的概率，$P(x)$表示 $x$ 出现的概率，$P(x|y_i)$表示在类别 $y_i$ 中出现特征取值为 $x=(x_1, x_2, \cdots, x_N)$的概率。

我们的目的就是通过贝叶斯公式，计算待分类样本 $x$ 在每个类别中的概率，然后以取得最大概率的类别作为分类结果。

由于待分类样本是给定的，所以对于这个问题来说，$P(x)$是固定的，所以求概率 $P(y_i|x)$最大与求 $P(x|y_i)P(y_i)$最大是等价的。因为我们并不关心属于哪个类别的概率具体是多少，而只关心属于哪个类别的概率最大。

因此，问题转换为如何计算下式在哪个类别 $y_i$ 下最大问题：

$$P(x \mid y_i)P(y_i) \tag{4.3}$$

这是两个概率的乘积，如果分别可以计算出两个概率值 $P(x|y_i)$、$P(y_i)$，那么这个问题也就解决了。这样的分类方法称为贝叶斯方法。

讲到这里艾博士询问小明：你觉得这两个概率值怎么计算呢？

**小明**：概率一般都是根据数据统计计算。如果有了训练集，通过训练集是否就可以计算出这两个概率？

我计算一下试试看。比如还是前面的男女性别分类的例子，为了计算方便，我们将表 4.1 复制过来，如表 4.2 所示（方便读者阅读）。

**表 4.2　男女性别样本数据表**

| ID | 年龄 | 发长 | 鞋跟 | 服装 | 性别 |
|---|---|---|---|---|---|
| 1 | 老年 | 短发 | 平底 | 深色 | 男性 |
| 2 | 老年 | 短发 | 平底 | 浅色 | 男性 |
| 3 | 老年 | 中发 | 平底 | 花色 | 女性 |
| 4 | 老年 | 长发 | 高跟 | 浅色 | 女性 |
| 5 | 老年 | 短发 | 平底 | 深色 | 男性 |
| 6 | 中年 | 短发 | 平底 | 浅色 | 男性 |
| 7 | 中年 | 短发 | 平底 | 浅色 | 男性 |
| 8 | 中年 | 长发 | 高跟 | 花色 | 女性 |
| 9 | 中年 | 中发 | 高跟 | 深色 | 女性 |
| 10 | 中年 | 中发 | 平底 | 深色 | 男性 |
| 11 | 青年 | 长发 | 高跟 | 浅色 | 女性 |
| 12 | 青年 | 短发 | 平底 | 浅色 | 女性 |
| 13 | 青年 | 长发 | 平底 | 深色 | 男性 |
| 14 | 青年 | 短发 | 平底 | 花色 | 男性 |
| 15 | 青年 | 中发 | 高跟 | 深色 | 女性 |

我觉得类别概率 $P(y_i)$ 比较容易计算，属于类别 $y_i$ 的样本数除以总样本数就可以了，即

$$P(y_i)=\frac{\text{属于类别 } y_i \text{ 的样本数}}{\text{总样本数}} \tag{4.4}$$

表 4.2 中共 15 个样本，其中 8 个类别为男性，7 个类别为女性。所以有：

$$P(y_1)=P(\text{男性})=\frac{8}{15}=0.5333$$

$$P(y_2)=P(\text{女性})=\frac{7}{15}=0.4667$$

概率 $P(x|y_i)$ 体现的是类别 $y_i$ 中具有 $x$ 特征的概率，与具体的待分类样本有关，前面给的待分类样本的例子 $x$＝(青年，中发，平底，花色)。我发现数据集中没有一个这样的样本，所以按照该数据集计算的话，得到的概率为 0。这就出现问题了，因为无论是男性类别还是女性类别，式(4.3)的计算结果都为 0，无法判断属于哪个类别的概率更大。是不是训练集数据量太少了？

**艾博士**：对于我们这个例题来说，数据集确实有点小，但是小明你提到的问题本质上并不是数据集大小的问题，而是组合爆炸问题。

**小明**：为什么会有组合爆炸问题呢？

**艾博士**：小明你看，一个样本由多个特征组成，而每个特征又有多个取值，这样每个特征的每一个可能取值都会组成一个样本，再考虑不同的类别，都需要计算其概率值，其总数是每个特征取值数的乘积再乘以类别数，当类别数、特征数和特征的取值数比较多时，就出现了组合爆炸问题。以这个例题为例，特征包含了年龄、发长、鞋跟和服装 4 种特征，而年龄、发长和服装 3 个特征均有 3 个取值，鞋跟特征有两个取值，类别分为男性和女性两个类别，这样可能的组合数就是 $3\times3\times3\times2\times2=108$ 种。由于这个例题中特征数、特征的取值数和类别数都比较小，组合爆炸问题还不太明显，如果类别数、特征数和特征可能的取值数比较多时，需要估计的概率值将会呈指数增加，从而造成组合爆炸。这样，需要非常多的样本才有可能比较准确地估计每种情况下的概率值，而对于实际问题来说，很难做到如此全面地采集数据。

**小明**：那么如何解决这个问题呢？

**艾博士**：为解决这个问题，我们可以假设各特征间是独立的。在独立性假设下，特征每个取值的概率可以单独估计，不存在组合问题，也就消除了组合爆炸问题。在这样的假设下，给定类别 $y_i$ 时某个特征组合的联合概率等于该类别下各个特征单独取值概率的乘积，即

$$P(x\mid y_i)=P((x_1,x_2,\cdots,x_N)\mid y_i)=\prod_{j=1}^{N}P(x_j\mid y_i)$$

其中，$P(x_j|y_i)$是类别为 $y_i$ 时，第 $j$ 个特征 $A_j$ 取值为 $x_j$ 的概率；$N$ 为特征个数。

在引入独立性假设后，式(4.3)可以写为：

$$\begin{aligned}P(x\mid y_i)P(y_i)&=\prod_{j=1}^{N}P(x_j\mid y_i)\cdot P(y_i)\\&=P(y_i)\prod_{j=1}^{N}P(x_j\mid y_i)\end{aligned}\tag{4.5}$$

这样分类问题就变成了求式(4.5)最大时所对应的类别问题。这种引入了独立性假设后的贝叶斯分类方法称作朴素贝叶斯方法。

**小明**：这样处理会带来哪些好处呢？

**艾博士**：这样对于特征每个取值的概率就可以单独计算了，不需要考虑与其他特征的组合情况，减少了对训练集数据量的需求，计算起来更加简单。下面我们给出具体的计算方法。

在给定类别 $y_i$ 的情况下，特征 $A_k$ 取值为 $a_{kj}$ 的概率 $P(a_{kj}|y_i)$可以通过训练集计算得到：

$$P(a_{kj}\mid y_i)=\frac{\text{类别 } y_i \text{ 的样本中特征 } A_k \text{ 值为 } a_{kj} \text{ 的样本数}}{\text{标记为类别 } y_i \text{ 的样本数}}\tag{4.6}$$

回到我们的例题，由于 $x=$(青年，中发，平底，花色)，就是要分别计算以下几个概率的乘积：

$$P(\text{青年}\mid y_i)P(\text{中发}\mid y_i)P(\text{平底}\mid y_i)P(\text{花色}\mid y_i)$$

小明你再试试，看是否可以根据数据集计算出这几个概率来？

小明对照表 4.2 所示的数据认真计算起来。

当类别 $y_i$ 为男性时共有 8 个样本，其中 2 个样本年龄为青年，所以有：

$$P(青年 \mid 男性)=\frac{2}{8}=0.25$$

其中 1 个样本发长为中发，所以有：

$$P(中发 \mid 男性)=\frac{1}{8}=0.125$$

其中 8 个样本鞋跟全部为平底，所以有：

$$P(平底 \mid 男性)=\frac{8}{8}=1$$

其中 1 个样本服装为花色，所以有：

$$P(花色 \mid 男性)=\frac{1}{8}=0.125$$

再加上我们前面已经计算过的：

$$P(男性)=\frac{8}{15}=0.5333$$

以上结果代入式(4.3)中，有：

$$\begin{aligned}P(x \mid 男性)P(男性)&=P(青年 \mid 男性)P(中发 \mid 男性)P(平底 \mid 男性)\\&\quad P(花色 \mid 男性)P(男性)\\&=0.25\times 0.125\times 1\times 0.125\times 0.5333\\&=0.002083\end{aligned}\tag{4.7}$$

当类别 $y_i$ 为女性时共有 7 个样本，其中 3 个样本年龄为青年，所以有：

$$P(青年 \mid 女性)=\frac{3}{7}=0.429$$

其中 3 个样本发长为中发，所以有：

$$P(中发 \mid 女性)=\frac{3}{7}=0.429$$

其中 2 个样本鞋跟为平底，所以有：

$$P(平底 \mid 女性)=\frac{2}{7}=0.286$$

其中 2 个样本服装为花色，所以有：

$$P(花色 \mid 女性)=\frac{2}{7}=0.286$$

再加上我们前面已经计算过的：

$$P(女性)=\frac{7}{15}=0.4667$$

以上结果代入式(4.3)中，有：

$$\begin{aligned}P(x \mid 女性)P(女性)&=P(青年 \mid 女性)P(中发 \mid 女性)P(平底 \mid 女性)\\&\quad P(花色 \mid 女性)P(女性)\\&=0.429\times 0.429\times 0.286\times 0.286\times 0.4667\\&=0.007030\end{aligned}\tag{4.8}$$

看到小明计算完之后，艾博士说：根据你的计算结果，待分类样本 $x$=(青年，中发，平底，花色)应该属于哪个类别？

小明对比了式(4.7)和式(4.8)的计算结果后回答道：式(4.8)的计算结果大于式(4.7)的计算结果，说明待分类样本 $x$=(青年，中发，平底，花色)属于女性的概率大于属于男性的概率，所以应该被分类为女性。

**艾博士**：小明你看，引入了独立性假设后这个问题是不是就简单多了？即便训练数据集不大的情况下，也可以计算了。

**小明**：引入了独立性假设后问题确实简单了不少，但是有些特征之间并不是完全独立的。比如年龄特征和鞋跟特征，对于老年人来说，由于行走不方便，自然穿高跟鞋的就少，二者是有一定的相关性的。在实际问题中，特征之间具有一定的相关性的情况肯定会更多，这样的话，朴素贝叶斯分类方法适用于求解实际问题吗？

艾博士解释说：正像小明所说，实际问题中特征之间一般会具有一定的相关性，并不完全满足独立性假设。一方面如果不引入独立性假设，参数量也就是需要估计的概率值太多，很难有足够的数据集支持这些参数的估计。另一方面，朴素贝叶斯分类方法在解决实际问题中的效果还是不错的。所以引入独立性假设也是不得已采用的一种简化手段，以便于真正将这种方法用于解决实际问题。

**小明**：在实际使用朴素贝叶斯方法的时候，每次都通过训练数据集计算概率值，会不会比较慢？

**艾博士**：实际使用时，一般是根据训练数据集事先计算好所有的概率值，存储起来，这个过程属于训练过程。在具体分类时直接调用所需要的概率值就可以了，这个过程属于分类过程。

另外，由于概率值一般都比较小，式(4.5)是多个概率值的连乘运算，当特征比较多时，连乘运算的结果会变得越乘越小，可能会出现计算结果下溢的情况，即当运算结果小于计算机所能表示的最小值之后，就被当作 0 处理。为此一般通过取对数的方式将连乘运算转化为累加运算，即用下式代替式(4.5)，二者取得最大值的类别 $y_i$ 是一样的，不影响分类结果。

$$\begin{aligned}\ln(P(x \mid y_i)P(y_i)) &= \ln\left(P(y_i)\prod_{j=1}^{N}P(x_j \mid y_i)\right) \\ &= \ln(P(y_i)) + \sum_{j=1}^{N}\ln(P(x_j \mid y_i))\end{aligned} \tag{4.9}$$

**小明**：艾博士，我又想到了一个问题。当用式(4.6)计算概率值时，是不是也会出现概率为 0 的情况？比如对于表 4.2 所示的数据集中，当类别为男性时鞋跟特征取值为高跟的数据一个也没有，这样就会导致概率 $P$(高跟|男性)为 0 的情况出现。这种情况怎么处理呢？

**艾博士**：小明提出了一个很好的问题。在实际应用中，训练集再大也不可避免地出现某种情况下样本为 0 的情况发生，为此可以采用拉普拉斯平滑方法避免概率为 0 的情况发生。

**小明**：什么是拉普拉斯平滑方法呢？

**艾博士**：拉普拉斯平滑方法很简单，其基本思想是：假定每一种情况都至少出现一次，而无论数据集中是否出现过。也就是说，在用式(4.6)计算概率 $P(a_{kj} \mid y_i)$时，对于分子中的“类别 $y_i$ 的样本中特征 $A_k$ 值为 $a_{kj}$ 的样本数”进行计数时，采用在原有计数的基础上再加 1 的方法，防止出现 0 的情况。对于具有 $S_k$ 个取值的特征 $A_k$ 来说，在类别 $y_i$ 下其所有取值的概率和应该为 1，即

$$\sum_{j=1}^{S_k} P(a_{kj} \mid y_i) = 1 \tag{4.10}$$

为此对式(4.6)的分母应该相应地增加 $S_k$ 以满足概率和为 1 这一条件。这样在采用了拉普拉斯平滑后，式(4.6)就变成了下式：

$$P(a_{kj} \mid y_i) = \frac{\text{类别 } y_i \text{ 的样本中特征 } A_k \text{ 值为 } a_{kj} \text{ 的样本数} + 1}{\text{标记为类别 } y_i \text{ 的样本数} + \text{特征 } A_k \text{ 的可能取值数 } S_k} \tag{4.11}$$

这样就避免了出现概率等于 0 的情况发生。

小明问道：没有太想明白为什么在分母中要加上 $S_k$ 呢？

**艾博士**：因为特征 $A_k$ 具有 $S_k$ 个取值，计数时每个取值的样本数都增加了一个，相当于多了 $S_k$ 个样本，这样在分母中就需要加上 $S_k$。这样处理后才能满足式(4.10)概率和为 1 的条件。

小明醒悟道：原来是这样啊，我明白了。

**艾博士**：对于类别概率也采用类似的办法，假定每个类别至少存在一个样本，这样类别概率计算公式(4.4)就变成了下式：

$$P(y_i) = \frac{\text{属于类别 } y_i \text{ 的样本数} + 1}{\text{总样本数} + \text{类别数 } K} \tag{4.12}$$

讲到这里艾博士问小明：明白这里为什么在分母中加类别数 $K$ 吗？

小明回答道：明白。跟前面式(4.11)是同样的道理，由于每个类别增加了一个样本数，共有 $K$ 个类别，相当于增加了 $K$ 个样本，所以分母中要加上类别数 $K$，以便满足每个类别的概率累加和为 1 的条件。

**艾博士**：小明，你按照表 4.2 给出的数据集，计算一下采用拉普拉斯平滑方法后的概率，就只计算两个类别概率和在不同类别下发长特征几个取值的概率吧。其他也都是大同小异，就不一一计算了。

小明边回答说“好的”边计算起来。

表 4.2 中共有 15 个样本，男性和女性两个类别，其中男性有 8 个样本，女性有 7 个样本。按照式(4.12)我们计算得到类别概率：

$$P(\text{男性}) = \frac{8+1}{15+2} = 0.5294$$

$$P(\text{女性}) = \frac{7+1}{15+2} = 0.4706$$

同样对于发长特征共有短发、中发和长发 3 个取值，在 8 个男性类别样本中有 6 个短发样本、1 个中发样本和 1 个长发样本。按照式(4.11)我们计算得到概率：

$$P(\text{短发} \mid \text{男性}) = \frac{6+1}{8+3} = 0.6364$$

$$P(\text{中发} \mid \text{男性}) = \frac{1+1}{8+3} = 0.1818$$

$$P(\text{长发}\mid\text{男性})=\frac{1+1}{8+3}=0.1818$$

同样对于发长特征，在7个女性类别样本中有1个短发样本、3个中发样本和3个长发样本。按照式(4.11)计算得到概率：

$$P(\text{短发}\mid\text{女性})=\frac{1+1}{7+3}=0.2$$

$$P(\text{中发}\mid\text{女性})=\frac{3+1}{7+3}=0.4$$

$$P(\text{长发}\mid\text{女性})=\frac{3+1}{7+3}=0.4$$

艾博士检查了小明的计算结果后称赞道：小明计算得真是又快又准确。拉普拉斯平滑方法通过在原有计数基础上加1的方法，解决了因数据不足造成的概率为0问题，这看起来是个小技巧，实际上是有理论依据的，具体就不介绍了。

最后再举一个采用朴素贝叶斯方法做文本分类任务的例子。

**小明**：什么是文本分类任务呢？

**艾博士**：所谓文本分类任务就是对于一个给定文本，按照其内容分配到相应的类别中。比如说我们有4个新闻类别，分别为体育、财经、政治和军事，新来了一个新闻稿件，应该属于哪个类别呢？这就是文本分类任务所要完成的。

**小明**：这倒是一个很有意思的任务。

**艾博士**：为了完成这个任务，我们首先要收集包含这4个方面内容的新闻稿件作为训练数据集，我们称为语料库。语料库中每篇新闻稿件作为一个训练样本。收集到的每篇新闻稿件要标注好所属的文本类别，以便用于计算朴素贝叶斯分类方法中所用到的各种概率。为了防止出现概率等于0的情况，我们采用拉普拉斯平滑方法。

首先按照式(4.12)计算4个类别的类别概率，以新闻稿件为单位进行计算：

$$P(\text{文本类别})=\frac{\text{属于该类别的新闻稿件数}+1}{\text{新闻稿件总数}+\text{类别数}}$$

比如，体育类的概率：

$$P(\text{体育})=\frac{\text{属于体育新闻的稿件数}+1}{\text{新闻稿件总数}+4}$$

我们以新闻稿件中用到的单词为特征，每个具体的单词为特征的取值。为此事先要建立一个词表，可能用到的单词均包含在此表中。

接下来按照式(4.11)计算词表中每个单词在每个类别中出现的概率：

$$P(\text{单词}\ i\mid\text{类别}\ k)=\frac{\text{单词}\ i\ \text{出现在类别}\ k\ \text{新闻稿件中的次数}+1}{\text{语料库中出现的单词总次数}+\text{词表长度}}$$

比如“足球”出现在“体育”类中的概率：

$$P(\text{足球}\mid\text{体育})=\frac{\text{足球出现在体育类新闻稿件中的次数}+1}{\text{语料库中出现的单词总次数}+\text{词表长度}}$$

其中，“词表长度”相当于式(4.11)中的“特征可能的取值数 $S_k$”，词表中有多少个单词，就相当于有多少个可能的取值。

计算完这些概率，取对数后存储起来以便分类时使用，训练过程就结束了。

当来了一个新的新闻稿件之后，该稿件属于哪个类别呢？按照朴素贝叶斯方法，我们分别将体育、财经、政治和军事 4 个类别代入式(4.9)中计算，取值最大者就是新闻稿件所属的类别。

$$\ln(P(\text{类别 } i)) + \sum_{j=1}^{N} \ln(P(\text{稿件中第 } j \text{ 个单词} \mid \text{类别 } i))$$

其中，$N$ 为新闻稿件的长度，即新闻稿件包含的单词数。这样就用朴素贝叶斯方法实现了对新闻稿件的文本分类。

**小明**：原来可以这样实现文本分类啊，看起来并不难，回家后我就写个程序看看效果如何。

**小明读书笔记**

朴素贝叶斯方法是一种基于概率的分类方法，对于待分类样本，计算属于每个类别的概率，将所属概率最大的类别作为分类结果。

根据贝叶斯公式，求待分类样本 $x$ 所属概率最大的类别可以转化为求下式最大值问题：

$$P(x \mid y_i)P(y_i)$$

其中，$P(y_i)$是类别 $y_i$ 出现的概率，可以通过训练数据估计得到：

$$P(y_i) = \frac{\text{属于类别 } y_i \text{ 的样本数}}{\text{总样本数}}$$

$P(x|y_i)$是类别 $y_i$ 中特征取值$x$ 的联合概率。由于联合概率存在组合爆炸问题，为此引入特征独立性假设，联合概率：

$$P(x \mid y_i) = P(x \mid y_i) = P((x_1, x_2, \cdots, x_N) \mid y_i) = \prod_{j=1}^{N} P(x_j \mid y_i)$$

其中，$x_i$ 为 $x$ 第 $i$ 个特征的取值。

引入独立性假设的贝叶斯分类方法称作朴素贝叶斯方法。概率 $P(x_j|y_i)$可以通过训练数据估计得到：

$$P(x_j \mid y_i) = \frac{\text{类别 } y_i \text{ 的样本中第 } j \text{ 个特征取值为 } x_j \text{ 的样本数}}{\text{标记为类别 } y_i \text{ 的样本数}}$$

为了防止概率为 0 的情况出现，一般采用拉普拉斯平滑方法，即默认任何特征均至少有一个取值。

## 4.3 决策树

**艾博士**：我们在对事物进行分类时，常常先用某个特征划分成几个大类，然后再一层层地根据事物特点进行细化，直到划分到具体的类别。

比如，根据饮食习惯可以判断是哪个地方的人。可以先根据是否喜欢吃辣的，划分成喜欢吃辣的和不喜欢吃辣的两大部分。如果是喜欢吃辣的，则可能是四川人或者湖南人，再根据是否喜欢吃麻的这一点，区分是四川人还是湖南人。而对于不喜欢吃辣的这一部分，如果喜欢吃甜的，则可能是上海人。如果不喜欢吃甜的，但喜欢吃酸的，则可能是山西人，否则就可能是河北人。

这一决策过程，可以表示为图 4.7。由于其形式类似于数据结构中的一棵树，所以被称作决策树。小明了解什么是树结构吗？

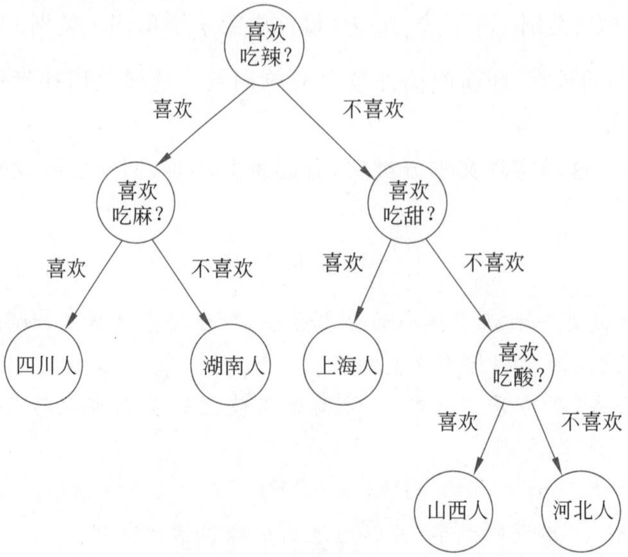


**图 4.7 决策树示意图(1)**

**小明**：我在数据结构中学习过树结构，这是一种常用的数据结构。图中的圆圈称作节点，节点具有层次性，是一层一层从上到下生成出来的。直接连接在一个节点下面的几个节点称作上面这个节点的子节点，而上面这个节点称作这几个子节点的父节点。子节点和父节点都是相对的，一个父节点可能是其他节点的子节点，同样，一个子节点也可能是其他节点的父节点。比如图 4.7 中，节点"喜欢吃酸"是节点"山西人"和节点"河北人"的父节点，同时又是节点"喜欢吃甜"的子节点。图中最上面的节点，也就是没有父节点的节点，称作根节点。而图中最下面的节点，也就是那些没有子节点的节点，称作叶节点。比如图 4.7 中，节点"喜欢吃辣"就是这棵树的根节点，而节点"四川人""湖南人""上海人""山西人"和"河北人"都属于叶节点。

**艾博士**：小明解释得很全面，几个重要的概念都介绍到了，我们会用到这些概念。

决策树是一种用于分类的特殊的树结构，其叶节点表示类别，非叶节点表示特征，分类时从根节点开始，按照特征的取值逐步细化，最后得到的叶节点即为分类结果。

**小明**：决策树这种方法看起来倒是比较直观，关键是如何建立决策树吧？

**艾博士**：是的。对于同一个问题，特征使用的次序不同，就可以建立多个不同的决策树，比如前面这个例子，也可以建立如图 4.8 所示的决策树。这就遇到了一个问题：如何评价一棵决策树的好坏，因为我们总是希望建立一棵最好的决策树。

**小明**：俗话说，是骡子是马拉出来遛遛。能不能采用测试的方法？利用一些测试数据，测试每一棵决策树的分类性能，哪棵决策树的性能好，就选用哪个。

**艾博士**：的确是一个办法。但是这里存在一个问题，当特征数量比较多时，可能建立的决策树数量是非常多的，又遇到了组合爆炸问题。我们不可能把所有可能的决策树都建立起来，一棵一棵去测试以便找到一棵最好的决策树。

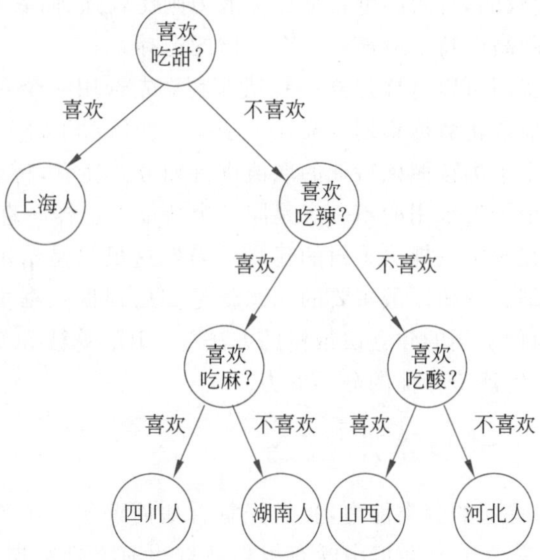


图 4.8　决策树示意图(2)

小明有点不好意思地说：我又把问题想简单了。

**艾博士**：为了建立一棵决策树，首先要有一个供训练用的数据集，数据集是建立决策树的依据。我们建立的决策树希望尽可能满足两个条件：一个条件是与数据集的矛盾尽可能小，也就是说，用决策树对数据集中的每个样本进行分类，其结果应该尽可能与样本的标注信息一致；另一个条件是在使用该决策树进行实际分类时，正确率尽可能高。后者称作泛化能力，泛化能力越强实际使用分类效果就越好。

听到这里小明急忙问道：难道决策树的分类结果不是应该与训练数据集的标注信息完全一致吗？为什么是尽可能一致呢？

艾博士解释说：可能有多个原因做不到完全一致，比如采用的特征不合理或者不完备，利用这些特征就做不到与数据集完全一致的分类，或者数据集本身具有一定的噪声，有些标注信息有错误，这种情况下不一致反而是正确的，一致了反而会有问题。还有就是数据集中的一些样本比较特殊，代表性不强，如果强制对这类样本做正确分类，其结果可能会造成决策树泛化能力下降。后面会看到，我们有时会人为地加大决策树分类结果与数据集的不一致性，以便提高决策树的泛化能力。

**小明**：竟然还会有这样的问题，比较有意思，期待着后面的讲解。

**艾博士**：既然不可能一棵一棵去测试每一棵可能生成的决策树，就要看看是否有什么办法帮助我们建立一棵比较好的决策树，即便不一定是最优的，但是也是一个比较好的。

首先我们先看看如何建立一棵与数据集尽可能一致的决策树，先从这个角度考虑如何构建决策树问题。

在决策树中，按照特征的不同取值，可以将数据集划分为不同的子集，不同的决策树就是使用特征的顺序不同，有的特征先使用，有的特征后使用。由于每个特征的分类能力是不一样的，所以有理由应该最先使用分类能力强的特征。比如对于男女性别分类问题，年龄是一个特征，鞋跟高度是一个特征，衣服颜色是一个特征。显然对于男女性别分类问题来说，年龄特征的分类能力比较弱，鞋跟高度特征分类能力则比较强，而衣服颜色特征则介于二者之间，所以优先使用鞋跟高度特征应该是一个不错的选择。

按照这样的思路，我们可以这样建立一棵决策树：先选用一个对数据集分类能力最强的特征，按照该特征的取值将数据集划分成几个子类。然后对于每个子类，选用一个分类能力最强的特征，再将每个子类按照该特征的取值进行划分。注意，特征的分类能力与具体的数据集有关，所以这几个子类采用的不一定是同一个特征。这样一直划分下去，直到得到具体的类别为止，这样就完成了一棵决策树的建立。当然这里只是给出了一个建立决策树的基本思路，还涉及很多细节问题。最主要的问题就是如何根据数据集衡量一个特征的分类能力。下面我们介绍两种常用的建立决策树的方法——ID3 算法和 C4.5 算法，不同方法之间最主要的区别就是如何评价特征的分类能力。

### 4.3.1 决策树算法——ID3 算法

**艾博士**：为了评价特征的分类能力，我们先看看如何评价一个数据集的混乱程度。以男女性别分类为例，如果一个数据集中既有男性数据也有女性数据，则数据集是比较混乱的；如果一个数据集中只有男性数据或者只有女性数据，则数据集是纯净的。小明你觉得什么情况下这个数据集最混乱呢？

小明思考了一会儿回答道：男女数据各占一半时数据集最混乱吧？因为在这种情况下，如果没有任何其他信息，猜一个样本数据是男性数据还是女性数据的概率是 50%，具有最大的不确定性。如果有些类别的数据多，有些类别的数据少，比如说男性数据占 70%，女性数据占 30%，则在这种情况下，当没有其他可用信息时，让我猜一个样本数据是男性数据还是女性数据，我肯定会猜测是男性数据，因为猜对的概率为 70%。所以对于一个男性数据占 70%、女性数据占 30%的数据集，就不是那么混乱。

**艾博士**：所以说，一个数据集的混乱程度与其各个类别的占比，也就是概率有关。为此我们可以引用熵的概念，用熵的大小评价一个数据集的混乱程度。

**小明**：什么是熵呢？

**艾博士**：熵是度量数据集混乱程度的一种方法，通过数据集中各个类别数据的概率可以计算出该数据集的熵。

假设数据集由 $n$ 个类别组成，每个类别的概率为 $P_i$，则该数据集 $D$ 的熵 $H(D)$ 由式(4.13)给出：

$$H(D)=-\sum_{i=1}^{n}P_i\cdot\log_2(P_i) \tag{4.13}$$

其中，概率 $P_i$ 由数据集计算得到：

$$P_i=\frac{\text{数据集中第 } i \text{ 类的样本数}}{\text{数据集中样本总数}} \tag{4.14}$$

由于概率 $P_i$ 都是大于或等于 0 且小于或等于 1 的，所以取对数后 $\log_2(P_i)$是小于或等于 0 的，也就是或者为 0，或者为负数。这样由式(4.13)可以得到熵一定是大于或等于 0 的。

小明有些疑惑地问道：概率 $P_i$ 是有可能等于 0 的，而 0 的对数是负无穷，这种情况下如何计算熵呢？

艾博士解释说：在计算熵时，对于概率 $P_i$ 等于 0 的情况，我们约定 $P_i\cdot\log_2(P_i)$的值为 0。

**小明**：这样约定就没有问题了。

下面举一个计算熵的例子。比如对于男女性别数据集，当男女数据各占一半时，类别为男性的概率和类别为女性的概率均为0.5，所以这种情况下该数据集的熵为：

$$\begin{aligned}H(D)&=-(\text{男性概率}\cdot\log_2(\text{男性概率})+\text{女性概率}\cdot\log_2(\text{女性概率}))\\&=-(0.5\cdot\log_2(0.5)+0.5\cdot\log_2(0.5))\\&=-(0.5\cdot(-1)+0.5\cdot(-1))\\&=1\end{aligned}$$

当男性数据为70%、女性数据为30%时，类别为男性的概率为0.7，类别为女性的概率为0.3，所以这种情况下该数据集的熵为：

$$\begin{aligned}H(D)&=-(\text{男性概率}\cdot\log_2(\text{男性概率})+\text{女性概率}\cdot\log_2(\text{女性概率}))\\&=-(0.7\cdot\log_2(0.7)+0.3\cdot\log_2(0.3))\\&=-(0.7\cdot(-0.5146)+0.3\cdot(-1.7370))\\&=0.8813\end{aligned}$$

**小明**：这两个例子确实说明了熵的大小可以反映数据集的混乱程度，熵值越大说明数据集越混乱。这与特征的分类能力有什么关系呢？

**艾博士**：如果按照特征的取值，将数据集划分成几个子数据集，这些子数据集的熵变小了，就说明采用这个特征后数据集比之前变得更纯净了。使用特征前后数据集熵的下降程度，是否就可以评价特征的分类能力呢？

**小明**：这是一个巧妙的想法，熵的下降程度越大，说明使用特征后的数据集越纯净，特征的分类能力也就越强。如果使用特征之后划分得到的几个子数据集是完全纯净的，也就是每个子集都是同一个类别的样本数据，则这种情况下熵的下降程度最大，也是我们希望得到的分类结果。

**艾博士**：但是这时又遇到了问题，采用特征后将数据集划分了几个子数据集，多个子数据集的熵怎么计算呢？

**小明**：是啊，我又把问题想简单了。

**艾博士**：这时我们要引用条件熵的概念，也就是按照特征 $A$ 的取值将数据集 $D$ 划分成了几个子数据集，综合计算这几个子数据集的熵，称作条件熵，表示为 $H(D|A)$。

假设数据集为 $D$，所使用的特征为 $A$，共有 $n$ 个取值，按照 $A$ 的取值将数据集 $D$ 划分成 $n$ 个子数据集 $D_i$，则条件熵 $H(D|A)$ 为子数据集的熵按照每个子数据集占数据集的比例的加权和，即

$$H(D\mid A)=\sum_{i=1}^{n}\frac{|D_i|}{|D|}H(D_i)\tag{4.15}$$

其中，$|D_i|$ 表示第 $i$ 个子数据集 $D_i$ 的样本数；$|D|$ 表示数据集 $D$ 的样本数；$\frac{|D_i|}{|D|}$ 就是第 $i$ 个子数据集 $D_i$ 占数据集 $D$ 的比例；$H(D_i)$ 是第 $i$ 个子数据集 $D_i$ 的熵，同样按照式(4.13)计算，只是数据采用第 $i$ 个子数据集 $D_i$ 中的样本。

**小明**：我明白了，条件熵就相当于是每个子数据集熵的加权平均值，权重为每个子数据集占数据集的比例。

艾博士接着讲道：使用特征 $A$ 前后数据集熵的下降程度我们称为信息增益，用 $g(D,A)$表示，由式(4.16)给出：

$$g(D,A)=H(D)-H(D\mid A) \tag{4.16}$$

用信息增益就可以对特征的分类能力进行评价了，信息增益越大的特征，说明该特征的分类能力越强。

**小明**：我明白了。由式(4.16) 可以看出，信息增益最大为 $H(D)$，此时条件熵 $H(D|A)$为 0，说明特征 $A$ 完全可以将数据集 $D$ 划分成几个纯净的子数据集，每个子数据集中的样本都是相同的类别。信息增益最小为 0，说明特征 $A$ 使用前后数据集的熵没有变化，特征 $A$ 没有任何分类能力。

接着小明又问道：这样的话，是不是先按照信息增益对特征排一个序，然后按照顺序使用特征建立决策树就可以了？

**艾博士**：小明你又把问题想简单了，特征的分类能力是与具体的数据集有关的，在一个数据集下分类能力强的特征，换一个数据集分类能力可能就没有那么强了。比如，我们前面讨论过，对于男女性别分类来说，鞋跟高度可能是一个分类能力比较强的特征，这是从一般情况说的，如果一个数据集中全是穿平底鞋的，那么鞋跟高度就没有任何分类能力了。

**小明**：从式(4.16)也确实可以看出信息增益是与具体的数据集有关。

**艾博士**：所以说建立决策树时，先用全部数据集 $D$ 按照信息增益选择一个特征 $A$，按照特征 $A$ 的取值将数据集 $D$ 划分成 $D_1,D_2,\cdots,D_n$ 共 $n$ 个子数据集，对这 $n$ 个子数据集再分别计算每个特征的信息增益，每个子数据集 $D_i$ 分别选出对应的信息增益最大的特征 $A_i$，这几个特征可能是相同的，也可能是不同的，完全由具体的子数据集决定。

讲到这里艾博士强调说：这种按照信息增益选择特征建立决策树的方法，称作 ID3 算法。

**小明**：为什么称作 ID3 算法呢？

**艾博士**：ID3 算法的全称是 Iterative Dichotomiser 3，直译过来就是“第三代迭代二分器”的意思。这里“迭代”的意思是指，对于每个子数据集，包括子数据集的子数据集……，都采用相同的方法选择特征，一层层地逐渐加深建立决策树。而“二分器”指的是每个节点(对应决策树建立过程中的某个数据集)都可以划分成两部分。但是实际上 ID3 算法建立的决策树不仅仅是“二分”的，也可以是“多分”的，之所以叫作“二分器”可能与早期的决策树形式有关，逐渐改进之后也允许“多分”了。

**小明**：原来是这样的。

**艾博士**：下面我们首先给出 ID3 算法的具体描述，然后再详细讲解其建立决策树的过程。简单地说，ID3 算法就是采用上面提到的建立决策树的思想，按照信息增益选择特征，按照特征的取值将数据集逐步划分成小的子数据集，采用递归的思想建立决策树。

**ID3 算法**

输入：训练集 $D$，特征集 $A$，阈值 $\varepsilon$

输出：决策树 $T$

1 如果 $D$ 中所有样本均属于同一类别 $C_k$，则 $T$ 为单节点树，将 $C_k$ 作为该节点的类别标志，返回 $T$

2　如果 $A$ 为空，则 $T$ 为单节点树，将 $D$ 中样本最多的类 $C_k$ 作为该节点的类别标志，返回 $T$

3　否则计算 $A$ 中各特征对 $D$ 的信息增益，选择信息增益最大的特征 $A_g$

4　如果 $A_g$ 的信息增益小于阈值 $\varepsilon$，则将 $T$ 视作单节点树，将 $D$ 中样本最多的类 $C_k$ 作为该节点的类别标记，返回 $T$

5　否则按照 $A_g$ 的每个可能取值 $a_i$，将 $D$ 划分为 $n$ 个子数据集 $D_i$，作为 $D$ 的子节点

6　对于 $D$ 的每个子节点 $D_i$，如果 $D_i$ 为空，则视 $T_i$ 为单节点树将 $D_i$ 的父节点 $D$ 中样本最多的类作为 $D_i$ 的类别标记

7　否则以 $D_i$ 作为训练集，以 $A-\{A_g\}$ 为特征集，递归地调用算法的 1～6 步，得到子决策树 $T_i$，返回 $T_i$

**艾博士**：下面我们就具体解释一下 ID3 算法建立决策树的过程。

首先，算法的输入包括：一个用于训练的数据集；一个特征集，特征集包含了所有可以使用的特征；一个大于 0 的阈值 $\varepsilon$，当信息增益小于该阈值时，认为信息增益为 0，特征不具有任何分类能力。

算法的输出就是一棵决策树。由于算法是递归实现的，所以算法输出的也可能只是决策树的某个叶节点，或者是一棵子决策树。比如由某个子数据集建立的子决策树。

算法的前几步为处理几种特殊情况。第一步判断数据集 $D$ 是否都是同一个类别的样本，如果都是同一个类别，则说明该数据集不需要再分类了，应该成为决策树的一个叶节点，按照样本的类别标记该节点的类别。

小明有些不解地问道：为什么会出现数据集 $D$ 都是同一个类别的情况呢？收集数据集时不是要尽可能各种类别都有吗？

**艾博士**：收集数据集时确实如小明所说，需要各个类别都有。ID3 算法是按照选择的特征逐渐划分数据集，所以这里的数据集 $D$ 不一定是最原始的训练用数据集，而是算法按照特征对数据集进行划分过程中得到的某个小数据集，这种情况下数据集 $D$ 很可能就是单一类别的样本，而且随着决策树的建立，当用了多个特征对数据集划分之后，我们也希望最后得到的小数据集是由单一样本组成的，这样才说明这些特征具有比较好的分类效果。比如对于男女性别分类问题，如果采用了鞋跟高度特征之后，取值高跟的划分为一个子数据集，取值平底的划分为另一个子数据集，如果穿高跟鞋的刚好都是女性，而穿平底鞋的刚好都是男性，则两个子数据集都是同一个类别的样本数据。

**小明**：我明白了，由于按照特征的取值对数据进行反复划分，最后得到的数据集就会出现单一类别的情况，而这也正是我们所希望的结果。

艾博士继续讲解说：ID3 算法的第二步，如果特征集 $A$ 为空，这时即便数据集 $D$ 中的样本不是单一类别的，由于已经没有特征可用，也不能继续按照特征的取值对数据集 $D$ 做进一步划分，这时只能将数据集 $D$ 当作决策树的一个叶节点，其类别标记为 $D$ 中类别最多样本的类别。比如如果这时 $D$ 中的样本有 8 个男性、3 个女性，男性样本多于女性的样本，则将该节点标记为男性类别。

**小明**：为什么会出现特征集为空的情况呢？

**艾博士**：假设我们用特征 $A_g$ 的取值将数据集 $D$ 划分为 $n$ 个子数据集 $D_i$，然后再用信

息增益最大的特征 $A_i$ 分别对子数据集 $D_i$ 做划分。对于子数据集 $D_i$ 来说，是用特征 $A_g$ 的取值划分得到的，那么再对子数据集 $D_i$ 做划分时，特征 $A_g$ 已经没有意义，需要从特征集中删除特征 $A_g$，从其他特征中选择一个信息增益最大的特征。同样，在对数据集 $D_i$ 的子数据集做划分时，也要删除所选择的 $A_i$ 这个特征。这样的话，随着按照特征取值对数据集做划分的进行，可用的特征会越来越少，最终就可能出现特征集为空的情况。

**小明**：这跟随着数据集逐步划分成小数据集，最后会出现单一类别的数据集是同一个道理。

**艾博士**：但是这时也要注意，避免初学者容易犯的错误。我们通过一个具体例子来说明吧。

如图 4.9 所示，数据集 $D$ 由特征 $A_g$（假定 $A_g$ 有 3 个取值）划分为 $D_1$、$D_2$、$D_3$ 3 个子数据集，这样接下来在对 $D_1$、$D_2$、$D_3$ 3 个子数据集做划分时，就不能再用特征 $A_g$ 了，因为这 3 个数据集就是根据 $A_g$ 的取值划分的，再用也没有任何意义。然后 $D_1$ 被特征 $A_1$ 划分为 $D_{11}$ 和 $D_{12}$、$D_2$ 被特征 $A_2$ 划分为 $D_{21}$ 和 $D_{22}$、$D_3$ 被特征 $A_3$ 划分为 $D_{31}$ 和 $D_{32}$。$A_1$、$A_2$、$A_3$ 这 3 个特征可能相同也可能不相同，3 个特征之间没有任何关联，完全根据 $D_1$、$D_2$、$D_3$ 所包含的样本，依据信息增益进行选择。接下来在对 $D_{11}$ 和 $D_{12}$ 两个数据集做划分时，$A_g$ 和 $A_1$ 两个特征就不能再用了，因为这两个数据集是使用了 $A_g$ 和 $A_1$ 两个特征后得到的数据集，但是特征 $A_2$ 和 $A_3$ 还是可以用的，除非这两个特征与 $A_g$ 或者 $A_1$ 相同。同样，在对 $D_{21}$ 和 $D_{22}$ 两个数据集做划分时，$A_g$ 和 $A_2$ 两个特征不能用了，特征 $A_1$ 和 $A_3$ 是可以用的，除非这两个特征与 $A_g$ 或者 $A_2$ 相同。其他的也都类似。

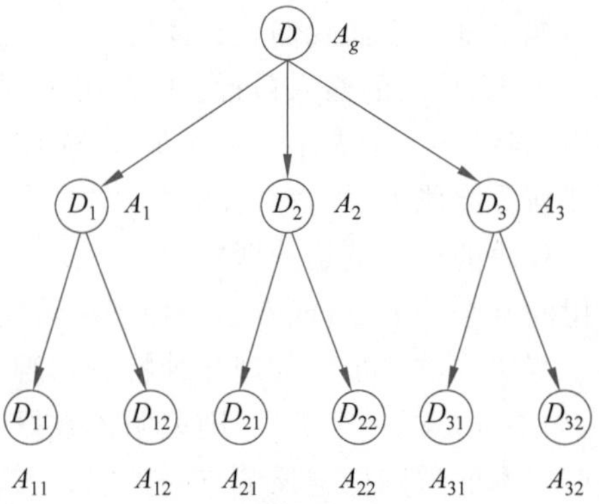

图 4.9 决策树建立示意图

**小明**：这个例子很说明问题，并不是用过的特征都不能用了，只是与当前数据集有关系的特征不能再使用。比如在这个例子中，$D_{11}$ 和 $D_{12}$ 两个数据集与特征 $A_g$ 和 $A_1$ 有关系，是采用这两个特征后得到的数据集，所以 $D_{11}$ 和 $D_{12}$ 两个数据集不能再用特征 $A_g$ 和 $A_1$，而特征 $A_2$ 和 $A_3$ 与 $D_{11}$ 和 $D_{12}$ 没有关系，所以还可以使用。

艾博士称赞道：小明总结得很好。

ID3 算法的第三步，特征集 $A$ 中的每个特征计算对数据集 $D$ 的信息增益，从中选择一个信息增益最大的特征 $A_g$。这一步就是计算信息增益的过程，前面介绍过具体方法，这里不再重复。

ID3 算法的第四步，如果最大的信息增益 $A_g$ 小于给定的阈值 $\varepsilon$，则认为该特征已经没有什么分类能力了，基本等同于算法第二步的特征集 $A$ 为空的情况，按照同样的办法处理，不再赘述。

ID3 算法的第五步，按照特征 $A_g$ 的 $n$ 个取值 $a_1$，$a_2$，…，$a_n$ 将数据集 $D$ 划分为 $n$ 个子数据集 $D_i$，每个子数据集 $D_i$ 作为数据集 $D$ 的子节点连接，如图 4.10 所示。

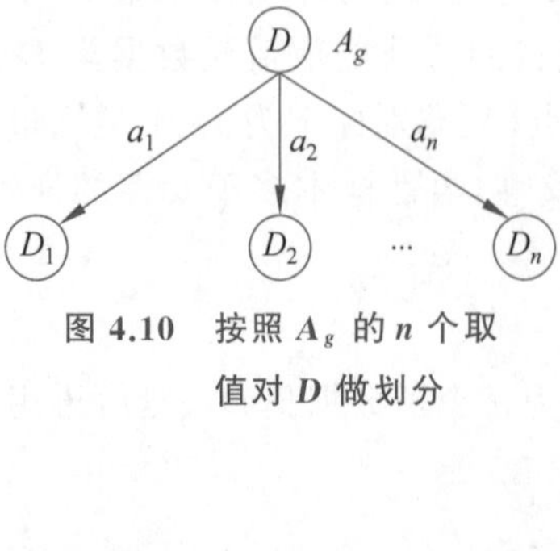

图 4.10 按照 $A_g$ 的 $n$ 个取值对 $D$ 做划分

对于 ID3 算法的第六步，我们暂时先放一放，最后再给出解释。

ID3 算法的第七步，接下来就是以算法第五步产生的每个子数据集 $D_i$ 分别作为训练集，递归地调用 ID3 算法的第一步到第六步，为每个子数据集建立一棵子决策树 $T_i$。由于这几个子数据集是用特征 $A_g$ 的取值划分得到的，所以在建立子决策树 $T_i$ 时，要将特征 $A_g$ 从特征集 $A$ 中去除，即以 $A-\{A_g\}$ 为特征集。

最后再返回来说说 ID3 算法的第六步，这一步是对可能遇到的特殊情况进行处理。当按照特征的取值对数据集划分时，可能会遇到某个子数据集为空的情况，也就是该子数据集中一个样本也没有。比如在图 4.10 中，如果数据集 $D$ 中没有任何样本的 $A_g$ 特征取值为 $a_2$，则子数据集 $D_2$ 就为空。这种情况下，也要为子数据集 $D_2$ 标记一个类别，以便在实际使用时，万一有样本落入这个节点时获得一个分类结果。

小明有些不解地问道：这个节点为空说明没有任何训练样本落入这个节点，怎么对它标注类别呢？从算法中看类别标记都是根据样本情况标记的。

**艾博士**：确实存在小明所说的情况，所以要特殊处理。在这种情况下，我们就是猜测一个类别作为这个叶节点的分类标记。

小明问道：怎么猜测呢？

**艾博士**：在 ID3 算法中是这样处理的：以其父节点数据集 $D$ 中样本数最多的类别作为该叶节点的类别标记。比如 $D$ 中男性样本多于女性样本，则该节点就标记为男性。

**小明**：我明白 ID3 算法的处理思路了，就是既然这个节点为空，不能确定其类别标记，就按照其父节点的样本情况，猜测一个分类标记。万一在实际使用中有样本落入该节点时，就以猜测的分类标记作为输出。

**艾博士**：讲了这么多，还是举例说明如何使用 ID3 算法建立一棵决策树吧。采用表 4.1 给出的男女性别数据作为训练集，建立一棵用于男女性别分类的决策树。为了方便计算，再次复制表 4.1，如表 4.3 所示。

表 4.3　男女性别样本数据表

| ID | 年龄 | 发长 | 鞋跟 | 服装 | 性别 |
|---|---|---|---|---|---|
| 1 | 老年 | 短发 | 平底 | 深色 | 男性 |
| 2 | 老年 | 短发 | 平底 | 浅色 | 男性 |
| 3 | 老年 | 中发 | 平底 | 花色 | 女性 |
| 4 | 老年 | 长发 | 高跟 | 浅色 | 女性 |
| 5 | 老年 | 短发 | 平底 | 深色 | 男性 |
| 6 | 中年 | 短发 | 平底 | 浅色 | 男性 |
| 7 | 中年 | 短发 | 平底 | 浅色 | 男性 |
| 8 | 中年 | 长发 | 高跟 | 花色 | 女性 |
| 9 | 中年 | 中发 | 高跟 | 深色 | 女性 |
| 10 | 中年 | 中发 | 平底 | 深色 | 男性 |
| 11 | 青年 | 长发 | 高跟 | 浅色 | 女性 |

续表

| ID | 年龄 | 发长 | 鞋跟 | 服装 | 性别 |
|---|---|---|---|---|---|
| 12 | 青年 | 短发 | 平底 | 浅色 | 女性 |
| 13 | 青年 | 长发 | 平底 | 深色 | 男性 |
| 14 | 青年 | 短发 | 平底 | 花色 | 男性 |
| 15 | 青年 | 中发 | 高跟 | 深色 | 女性 |

首先开始的时候数据集 $D$ 就是表 4.3 所示的这个表，先计算数据集 $D$ 的熵。

数据集 $D$ 共有 15 个样本，其中男性样本有 8 个，女性样本有 7 个，则男性、女性的概率分别为：

$$P(\text{男性})=\frac{8}{15}=0.5333$$

$$P(\text{女性})=\frac{7}{15}=0.4667$$

根据式(4.13) 有 $D$ 的熵为：

$$\begin{aligned}H(D)&=-\sum_{i=1}^{n}P_i\times\log_2(P_i)\\&=-(P(\text{男性})\times\log_2(P(\text{男性}))+P(\text{女性})\times\log_2(P(\text{女性})))\\&=-(0.5333\times\log_2 0.5333+0.4667\times\log_2 0.4667)\\&=0.9968\end{aligned}$$

接下来根据式(4.15)计算每个特征的条件熵。

对于年龄特征，共有老年、中年和青年 3 个取值，每个取值都有 5 个样本。当取值为老年时，5 个样本中有 3 个男性、2 个女性，我们得到这个子数据集下男性、女性的概率分别为：

$$P(\text{男性})=\frac{3}{5}=0.6$$

$$P(\text{女性})=\frac{2}{5}=0.4$$

所以对于取值老年时子数据集的熵，用 $H$(老年)表示：

$$\begin{aligned}H(\text{老年})&=-(P(\text{男性})\times\log_2(P(\text{男性}))+P(\text{女性})\times\log_2(P(\text{女性})))\\&=-(0.6\times\log_2 0.6+0.4\times\log_2 0.4)\\&=0.9710\end{aligned}$$

相应地，可以计算出取值中年、取值青年时子数据集的熵，下面直接给出计算结果：

$$H(\text{中年})=0.9710$$

$$H(\text{青年})=0.9710$$

小明看着艾博士的计算结果有些疑惑地问道：怎么 3 个子数据集的熵都是 0.9710？

艾博士回答说：是的，恰好都是这个结果。因为对于年龄特征，老年、中年和青年 3 个取值都是各有 5 个样本，而且 3 个取值中不是 3 个男性 2 个女性，就是 2 个男性 3 个女性，这两种情况熵都是一样的。

**小明**：明白了。

艾博士又继续讲解了起来：根据式(4.15)有特征年龄的条件熵为：

$$
\begin{aligned}
H(D \mid \text{年龄}) &= \sum_{i=1}^{n} \frac{|D_i|}{|D|} H(D_i) \\
&= \frac{\text{取值老年的样本数}}{\text{数据集 } D \text{ 的样本数}} H(\text{老年}) + \frac{\text{取值中年的样本数}}{\text{数据集 } D \text{ 的样本数}} H(\text{中年}) + \\
&\quad \frac{\text{取值青年的样本数}}{\text{数据集 } D \text{ 的样本数}} H(\text{青年}) \\
&= \frac{5}{15} \times 0.9710 + \frac{5}{15} \times 0.9710 + \frac{5}{15} \times 0.9710 \\
&= 0.9710
\end{aligned}
$$

由此我们得到年龄的信息增益为：

$$
\begin{aligned}
g(D,\text{年龄}) &= H(D) - H(D \mid \text{年龄}) \\
&= 0.9968 - 0.9710 \\
&= 0.0258
\end{aligned}
$$

对于发长特征，共有短发、中发和长发 3 个取值，其中短发有 7 个样本，中发和短发各有 4 个样本。当取值为短发时，7 个样本中有 6 个男性、1 个女性，得到这个子数据集下男性、女性的概率分别为：

$$P(\text{男性}) = \frac{6}{7} = 0.8571$$

$$P(\text{女性}) = \frac{1}{7} = 0.1429$$

所以对于取值短发时子数据集的熵，用 $H(\text{短发})$ 表示：

$$
\begin{aligned}
H(\text{短发}) &= -(P(\text{男性}) \times \log_2(P(\text{男性})) + P(\text{女性}) \times \log_2(P(\text{女性}))) \\
&= -(0.8571 \times \log_2 0.8571 + 0.1429 \times \log_2 0.1429) \\
&= 0.5917
\end{aligned}
$$

相应地，我们可以计算出取值中发和长发时子数据集的熵，下面直接给出计算结果：

$$H(\text{中发}) = 0.8113$$

$$H(\text{长发}) = 0.8113$$

根据式(4.15)有发长特征的条件熵为：

$$
\begin{aligned}
H(D \mid \text{发长}) &= \sum_{i=1}^{n} \frac{|D_i|}{|D|} H(D_i) \\
&= \frac{\text{取值短发的样本数}}{\text{数据集 } D \text{ 的样本数}} H(\text{短发}) + \frac{\text{取值中发的样本数}}{\text{数据集 } D \text{ 的样本数}} H(\text{中发}) + \\
&\quad \frac{\text{取值长发的样本数}}{\text{数据集 } D \text{ 的样本数}} H(\text{长发}) \\
&= \frac{7}{15} \times 0.5917 + \frac{4}{15} \times 0.8113 + \frac{4}{15} \times 0.8113 \\
&= 0.7088
\end{aligned}
$$

由此得到发长的信息增益为：

$$
\begin{aligned}
g(D,\text{发长}) &= H(D) - H(D \mid \text{发长}) \\
&= 0.9968 - 0.7088 \\
&= 0.2880
\end{aligned}
$$

对于鞋跟特征，共有高跟和平底两个取值，其中高跟有 5 个样本，平底有 10 个样本。当取值为高跟时，5 个样本均为女性，没有男性样本。我们得到这个子数据集下男性、女性的概率分别为：

$$P(\text{男性}) = \frac{0}{5} = 0$$

$$P(\text{女性}) = \frac{5}{5} = 1$$

所以对于取值高跟时子数据集的熵，用 $H(\text{高跟})$ 表示：

$$
\begin{aligned}
H(\text{高跟}) &= -(P(\text{男性}) \times \log_2(P(\text{男性})) + P(\text{女性}) \times \log_2(P(\text{女性}))) \\
&= -(0 \times \log_2 0 + 1 \times \log_2 1) \\
&= 0
\end{aligned}
$$

讲到这里艾博士问小明：这里就遇到了对 0 取对数的问题，由于 0 的对数是负无穷大，还记得怎么处理这个问题吗？

小明回答说：记得呢，前面我问过这个问题，对于概率等于 0 的情况，按照 $0 \times \log_2 0$ 等于 0 处理。

**艾博士**：小明回答得非常正确！

艾博士继续讲道：相应地，可以计算出取值平底时子数据集的熵，下面直接给出计算结果：

$$H(\text{平底}) = 0.7219$$

根据式(4.15)得到鞋跟特征的条件熵为：

$$
\begin{aligned}
H(D \mid \text{鞋跟}) &= \sum_{i=1}^{n} \frac{|D_i|}{|D|} H(D_i) \\
&= \frac{\text{取值高跟的样本数}}{\text{数据集 } D \text{ 的样本数}} H(\text{高跟}) + \frac{\text{取值平底的样本数}}{\text{数据集 } D \text{ 的样本数}} H(\text{平底}) \\
&= \frac{5}{15} \times 0 + \frac{10}{15} \times 0.7219 \\
&= 0.4813
\end{aligned}
$$

由此得到鞋跟特征的信息增益为：

$$
\begin{aligned}
g(D,\text{鞋跟}) &= H(D) - H(D \mid \text{鞋跟}) \\
&= 0.9968 - 0.4813 \\
&= 0.5155
\end{aligned}
$$

对于服装特征，共有深色、浅色和花色 3 个取值，其中深色有 6 个样本，浅色有 6 个样本，花色有 3 个样本。当取值为深色时，6 个样本中有 4 个男性、2 个女性，得到这个子数据集下男性、女性的概率分别为：

$$P(\text{男性}) = \frac{4}{6} = 0.6667$$

$$P(\text{女性})=\frac{2}{6}=0.3333$$

所以对于取值深色时子数据集的熵，用 $H$(深色)表示：

$$\begin{aligned}H(\text{深色})&=-(P(\text{男性})\times\log_2(P(\text{男性}))+P(\text{女性})\times\log_2(P(\text{女性})))\\&=-(0.6667\times\log_2 0.6667+0.3333\times\log_2 0.3333)\\&=0.9183\end{aligned}$$

相应地，可以计算出取值浅色和花色时子数据集的熵，下面直接给出计算结果：

$$H(\text{浅色})=1$$

$$H(\text{花色})=0.9183$$

根据式(4.15)有服装特征的条件熵为：

$$\begin{aligned}H(D\mid\text{服装})&=\sum_{i=1}^{n}\frac{|D_i|}{|D|}H(D_i)\\&=\frac{\text{取值深色的样本数}}{\text{数据集 }D\text{ 的样本数}}H(\text{深色})+\frac{\text{取值浅色的样本数}}{\text{数据集 }D\text{ 的样本数}}H(\text{浅色})+\\&\quad\frac{\text{取值花色的样本数}}{\text{数据集 }D\text{ 的样本数}}H(\text{花色})\\&=\frac{6}{15}\times0.9183+\frac{6}{15}\times1+\frac{3}{15}\times0.9183\\&=0.9510\end{aligned}$$

由此得到服装的信息增益为：

$$\begin{aligned}g(D,\text{服装})&=H(D)-H(D\mid\text{服装})\\&=0.9968-0.9510\\&=0.0458\end{aligned}$$

比较年龄、发长、鞋跟和服装 4 个特征的信息增益，鞋跟特征的信息增益最大为 0.5155，所以对于决策树的根节点采用鞋跟特征对数据集 $D$ 做划分，按照特征的高跟和平底两个取值，得到两个子数据集 $D_1$ 和 $D_2$，如果用样本 ID 的集合表示子数据集，则有：

$$D_1=\{4,8,9,11,15\}$$

$$D_2=\{1,2,3,5,6,7,10,12,13,14\}$$

由于子数据集 $D_1$ 中样本的类别均为女性，所以 $D_1$ 成为决策树的一个叶节点，其类别标记为女性。

到此得到决策树的一个局部，如图 4.11 所示。

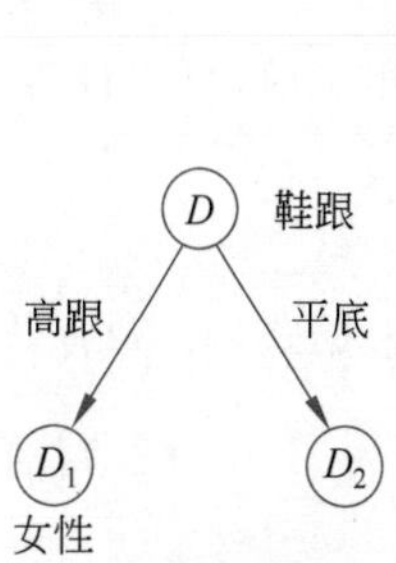


图 4.11　使用鞋跟特征后得到的决策树局部

由于子数据集 $D_1$ 是单一类别的样本集，不需要再处理，接下来对 $D_2$ 再次应用 ID3 算法。

首先计算数据集 $D_2$ 的熵。$D_2$ 中共有 10 个样本{1,2,3,5,6,7,10,12,13,14}，数字表示样本的 ID，其中 8 个男性样本、2 个女性样本，所以男性、女性的概率分别为：

$$P(\text{男性})=\frac{D_2\text{ 中男性样本数}}{D_2\text{ 中的样本数}}=\frac{8}{10}=0.8$$

$$P(\text{女性})=\frac{D_2\text{ 中女性样本数}}{D_2\text{ 中的样本数}}=\frac{2}{10}=0.2$$

所以得到 $D_2$ 的熵为：

$$\begin{aligned}H(D_2)&=-(P(\text{男性})\times\log_2(P(\text{男性}))+P(\text{女性})\times\log_2(P(\text{女性})))\\&=-(0.8\times\log_2 0.8+0.2\times\log_2 0.2)\\&=0.7219\end{aligned}$$

下面计算每个特征的信息增益。在计算信息增益时，要将鞋跟特征从特征集中删除，我们再一次计算年龄、发长和服装这 3 个特征的信息增益。

**小明**：年龄、发长和服装这 3 个特征的信息增益前面已经计算过，为什么不拿过来直接用呢？

**艾博士**：前面确实计算过这 3 个特征的信息增益，但是是对数据集 $D$ 计算的，而现在是对数据集 $D_2$ 计算。我们曾经说过，信息增益是与数据集相关的，不同的数据集计算得到的信息增益可能不一样。

**小明**：对啊，您前面曾经讲过这个问题，我给忘记了。

**艾博士**：好的，下面就分别计算这 3 个特征在数据集 $D_2$ 上的信息增益。

对于年龄特征，共有老年、中年和青年 3 个取值，其中取值老年的样本有 4 个，取值中年和青年的样本各有 3 个。

当取值为老年时，4 个样本中有 3 个男性、1 个女性，我们得到这个子数据集下男性、女性的概率分别为：

$$P(\text{男性})=\frac{3}{4}=0.75$$

$$P(\text{女性})=\frac{1}{4}=0.25$$

所以对于取值老年时子数据集的熵，用 $H(\text{老年})$ 表示：

$$\begin{aligned}H(\text{老年})&=-(P(\text{男性})\times\log_2(P(\text{男性}))+P(\text{女性})\times\log_2(P(\text{女性})))\\&=-(0.75\times\log_2 0.75+0.25\times\log_2 0.25)\\&=0.8113\end{aligned}$$

相应地，可以计算出取值中年、取值青年时子数据集的熵，下面直接给出计算结果：

$$H(\text{中年})=0$$

$$H(\text{青年})=0.9183$$

根据式(4.15)有数据集 $D_2$ 关于年龄特征的条件熵为：

$$\begin{aligned}H(D_2\mid\text{年龄})&=\sum_{i=1}^{n}\frac{|D_{2i}|}{|D|}H(D_{2i})\\&=\frac{D_2\text{ 中取值老年的样本数}}{\text{数据集 }D_2\text{ 的样本数}}H(\text{老年})+\\&\quad\frac{D_2\text{ 中取值中年的样本数}}{\text{数据集 }D_2\text{ 的样本数}}H(\text{中年})+\\&\quad\frac{D_2\text{ 中取值青年的样本数}}{\text{数据集 }D_2\text{ 的样本数}}H(\text{青年})\end{aligned}$$

$$=\frac{4}{10}\times 0.8113+\frac{3}{10}\times 0+\frac{3}{10}\times 0.9183$$
$$=0.6$$

由此得到年龄特征在数据集 $D_2$ 上的信息增益为：

$$\begin{aligned} g(D_2,\text{年龄}) &= H(D_2)-H(D_2 \mid \text{年龄}) \\ &= 0.7219-0.6 \\ &= 0.1219 \end{aligned}$$

对于发长特征，共有短发、中法和长发 3 个取值，其中取值短发的样本有 7 个，取值中发的样本有 2 个，取值长发的样本有 1 个。

当取值为短发时，7 个样本中有 6 个男性、1 个女性，我们得到这个子数据集下男性、女性的概率分别为：

$$P(\text{男性})=\frac{6}{7}=0.8571$$

$$P(\text{女性})=\frac{1}{7}=0.1429$$

所以对于取值短发时子数据集的熵，用 $H(\text{短发})$ 表示：

$$\begin{aligned} H(\text{短发}) &= -(P(\text{男性})\times \log_2(P(\text{男性}))+P(\text{女性})\times \log_2(P(\text{女性}))) \\ &= -(0.8571\times \log_2 0.8571+0.1429\times \log_2 0.1429) \\ &= 0.5917 \end{aligned}$$

相应地，可以计算出取值中发、取值长发时子数据集的熵，下面直接给出计算结果：

$$H(\text{中发})=1$$

$$H(\text{长发})=0$$

根据式(4.15)有数据集 $D_2$ 关于发长特征的条件熵为：

$$\begin{aligned} H(D_2 \mid \text{发长}) &= \sum_{i=1}^{n}\frac{|D_{2i}|}{|D|}H(D_{2i}) \\ &= \frac{D_2\text{ 中取值短发的样本数}}{\text{数据集 }D_2\text{ 的样本数}}H(\text{短发})+ \\ &\quad \frac{D_2\text{ 中取值中发的样本数}}{\text{数据集 }D_2\text{ 的样本数}}H(\text{中发})+ \\ &\quad \frac{D_2\text{ 中取值长发的样本数}}{\text{数据集 }D_2\text{ 的样本数}}H(\text{长发}) \\ &= \frac{7}{10}\times 0.5917+\frac{2}{10}\times 1+\frac{1}{10}\times 0 \\ &= 0.6142 \end{aligned}$$

由此得到发长特征在数据集 $D_2$ 上的信息增益为：

$$\begin{aligned} g(D_2,\text{发长}) &= H(D_2)-H(D_2 \mid \text{发长}) \\ &= 0.7219-0.6142 \\ &= 0.1077 \end{aligned}$$

对于服装特征，共有深色、浅色和花色 3 个取值，其中取值深色的样本有 4 个，取值浅色的样本有 4 个，取值花色的样本有 2 个。

当取值为深色时，4 个样本均为男性，得到这个子数据集下男性、女性的概率分别为：

$$P(\text{男性})=\frac{4}{4}=1$$

$$P(\text{女性})=\frac{0}{4}=0$$

所以对于取值深色时子数据集的熵，用 $H$(深色)表示：

$$\begin{aligned}H(\text{深色})&=-(P(\text{男性})\times\log_2(P(\text{男性}))+P(\text{女性})\times\log_2(P(\text{女性})))\\&=-(1\times\log_2 1+0\times\log_2 0)\\&=0\end{aligned}$$

相应地，可以计算出取值浅色、花色时子数据集的熵，下面直接给出计算结果：

$$H(\text{浅色})=0.8113$$

$$H(\text{花色})=1$$

根据式(4.15)有数据集 $D_2$ 关于服装特征的条件熵为：

$$\begin{aligned}H(D_2\mid\text{服装})&=\sum_{i=1}^{n}\frac{|D_{2i}|}{|D|}H(D_{2i})\\&=\frac{D_2\text{ 中取值深色的样本数}}{\text{数据集 }D_2\text{ 的样本数}}H(\text{深色})+\\&\quad\frac{D_2\text{ 中取值浅色的样本数}}{\text{数据集 }D_2\text{ 的样本数}}H(\text{浅色})+\\&\quad\frac{D_2\text{ 中取值花色的样本数}}{\text{数据集 }D_2\text{ 的样本数}}H(\text{花色})\\&=\frac{4}{10}\times 0+\frac{4}{10}\times 0.8113+\frac{2}{10}\times 1\\&=0.5245\end{aligned}$$

由此得到服装特征在数据集 $D_2$ 上的信息增益为：

$$\begin{aligned}g(D_2,\text{服装})&=H(D_2)-H(D_2\mid\text{服装})\\&=0.7219-0.5245\\&=0.1974\end{aligned}$$

比较年龄、发长和服装 3 个特征对数据集 $D_2$ 的信息增益，服装特征的信息增益最大为 0.1974，所以对于决策树的节点 $D_2$ 采用服装特征对其做划分，按照服装特征的深色、浅色和花色 3 个取值，得到数据集 $D_2$ 的 3 个子数据集 $D_{21}$、$D_{22}$ 和 $D_{23}$，如果用样本 ID 的集合表示这 3 个子数据集，则有：

$$D_{21}=\{1,5,10,13\}$$

$$D_{22}=\{2,6,7,12\}$$

$$D_{23}=\{3,14\}$$

由于子数据集 $D_{21}$ 中样本的类别均为男性，所以 $D_{21}$ 成为决策树的一个叶节点，其类别标记为男性。

到此为止我们得到如图 4.12 所示的决策树，其中 $D_{22}$ 和 $D_{23}$ 两个子数据集还需要进一步处理。

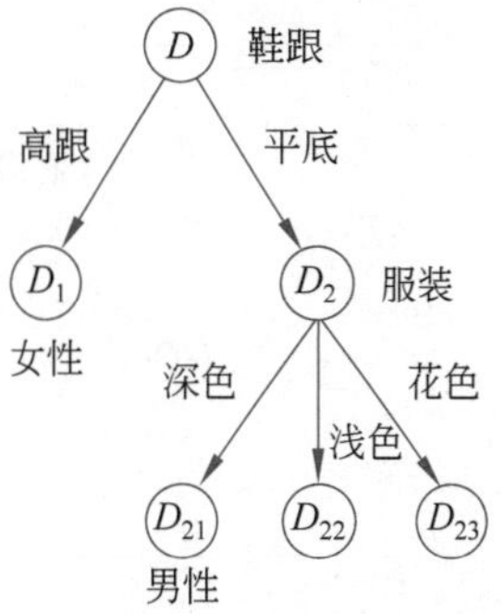

图 4.12　决策树中间结果

对于 $D_{22}$ 和 $D_{23}$ 两个子数据集均还有年龄和发长两个特征可用。经计算，年龄特征和发长特征两个特征对数据集 $D_{22}$ 的信息增益分别为 0.8113、0.4868，年龄特征的信息增益最大，按照其 3 个取值老年、中年和青年将数据集 $D_{22}$ 划分为 $D_{221}$、$D_{222}$、$D_{223}$ 3 个子数据集，拥有的样本分别为：

$$D_{221}=\{2\}$$
$$D_{222}=\{6,7\}$$
$$D_{223}=\{12\}$$

其中，$D_{221}$ 中的样本为男性，该节点标注为男性；$D_{222}$ 中的样本为男性，节点被标注为男性；$D_{223}$ 中的样本为女性，节点被标注为女性。

经计算，年龄特征和发长特征这两个特征对数据集 $D_{23}$ 的信息增益都是 1，随机选择一个作为信息增益最大的特征，比如选择发长特征，这样数据集 $D_{23}$ 按照该特征的短发、中发和长发 3 个取值，被划分为 $D_{231}$、$D_{232}$、$D_{233}$ 3 个子数据集，拥有的样本分别为：

$$D_{231}=\{14\}$$
$$D_{232}=\{3\}$$
$$D_{233}=\{\ \}$$

其中，$D_{231}$ 中的样本为男性，该节点标注为男性；$D_{232}$ 中的样本为女性，节点标注为女性；$D_{233}$ 中没有样本，小明你说说这种情况下应该如何处理？$D_{233}$ 应该如何标注？

**小明**：刚刚您讲过，对于没有样本的节点，类别按照其父节点中样本最多的类别进行标注。对于 $D_{233}$ 来说，其父节点为 $D_{23}$，但是 $D_{23}$ 中只有 ID 为 3 和 14 两个样本，这两个样本又分别为男性和女性，这种情况如何处理我就不知道了。

**艾博士**：这确实是一个非常特殊的情况，主要是例题样本过少造成的。这种情况下可以继续向上看，根据 $D_{23}$ 的父节点 $D_2$ 中的样本情况做标注。在 $D_2$ 中共有 8 个男性样本，2 个女性样本，所以按照样本多的类别，$D_{233}$ 可以标记为男性。

**小明**：我明白怎么处理了。

**艾博士**：至此我们采用 ID3 算法就完成了决策树的建立，建立的决策树如图 4.13 所示。建立决策树属于训练过程，在实际使用时，对于一个待分类样本，依据决策树，按照样本的特征取值就可以实现分类了。比如对于一个“年龄为青年、鞋跟为平底、发长为中发、服装为浅色”的样本，应该标记为哪个类别呢？

小明回答说：按照图 4.13 所示的决策树，该样本应该属于女性。因为按照决策树，从根节点开始，根据鞋跟为平底达到 $D_2$ 节点，再依据服装为浅色，到达 $D_{22}$ 节点，最后根据年龄为青年，到达 $D_{223}$ 节点，而该节点的类别标记为女性，所以有样本“年龄为青年、鞋跟为平底、发长为中发、服装为浅色”被分类为女性。

**艾博士**：对，决策树就是这样对待分类样本进行分类的。

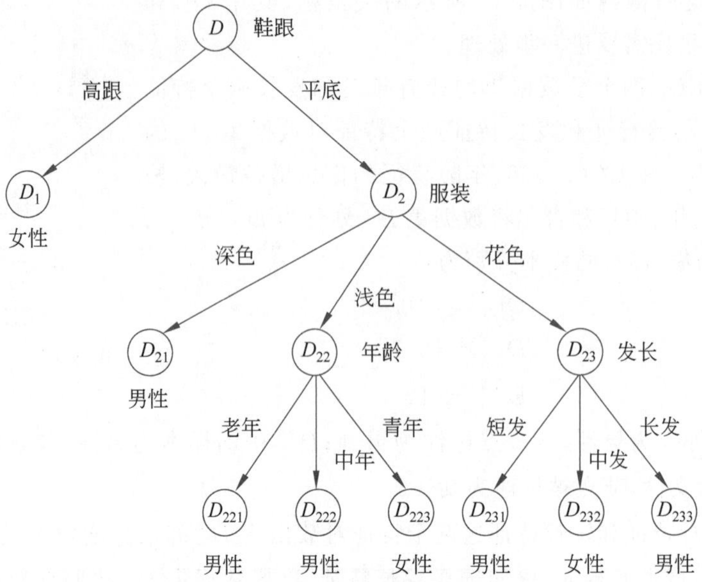


图 4.13 采用 ID3 算法建立的决策树

### 4.3.2 决策树算法——C4.5 算法

**艾博士**：ID3 算法是一个被广泛使用的决策树算法，但是也存在一些不足。

**小明**：ID3 算法有哪些不足呢？

**艾博士**：ID3 算法存在的主要问题是，当按照信息增益选择特征时，会倾向于选择一些取值多的特征。

小明有些不解地问道：这是为什么呢？为什么会存在这种倾向性？

艾博士解释说：我们从信息增益的计算方法来分析这个问题。按照式(4.16)信息增益为：

$$g(D,A)=H(D)-H(D \mid A)$$

当数据集确定时，$H(D)$是固定值，信息增益的大小由特征 $A$ 的条件熵 $H(D|A)$的大小决定。当特征 $A$ 的可能取值比较多时，数据集 $D$ 被划分为多个子数据集，每个子数据集中的样本数就可能比较少，这样对于一个含有比较少样本的子数据集来说，里面只包含单一类别样本的可能性就比较大，这样就会导致条件熵比较小，从而使得信息增益比较大。极限情况下，特征 $A$ 的取值特别多，以至于每个样本都有一个不同的取值，这样每个子数据集就只含有一个样本，每个子数据集的类别都是确定的。这种情况下特征 $A$ 的条件熵为 0，信息增益取得最大值。但是这样的特征不具有任何归纳能力，泛化能力会非常差。

小明不太明白地说：艾博士，能否举例说明呢？不太明白为什么特征的取值太多，就可能导致泛化能力差。

**艾博士**：好的，我们举例说明。假设年龄特征就按照真实年龄取值，而刚好每个人的年龄都不一样，假设样本中 24 岁的是男性，25 岁的是女性，26 岁、27 岁的是男性……，而每个年龄又只有一个样本，这样就完全按照年龄区分了性别，对于待分类样本来说，如果 24 岁的就是男性、25 岁的就是女性，这种情况下的分类结果不是没有任何意义了吗？

**小明**：明白了，这种情况下确实不具有分类能力了。怎么解决这个问题呢？

**艾博士**：归根结底出现这个问题的原因还是样本不足造成的。设想一下，如果样本足够多，24 岁的样本中有男有女、25 岁的样本也有男有女，正常情况下男女的比例应该各占 50%左右才正常。在这个比例下，年龄特征的条件熵就会比较大，相应地其信息增益也会比较小。但是在建立决策树过程中，数据集是逐渐被划分为一个个子数据集的，多次划分之后，子数据集中的样本量就会急剧减少，这时用取值比较多的特征对数据集做划分，就更容易出现样本不足的情况，从而造成信息增益大的假象。为解决这个问题，提出了信息增益率的概念。

**小明**：信息增益率是个什么概念呢？

**艾博士**：类比一下，信息增益好比是绝对误差的话，信息增益率就相当于是相对误差。首先我们给出分离信息（Split Information）的概念，根据分离信息就可以计算出信息增益率。

分离信息本质上还是熵的概念。小明，你说说我们如何计算一个数据集 $D$ 的熵 $H(D)$？

**小明**：数据集 $D$ 的熵 $H(D)$是按照 $D$ 中的类别标志，计算每个类别的概率 $P_i$，然后按照下式计算熵 $H(D)$：

$$H(D)=-\sum_{i=1}^{n}P_i\cdot\log_2 P_i$$

**艾博士**：对的，就是这样计算，这里的要点是“按照类别的概率计算熵”。可以证明熵的最大值是 $\log_2 n$，这里的 $n$ 为类别数。所以熵的最大值是与类别数有关的，类别越多，其熵的最大值也越大。当然这里要注意，是熵的最大值越大，不是说类别多了熵就一定大，与数据集 $D$ 中样本分布有关。

与通常用分类概率计算熵不同，分离信息是按照特征的取值计算概率，然后按照该概率值计算熵，与样本的分类无关。所以说分离信息本质上还是熵，只是计算角度不同。我们用 $\mathrm{SI}(D,A)$表示特征 $A$ 在数据集 $D$ 上的分离信息，则：

$$\begin{aligned}\mathrm{SI}(D,A)&=-\sum_{i=1}^{n}P_i\cdot\log_2 P_i\\&=-\sum_{i=1}^{n}\frac{D\text{ 中特征 }A\text{ 取第 }i\text{ 个值的样本数}}{D\text{ 中的样本数}}\cdot\\&\quad\log_2\left(\frac{D\text{ 中特征 }A\text{ 取第 }i\text{ 个值的样本数}}{D\text{ 中的样本数}}\right)\end{aligned}\tag{4.17}$$

其中，$n$ 为特征 $A$ 的可能取值数。

**小明**：从公式看分离信息的计算确实就是在计算熵，只是概率的计算方法是按照特征取值计算，而不是按照类别计算。

**艾博士**：刚刚说过，类别越多，熵的最大值就越大。对于分离信息来说，就是特征取值越多，分离信息的最大值越大。所以可以用分离信息作为惩罚项，对信息增益进行惩罚，这样就得到了特征 $A$ 对数据集 $D$ 的信息增益率 $g_r(D,A)$：

$$g_r(D,A)=\frac{g(D,A)}{\mathrm{SI}(D,A)}=\frac{H(D)-H(D\mid A)}{\mathrm{SI}(D,A)}\tag{4.18}$$

信息增益率就是信息增益除以分离信息，对于取值比较多的特征，其分离信息可能比较大，这就弱化了按照信息增益选择特征时倾向于选择取值多的特征的问题。

**小明**：明白了，原来是这样的。

**艾博士**：下面给一个计算信息增益率的例子。

在前面男女性别分类数据集中，共有 15 个样本，发长特征有短发、中发和长发 3 个取值，其中取值为短发的有 7 个样本，取值为中发的有 4 个样本，取值为长发的有 4 个样本，那么发长特征在该数据集上的信息增益率是多少呢？小明你计算一下。

**小明**：我们前面已经计算过在这个数据集上，发长特征的信息增益为 0.2880，我们直接采用这个结果，不再重复计算。

按照式(4.17)，发长特征的分离信息为：

$$
\begin{aligned}
\mathrm{SI}(D,\text{发长}) &= -\sum_{i=1}^{n}\frac{D\text{ 中特征 }A\text{ 取第 }i\text{ 个值的样本数}}{D\text{ 中的样本数}}\cdot \\
&\quad \log_2\left(\frac{D\text{ 中特征 }A\text{ 取第 }i\text{ 个值的样本数}}{D\text{ 中的样本数}}\right) \\
&= -\left(\frac{D\text{ 中特征 }A\text{ 取值短发的样本数}}{D\text{ 中的样本数}}\cdot\right. \\
&\quad \log_2\left(\frac{D\text{ 中特征 }A\text{ 取值短发的样本数}}{D\text{ 中的样本数}}\right)+ \\
&\quad \frac{D\text{ 中特征 }A\text{ 取值中发的样本数}}{D\text{ 中的样本数}}\cdot\log_2\left(\frac{D\text{ 中特征取值中发的样本数}}{D\text{ 中的样本数}}\right)+ \\
&\quad \left.\frac{D\text{ 中特征 }A\text{ 取值长发的样本数}}{D\text{ 中的样本数}}\cdot\log_2\left(\frac{D\text{ 中特征 }A\text{ 取值的样本数}}{D\text{ 中的样本数}}\right)\right) \\
&= -\left(\frac{7}{15}\times\log_2\frac{7}{15}+\frac{4}{15}\times\log_2\frac{4}{15}+\frac{4}{15}\times\log_2\frac{4}{15}\right) \\
&= 1.5301
\end{aligned}
$$

看到小明计算完毕，艾博士接着讲解道：将 ID3 算法中按照信息增益选择特征修改为按照信息增益率选择特征，就成为了 C4.5 算法，也就是说，C4.5 算法是对 ID3 算法的一种改进算法。我们就不给出 C4.5 算法的具体描述了，除了按照信息增益率选择特征以外，二者基本一致。

**小明**：“二者基本一致”，那么就是说还有不一致的地方？

听到小明的问题，艾博士哈哈大笑起来：确实还有一些小的变化和其他的改进地方。下面我们看看在 C4.5 算法中有哪些其他改进的地方。

信息增益率是信息增益除以分离信息，如果数据集按照特征取值划分为几个子数据集后，不同子数据集中样本的数量偏差比较大，则分离信息就比较小，从而导致比较大的信息增益率。比如某个特征只有 $a$、$b$ 两个取值，其中绝大部分样本取 $a$ 值，只有少量样本取 $b$ 值，则取值为 $a$ 的概率接近于 1，取值为 $b$ 的概率接近于 0，该特征的分离信息就比较小，从而导致比较大的信息增益率。但是造成这种极端不平衡数据划分的特征对决策树来说并不是一个好的特征，因为其信息增益可能也比较小，应尽量避免使用。为此在 C4.5 算法中的解决方法是，先选择几个信息增益大的特征，然后再从这几个特征中选择信息增益率最大的特征，这样可以保证被选中的特征不仅具有比较大的信息增益率，同时还具有比较大的信息增益，在信息增益和信息增益率之间有所平衡。

**小明**：那么这里的“几个信息增益大的特征”选择几个才合适呢？

**艾博士**：一般可以选信息增益大于平均值的特征，有几个特征的信息增益大于平均值就选几个。

C4.5 算法的另一个改进是特征可以取连续值。

**小明**：特征取连续值是什么含义呢？

**艾博士**：简单地说，就是允许某些特征按照实际值取值，而不需要离散化处理。比如，发长特征就可以允许取连续值，样本中直接记录其实际发长就可以了。比如 3 厘米、10 厘米等，而不再需要离散化成短发、长发等。

小明有所不解地问道：艾博士，前面您不是讲过，这样的特征具有非常多的取值，泛化能力很差吗？C4.5 算法主要的改进也是采用信息增益率选择特征，目的就是尽量不采用这样的特征。为什么在 C4.5 算法中反而又允许这样的取值呢？

**艾博士**：小明能提出这样的问题说明你确实在认真思考问题，如果将头发的每一个长度都是作为离散值使用的话，确实会出现你说的问题，之所以对 ID3 算法做改进提出 C4.5 算法，也确实是为了尽可能避免这样的问题出现。但是在 C4.5 算法中这样的特征是当作连续值处理的，如果一个特征被标注为连续取值后，其处理方法与离散值特征并不一样。

**小明**：如何处理连续特征呢？

**艾博士**：在 C4.5 算法中对于连续特征是这样处理的。假设特征 $A$ 是连续特征，按照特征 $A$ 的取值对数据集 $D$ 中的样本从小到大排序，排序后第 $i$ 个样本特征 $A$ 的取值为 $a_i$。对于 $D$ 中任意两个相邻的样本 $i$ 和 $i+1$，我们计算这两个样本特征 $A$ 的中间值 $b_i$，即

$$b_i = \frac{a_i + a_{i+1}}{2} \tag{4.19}$$

然后按照 $b_i$ 值将数据集 $D$ 划分为两个子数据集，特征 $A$ 取值大于 $b_i$ 的样本为一个子数据集，小于或等于 $b_i$ 的样本为另一个子数据集。经过这样划分后就可以计算该特征的信息增益率。对于具有 $m$ 个样本的数据集 $D$，排序后任意相邻两个样本可以计算得到一个 $b_i$，每个 $b_i$ 都可以将数据集 $D$ 划分为两部分，计算出不同的信息增益率。其中最大的信息增益率作为特征 $A$ 的信息增益率，与其他特征的信息增益率进行比较，选出信息增益率最大的特征参与决策树的建立。如果特征 $A$ 的信息增益率刚好最大，则采用信息增益率最大时所对应的 $b_i$ 将数据集 $D$ 划分为两个子数据集。这样就实现了对连续取值特征的处理。

**小明**：我有些明白了。实际上，对于连续取值的特征，C4.5 算法自动将该特征离散化为两个取值，大于 $b_i$ 是一个取值，小于或等于 $b_i$ 是一个取值，而在多个 $b_i$ 中选择信息增益率最大的作为最佳划分。

**艾博士**：小明总结得很好，从本质上来说，C4.5 算法处理的还是特征的离散值，只是对于连续特征自动按照信息增益率选择一个比较好的离散点，将该特征离散化为二值后再做处理。

**小明**：这样的话，对于连续特征就只能将数据集 $D$ 划分为两个子数据集了？而不像其他离散特征那样，有多少个取值就将数据集 $D$ 划分为几个子数据集？

**艾博士**：就是这样的。还有一点需要强调一下。对于离散特征 $A$ 来说，如果该特征将

数据集 $D$ 划分为子数据集 $D_1$ 和 $D_2$，则在进一步处理 $D_1$ 和 $D_2$ 时，特征 $A$ 要从特征集中删除。但是如果特征 $A$ 是连续取值的话，则特征 $A$ 还需要保留在特征集中，还可以继续在子数据集 $D_1$、$D_2$ 中使用。这一点也是连续特征与离散特征的不同之处。

**小明**：这一点如果您不提醒的话还真容易忽略。想一想也容易理解，因为对于连续特征来说，每次只是利用 $b_i$ 值将数据集划分为了两个子数据集，在子数据集中还可以再利用其他的 $b_i$ 做进一步的划分，所以该特征必须被保留在特征集中。

**艾博士**：下面我们再举一个例子说明连续特征时信息增益率是如何计算的。

假设发长是连续取值特征，样本如表 4.4 所示，这里我们忽略其他特征的取值。

表 4.4　男女性别分类样本

| ID | 发长/厘米 | 性别 | ID | 发长/厘米 | 性别 |
|---|---|---|---|---|---|
| 1 | 2 | 男性 | 3 | 10 | 女性 |
| 2 | 4 | 男性 | 4 | 20 | 女性 |

首先计算数据集 $D$ 的熵，$D$ 中共有 4 个样本，其中男性 2 个、女性 2 个，所以熵 $H(D)$ 为：

$$\begin{aligned} H(D) &= -(P(\text{男性})\log_2(P(\text{男性})) + P(\text{女性})\log_2(P(\text{女性}))) \\ &= -\left(\frac{2}{4}\log_2\frac{2}{4} + \frac{2}{4}\log_2\frac{2}{4}\right) \\ &= 1 \end{aligned}$$

发长有 4 个取值，样本按发长取值排序，分别可以在 2 与 4、4 与 10 和 10 与 20 之间分割，得到数据集的 3 种划分结果。

(1) 第一个分割点：

$$b_1 = \frac{2+4}{2} = 3$$

发长值比 $b_1$ 小的样本用样本 ID 的集合表示为：

$$D_1 = \{1\}$$

发长值比 $b_1$ 大的样本用样本 ID 的集合表示为：

$$D_2 = \{2,3,4\}$$

子数据集 $D_1$ 的熵：

$$\begin{aligned} H(D_1) &= -(P(\text{男性})\log_2(P(\text{男性})) + P(\text{女性})\log_2(P(\text{女性}))) \\ &= -\left(\frac{1}{1}\log_2\frac{1}{1} + \frac{0}{1}\log_2\frac{0}{1}\right) \\ &= 0 \end{aligned}$$

子数据集 $D_2$ 的熵：

$$\begin{aligned} H(D_2) &= -(P(\text{男性})\log_2(P(\text{男性})) + P(\text{女性})\log_2(P(\text{女性}))) \\ &= -\left(\frac{1}{3}\log_2\frac{1}{3} + \frac{2}{3}\log_2\frac{2}{3}\right) \\ &= 0.9183 \end{aligned}$$

根据式(4.15)有分割点 $b_1=3$ 时发长特征的条件熵：

$$H(D\mid 发长)=\sum_{i=1}^{2}\frac{|D_i|}{|D|}H(D_i)$$
$$=\frac{1}{4}\times 0+\frac{3}{4}\times 0.9183$$
$$=0.6887$$

根据式(4.16)有分割点 $b_1=3$ 时发长特征的信息增益为：

$$g(D,发长)=H(D)-H(D\mid 发长)$$
$$=1-0.6887$$
$$=0.3113$$

根据式(4.17)有分割点 $b_1=3$ 时发长特征的分离信息为：

$$\mathrm{SI}(D,发长)=-\sum_{i=1}^{n}P_i\cdot\log_2 P_i$$
$$=-\left(\frac{D\text{ 中发长值小于 3 的样本数}}{D\text{ 中的样本数}}\log_2\left(\frac{D\text{ 中发长值小于 3 的样本数}}{D\text{ 中的样本数}}\right)+\frac{D\text{ 中发长值大于 3 的样本数}}{D\text{ 中的样本数}}\log_2\left(\frac{D\text{ 中发长值大于 3 的样本数}}{D\text{ 中的样本数}}\right)\right)$$
$$=-\left(\frac{1}{4}\log_2\frac{1}{4}+\frac{3}{4}\log_2\frac{3}{4}\right)$$
$$=0.8113$$

这样，根据式(4.18)有分割点 $b_1=3$ 时发长特征的信息增益率为：

$$g_r(D,发长)=\frac{g(D,发长)}{\mathrm{SI}(D,发长)}$$
$$=\frac{0.3113}{0.8113}$$
$$=0.3837$$

(2) 第二个分割点：

$$b_2=\frac{4+10}{2}=7$$

发长值比 $b_2$ 小的样本用样本 ID 的集合表示为：

$$D_1=\{1,2\}$$

发长值比 $b_2$ 大的样本用样本 ID 的集合表示为：

$$D_2=\{3,4\}$$

子数据集 $D_1$ 的熵：

$$H(D_1)=-(P(男性)\log_2(P(男性))+P(女性)\log_2(P(女性)))$$
$$=-\left(\frac{2}{2}\log_2\frac{2}{2}+\frac{0}{2}\log_2\frac{0}{2}\right)$$
$$=0$$

子数据集 $D_2$ 的熵：

$$H(D_2)=-(P(男性)\log_2(P(男性))+P(女性)\log_2(P(女性)))$$
$$=-\left(\frac{0}{2}\log_2\frac{0}{2}+\frac{2}{2}\log_2\frac{2}{2}\right)$$
$$=0$$

根据式(4.15)有分割点 $b_2=7$ 时发长特征的条件熵：

$$H(D \mid \text{发长})=\sum_{i=1}^{2}\frac{|D_i|}{|D|}H(D_i)$$

$$=\frac{2}{4}\times 0+\frac{2}{4}\times 0$$

$$=0$$

根据式(4.16)有分割点 $b_2=7$ 时发长特征的信息增益为：

$$g(D,\text{发长})=H(D)-H(D \mid \text{发长})=1-0=1$$

根据式(4.17)有分割点 $b_2=7$ 时发长特征的分离信息为：

$$\mathrm{SI}(D,\text{发长})=-\sum_{i=1}^{n}P_i\cdot\log_2 P_i$$

$$=-\left(\frac{D\text{ 中发长值小于 7 的样本数}}{D\text{ 中的样本数}}\log_2\left(\frac{D\text{ 中发长值小于 7 的样本数}}{D\text{ 中的样本数}}\right)+\frac{D\text{ 中发长值大于 7 的样本数}}{D\text{ 中的样本数}}\log_2\left(\frac{D\text{ 中发长值大于 7 的样本数}}{D\text{ 中的样本数}}\right)\right)$$

$$=-\left(\frac{2}{4}\log_2\frac{2}{4}+\frac{2}{4}\log_2\frac{2}{4}\right)$$

$$=1$$

这样，根据式(4.18)有分割点 $b_2=7$ 时发长特征的信息增益率为：

$$g_r(D,\text{发长})=\frac{g(D,\text{发长})}{\mathrm{SI}(D,\text{发长})}=\frac{1}{1}=1$$

(3) 第三个分割点：

$$b_3=\frac{10+20}{2}=15$$

发长值比 $b_3$ 小的样本用样本 ID 的集合表示为：

$$D_1=\{1,2,3\}$$

发长值比 $b_3$ 大的样本用样本 ID 的集合表示为：

$$D_2=\{4\}$$

子数据集 $D_1$ 的熵：

$$H(D_1)=-(P(\text{男性})\log_2(P(\text{男性}))+P(\text{女性})\log_2(P(\text{女性})))$$

$$=-\left(\frac{2}{3}\log_2\frac{2}{3}+\frac{1}{3}\log_2\frac{1}{3}\right)$$

$$=0.9183$$

子数据集 $D_2$ 的熵：

$$H(D_2)=-(P(\text{男性})\log_2(P(\text{男性}))+P(\text{女性})\log_2(P(\text{女性})))$$

$$=-\left(\frac{0}{1}\log_2\frac{0}{1}+\frac{1}{1}\log_2\frac{1}{1}\right)$$

$$=0$$

根据式(4.15)有分割点 $b_3=15$ 时发长特征的条件熵：

$$H(D \mid \text{发长})=\sum_{i=1}^{2}\frac{|D_i|}{|D|}H(D_i)=\frac{3}{4}\times 0.9183+\frac{1}{4}\times 0=0.6887$$

根据式(4.16)有分割点 $b_3=15$ 时发长特征的信息增益为：

$$g(D,\text{发长})=H(D)-H(D\mid\text{发长})=1-0.6887=0.3113$$

根据式(4.17)有分割点 $b_3=15$ 时发长特征的分离信息为：

$$\begin{aligned}\mathrm{SI}(D,\text{发长})&=-\sum_{i=1}^{n}P_i\cdot\log_2 P_i\\&=-\left(\frac{D\text{ 中发长值小于 15 的样本数}}{D\text{ 中的样本数}}\log_2\left(\frac{D\text{ 中发长值小于 15 的样本数}}{D\text{ 中的样本数}}\right)+\right.\\&\quad\left.\frac{D\text{ 中发长值大于 15 的样本数}}{D\text{ 中的样本数}}\log_2\left(\frac{D\text{ 中发长值大于 15 的样本数}}{D\text{ 中的样本数}}\right)\right)\\&=-\left(\frac{3}{4}\log_2\frac{3}{4}+\frac{1}{4}\log_2\frac{1}{4}\right)\\&=0.8113\end{aligned}$$

这样，根据式(4.18)有分割点 $b_3=15$ 时发长特征的信息增益率为：

$$g_r(D,\text{发长})=\frac{g(D,\text{发长})}{\mathrm{SI}(D,\text{发长})}=\frac{0.3113}{0.8113}=0.3837$$

这样我们就得到了 3 个分割点的信息增益率分别为 0.3837、1、0.3837，其中分割点为 7 时的信息增益率最大，这样我们就以该信息增益率作为发长特征对数据集 $D$ 的信息增益率。

**小明读书笔记**

决策树是一种特殊的树状结构，叶节点表示类别，非叶节点表示特征，按照特征的取值，逐步细化，实现分类。

为了构建一棵比较好的决策树，重要的是如何选择特征的使用次序。ID3 算法按照信息增益选择特征，优先使用信息增益大的特征。

一个特征的信息增益是数据集的熵与该特征的条件熵之差，反映了使用该特征之后，熵的降低程度。信息增益越大说明该特征对于该数据集的区分能力越强。

为了解决 ID3 算法中存在的倾向于优先使用取值多的特征的问题，提出了改进的决策树构建方法 C4.5。C4.5 按照信息增益率选择特征，并增加了对连续特征属性的处理。

## 4.4　k 近邻方法

**艾博士**：俗话说，物以类聚人以群分，如果两个事物距离很接近，那么我们就有理由认为这两个事物很可能是同一个类别。这样，对于一个待分类样本，可以计算其与训练数据集中所有样本的距离，与其最近的一个样本的类别就可以认为是该待分类样本的类别。这种方法称作最近邻方法。

比如男女性别分类问题，我们假定有发长和鞋跟高度两个特征，取值为发长和鞋跟高度的实际值，这样[发长，鞋跟高度]就可以构成平面空间的一个点，如图 4.14 所示。其中，△为训练集中男性样本的坐标，○为女性样本的坐标，$x$ 和 $y$ 为两个待分类样本。从图中可以看出 $x$ 距离样本 a 的距离比较近，而 $y$ 距离样本 b 的距离比较近，而样本 a、b 分别为男性和女性，所以有理由认为 $x$ 的类别为男性，$y$ 的类别为女性。

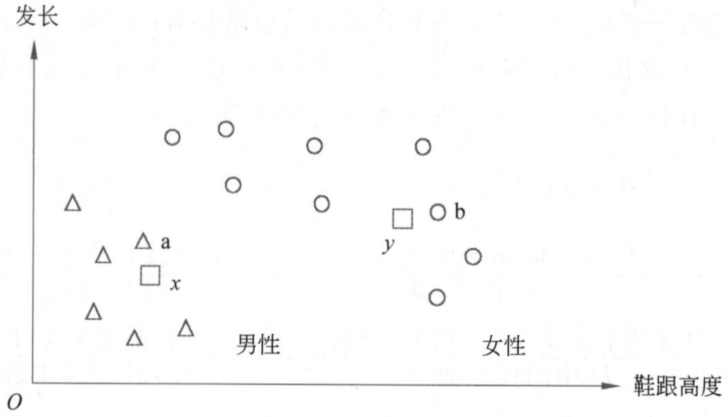


图 4.14 最近邻方法示意图

**小明**：就是根据距离最近样本的类别作为待分类样本的距离，感觉这种方法既简单又有道理。

**艾博士**：但是这种方法也有一定的风险，因为数据集大了以后不可避免地会存在噪声或者标识错误，如果样本 a 被错误地标识成女性，那么 $x$ 就会被识别成女性了。

**小明**：确实存在这样的问题，如果 a 的类别错误标识，则在其附近的待分类样本都会被识别为女性，造成识别错误。

**艾博士**：一种解决办法就是不仅仅看与待分类样本距离最近的一个样本的类别，而是看距离它最近的 $k$ 个样本的类别，$k$ 个样本中类别不一定完全一样，哪种类别多就认定该待分类样本是哪个类别。这种方法称作 k 近邻方法，简称为 kNN。

图 4.15 给出了 k 近邻方法的示意图。图中距离待分类样本 $x$ 最近的有 5 个样本，虽然样本 a 的类别为女性，但是其余 4 个样本的类别为男性，所以样本 $x$ 还是被识别为男性。这就消除了因个别噪声引起的识别错误。

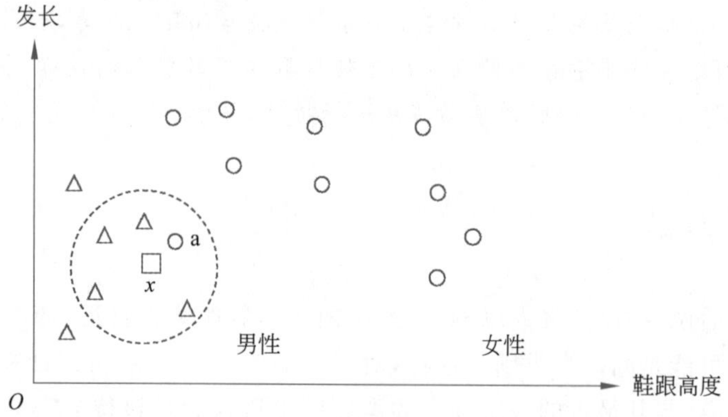


图 4.15 k 近邻方法示意图

**小明**：这是一个好办法。如果是多个类别如何处理呢？

**艾博士**：多类别时也一样处理，就是 k 近邻中哪个类别的样本最多待分类样本就识别为哪个类别，不要求一定过半数。

**小明**：了解了。如果将 $k$ 个近邻中的样本类别看成是对待分类样本类别的投票，得票最多的类别就是待分类样本的类别。但是 $k$ 取多大为好呢？是不是 $k$ 越大越好？

**艾博士**：不是的。当 $k$ 为 1 时，k 近邻方法就是最近邻方法，受噪声影响比较大，类似于过拟合；但是如果 $k$ 太大时，容易造成欠拟合；极限情况下，$k$ 与训练数据集的大小一致时，任何待分类样本都会被固定地识别为数据集中样本数最多的类别。所以，如何选取 $k$ 是 k 近邻方法中主要问题之一。

图 4.16 给出了 $k$ 取不同值时对识别结果影响的示意图。

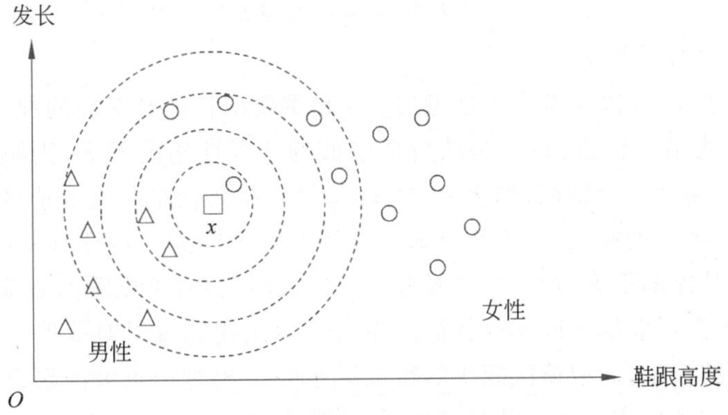


图 4.16　不同 $k$ 值时对结果的影响示意图

从图 4.16 中可以看出，$k$ 为 1 时，$x$ 被识别为女性；$k$ 为 3 时，3 个近邻中有 2 个男性，$x$ 被识别为男性；$k$ 为 5 时，5 个近邻中有 3 个女性，$x$ 又再次被识别为女性；$k$ 扩大为 11 时，11 个近邻中有 6 个男性，$x$ 又是被识别为男性。可见 $k$ 的不同取值对识别结果的影响。多大的 $k$ 值合适，需要根据具体问题的样本情况，通过实验决定，选取一个错误率最小的 $k$ 值。

**小明**：看起来 k 近邻方法不需要训练？

**艾博士**：k 近邻方法直接将待分类样本与训练数据集中的每个样本计算距离，所以是不需要训练过程的，直接存储训练数据集就可以了。

**小明**：在 k 近邻方法中主要就是距离计算，这里的距离就是欧氏距离（欧几里得距离）吗？

**艾博士**：欧氏距离是比较常用的距离计算方法，但是在 k 近邻方法中并不限于只是使用欧氏距离，任何一种距离计算方法都可以用在 k 近邻方法中。下面介绍几种常用的距离计算方法，在介绍中我们假定每个样本共有 $n$ 个特征，样本 $x_i$ 的 $n$ 个特征取值为$(x_{i1}, x_{i2}, \cdots, x_{in})$。

**1. 欧氏距离**

这是最常用的距离计算方法，我们平时说的两点间的距离一般是指欧氏距离。样本 $x_i$ 和样本 $x_j$ 的欧氏距离为两个样本对应特征值之差的平方和再开方，即

$$L_2(x_i, x_j) = \sqrt{(x_{i1} - x_{j1})^2 + (x_{i2} - x_{j2})^2 + \cdots + (x_{in} - x_{jn})^2} \tag{4.20}$$

**2. 曼哈顿距离**

曼哈顿距离是样本 $x_i$ 和样本 $x_j$ 对应特征值之差的绝对值之和，即

$$L_1(x_i,x_j)=|x_{i1}-x_{j1}|+|x_{i2}-x_{j2}|+\cdots+|x_{in}-x_{jn}| \tag{4.21}$$

该距离又称作是城区距离，表示的是一个只有横平竖直道路的城区中，任意两点间的距离。

### 3. 加权欧氏距离

加权欧氏距离顾名思义就是在计算距离时，每个平方项具有不同的权重 $\alpha_k$，即

$$L_2(x_i,x_j)=\sqrt{\alpha_1(x_{i1}-x_{j1})^2+\alpha_2(x_{i2}-x_{j2})^2+\cdots+\alpha_n(x_{in}-x_{jn})^2} \tag{4.22}$$

**小明**：如何给定权重呢？

**艾博士**：对于 $\alpha_k$ 可以从两个方面考虑：一是重要的特征其对应的权重就大，在实际应用中根据情况人为给定权重值；二是从特征取值的差异性角度考虑，比如在男女性别分类中，有发长和鞋跟高度两个特征，如果单位都是厘米，那么鞋跟高度取值区间大概在 0～10 厘米，而发长取值区间大概在 0～100 厘米。显然取值区间大的特征其差的平方比较大，取值区间小的特征其差的平方也小，当二者差距比较大时，很有可能距离值基本由取值区间大的特征决定，而淹没了取值区间小的特征的作用。为此我们可以对取值区间大的特征赋予一个相对比较小的权重，而取值区间小的特征赋予一个相对比较大的权重。一种方法就是计算每个特征 $k$ 取值的方差 $S_k$，用方差 $S_k$ 的倒数作为权重，即

$$\alpha_k=\frac{1}{S_k} \tag{4.23}$$

这种采用方差的倒数作为权重的加权欧氏距离又称作标准欧氏距离，是采用方差归一化的欧氏距离，消除了特征取值区间不同造成的影响。

还有一些其他的距离计算方法，我们不再多说。另外一些相似性评价方法也可以用于 k 近邻中，用相似性取代距离，取 $k$ 个最相似的样本就可以了。

下面给出一个采用 k 近邻方法进行分类的例子。

表 4.5 前 5 列给出了具有 15 个样本的数据集，其中第 1 列是样本 ID，第 2～4 列给出了每个样本的 3 个特征取值，第 5 列是每个样本的所属类别，第 6 列给出了每个样本与待分类样本 $x=(3.5,3.3,0.8)$ 的距离，第 7 列给出了按照距离排序后的序号。从表 4.5 中可以看出，当 $k$ 取值为 5 时，与 $x$ 最近的 5 个样本 ID 分别为 13、14、15、10、2，其中 ID 为 13、14、15 的 3 个样本类别为 C，ID 为 10 的样本类别为 B，ID 为 2 的样本类别为 A。按照 k 近邻方法待分类样本 $x$ 被识别为类别 C。

**表 4.5 k 近邻方法分类**

| ID | 特征 1 | 特征 2 | 特征 3 | 类别 | 与 $x$ 的距离 | 距离排序 |
|---|---|---|---|---|---|---|
| 1 | 0.7 | 1.2 | 0.9 | A | 3.50 | 15 |
| 2 | 1.5 | 1.3 | 0.8 | A | 2.83 | 5 |
| 3 | 1.1 | 0.8 | 1.2 | A | 3.49 | 14 |
| 4 | 0.9 | 1.1 | 0.7 | A | 3.41 | 12 |
| 5 | 1.2 | 1.4 | 1.3 | A | 3.02 | 7 |
| 6 | 0.2 | 3.5 | 0.3 | B | 3.34 | 11 |
| 7 | 0.3 | 4.1 | 0.7 | B | 3.30 | 10 |
| 8 | 0.3 | 3.2 | 1.2 | B | 3.23 | 9 |
| 9 | 0.1 | 2.8 | 0.5 | B | 3.45 | 13 |

续表

| ID | 特征 1 | 特征 2 | 特征 3 | 类别 | 与 $x$ 的距离 | 距离排序 |
|---|---|---|---|---|---|---|
| 10 | 0.7 | 3.3 | 1.1 | B | 2.82 | 4 |
| 11 | 2.8 | 0.2 | 1.1 | C | 3.19 | 8 |
| 12 | 3.1 | 0.5 | 1.5 | C | 2.91 | 6 |
| 13 | 4.5 | 1.2 | 1.3 | C | 2.38 | 1 |
| 14 | 4.1 | 0.9 | 0.9 | C | 2.48 | 2 |
| 15 | 2.9 | 0.7 | 1.2 | C | 2.70 | 3 |

**小明读书笔记**

k 近邻方法是一种不需训练的分类方法，按照待分类样本周围 $k$ 个已知样本情况做分类，$k$ 个样本中哪个类别的样本最多就将待分类样本归到哪一类。

k 近邻方法最重要的是超参数 $k$，$k$ 过小容易造成过拟合，而 $k$ 过大容易造成欠拟合，可以通过实验的办法找到一个合适的 $k$ 值。

# 4.5　支持向量机

## 4.5.1　什么是支持向量机

**艾博士**：小明，请看图 4.17 所示的例子，○是一个类别，△是一个类别，如果用一条直线将两类分开，你觉得怎么分好？

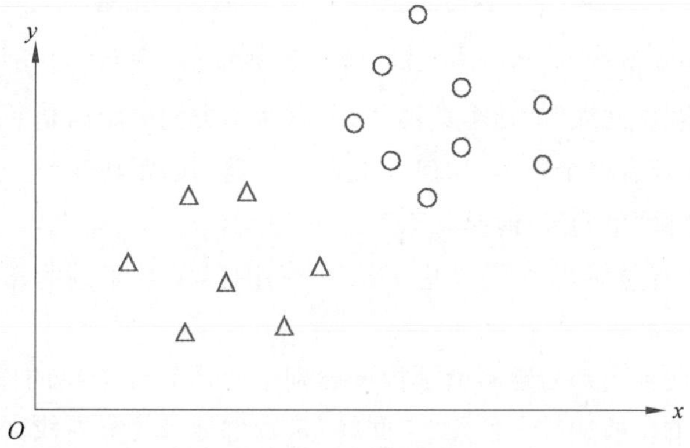


图 4.17　两类示意图

小明思考了一会儿说：我觉得如图 4.18 所示，将红线作为两个类别的分界线比较好。

艾博士又接着问小明：如图 4.19 所示，A、B、C、D 等多条直线都可以作为这个问题的分界线，你为什么选择红线 A 呢？

**小明**：从直觉上看，在两类靠近中间的地方画一条线将两类分开是比较合理的，这样对于一个待分类样本，看它在红线的哪一边，在哪边就将其分类为哪个类别。如果是按照直线 B 或者 C 作为分界线，就太靠近其中的一个类别了，而直线 D 则是两个类别都很靠近，也不是一个好的分界线。因为这几个分界线都不利于将来用于分类。

**艾博士**：小明的直觉是对的，在 A、B、C、D 这几条分界线中，直线 A 确实是最优的分界

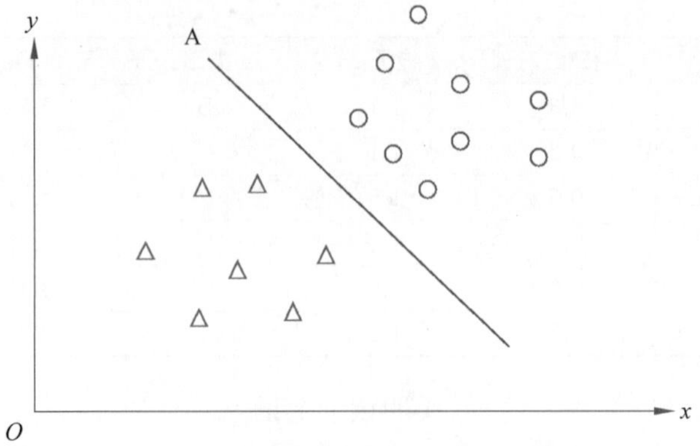


图 4.18 两类示意图——一种划分方法

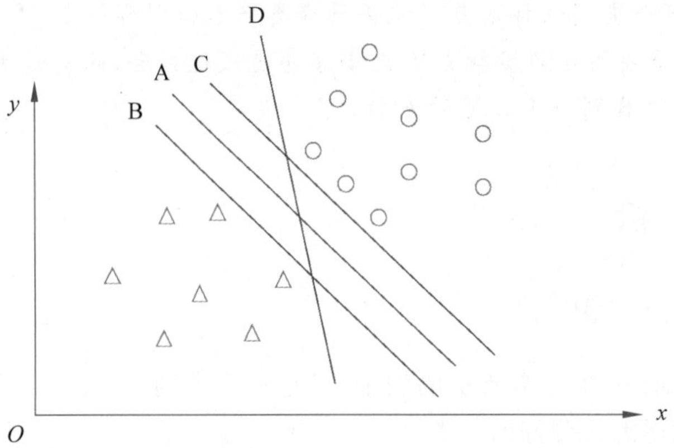


图 4.19 两类示意图——多个划分方法比较

线。那么应该如何定义最优分界线呢？我们可以从小明刚才提到的"中间线"着手给出最优分界线的定义。所谓"中间线"就是不偏不倚，距离两个类别的距离是一样的。

**小明**：每个类别都有多个样本，如何定义直线到类别的距离呢？

**艾博士**：你刚才画"中间线"时是怎么考虑的呢？

**小明**：其实并没有想那么多，只考虑了每个类别距离直线最近的几个样本点，完全忽略了其他样本点。

**艾博士**：对，直线到类别的距离就是指该类别中距离直线最短的样本的距离，而"中间线"就是到两个类别的距离相等。但是"中间线"是否就是最优分界线呢？我们看图 4.20 所示的情况。

艾博士指着图 4.20 对小明说：你看图中 A、B 两条直线，距离两个类别的距离都是相等的，都属于"中间线"，但是哪个作为两个类别的分界线更好呢？

小明不假思索地回答说：肯定是直线 A 更好啊，因为 A 到两个类别的距离更远，更适合用于分类。

**艾博士**：小明说得有道理，如果分界线只是"中间线"还不够，还希望是距离两个类别的距离最远的"中间线"。综合这两点我们可以给出最优分界线的定义。

距离两个类别的距离最大的中间线，就是两个类别的最优分界线。而中间线指的是距离两个类别的距离相等的直线。

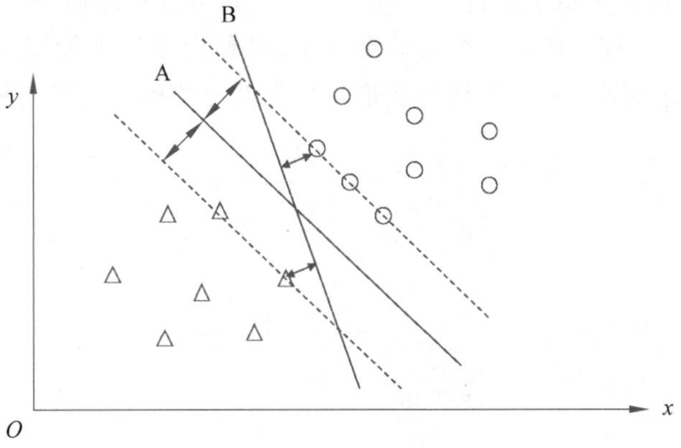


图 4.20　不同的“中间线”

**小明**：明白了，如图 4.20 所示，直线 A、B 都是两个类别的中间线，但是直线 A 距离两个类别的距离更大，所以相比直线 B，直线 A 更可能是最优分界线。

**艾博士**：上述定义通过中间线定义了最优分界线，这个定义更容易理解。事实上最优分界线可以定义得更简单。

最优分界线是使得距离两个类别的距离中最小的距离最大的分界线。

这个定义中虽然没有提到中间线，但是隐含了中间线信息，因为使得到两个类别的距离中最小的距离最大，就限制了这个分界线一定是中间线。

小明摸着头说：我还是不太明白为什么这样的直线一定是中间线。

艾博士解释说：你可以设想一下，如果不是中间线的话，是不是就会造成距离一个类别近了？比如图 4.21 所示，红色虚线是中间线，绿色线偏离了中间线后，距离△类更近了，就不满足到两个类别的距离中最小的距离最大这个条件了，这个条件一定会使得分界线处于中间线位置。

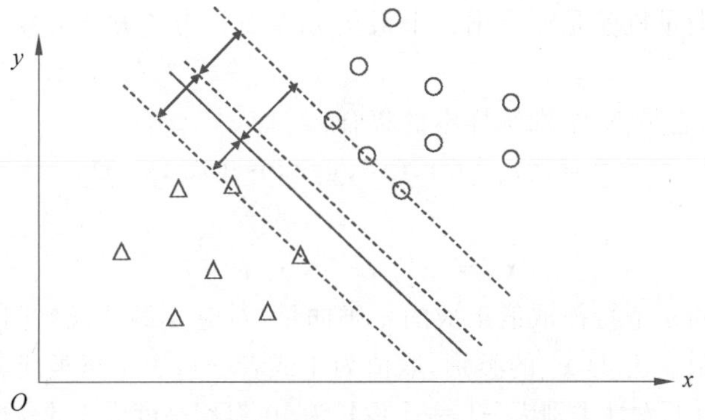


图 4.21　偏离中间线的分界线(见彩插)

**小明**：我明白了，因为只有中间线才有可能满足到两个类别的距离中最小的距离最大这个条件，而距离两个类别的距离最大的中间线，就是我们希望得到的最优分界线。

**艾博士**：图 4.22 中红色直线所示的就是最优分界线。由图可以看出，最优分界线只由两个类别边缘上的 a、b、c、d、e 几个样本点决定，其他样本点都属于“打酱油”的，可有可无。由于欧氏空间中的一个点也可以看作是一个向量，因此 a、b、c、d、e 这 5 个样本点被称作支持向量，这 5 个支持向量决定了最优分界线。有了最优分界线之后，就可以用最优分界线对待分类样本做分类了。对于任意一个待分类样本，只要看该样本处于最优分界线的哪一边就可以判断其所属的类别。采用这种方法进行分类的方法称作支持向量机，简写为 SVM。

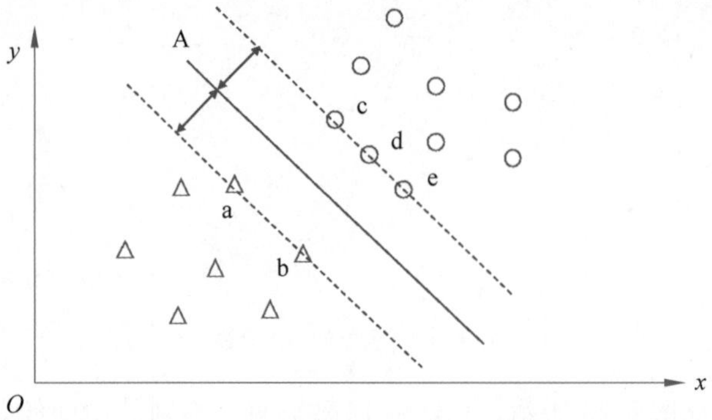


图 4.22 最优分界线示意图(见彩插)

**小明**：原来支持向量机的名称是这么来的。

**艾博士**：这里我们一直以平面上的点，也就是样本只有两个特征取值为例进行说明，实际上特征可能是多个，拥有成百上千个特征都是有可能的，这样的样本属于多维欧氏空间中的一个点。在多维的情况下，就不能用直线作为两个类别的分界线了，只能用超平面进行分界，最优分界线就变成了最优分界面。这个最优分界面称作分类超平面。

**小明**：我们一直在介绍两个类别的情况，支持向量机如何实现多分类呢？

**艾博士**：原则上来说，支持向量机只能实现二分类，不能直接实现多分类，但是我们后面会讲到，任意一个二分类方法都可以经过一定的组合实现多分类问题。这一点我们留待后面再做介绍，这里先只考虑二分类问题。

**小明**：那么如何求解这个最优分界面呢？

**艾博士**：支持向量机就是要求出这个最优分界面。为了方便介绍，下面先介绍几个术语和概念。

设有训练集 $T$，它是 $N$ 个训练样本的集合：

$$T=\{(x_1,y_1),(x_2,y_2),\cdots,(x_N,y_N)\}$$

其中：

$$\boldsymbol{x}_i=(x_i^{(1)},x_i^{(2)},\cdots,x_i^{(n)})$$

是第 $i$ 个训练样本的 $n$ 个特征取值组成的 $n$ 维向量，对应 $n$ 维欧氏空间中的一个点，$x_i^{(k)}$ 是其第 $k$ 个特征的取值。$y_i$ 是 $\boldsymbol{x}_i$ 的类别，取值为 1 或者 −1，表示正类或者负类。

假设男性类别为 1，女性类别为 −1，一个发长为 10、鞋跟高度为 5 的女性样本可以表示为：

$$((10,5),-1)$$

一个发长为 2、鞋跟高度为 1 的男性样本可以表示为：

$$((2,1),1)$$

小明问道：这里的类别 $y_i$ 只能表示为 1 或者 −1 吗？

**艾博士**：由于支持向量机求解的是二分类问题，只有两个类别，用 1 或者 −1 表示其类别，是为了方便后面的求解。所以一定要记住这里的类别标识 $y_i$ 只能是 1 或者 −1，在后面的推导中我们用到了这一点。

**小明**：明白了，我一定记住这一点。

**艾博士**：最优分界面可以用平面方程表示如下：

$$\boldsymbol{w}^* \cdot \boldsymbol{x} + b^* = 0 \tag{4.24}$$

其中，$\boldsymbol{w}^*$、$\boldsymbol{x}$ 都是向量：

$$\boldsymbol{w}^* = (w_1^*, w_2^*, \cdots, w_n^*)$$

$$\boldsymbol{x} = (x^{(1)}, x^{(2)}, \cdots, x^{(n)})$$

$\boldsymbol{w}^* \cdot \boldsymbol{x}$ 表示两个向量的点积，即

$$\boldsymbol{w}^* \cdot \boldsymbol{x} = \sum_{i=1}^{n} w_i^* \cdot x^{(i)}$$

带 * 表示的是最优分界面，如果不带 * 就是一个一般的超平面。一个超平面由 $\boldsymbol{w}$ 和 $b$ 唯一决定，为了方便叙述我们用$(\boldsymbol{w}, b)$表示一个超平面。

**小明**：如果知道了最优分界面方程，如何判断一个待分类样本在最优分界面的哪一边呢？

**艾博士**：对于最优分界面上的点，代入式(4.24)左边其结果刚好等于 0，而对于不在最优分界面上的点，代入式(4.24)左边其结果或者大于 0，或者小于 0。大于 0 的点在最优分界面的一边，小于 0 的点在最优分界面的另一边，通过判断大于 0 还是小于 0，就可以知道待分类样本输入哪个类别了，大于 0 的为 1 类，小于 0 的为 −1 类。

我们可以再引入一个符号函数 sign，该函数当输入大于 0 时输出为 1，小于 0 时输出为 −1。这样对于一个待分类样本，代入式(4.24)的左边，然后再通过符号函数 sign 就可以直接得到待分类样本的类别为 1 或者 −1 了。我们将函数：

$$f(x) = \text{sign}(\boldsymbol{w}^* \cdot \boldsymbol{x} + b^*) \tag{4.25}$$

称作决策函数，对于任意一个待分类样本 $x$，函数 $f(x)$的输出就是 $x$ 的分类结果。

所以支持向量机就是依据决策函数 $f(x)$进行分类的方法。

下面举一个例子。假设二维欧氏空间中的一个最优分界线方程如下：

$$\frac{1}{2}x^{(1)} + \frac{1}{2}x^{(2)} - 2 = 0$$

判别待分类样本 $x_1 = (3,4)$ 和 $x_2 = (-2,2)$ 所属的类别。小明请你计算一下这两个样本所属的类别。

**小明**：这个不难，将两个样本分别代入决策函数中就可以了。

根据最优分界线方程，我们有决策函数：

$$f(x) = \text{sign}\left(\frac{1}{2}x^{(1)} + \frac{1}{2}x^{(2)} - 2\right)$$

把 $x_1 = (3,4)$代入决策函数中，有：

$$\begin{aligned} f(x_1) &= \text{sign}\left(\frac{1}{2}x^{(1)} + \frac{1}{2}x^{(2)} - 2\right) \\ &= \text{sign}\left(\frac{1}{2} \times 3 + \frac{1}{2} \times 4 - 2\right) \\ &= \text{sign}(1.5) = 1 \end{aligned}$$

所以 $x_1 = (3,4)$的类别标记为 1，属于正类。

把 $x_2=(-2,2)$ 代入决策函数中，有：

$$\begin{aligned}f(x_2)&=\text{sign}\left(\frac{1}{2}x^{(1)}+\frac{1}{2}x^{(2)}-2\right)\\&=\text{sign}\left(\frac{1}{2}\times(-2)+\frac{1}{2}\times 2-2\right)\\&=\text{sign}(-2)=-1\end{aligned}$$

所以 $x_2=(-2,2)$ 的类别标记为 $-1$，属于负类。

**艾博士**：从上面这个例子可以看出，不同的样本点 $x_i$ 代入超平面方程 $(\boldsymbol{w},b)$ 中，具有不同的取值，根据点相对于超平面的不同位置，有的大于 0，有的小于 0，其绝对值的大小反映了该点到超平面的距离。该距离我们称作点 $x_i$ 到超平面 $(\boldsymbol{w},b)$ 的函数间隔。

当 $x_i$ 属于正类时，其对应标记 $y_i$ 等于 1；而当 $x_i$ 属于负类时，其对应的标记 $y_i$ 等于 $-1$，所以点 $x_i$ 到超平面 $(\boldsymbol{w},b)$ 的函数间隔 $\hat{\gamma}_i$ 可以表示为：

$$\hat{\gamma}_i=y_i\cdot(\boldsymbol{w}\cdot\boldsymbol{x}_i+b) \tag{4.26}$$

**小明**：这种表示挺巧妙的，乘以 $y_i$ 后刚好相当于是求绝对值。

**艾博士**：对于一个超平面 $(\boldsymbol{w},b)$ 来说，$\boldsymbol{w}$ 和 $b$ 同时乘以一个非零的常数 $c$，该超平面是不变的，也就是说超平面 $(\boldsymbol{w},b)$ 和超平面 $(c\boldsymbol{w},cb)$ 是同一个超平面，但是 $x_i$ 到 $(\boldsymbol{w},b)$ 的函数间隔和到 $(c\boldsymbol{w},cb)$ 的函数间隔显然是不一样的，因为 $x_i$ 到 $(c\boldsymbol{w},cb)$ 的函数间隔：

$$\hat{\gamma}_i=y_i\cdot(c\boldsymbol{w}\cdot\boldsymbol{x}_i+cb)=c(y_i\cdot(\boldsymbol{w}\cdot\boldsymbol{x}_i+b))$$

是 $x_i$ 到 $(\boldsymbol{w},b)$ 函数间隔的 $c$ 倍。

**小明**：只是因为超平面的不同表示，点 $x_i$ 到同一个超平面的函数间隔竟然不同，这是不是不太合理啊？

**艾博士**：确实不合理。但是后面我们也会利用函数间隔的这个特点简化表示，这一点留待后面再讲。

为了解决函数间隔的不合理问题，我们可以对超平面方程做个归一化处理，即将超平面方程 $(\boldsymbol{w},b)$ 除以 $\boldsymbol{w}$ 的范数 $\|\boldsymbol{w}\|$ 后再计算函数间隔，其中范数：

$$\|\boldsymbol{w}\|=\sqrt{w_1^2+w_2^2+\cdots+w_n^2}$$

这样计算得到的函数间隔我们称为几何间隔，用 $\gamma_i$ 表示：

$$\gamma_i=y_i\cdot\left(\frac{\boldsymbol{w}}{\|\boldsymbol{w}\|}\cdot\boldsymbol{x}_i+\frac{b}{\|\boldsymbol{w}\|}\right) \tag{4.27}$$

对于几何间隔来说，就不会由于同一个超平面的不同表示导致其几何间隔的大小不同了。因为对于超平面 $(c\boldsymbol{w},cb)$ 来说：

$$\begin{aligned}\gamma_i&=y_i\cdot\left(\frac{c\boldsymbol{w}}{\|c\boldsymbol{w}\|}\cdot\boldsymbol{x}_i+\frac{cb}{\|c\boldsymbol{w}\|}\right)=y_i\cdot\left(\frac{c\boldsymbol{w}}{c\|\boldsymbol{w}\|}\cdot\boldsymbol{x}_i+\frac{cb}{c\|\boldsymbol{w}\|}\right)\\&=y_i\cdot\left(\frac{\boldsymbol{w}}{\|\boldsymbol{w}\|}\cdot\boldsymbol{x}_i+\frac{b}{\|\boldsymbol{w}\|}\right)\end{aligned}$$

函数间隔 $\hat{\gamma}_i$ 与几何间隔 $\gamma_i$ 的关系如下：

$$\gamma_i=\frac{\hat{\gamma}_i}{\|\boldsymbol{w}\|} \tag{4.28}$$

事实上，几何间隔就是我们平时所说的点到超平面的距离，一个点到一个超平面的距离不会因为超平面的不同表示而导致不同。

我们定义训练集 $T$ 中样本到超平面最小的间隔为训练集 $T$ 到超平面$(\boldsymbol{w},b)$的间隔。这样训练集 $T$ 到超平面$(\boldsymbol{w},b)$的函数间隔为：

$$\hat{\gamma}=\min_{i}\hat{\gamma}_i \tag{4.29}$$

训练集 $T$ 到超平面$(\boldsymbol{w},b)$的几何间隔为：

$$\gamma=\min_{i}\gamma_i \tag{4.30}$$

同样有：

$$\gamma=\frac{\hat{\gamma}}{\|\boldsymbol{w}\|} \tag{4.31}$$

根据训练集 $T$ 中样本分布的不同，可以构建线性可分支持向量机、线性支持向量机和非线性支持向量机，下面分别讨论一下这 3 种不同的支持向量机。

### 4.5.2　线性可分支持向量机

**艾博士**：我们首先讨论最简单的线性可分支持向量机。

**小明**：线性可分支持向量机是个什么概念呢？

**艾博士**：对于给定的训练集 $T=\{(x_1,y_1),(x_2,y_2),\cdots,(x_N,y_N)\}$，如果采用该训练集求得的最优分界面可以将训练集中两类样本严格分开，则得到的支持向量机为线性可分支持向量机。其中的“线性”指的是采用超平面对样本进行分类，“可分”指的是用一个超平面可以将训练集中的样本无差错地分开。图 4.22 所示的就是一个线性可分支持向量机。

下面就看看当给定了一个线性可分的训练集后，如何求得一个线性可分支持向量机，也就是如何求得分类所需要的最优分界面。

前面我们曾经说过，最优分界面是使得到两个类别的距离中最小的距离最大的分界面，分解一下，这句实际上包含了两个意思：一个是“到两个类别的距离中最小的距离”实际上就是训练集 $T$ 到超平面的几何间隔 $\gamma$，由于 $\gamma$ 是所有样本点到超平面的几何间隔中最小的，也就隐含了满足条件“训练集 $T$ 中所有样本点到超平面的几何间隔都要大于或等于 $\gamma$”；而“到两个类别的距离中最小的距离最大”表达的就是希望训练集 $T$ 到超平面的几何间隔 $\gamma$ 最大。通过这种求解最优分界面的方法我们称作间隔最大化。

综合上述两点，用数学语言表达就是：

$$\begin{aligned}&\max_{\boldsymbol{w},b}\gamma\\&\text{s.t.}\quad y_i\cdot\left(\frac{\boldsymbol{w}}{\|\boldsymbol{w}\|}\cdot\boldsymbol{x}_i+\frac{b}{\|\boldsymbol{w}\|}\right)\geqslant\gamma\quad i=1,2,\cdots,N\end{aligned} \tag{4.32}$$

其中，s.t.表示满足条件的意思，也就是说在满足这个条件下，求一个超平面使得 $\gamma$ 最大。

式(4.32)中第一个数学表达式说的是求一个超平面$(\boldsymbol{w},b)$使得训练集到超平面的几何间隔 $\gamma$ 最大，第二个不等式是说训练集中所有样本点到超平面的几何间隔要满足大于或等于 $\gamma$ 这个条件。

式(4.32)是用几何间隔描述的，根据式(4.28)、式(4.31)给出的几何间隔与函数间隔的关系，式(4.32)也可以采用函数间隔$\hat{\gamma}$描述如下：

$$\begin{aligned}&\max_{\boldsymbol{w},b}\frac{\hat{\gamma}}{\|\boldsymbol{w}\|}\\&\text{s.t.}\quad y_i\cdot(\boldsymbol{w}\cdot\boldsymbol{x}_i+b)\geqslant\hat{\gamma}\quad i=1,2,\cdots,N\end{aligned} \tag{4.33}$$

前面我们介绍过函数间隔的特点，可以任意进行缩放，所以为了描述简单，我们可以令$\hat{\gamma}=1$，这样式(4.33)就可以表述为：

$$\max_{w,b} \frac{1}{\|\boldsymbol{w}\|}$$
$$\text{s.t.} \quad y_i \cdot (\boldsymbol{w} \cdot \boldsymbol{x}_i + b) \geqslant 1 \quad i=1,2,\cdots,N \tag{4.34}$$

**小明**：原来函数间隔可以这么用，真是巧妙。这就相当于在满足约束条件 $y_i \cdot (\boldsymbol{w} \cdot \boldsymbol{x}_i + b) \geqslant 1$ 的情况下，求$\frac{1}{\|\boldsymbol{w}\|}$的最大值问题。那么如何求解这种具有约束条件的最大值问题呢？

**艾博士**：直接求$\frac{1}{\|\boldsymbol{w}\|}$的最大值有些难度。由于$\frac{1}{\|\boldsymbol{w}\|}$最大与$\frac{1}{2}\|\boldsymbol{w}\|^2$ 最小是等价的，所以式(4.34)最大值问题可以转换成如下最小值问题：

$$\min_{w,b} \frac{1}{2} \|\boldsymbol{w}\|^2 \tag{4.35}$$
$$\text{s.t.} \quad y_i \cdot (\boldsymbol{w} \cdot \boldsymbol{x}_i + b) \geqslant 1 \quad i=1,2,\cdots,N$$

这就是线性可分支持向量机问题。

**小明**：这里为什么要乘上一个$\frac{1}{2}$呢？

**艾博士**：乘上一个常数并不影响其最小值的求解，这里乘上一个$\frac{1}{2}$主要是为了最终得到的结果形式更加简单。

艾博士继续讲解说：图 4.23 给出了线性可分支持向量机的示意图，图中中间实线为超平面，其方程为$(\boldsymbol{w} \cdot \boldsymbol{x}_i + b)=0$，两条虚线方程分别为$(\boldsymbol{w} \cdot \boldsymbol{x}_i + b)=1$、$(\boldsymbol{w} \cdot \boldsymbol{x}_i + b)=-1$。虚线到超平面的函数间隔为 1，虚线上的 5 个样本点为支持向量，它们到超平面的函数间隔均为 1。其他样本点到超平面的函数间隔均大于 1。两条虚线之间的函数间隔为 2，根据函数间隔与几何间隔之间的关系，我们知道两条虚线之间的几何间隔为$\frac{2}{\|\boldsymbol{w}\|}$，这也是训练集中两类样本间的最大间隔。

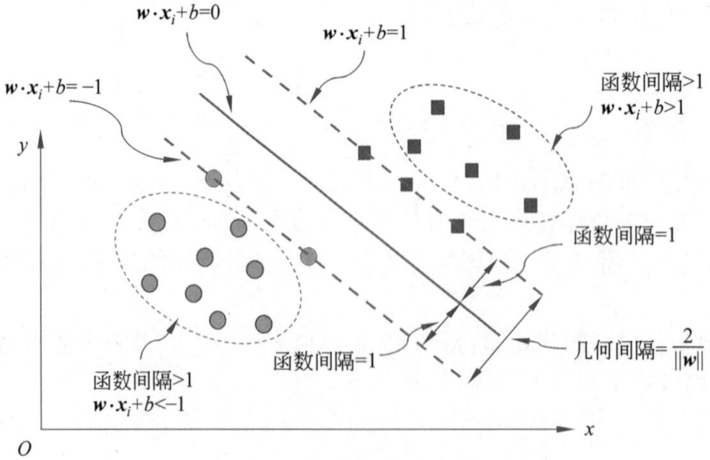


图 4.23　线性可分支持向量机示意图

**小明**：是否按照式(4.35)求出最大间隔的超平面($\boldsymbol{w}$,$b$)就可以了？

**艾博士**：这是一个具有不等式约束的最优化问题，直接求解比较困难，一般是采用拉格朗日乘子法求解。拉格朗日乘子法是一种常用的求解这类具有不等式约束最优化问题的方法，在一般的最优化方面的书中都有介绍，我们不详细介绍该方法，直接给出如何用拉格朗日乘子法求解该最优化问题，并加以简单的解释。

为了构建拉格朗日函数，先对式(4.35)做一个简单的变换，写成如下形式：

$$\begin{aligned}&\min_{\boldsymbol{w},b}\frac{1}{2}\|\boldsymbol{w}\|^2\\&\text{s.t.}\quad 1-y_i\cdot(\boldsymbol{w}\cdot\boldsymbol{x}_i+b)\leqslant 0\quad i=1,2,\cdots,N\end{aligned}\tag{4.36}$$

这样，按照式(4.36)就可以直接写出拉格朗日函数 $L(\boldsymbol{w},b,\boldsymbol{\alpha})$：

$$L(\boldsymbol{w},b,\boldsymbol{\alpha})=\frac{1}{2}\|\boldsymbol{w}\|^2+\sum_{i=1}^{N}\alpha_i(1-y_i\cdot(\boldsymbol{w}\cdot\boldsymbol{x}_i+b))\tag{4.37}$$

其中，$\alpha_i\geqslant 0(i=1,2,\cdots,N)$为拉格朗日乘子；$\boldsymbol{\alpha}=(\alpha_1,\alpha_2,\cdots,\alpha_N)$为拉格朗日乘子向量；$N$ 是训练集样本的个数，即一个训练样本 $x_i$ 对应一个 $\alpha_i$。

式(4.37)所示的拉格朗日函数由两部分组成，其中第一部分为式(4.36)中第一个表达式去掉 min 后的部分$\frac{1}{2}\|\boldsymbol{w}\|^2$，第二部分为式(4.36)中不等式左边部分乘以拉格朗日乘子后再做累加和。

**小明**：这个拉格朗日函数与我们要求解的最优化问题有什么关系呢？

**艾博士**：下面我们简单分析一下这个问题，如果想详细了解其中的数学原理，请参看有关最优化问题的书籍。

我们看下式：

满足约束条件时小于或等于 0

$$L(\boldsymbol{w},b,\boldsymbol{\alpha})=\frac{1}{2}\|\boldsymbol{w}\|^2+\sum_{i=1}^{N}\alpha_i(1-y_i\cdot(\boldsymbol{w}\cdot\boldsymbol{x}_i+b))$$

式中拉格朗日函数被虚线圈起来的部分为要求解的最优化问题的约束条件，由式(4.36)，当满足约束条件时此项应该小于或等于 0，不满足约束时大于 0。由于$\frac{1}{2}\|\boldsymbol{w}\|^2\geqslant 0$、$\alpha_i\geqslant 0$，当满足不等式约束条件时，

$$\sum_{i=1}^{N}\alpha_i(1-y_i\cdot(\boldsymbol{w}\cdot\boldsymbol{x}_i+b))\leqslant 0$$

所以如果我们以 $\boldsymbol{\alpha}$ 为变量求解拉格朗日函数的最大值，就有：

$$\max_{\boldsymbol{\alpha}}L(\boldsymbol{w},b,\boldsymbol{\alpha})=\frac{1}{2}\|\boldsymbol{w}\|^2$$

而当不满足不等式约束条件时，$(1-y_i\cdot(\boldsymbol{w}\cdot\boldsymbol{x}_i+b))>0$，当 $\boldsymbol{\alpha}$ 任意大时有：

$$\sum_{i=1}^{N}\alpha_i(1-y_i\cdot(\boldsymbol{w}\cdot\boldsymbol{x}_i+b))>0$$

所以有：

$$\max_{\boldsymbol{\alpha}} L(\boldsymbol{w},b,\boldsymbol{\alpha})=\infty$$

综合以上表达有：

$$\max_{\boldsymbol{\alpha}} L(\boldsymbol{w},b,\boldsymbol{\alpha})=\begin{cases}\dfrac{1}{2}\|\boldsymbol{w}\|^2 & \text{当满足不等式约束时}\\ \infty & \text{当不满足不等式约束时}\end{cases} \tag{4.38}$$

我们希望得到的超平面应该满足不等式约束，所以就有：

$$\min_{\boldsymbol{w},b}\max_{\boldsymbol{\alpha}} L(\boldsymbol{w},b,\boldsymbol{\alpha})=\min_{\boldsymbol{w},b}\frac{1}{2}\|\boldsymbol{w}\|^2 \tag{4.39}$$

并且“自动”满足了不等式约束条件：

$$1-y_i\cdot(\boldsymbol{w}\cdot\boldsymbol{x}_i+b)\leqslant 0 \tag{4.40}$$

**小明**：拉格朗日乘子法真是太巧妙了，经过这样的转换后，就“消除”了不等式这个约束条件。但是，这里又引入了新的一组变量 $\boldsymbol{\alpha}$，并且需要求解一次最大化和一次最小化，是不是求解起来更加复杂了？

**艾博士**：粗看起来确实是更复杂了，且引入了更多的变量 $\boldsymbol{\alpha}$，其分量 $\alpha_i$ 的个数同训练样本一样多。但是由于“消除”了不等式约束条件这个“拦路虎”，变得复杂一些也是值得的，并且还存在简化的可能性。

**小明**：如何进行简化呢？

**艾博士**：我们先看看原问题：

$$\min_{\boldsymbol{w},b}\max_{\alpha} L(\boldsymbol{w},b,\boldsymbol{\alpha})$$

与其对偶问题：

$$\max_{\boldsymbol{\alpha}}\min_{\boldsymbol{w},b} L(\boldsymbol{w},b,\boldsymbol{\alpha})$$

之间的关系。

**小明**：什么是原问题的对偶问题呢？

**艾博士**：简单地说，原问题是先求最大再求最小，其对偶问题就是反过来，先求最小再求最大。

**小明**：原来是这样的，您这么一说才发现您前面说的两个式子的不同。

**艾博士**：一般情况下，原问题与其对偶问题之间并不直接相等。比如我们举一个例子，假定一个班级同学中身高有高有矮，年龄有大有小，身高有相同的，年龄也有相同的。我们想求身高最高的同学中年龄最小的同学，也就是先对身高求最大，然后再对年龄求最小。其对偶问题就是年龄最小的同学中身高最高的同学。假设班上身高最高的同学是 A、B，A 的年龄大于 B 的年龄，则原问题的解为 B 同学。再假设 C、D 是班上年龄最小的两位同学，C 的身高比 D 高，则原问题对偶问题的解是同学 C。无论是从身高的角度还是年龄的角度来说，C 都不会大于 B。因为从身高角度说，B 是身高最高的同学之一，所以 C 的身高不会比 B 高。从年龄的角度来说，由于 C 是年龄最小的同学之一，所以 C 的年龄也不会比 B 大。所以无论是说身高还是说年龄，都有 C≤B，即

身高最高的同学中年龄最小的同学≤年龄最小的同学中身高最高的同学

只有当 C 和 B 的身高、年龄都相等时等式才成立，这时 C 和 B 可能是同一个同学。

如果等式成立，我们就可以通过求解对偶问题的解得到原问题的解，前提条件是对偶问

题更容易求解。

**小明**：这是一个很好的思路，就看对偶问题是否与原问题相等了。

**艾博士**：下面我们一步步分析一下这个问题。

拉格朗日函数显然满足下面这个不等式：

$$\min_{\boldsymbol{w},b}(L(\boldsymbol{w},b,\boldsymbol{\alpha})) \leqslant L(\boldsymbol{w},b,\boldsymbol{\alpha}) \leqslant \max_{\boldsymbol{\alpha}}(L(\boldsymbol{w},b,\boldsymbol{\alpha})) \tag{4.41}$$

式(4.41)中，左边是以 $\boldsymbol{w}$、$b$ 为变量求最小值，拉格朗日函数显然应该大于或等于该最小值；右边是以 $\boldsymbol{\alpha}$ 为变量求最大值，同样拉格朗日函数显然应该小于或等于该最大值。

由式(4.41)有：

$$\min_{\boldsymbol{w},b}(L(\boldsymbol{w},b,\boldsymbol{\alpha})) \leqslant \max_{\boldsymbol{\alpha}}(L(\boldsymbol{w},b,\boldsymbol{\alpha})) \tag{4.42}$$

在任何取值下式(4.42)右边总是大于或等于左边，那么右边的最小值也一定大于或等于左边的最大值，所以有：

$$\max_{\boldsymbol{\alpha}}\min_{\boldsymbol{w},b}(L(\boldsymbol{w},b,\boldsymbol{\alpha})) \leqslant \min_{\boldsymbol{w},b}\max_{\boldsymbol{\alpha}}(L(\boldsymbol{w},b,\boldsymbol{\alpha})) \tag{4.43}$$

式(4.43)右边刚好就是原问题，左边是它的对偶问题。也就是说，原问题总是大于或等于其对偶问题，这跟我们前面刚讨论的年龄、身高问题的结论是一样的。

那么等号是否成立呢？只有当等号成立时，我们才可以用对偶问题求解原问题的解。可以证明，当问题同时满足 KKT 条件时，不等式(4.43)中的等式成立。

**小明**：那么什么是 KKT 条件呢？

**艾博士**：KKT 条件是以 3 个提出者的姓氏首字母命名的，我们就不详细介绍为什么满足 KKT 条件时不等式(4.43)中的等式成立，只结合我们的问题，给出具体的 KKT 条件如下：

$$\begin{aligned}
&\nabla_{\boldsymbol{w},b}L(\boldsymbol{w},b,\boldsymbol{\alpha})=0\\
&\alpha_i(1-y_i\cdot(\boldsymbol{w}\cdot\boldsymbol{x}_i+b))=0\\
&(1-y_i\cdot(\boldsymbol{w}\cdot\boldsymbol{x}_i+b))\leqslant 0\\
&\alpha_i\geqslant 0\\
&i=1,2,\cdots,N
\end{aligned} \tag{4.44}$$

我们逐一分析一下这几个条件。

第一条 $\nabla_{\boldsymbol{w},b}L(\boldsymbol{w},b,\boldsymbol{\alpha})=0$，这里的 $\nabla$ 表示求梯度也就是求偏导数的意思。这里的 $\boldsymbol{w}=(w_1,w_2,\cdots,w_n)$ 是个向量，$b$ 是个标量，梯度等于 0 就相当于条件：

$$\begin{cases}\dfrac{\partial L(\boldsymbol{w},b,\boldsymbol{\alpha})}{\partial w_i}=0\\[2ex]\dfrac{\partial L(\boldsymbol{w},b,\boldsymbol{\alpha})}{\partial b}=0\end{cases} \tag{4.45}$$

由于无论是原问题还是对偶问题都要求拉格朗日函数对 $\boldsymbol{w}$、$b$ 的最小值，梯度为 0 是最小值需要满足的必要条件。

接下来我们先看第三条 $(1-y_i\cdot(\boldsymbol{w}\cdot\boldsymbol{x}_i+b))\leqslant 0$，这是式(4.36)中的不等式条件，也是必须满足的条件。

再看第四条 $\alpha_i\geqslant 0$，$\alpha_i$ 是引入的拉格朗日乘子，要求大于或等于 0，所以也是必须满足的条件。

再回头看第二条 $\alpha_i(1-y_i\cdot(\boldsymbol{w}\cdot\boldsymbol{x}_i+b))=0$，要满足这个条件只能是 $\alpha_i=0$，或者是

$(1-y_i\cdot(\boldsymbol{w}\cdot\boldsymbol{x}_i+b))=0$，二者至少有一个为0。由KKT条件的第三条和第四条得知，这两个都有可能为0。当$\alpha_i$等于0时，$(1-y_i\cdot(\boldsymbol{w}\cdot\boldsymbol{x}_i+b))$的值可以是任意值；当$\alpha_i$不等于0时，$(1-y_i\cdot(\boldsymbol{w}\cdot\boldsymbol{x}_i+b))$的值必须为0。同样当$(1-y_i\cdot(\boldsymbol{w}\cdot\boldsymbol{x}_i+b))$的值为0时，$\alpha_i$的值可以是任意值；当$(1-y_i\cdot(\boldsymbol{w}\cdot\boldsymbol{x}_i+b))$的值不为0时，$\alpha_i$的值必须是0值。

前面我们说过，支持向量到超平面的函数间隔为1，所以满足$(1-y_i\cdot(\boldsymbol{w}\cdot\boldsymbol{x}_i+b))$的值为0的$\boldsymbol{x}_i$刚好就是支持向量。由于每个拉格朗日乘子$\alpha_i$对应一个样本$\boldsymbol{x}_i$，由此也可以得知，不等于0的$\alpha_i$所对应的$\boldsymbol{x}_i$就是支持向量。

**小明**：原来拉格朗日乘子跟支持向量之间还具有这种关系。

**艾博士**：这样的话，如果同时满足KKT条件，不等式(4.43)就可以写为等式：

$$\max_{\boldsymbol{\alpha}}\min_{w,b}(L(\boldsymbol{w},b,\boldsymbol{\alpha}))=\min_{w,b}\max_{\boldsymbol{\alpha}}(L(\boldsymbol{w},b,\boldsymbol{\alpha})) \tag{4.46}$$

这样原问题$\min\limits_{w,b}\max\limits_{\boldsymbol{\alpha}}(L(\boldsymbol{w},b,\boldsymbol{\alpha}))$就可以通过对偶问题$\max\limits_{\boldsymbol{\alpha}}\min\limits_{w,b}(L(\boldsymbol{w},b,\boldsymbol{\alpha}))$求解了。

**小明**：对偶问题$\max\limits_{\boldsymbol{\alpha}}\min\limits_{w,b}(L(\boldsymbol{w},b,\boldsymbol{\alpha}))$会更容易求解吗？

**艾博士**：对偶问题可以进一步化简。我们先来看看极小值部分$\min\limits_{w,b}(L(\boldsymbol{w},b,\boldsymbol{\alpha}))$，为此重写拉格朗日函数如下：

$$L(\boldsymbol{w},b,\boldsymbol{\alpha})=\frac{1}{2}\|\boldsymbol{w}\|^2+\sum_{i=1}^{N}\alpha_i(1-y_i\cdot(\boldsymbol{w}\cdot\boldsymbol{x}_i+b)) \tag{4.47}$$

其中$\boldsymbol{w}$、$\boldsymbol{x}_i$均为向量：

$$\boldsymbol{w}=(w_1,w_2,\cdots,w_n)$$
$$\boldsymbol{x}_i=(x_i^{(1)},x_i^{(2)},\cdots,x_i^{(n)})$$
$$\|\boldsymbol{w}\|^2=\boldsymbol{w}\cdot\boldsymbol{w}=w_1^2+w_2^2+\cdots+w_n^2$$

所以式(4.47)也可以写为：

$$\begin{aligned}L(\boldsymbol{w},b,\boldsymbol{\alpha})&=\frac{1}{2}\boldsymbol{w}\cdot\boldsymbol{w}+\sum_{i=1}^{N}\alpha_i(1-y_i\cdot(\boldsymbol{w}\cdot\boldsymbol{x}_i+b))\\&=\frac{1}{2}\boldsymbol{w}\cdot\boldsymbol{w}-\sum_{i=1}^{N}\alpha_iy_i\cdot(\boldsymbol{w}\cdot\boldsymbol{x}_i+b)+\sum_{i=1}^{N}\alpha_i\end{aligned} \tag{4.48}$$

或者写为：

$$L(\boldsymbol{w},b,\boldsymbol{\alpha})=\frac{1}{2}(w_1^2+w_2^2+\cdots+w_n^2)+\sum_{i=1}^{N}\alpha_i\left(1-y_i\cdot\left(\sum_{j=1}^{n}w_jx_i^{(j)}+b\right)\right) \tag{4.49}$$

从式(4.49)可以看出拉格朗日函数是$\boldsymbol{w}$、$b$的二次函数，偏导数等于0处就是该函数的最小值点，我们可以令偏导数等于0，求出其极值点。而偏导数为0也刚好是应该满足的KKT条件中第一个梯度为0的条件。

$$\frac{\partial L(\boldsymbol{w},b,\boldsymbol{\alpha})}{\partial w_j}=w_j-\sum_{i=1}^{N}\alpha_iy_ix_i^{(j)}$$

令上式等于0可以求出$w_j$：

$$w_j=\sum_{i=1}^{N}\alpha_iy_ix_i^{(j)} \tag{4.50}$$

用向量表示就是：

$$\boldsymbol{w}=\sum_{i=1}^{N}\alpha_iy_i\boldsymbol{x}_i \tag{4.51}$$

同样：

$$\frac{\partial L(\boldsymbol{w},b,\boldsymbol{\alpha})}{\partial b}=-\sum_{i=1}^{N}\alpha_i y_i$$

令上式等于 0 就是：

$$\sum_{i=1}^{N}\alpha_i y_i=0 \tag{4.52}$$

将式(4.51)代入式(4.48)中，有：

$$\begin{aligned}L(\boldsymbol{w},b,\boldsymbol{\alpha})&=\frac{1}{2}\boldsymbol{w}\cdot\boldsymbol{w}-\sum_{i=1}^{N}\alpha_i y_i\cdot(\boldsymbol{w}\cdot\boldsymbol{x}_i+b)+\sum_{i=1}^{N}\alpha_i\\&=\frac{1}{2}\left(\sum_{i=1}^{N}\alpha_i y_i\boldsymbol{x}_i\right)\cdot\left(\sum_{j=1}^{N}\alpha_j y_j\boldsymbol{x}_j\right)-\sum_{i=1}^{N}\alpha_i y_i\cdot\left(\left(\sum_{j=1}^{N}\alpha_j y_j\boldsymbol{x}_j\right)\cdot x_i+b\right)+\sum_{i=1}^{N}\alpha_i\end{aligned} \tag{4.53}$$

小明看着结果有些疑惑地问道：这里为什么 $\boldsymbol{w}$ 有时用 $\sum_{i=1}^{N}\alpha_i y_i\boldsymbol{x}_i$，有时用$\sum_{j=1}^{N}\alpha_j y_j\boldsymbol{x}_j$ 呢？

艾博士解释道：$\sum_{i=1}^{N}\alpha_i y_i\boldsymbol{x}_i$ 和$\sum_{j=1}^{N}\alpha_j y_j\boldsymbol{x}_j$ 是一样的，都是表示的是 $\boldsymbol{w}$，做累加时换下标不影响结果。有时为了方便化简就采用了不同的下标。比如式(4.53) 第一项，分别用 $i$、$j$ 两个下标后，第一项就可以写成如下形式：

$$\frac{1}{2}\left(\sum_{i=1}^{N}\alpha_i y_i\boldsymbol{x}_i\right)\cdot\left(\sum_{j=1}^{N}\alpha_j y_j\boldsymbol{x}_j\right)=\frac{1}{2}\left(\sum_{i=1}^{N}\sum_{j=1}^{N}\alpha_i y_i\alpha_j y_j(\boldsymbol{x}_i\cdot\boldsymbol{x}_j)\right)$$

**小明**：明白了，这种情况下换了不同的下标表示起来确实比较方便，如果是相同的下标就不能这么写了。

**艾博士**：式(4.53)第二项可以写为：

$$-\sum_{i=1}^{N}\alpha_i y_i\cdot\left(\left(\sum_{j=1}^{N}\alpha_j y_j\boldsymbol{x}_j\right)\cdot x_i+b\right)=-\sum_{i=1}^{N}\sum_{j=1}^{N}\alpha_i\alpha_j y_i y_j(\boldsymbol{x}_j\cdot\boldsymbol{x}_i)-b\sum_{i=1}^{N}\alpha_i y_i$$

由式(4.52)有：

$$\sum_{i=1}^{N}\alpha_i y_i=0$$

以上结果代入式(4.53)中有：

$$L(\boldsymbol{w},b,\boldsymbol{\alpha})=-\frac{1}{2}\sum_{i=1}^{N}\sum_{j=1}^{N}\alpha_i\alpha_j y_i y_j(\boldsymbol{x}_i\cdot\boldsymbol{x}_j)+\sum_{i=1}^{N}\alpha_i$$

这就是$\min\limits_{\boldsymbol{w},b}(L(\boldsymbol{w},b,\boldsymbol{\alpha}))$的结果，即

$$\min_{\boldsymbol{w},b}(L(\boldsymbol{w},b,\boldsymbol{\alpha}))=-\frac{1}{2}\sum_{i=1}^{N}\sum_{j=1}^{N}\alpha_i\alpha_j y_i y_j(\boldsymbol{x}_i\cdot\boldsymbol{x}_j)+\sum_{i=1}^{N}\alpha_i \tag{4.54}$$

因此，对偶问题就变成了求$\min\limits_{\boldsymbol{w},b}(L(\boldsymbol{w},b,\boldsymbol{\alpha}))$对 $\boldsymbol{\alpha}$ 的最大值问题，即

$$\max_{\boldsymbol{\alpha}}\min_{\boldsymbol{w},b}(L(\boldsymbol{w},b,\boldsymbol{\alpha}))=\max_{\boldsymbol{\alpha}}\left(-\frac{1}{2}\sum_{i=1}^{N}\sum_{j=1}^{N}\alpha_i\alpha_j y_i y_j(\boldsymbol{x}_i\cdot\boldsymbol{x}_j)+\sum_{i=1}^{N}\alpha_i\right) \tag{4.55}$$

同时要满足条件式(4.52)。

对式(4.55)括号内部分增加一个负号，这样最大值问题就转化为了等价的最小值问题，即

$$\min_{\boldsymbol{\alpha}}\left(\frac{1}{2}\sum_{i=1}^{N}\sum_{j=1}^{N}\alpha_i\alpha_j y_i y_j(\boldsymbol{x}_i\cdot\boldsymbol{x}_j)-\sum_{i=1}^{N}\alpha_i\right) \tag{4.56}$$

$$\text{s.t.}\quad \sum_{i=1}^{N}\alpha_i y_i=0$$

$$\alpha_i\geqslant 0,\quad i=1,2,\cdots,N$$

式(4.56)就是最终得到的等价的对偶问题。其中 $\boldsymbol{x}_i\cdot\boldsymbol{x}_j$ 为向量的点积，即

$$\boldsymbol{x}_i\cdot\boldsymbol{x}_j=x_i^{(1)}x_j^{(1)}+x_i^{(2)}x_j^{(2)}+\cdots+x_i^{(n)}x_j^{(n)}$$

**小明**：我们的目的是求解支持向量机的分界超平面，如何得到超平面呢？

**艾博士**：满足式(4.56)最小值条件的 $\boldsymbol{\alpha}$ 记作 $\boldsymbol{\alpha}^*$：

$$\boldsymbol{\alpha}^*=(\alpha_1^*,\alpha_2^*,\cdots,\alpha_N^*)$$

最优分界超平面方程记为：

$$\boldsymbol{w}^*\cdot\boldsymbol{x}+b^*=0$$

将 $\boldsymbol{\alpha}^*$ 代入式(4.51)，有：

$$\boldsymbol{w}^*=\sum_{i=1}^{N}\alpha_i^* y_i\boldsymbol{x}_i \tag{4.57}$$

根据 KKT 条件中的第二条：

$$\alpha_i(1-y_i\cdot(\boldsymbol{w}\cdot\boldsymbol{x}_i+b))=0$$

当 $\alpha_i\neq 0$ 时有：

$$1-y_i\cdot(\boldsymbol{w}\cdot\boldsymbol{x}_i+b)=0 \tag{4.58}$$

我们从 $\boldsymbol{\alpha}^*$ 中任选一个 $\alpha_j^*\neq 0$，同时将 $\boldsymbol{w}^*$ 以及与 $\alpha_j^*$ 对应的 $\boldsymbol{x}_j$、$y_j$ 一起代入式(4.58)，就可以求得 $b^*$ 值如下：

$$b^*=y_j-\boldsymbol{w}^*\cdot\boldsymbol{x}_j=y_j-\sum_{i=1}^{N}\alpha_i^* y_i(\boldsymbol{x}_i\cdot\boldsymbol{x}_j) \tag{4.59}$$

小明看着这个结果有些不解地问道：式(4.59)中，$y_j$ 是不是应该是 $\frac{1}{y_j}$ 才对啊？

**艾博士**：我猜测到你会问这个问题。在前面我们讲过，$y_j$ 是类别标记，在支持向量机中类别只有正类和负类，分别标记为 1 和 −1，所以 $y_j$ 不是 1 就是 −1，所以 $y_j=\frac{1}{y_j}$。

小明恍然大悟道：对的，您当时还特别强调一定要我记住这一点，说后面推导中会用到，我还是给忘记了。

**艾博士**：在开始学习时这是很正常的，以后记住就可以了。

艾博士继续讲解道：将式(4.57)所示的 $\boldsymbol{w}^*$ 代入最优分界超平面方程 $\boldsymbol{w}^*\cdot\boldsymbol{x}+b^*=0$ 中，得到最优分界超平面方程：

$$\sum_{i=1}^{N}\alpha_i^* y_i(\boldsymbol{x}\cdot\boldsymbol{x}_i)+b^*=0 \tag{4.60}$$

其中，$b^*$ 由式(4.59)给出。

这样我们就得到线性可分支持向量机的分类决策函数：

$$f(x)=\mathrm{sign}\left(\sum_{i=1}^{N}\alpha_i^* y_i(\boldsymbol{x}\cdot\boldsymbol{x}_i)+b^*\right) \tag{4.61}$$

前面我们曾经讲过，与非零的 $\alpha_i^*$ 对应的 $\boldsymbol{x}_i$ 就是支持向量，从式(4.61)也可以看出，分类决策函数只与训练集中的支持向量有关，对于非支持向量，由于其对应的 $\alpha_i^*$ 等于 0，不影响分类决策函数。

**小明**：这样的话，当支持向量机训练结束后，只需保留那些支持向量和相应的非零 $\alpha_i^*$ 就可以了。

**艾博士**：小明你说得很对，支持向量机最终的结果只与支持向量有关，而与非支持向量无关，那些非支持向量就不需要再保存了。

下面我们给一个根据训练集样本求解支持向量机的例子。

设有正样本 $x_1=(3,3)$、$x_2=(4,3)$，负样本 $x_3=(6,4)$，求该问题的最优分界面，并据此给出样本(1,1)所属的类别。

根据式(4.56)：

$$\min_{\boldsymbol{\alpha}}\left(\frac{1}{2}\sum_{i=1}^{N}\sum_{j=1}^{N}\alpha_i\alpha_j y_i y_j(\boldsymbol{x}_i\cdot\boldsymbol{x}_j)-\sum_{i=1}^{N}\alpha_i\right)$$

$$\text{s.t.}\quad \sum_{i=1}^{N}\alpha_i y_i=0$$

$$\alpha_i\geqslant 0,\quad i=1,2,\cdots,N$$

该问题有 3 个样本，所以 $N=3$，有：

$$\min_{\boldsymbol{\alpha}}\left(\frac{1}{2}\sum_{i=1}^{N}\sum_{j=1}^{N}\alpha_i\alpha_j y_i y_j(\boldsymbol{x}_i\cdot\boldsymbol{x}_j)-\sum_{i=1}^{N}\alpha_i\right)=\min_{\boldsymbol{\alpha}}\left(\frac{1}{2}\sum_{i=1}^{3}\sum_{j=1}^{3}\alpha_i\alpha_j y_i y_j(\boldsymbol{x}_i\cdot\boldsymbol{x}_j)-\sum_{i=1}^{3}\alpha_i\right) \tag{4.62}$$

为方便计算，我们先计算好几个样本点的点积：

$$\boldsymbol{x}_1\cdot\boldsymbol{x}_1=3\times3+3\times3=18$$

$$\boldsymbol{x}_2\cdot\boldsymbol{x}_2=4\times4+3\times3=25$$

$$\boldsymbol{x}_3\cdot\boldsymbol{x}_3=6\times6+4\times4=52$$

$$\boldsymbol{x}_1\cdot\boldsymbol{x}_2=\boldsymbol{x}_2\cdot\boldsymbol{x}_1=3\times4+3\times3=21$$

$$\boldsymbol{x}_1\cdot\boldsymbol{x}_3=\boldsymbol{x}_3\cdot\boldsymbol{x}_1=3\times6+3\times4=30$$

$$\boldsymbol{x}_2\cdot\boldsymbol{x}_3=\boldsymbol{x}_3\cdot\boldsymbol{x}_2=4\times6+3\times4=36$$

代入式(4.62)中：

$$\begin{aligned}&\min_{\boldsymbol{\alpha}}\left(\frac{1}{2}\sum_{i=1}^{3}\sum_{j=1}^{3}\alpha_i\alpha_j y_i y_j(\boldsymbol{x}_i\cdot\boldsymbol{x}_j)-\sum_{i=1}^{3}\alpha_i\right)\\&=\min_{\boldsymbol{\alpha}}\Bigg(\frac{1}{2}(\alpha_1\alpha_1 y_1 y_1(\boldsymbol{x}_1\cdot\boldsymbol{x}_1)+\alpha_1\alpha_2 y_1 y_2(\boldsymbol{x}_1\cdot\boldsymbol{x}_2)+\alpha_1\alpha_3 y_1 y_3(\boldsymbol{x}_1\cdot\boldsymbol{x}_3)+\\&\quad\alpha_2\alpha_1 y_2 y_1(\boldsymbol{x}_2\cdot\boldsymbol{x}_1)+\alpha_2\alpha_2 y_2 y_2(\boldsymbol{x}_2\cdot\boldsymbol{x}_2)+\alpha_2\alpha_3 y_2 y_3(\boldsymbol{x}_2\cdot\boldsymbol{x}_3)+\\&\quad\alpha_3\alpha_1 y_3 y_1(\boldsymbol{x}_3\cdot\boldsymbol{x}_1)+\alpha_3\alpha_2 y_3 y_2(\boldsymbol{x}_3\cdot\boldsymbol{x}_2)+\alpha_3\alpha_3 y_3 y_3(\boldsymbol{x}_3\cdot\boldsymbol{x}_3))\\&\quad-\alpha_1-\alpha_2-\alpha_3\Bigg)\end{aligned}$$

$$=\min_{\alpha}\left(\frac{1}{2}(\alpha_1\alpha_1\times1\times1\times18+\alpha_1\alpha_2\times1\times1\times21+\alpha_1\alpha_3\times1\times(-1)\times30+\right.$$
$$\alpha_2\alpha_1\times1\times1\times21+\alpha_2\alpha_2\times1\times1\times25+\alpha_2\alpha_3\times1\times(-1)\times36+$$
$$\alpha_3\alpha_1\times(-1)\times1\times30+\alpha_3\alpha_2\times(-1)\times1\times36+$$
$$\left.\alpha_3\alpha_3\times(-1)\times(-1)\times52)-\alpha_1-\alpha_2-\alpha_3\right)$$
$$=\min_{\alpha}\left(\frac{1}{2}(18\alpha_1^2+25\alpha_2^2+52\alpha_3^2+42\alpha_1\alpha_2-60\alpha_1\alpha_3-72\alpha_2\alpha_3)-\alpha_1-\alpha_2-\alpha_3\right)$$
$$\text{s.t.}\quad \sum_{i=1}^{3}\alpha_i y_i=0$$
$$\alpha_i\geqslant0,\quad i=1,2,3$$

为方便起见,上式括号中的部分记为 $s$：

$$s=\frac{1}{2}(18\alpha_1^2+25\alpha_2^2+52\alpha_3^2+42\alpha_1\alpha_2-60\alpha_1\alpha_3-72\alpha_2\alpha_3)-\alpha_1-\alpha_2-\alpha_3$$

由于同时满足：

$$\sum_{i=1}^{3}\alpha_i y_i=0$$

所以有：

$$\alpha_3=\alpha_1+\alpha_2 \tag{4.63}$$

代入 $s$ 中化简后有：

$$s=\frac{1}{2}(10\alpha_1^2+5\alpha_2^2+14\alpha_1\alpha_2)-2\alpha_1-2\alpha_2 \tag{4.64}$$

这样对偶问题就变成了求 $s$ 对 $\alpha_1$、$\alpha_2$ 的最小值问题。由于 $s$ 是关于 $\alpha_1$、$\alpha_2$ 的二次函数,是一个凸函数,所以其最小值在偏导数等于 0 处,可以通过计算 $s$ 对 $\alpha_1$、$\alpha_2$ 的偏导数,并分别令其为 0 求解。

$$\frac{\partial s}{\partial\alpha_1}=10\alpha_1+7\alpha_2-2$$
$$\frac{\partial s}{\partial\alpha_2}=5\alpha_2+7\alpha_1-2$$

令上述两个偏导数等于 0 得到二元一次方程组：

$$\begin{cases}10\alpha_1+7\alpha_2-2=0\\5\alpha_2+7\alpha_1-2=0\end{cases}$$

求解该方程组得到：

$$\alpha_1=-4$$
$$\alpha_2=6$$

讲解到这里艾博士问小明：这样得到的 $\alpha_1$、$\alpha_2$ 是不是就是我们想要的结果呢？

小明见艾博士这样询问,心想这里一定有什么问题,想到：$s$ 是关于 $\alpha_1$、$\alpha_2$ 的二次函数,是个凸函数,最小值一定出现在偏导数等于 0 的地方,应该没有问题啊？艾博士为什么这么问呢？

小明边想边查看前面讲解的内容,突然醒悟道：由于对偶问题要求满足条件 $\alpha_1\geqslant0$、

$\alpha_2 \geqslant 0$，而这个结果中 $\alpha_1 = -4$，并不满足 $\alpha_1$ 大于或等于 0 的条件。

艾博士夸奖说：小明你说得非常正确，如果 $\alpha_1$、$\alpha_2$ 都满足大于或等于 0 的条件，则这个结果就是我们希望得到的结果，但是这里求得的 $\alpha_1$ 不满足大于或等于 0 的条件，虽然我们求得的确实是 $s$ 的最小值，但是不是满足约束条件的最小值。如何得到满足约束条件的最小值呢？我们看一下单变量的情况，单变量看起来更加直观。

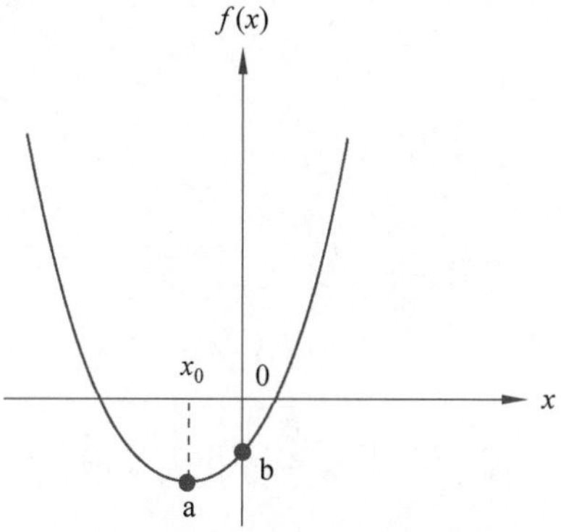

图 4.24　二次函数最小值示意图

假设 $f(x)$是 $x$ 的二次函数，其图像如图 4.24 所示。$f(x)$在 $x = x_0$ 处取得最小值 a，但是如果要求 $x$ 大于或等于 0 的话，满足要求的 $f(x)$的最小值在 $x = 0$ 处取得，其值为 b。也就是说，如果函数的实际最小值不在我们要求的定义域范围内，则满足要求的最小值应该发生在定义域的边界处，也就是 $x = 0$ 的地方。函数是多变量时，也有类似的结论，只是对于多变量的情况，每个变量都有一个边界，需要计算出每个边界下函数的最小取值，取其中最小的一个就是我们所要求解的最小值。前提条件是函数是一个凸函数，而二次函数刚好是凸函数。

艾博士继续讲解道：我们再回到例题中来，由于 $\alpha_1$ 是负的，不满足我们的要求。按照上述讨论，就要分别计算 $\alpha_1 = 0$ 和 $\alpha_2 = 0$ 两个边界条件下 $s$ 的最小值，然后取其中一个最小的结果作为解答。

小明问道：刚刚求解的 $\alpha_2$ 其值为 6，满足大于或等于 0 的条件，也要计算 $\alpha_2 = 0$ 这个边界下 $s$ 的值吗？

艾博士肯定地说：是的，只要有一个 $\alpha_i$ 的取值不满足条件，就要计算每个 $\alpha_i = 0$ 时 $s$ 的最小值，以便从中选择一个最小的结果。

下面分别计算两个边界条件下 $s$ 的最小值。

当 $\alpha_1 = 0$ 时，代入式(4.64)：

$$\begin{aligned} s &= \frac{1}{2}(10\alpha_1^2 + 5\alpha_2^2 + 14\alpha_1\alpha_2) - 2\alpha_1 - 2\alpha_2 \\ &= \frac{1}{2}(5\alpha_2^2) - 2\alpha_2 \end{aligned}$$

求 $s$ 对 $\alpha_2$ 的导数：

$$\frac{\mathrm{d}s}{\mathrm{d}\alpha_2} = 5\alpha_2 - 2$$

令其为 0：

$$5\alpha_2 - 2 = 0$$

解得：

$$\alpha_2 = \frac{2}{5}$$

将 $\alpha_1 = 0$、$\alpha_2 = \frac{2}{5}$代入 $s$ 中，求得 $\alpha_1 = 0$ 时这一边界条件下 $s$ 的最小值为$-\frac{2}{5}$。

当 $\alpha_2 = 0$ 时，代入式(4.64)：

$$
\begin{aligned}
s &= \frac{1}{2}(10\alpha_1^2 + 5\alpha_2^2 + 14\alpha_1\alpha_2) - 2\alpha_1 - 2\alpha_2 \\
&= \frac{1}{2}(10\alpha_1^2) - 2\alpha_1
\end{aligned}
$$

求 $s$ 对 $\alpha_1$ 的导数：

$$\frac{\mathrm{d}s}{\mathrm{d}\alpha_1} = 10\alpha_1 - 2$$

令其为 0：

$$10\alpha_1 - 2 = 0$$

解得：

$$\alpha_1 = \frac{1}{5}$$

将 $\alpha_1 = \frac{1}{5}$、$\alpha_2 = 0$ 代入 $s$ 中，求得 $\alpha_2 = 0$ 时这一边界条件下 $s$ 的最小值为 $-\frac{1}{5}$。

比较两个边界条件下 $s$ 的最小值，$s = -\frac{2}{5}$ 更小一些，所以 $\alpha_1 = 0$、$\alpha_2 = \frac{2}{5}$ 为我们求得的结果。

由式(4.63)有：

$$\alpha_3 = \alpha_1 + \alpha_2 = 0 + \frac{2}{5} = \frac{2}{5}$$

至此我们就得到了使得式(4.62)取得最小值并满足约束条件的 $\alpha_i^*$：

$$
\begin{cases}
\alpha_1^* = 0 \\
\alpha_2^* = \dfrac{2}{5} \\
\alpha_3^* = \dfrac{2}{5}
\end{cases}
$$

非 0 的 $\alpha_i^*$ 对应的 $\boldsymbol{x}_i$ 为支持向量，所以该例题中，$\boldsymbol{x}_2$、$\boldsymbol{x}_3$ 即为支持向量，$\boldsymbol{x}_1$ 不是支持向量。

由式(4.57)得到超平面方程的 $\boldsymbol{w}^*$ 为：

$$\boldsymbol{w}^* = \sum_{i=1}^{3} \alpha_i^* y_i \boldsymbol{x}_i = \alpha_1^* y_1 \boldsymbol{x}_1 + \alpha_2^* y_2 \boldsymbol{x}_2 + \alpha_3^* y_3 \boldsymbol{x}_3$$

这里：

$$
\begin{aligned}
\boldsymbol{w}^* &= (w_1^*, w_2^*) \\
\boldsymbol{x}_i &= (x_i^{(1)}, x_i^{(2)})
\end{aligned}
$$

均为向量，写成分量形式为：

$$
\begin{aligned}
w_1^* &= \alpha_1^* y_1 x_1^{(1)} + \alpha_2^* y_2 x_2^{(1)} + \alpha_3^* y_3 x_3^{(1)} \\
&= 0 \times 1 \times 3 + \frac{2}{5} \times 1 \times 4 + \frac{2}{5} \times (-1) \times 6 = -\frac{4}{5} \\
w_2^* &= \alpha_1^* y_1 x_1^{(2)} + \alpha_2^* y_2 x_2^{(2)} + \alpha_3^* y_3 x_3^{(2)} \\
&= 0 \times 1 \times 3 + \frac{2}{5} \times 1 \times 3 + \frac{2}{5} \times (-1) \times 4 = -\frac{2}{5}
\end{aligned}
$$

选一个不为 0 的 $\alpha_2^*$，由式(4.59) 得到超平面方程的 $b^*$ 为：

$$\begin{aligned} b^* &= y_2 - \boldsymbol{w}^* \cdot \boldsymbol{x}_2 = y_2 - \sum_{i=1}^{3} \alpha_i^* y_i (\boldsymbol{x}_i \cdot \boldsymbol{x}_j) \\ &= y_2 - (\alpha_1^* y_1 (\boldsymbol{x}_1 \cdot \boldsymbol{x}_2) + \alpha_2^* y_2 (\boldsymbol{x}_2 \cdot \boldsymbol{x}_2) + \alpha_3^* y_3 (\boldsymbol{x}_3 \cdot \boldsymbol{x}_2)) \\ &= 1 - \left(0 \times 1 \times 21 + \frac{2}{5} \times 1 \times 25 + \frac{2}{5} \times (-1) \times 36\right) \\ &= \frac{27}{5} \end{aligned}$$

从而有超平面方程：

$$\boldsymbol{w}^* \cdot \boldsymbol{x} + b^* = 0$$

将 $\boldsymbol{w}^*$、$b^*$ 代入有：

$$w_1^* \cdot x^{(1)} + w_2^* \cdot x^{(2)} + b^* = 0$$

$$-\frac{4}{5} \cdot x^{(1)} - \frac{2}{5} \cdot x^{(2)} + \frac{27}{5} = 0 \tag{4.65}$$

式(4.65)就是该例题的最优分界超平面方程，如图 4.25 所示。

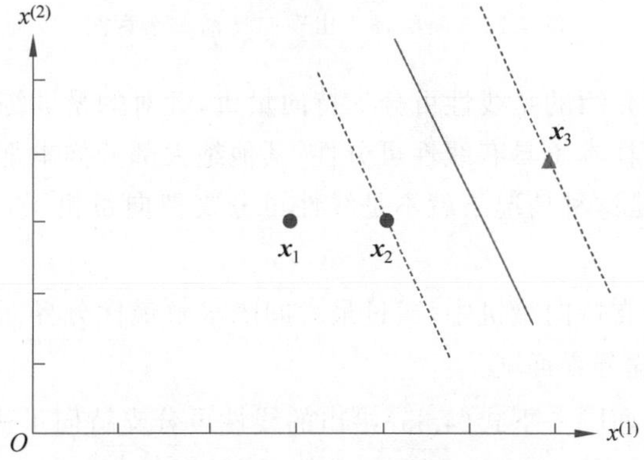


图 4.25　例题的最优分界超平面示意图

容易验证，由于样本 $\boldsymbol{x}_2$、$\boldsymbol{x}_3$ 为支持向量，它们到该超平面的函数距离均为 1，$\boldsymbol{x}_1$ 不是支持向量，其到该超平面的函数距离大于 1，等于 $\frac{9}{5}$。

由式(4.66)最优分界超平面方程，可以得到支持向量机的决策函数为：

$$f(\boldsymbol{x}) = \text{sign}\left(-\frac{4}{5} \cdot x^{(1)} - \frac{2}{5} \cdot x^{(2)} + \frac{27}{5}\right)$$

将例题中的待分类样本 $\boldsymbol{x} = (1,1)$ 代入决策函数中：

$$\begin{aligned} f(\boldsymbol{x}) &= \text{sign}\left(-\frac{4}{5} \cdot x^{(1)} - \frac{2}{5} \cdot x^{(2)} + \frac{27}{5}\right) \\ &= \text{sign}\left(-\frac{4}{5} \times 1 - \frac{2}{5} \times 1 + \frac{27}{5}\right) \\ &= \text{sign}\left(\frac{21}{5}\right) = 1 \end{aligned}$$

由此可知，待分类样本 $\boldsymbol{x} = (1,1)$ 的类别为正类。

### 4.5.3 线性支持向量机

**小明**：您前面介绍的支持向量机叫线性可分支持向量机，也就是说，要求训练集中的样本必须是线性可分的。如果训练集不满足线性可分条件，比如说绝大部分样本可以用一个超平面分开，但是有少数样本不能被区分开，如图 4.26 所示两类样本交叉在一起的情况，无论怎么画直线也不能将两类分开，这种情况下还可以使用支持向量机方法构造一个分类器吗？

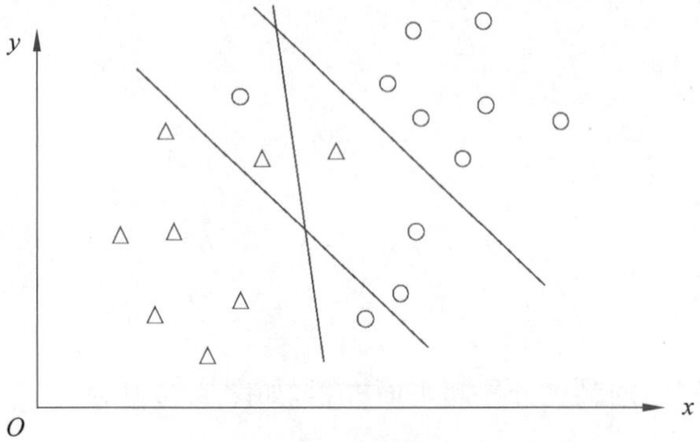


图 4.26 两类样本出现交叉情况示意图

**艾博士**：前面我们介绍的是线性可分支持向量机，针对的是训练样本线性可分的情况。如果训练集中只有少数样本不具有线性可分性，其他绝大部分样本都可以线性可分时，也可以构造支持向量机，只是这种情况下就不是线性可分支持向量机了，是线性支持向量机，少了"可分"二字。

**小明**：在线性可分支持向量机中，通过最大间隔求解最优分界面，当训练集不具有线性可分性时，如何求解最优分界面呢？

**艾博士**：我们先来回顾一下式(4.35)给出的线性可分支持向量机问题：

$$\min_{\boldsymbol{w},b} \frac{1}{2}\|\boldsymbol{w}\|^2 \tag{4.66}$$

$$\text{s.t. } y_i \cdot (\boldsymbol{w} \cdot \boldsymbol{x}_i + b) \geqslant 1 \quad i=1,2,\cdots,N$$

在该问题中，要求训练集中的所有样本到最优分界面的函数间隔均大于或等于 1，也就是满足条件：

$$y_i \cdot (\boldsymbol{w} \cdot \boldsymbol{x}_i + b) \geqslant 1 \quad i=1,2,\cdots,N$$

在训练集线性可分的情况下，可以做到这一点。当训练集不具有线性可分性时，就需要降低要求，弱化该条件，在大多数样本满足该约束条件的情况下，允许少量样本不满足该条件。这里的关键是如何衡量"允许少量样本不满足该条件"。

**小明**：那就是满足该条件的样本越少越好，以此为优化条件。

**艾博士**：当然这么做也不是不可以，但是不满足该条件也有程度上的不同。如图 4.27 所示，假设样本 a 到最优超平面的函数间隔为 0.9，虽然不满足约束条件，但是也只是以微小差距不满足约束条件，样本 b 到最优超平面的函数间隔为 0.1，显然二者不是等价的，如果在 a 与 b 中选择一个样本允许其不满足约束条件的话，我们会更愿意选择 a 而不是 b。再看样本 c，其不但不满足约束条件，还"跑"到了超平面的另一端，更是我们希望尽可能避免的。

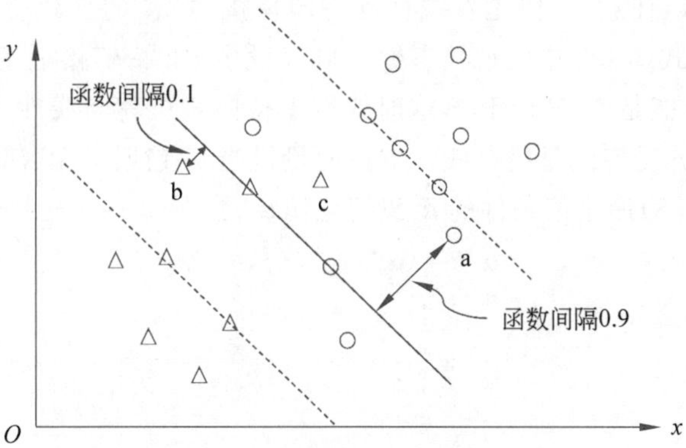


图 4.27　不满足约束条件的样本示例

为此我们引入松弛变量 $\xi_i \geqslant 0 (i=1,2,\cdots,N)$，每个样本 $\boldsymbol{x}_i$ 对应一个 $\xi_i$，对于满足约束条件的样本 $\boldsymbol{x}_i$，其对应的 $\xi_i=0$。对于不满足约束条件的 $\boldsymbol{x}_i$，我们允许该样本到超平面的函数间隔小于 1，但是也不能太离谱，要求大于或等于 $1-\xi_i$，也就是式(4.66)中的约束条件修改为：

$$y_i \cdot (\boldsymbol{w} \cdot \boldsymbol{x}_i + b) \geqslant 1-\xi_i \quad i=1,2,\cdots,N$$

同时要使得所有的 $\xi_i$ 之和尽可能小。

这样线性支持向量机就变成了求解如下优化问题：

$$\min_{\boldsymbol{w},b}\left(\frac{1}{2}\|\boldsymbol{w}\|^2 + C \cdot \sum_{i=1}^{N}\xi_i\right) \tag{4.67}$$

$$\text{s.t.} \quad y_i \cdot (\boldsymbol{w} \cdot \boldsymbol{x}_i + b) \geqslant 1-\xi_i \quad i=1,2,\cdots,N$$

$$\xi_i \geqslant 0 \quad i=1,2,\cdots,N$$

这里将线性可分支持向量机中求 $\frac{1}{2}\|\boldsymbol{w}\|^2$ 的最小值，变成了求 $\left(\frac{1}{2}\|\boldsymbol{w}\|^2 + C \cdot \sum_{i=1}^{N}\xi_i\right)$ 的最小值，其中 $C>0$ 为惩罚参数，在二者之间起平衡作用，使得 $\frac{1}{2}\|\boldsymbol{w}\|^2$ 和 $\sum_{i=1}^{N}\xi_i$ 都比较小。

这就是线性支持向量机的优化问题，该问题同样可以采用类似于前面介绍过的拉格朗日乘子法，并转化为对偶问题求解，只是由于又引入了新的变量 $\xi_i$，变得更加复杂，我们就不做介绍了，直接给出其对应的对偶问题：

$$\min_{\boldsymbol{\alpha}}\left(\frac{1}{2}\sum_{i=1}^{N}\sum_{j=1}^{N}\alpha_i\alpha_j y_i y_j(\boldsymbol{x}_i \cdot \boldsymbol{x}_j) - \sum_{i=1}^{N}\alpha_i\right) \tag{4.68}$$

$$\text{s.t.} \quad \sum_{i=1}^{N}\alpha_i y_i = 0$$

$$0 \leqslant \alpha_i \leqslant C, i=1,2,\cdots,N$$

讲解到这里艾博士问小明：你看看式(4.68)所示的线性支持向量机对应的优化问题，与我们前面讲的式(4.56)所示的线性可分支持向量机对应的优化问题有什么区别吗？

小明初看并没有发现有什么不同的地方，正想回答说没看出有哪些不同时，突然发现二者确实有少许差别，于是回答道：在式(4.56)中，$\alpha_i$ 只要求大于或等于 0，而在这里要求是大于或等于 0，同时小于或等于 $C$。除此之外应该就没有其他方面的差别了。

艾博士称赞小明看得认真仔细：确实只有这一个小差别。也就是说，在线性可分支持向量机中，$\alpha_i$ 的值可以任意大，但是在线性支持向量机中，$\alpha_i$ 的变化受到限制，不能大于 $C$ 的值，这里的 $C$ 就是式(4.67)中的惩罚参数。可以设想，如果 $C$ 接近于无穷大时，式(4.67)所示的最小值问题只能是 $\xi_i$ 趋近于 0，这时线性支持向量机就与线性可分支持向量机完全一样了，可见线性可分支持向量机是线性支持向量机当 $C$ 趋近于无穷时的一个特例。

同样，满足式(4.68)最小值条件的 $\boldsymbol{\alpha}$ 我们记作 $\boldsymbol{\alpha}^*$：

$$\boldsymbol{\alpha}^*=(\alpha_1^*,\alpha_2^*,\cdots,\alpha_N^*)$$

最优分界超平面方程为：

$$\boldsymbol{w}^*\cdot\boldsymbol{x}+b^*=0$$

其中：

$$\boldsymbol{w}^*=\sum_{i=1}^{N}\alpha_i^* y_i\boldsymbol{x}_i \tag{4.69}$$

我们从 $\alpha^*$ 中任选一个 $\alpha_j^*\neq 0$ 且 $\alpha_j^*\neq C$，$\boldsymbol{x}_j$、$y_j$ 为与 $\alpha_j^*$ 对应的样本及其类别，则 $b^*$ 值如下：

$$b^*=y_j-\boldsymbol{w}^*\cdot\boldsymbol{x}_j=y_j-\sum_{i=1}^{N}\alpha_i^* y_i(\boldsymbol{x}_i\cdot\boldsymbol{x}_j) \tag{4.70}$$

将 $\boldsymbol{w}^*$ 代入最优超平面方程 $\boldsymbol{w}^*\boldsymbol{x}+b^*=0$ 中，有：

$$\sum_{i=1}^{N}\alpha_i^* y_i(\boldsymbol{x}\cdot\boldsymbol{x}_i)+b^*=0 \tag{4.71}$$

由此得到线性支持向量机的分类决策函数：

$$f(\boldsymbol{x})=\mathrm{sign}\left(\sum_{i=1}^{N}\alpha_i^* y_i(\boldsymbol{x}\cdot\boldsymbol{x}_i)+b^*\right) \tag{4.72}$$

同样，与非零值 $\alpha_i^*$ 对应的样本就是支持向量，只是这里的支持向量有两类。一类是到最佳分界面的函数间隔等于 1 的样本，这是标准的支持向量，与这类样本对应的 $\xi_i=0$、$0<\alpha_i^*<C$。还有一类是到分界面的函数间隔小于 1 的样本，或者是“跑”到了最优分界面另一面的样本(即分类错误的样本)，也被称作支持向量，与这类样本对应的 $\xi_i>0$、$\alpha_i^*=C$。当 $\xi_i=1$ 时，对应的样本刚好在最优分界面上，分类决策函数为 0，无法判断其对应样本的类别；当 $\xi_i<1$ 时，其对应的样本可以得到正确分类；当 $\xi_i>1$ 时，其对应的样本被错分为另一类。与 $\alpha_i^*=0$ 对应的样本就是非支持向量，最优分界面与这些样本无关，在训练结束后可以将其从训练集中删除。

图 4.28 给出了一个支持向量与 $\xi_i$ 之间的关系示意图。

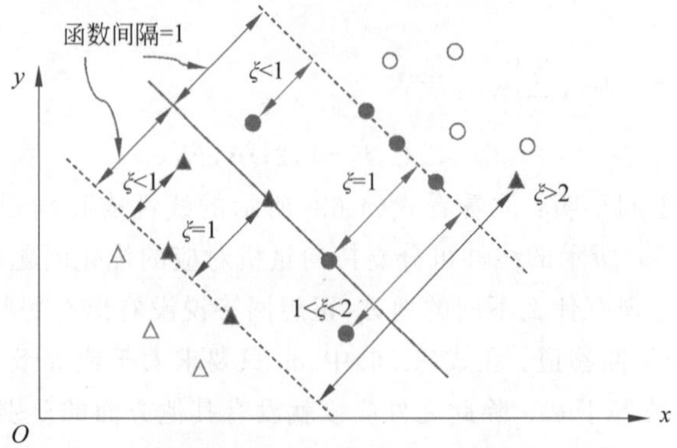


**图 4.28　支持向量与 $\xi_i$ 之间的关系示意图(见彩插)**

图中实心样本点均为支持向量，空心样本点均不是支持向量。处于虚线上的3个绿色样本点和两个蓝色样本点，是标准的支持向量，它们到最优超平面的函数间隔为1，对应的$\xi_i$值为0，对应的$\alpha_i^*$满足$0<\alpha_i^*<C$。$\xi<1$对应的样本点，其分类正确，相应的$\alpha_i^*=C$。$\xi>1$对应的样本点，其分类错误，相应的$\alpha_i^*=C$。

**小明**：那么如何得到$\xi_i$的值呢？

**艾博士**：$\xi_i$是引入的中间变量，线性支持向量机并不需要知道$\xi_i$的值。如果想了解每个样本$\boldsymbol{x}_i$对应的$\xi_i$值，可以通过计算得到。首先$\alpha_i^*=0$对应样本点$\boldsymbol{x}_i$不是支持向量，其到最优分界面的函数间隔肯定大于1，所以对应的$\xi_i$其值也为0。其次，对于满足条件$0<\alpha_i^*<C$的$\alpha_i^*$，其对应的样本点$\boldsymbol{x}_i$是标准的支持向量，其到最优分界面的函数间隔等于1，所以对应的$\xi_i$其值也为0。只有$\alpha_i^*=C$所对应的$\xi_i$其值为一个大于0的数，其对应的$\boldsymbol{x}_i$也为支持向量，应满足条件：

$$y_i \cdot (\boldsymbol{w} \cdot \boldsymbol{x}_i + b) = 1 - \xi_i$$

所以有：

$$\xi_i = 1 - y_i \cdot (\boldsymbol{w} \cdot \boldsymbol{x}_i + b) \tag{4.73}$$

将$\xi_i$对应的样本$\boldsymbol{x}_i$、$y_i$代入式(4.73)，就可以求得对应的$\xi_i$值。

对于分类正确的样本点，如图4.28中所示的$\xi_i<1$的样本点，其到最优分界面的函数间隔大于0小于1，所以自然有$\xi_i<1$。对于分类错误的样本点，如图4.28所示的$\xi_i>1$的样本点，由于出现了分类错误，此时计算的函数间隔$y_i \cdot (\boldsymbol{w} \cdot \boldsymbol{x}_i + b)$是个负数，所以实际上相当于：

$$\xi_i = 1 + | y_i \cdot (\boldsymbol{w} \cdot \boldsymbol{x}_i + b) |$$

所以自然有$\xi_i>1$。

小明有些不解地问道：函数间隔为什么还可以是负数呢？

艾博士解释道：在分类正确的情况下，对于正类样本点，$y_i=1$、$(\boldsymbol{w} \cdot \boldsymbol{x}_i + b)>0$，对于负类样本点，$y_i=-1$、$(\boldsymbol{w} \cdot \boldsymbol{x}_i + b)<0$，所以无论是正类还是负类样本点，均有函数间隔大于0的结果。但是当分类错误时，比如对于标记为正类的样本点被错分成了负类，则$y_i$还是为1，但是计算得到的$(\boldsymbol{w} \cdot \boldsymbol{x}_i + b)$会小于0，所以就出现了函数间隔$y_i \cdot (\boldsymbol{w} \cdot \boldsymbol{x}_i + b)$小于0的情况。当标记为负类的样本点被错分成正类时，也会出现同样的结果。也正是由于这一点，对于错分类的样本点，也可以通过式(4.73)计算错分类样本点$\boldsymbol{x}_i$对应的$\xi_i$值。

**小明**：原来是这样啊，可以认为对于错分类的样本点，其到最优分界面的函数间隔小于0，是个负数，这样更加方便计算。

**艾博士**：确实是这样的。

### 4.5.4 非线性支持向量机

**小明**：前面讲解的，无论是否线性可分，都是线性支持向量机，也就是求解一个最优超平面，将两类样本分开。但是有些情况下样本的分布可能比较复杂，用超平面很难将两类的大部分样本分开，是不是有非线性的支持向量机呢？我想既然不能用超平面分类，那就采用超曲面呀，在二维的情况下就是曲线。

**艾博士**：这就是我们下面将要讲解的非线性支持向量机。

如图 4.29 所示，○是一个类别，△是一个类别。在这种情况下，不可能用一条直线将大部分样本正确分开。但是用如图所示红色的椭圆就可以将两个类别正确分开。这是从分界面是曲面的角度思考问题，能否从另一个角度思考一下这个问题呢？就是做一个非线性变换，使得在原来空间不能用超平面分类的样本，经过变换后，在新的空间中可以用超平面分类了。

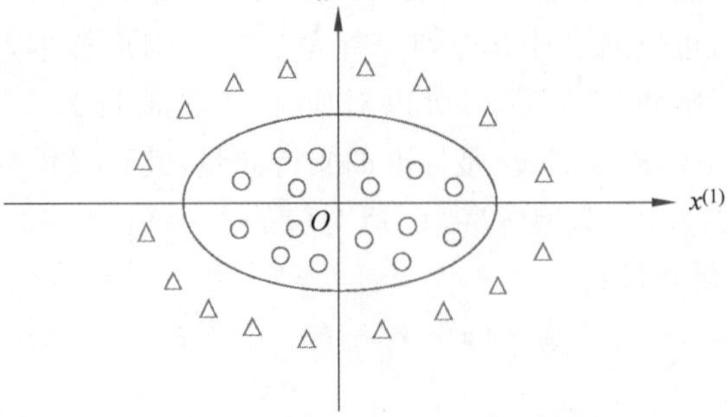


图 4.29　非线性分类示意图(见彩插)

**小明**：如果能做到这一点就好办了，因为在新的空间就可以使用线性支持向量机了，除了增加一个非线性变换外，与前面讲过的线性支持向量机应该没有什么本质的区别。

**艾博士**：比如对于图 4.29 给出的示例，设原空间中：

$$\boldsymbol{x}=(x^{(1)},x^{(2)})$$

变换后的新空间中：

$$\boldsymbol{z}=(z^{(1)},z^{(2)})$$

我们可以做这样一个变换：

$$\boldsymbol{z}=\phi(\boldsymbol{x})=((x^{(1)})^2,(x^{(2)})^2)$$

这样原空间中的椭圆方程：

$$w_1(x^{(1)})^2+w_2(x^{(2)})^2+b=0$$

在新空间中就是一条直线：

$$w_1z^{(1)}+w_2z^{(2)}+b=0$$

而图 4.29 经变换后如图 4.30 所示。

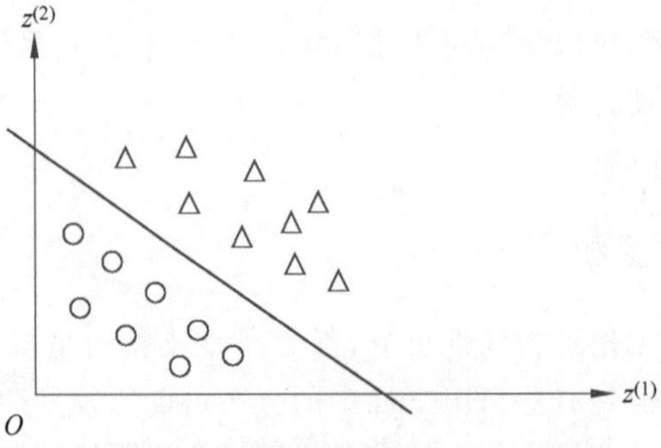


图 4.30　变换后新空间样本分布示意图

这样就如同刚才小明说的，在新空间中就可以使用线性支持向量机方法求解最优分界面了，只需要将 $\phi(\boldsymbol{x}_i)$ 代替 $\boldsymbol{x}_i$ 作为训练样本就可以了。也就是将式(4.68)给出的线性支持向量机所对应的优化问题：

$$\min_{\boldsymbol{\alpha}}\left(\frac{1}{2}\sum_{i=1}^{N}\sum_{j=1}^{N}\alpha_i\alpha_j y_i y_j(\boldsymbol{x}_i\cdot\boldsymbol{x}_j)-\sum_{i=1}^{N}\alpha_i\right) \tag{4.74}$$

$$\text{s.t.}\quad \sum_{i=1}^{N}\alpha_i y_i=0$$

$$0\leqslant\alpha_i\leqslant C, i=1,2,\cdots,N$$

将其中的 $\boldsymbol{x}_i$ 替换成 $\phi(\boldsymbol{x}_i)$ 就得到了非线性支持向量机对应的优化问题，即

$$\min_{\boldsymbol{\alpha}}\left(\frac{1}{2}\sum_{i=1}^{N}\sum_{j=1}^{N}\alpha_i\alpha_j y_i y_j(\phi(\boldsymbol{x}_i)\cdot\phi(\boldsymbol{x}_j))-\sum_{i=1}^{N}\alpha_i\right) \tag{4.75}$$

$$\text{s.t.}\quad \sum_{i=1}^{N}\alpha_i y_i=0$$

$$0\leqslant\alpha_i\leqslant C, i=1,2,\cdots,N$$

同样，我们可以得到在变换后新空间的最优分界超平面方程为：

$$\boldsymbol{w}^*\cdot\phi(\boldsymbol{x})+b^*=0$$

其中：

$$\boldsymbol{w}^*=\sum_{i=1}^{N}\alpha_i^* y_i\phi(\boldsymbol{x}_i) \tag{4.76}$$

我们从 $\boldsymbol{\alpha}^*$ 中任选一个 $\alpha_j^*\neq 0$ 且 $\alpha_j^*\neq C$，$\phi(\boldsymbol{x}_j)$、$y_j$ 为与 $\alpha_j^*$ 对应的样本及其类别，则 $b^*$ 值如下：

$$b^*=y_j-\boldsymbol{w}^*\cdot\phi(\boldsymbol{x}_j)=y_j-\sum_{i=1}^{N}\alpha_i^* y_i(\phi(\boldsymbol{x}_i)\cdot\phi(\boldsymbol{x}_j)) \tag{4.77}$$

将 $\boldsymbol{w}^*$ 代入最优超平面方程 $\boldsymbol{w}^*\cdot\phi(\boldsymbol{x})+b^*=0$ 中，有：

$$\sum_{i=1}^{N}\alpha_i^* y_i(\phi(\boldsymbol{x})\cdot\phi(\boldsymbol{x}_i))+b^*=0 \tag{4.78}$$

由此得到非线性支持向量机的分类决策函数：

$$f(\boldsymbol{x})=\text{sign}\left(\sum_{i=1}^{N}\alpha_i^* y_i(\phi(\boldsymbol{x})\cdot\phi(\boldsymbol{x}_i))+b^*\right) \tag{4.79}$$

**小明**：感觉非线性支持向量机的难点问题就是如何定义变换函数 $\phi(\boldsymbol{x})$，一旦有了变换函数 $\phi(\boldsymbol{x})$，非线性支持向量机的求解就与线性支持向量机求解完全一样了。

**艾博士**：一般是通过升维的办法定义变换函数 $\phi(\boldsymbol{x})$，因为在 $n$ 维空间如果不能实现线性可分的话，升维到更高的维度就可能实现线性可分了。我们给一个具体的例子。

设 $\boldsymbol{x}_1=(0,0)$、$\boldsymbol{x}_2=(1,1)$ 属于正类，$\boldsymbol{x}_3=(1,0)$，$\boldsymbol{x}_4=(0,1)$ 属于负类，如图 4.31 所示。很显然在二维平面上该问题不可能用一条直线将两个类别分开。

但是如果我们通过一个变换，将该问题升维到三维空间，结果会如何呢？

我们假设有如下的变换函数 $\phi(\boldsymbol{x})$，将二维空间上的点 $\boldsymbol{x}=(x^{(1)},x^{(2)})$ 升维到三维空间后对应的点为 $z=(z^{(1)},z^{(2)},z^{(3)})$：

$$\boldsymbol{z}=\phi(\boldsymbol{x})=((x^{(1)})^2,\sqrt{2}x^{(1)}x^{(2)},(x^{(2)})^2) \tag{4.80}$$

这样 $\boldsymbol{x}_1$、$\boldsymbol{x}_2$、$\boldsymbol{x}_3$、$\boldsymbol{x}_4$ 4 个点经变换后分别为：

$$\boldsymbol{z}_1=\phi(\boldsymbol{x}_1)=((x_1^{(1)})^2,\sqrt{2}x_1^{(1)}x_1^{(1)},(x_1^{(2)})^2)=(0,0,0)$$
$$\boldsymbol{z}_2=\phi(\boldsymbol{x}_2)=((x_2^{(1)})^2,\sqrt{2}x_2^{(1)}x_2^{(1)},(x_2^{(2)})^2)=(1,\sqrt{2},1)$$
$$\boldsymbol{z}_3=\phi(\boldsymbol{x}_3)=((x_3^{(1)})^2,\sqrt{2}x_3^{(1)}x_3^{(1)},(x_3^{(2)})^2)=(1,0,0)$$
$$\boldsymbol{z}_4=\phi(\boldsymbol{x}_4)=((x_4^{(1)})^2,\sqrt{2}x_4^{(1)}x_4^{(1)},(x_4^{(2)})^2)=(0,0,1)$$

$\boldsymbol{z}_1$、$\boldsymbol{z}_2$、$\boldsymbol{z}_3$、$\boldsymbol{z}_4$ 4 个点在三维空间上如图 4.32 所示，从图中可以看出，在三维空间上，就可以用图中所示的红色平面将两个类别分开。

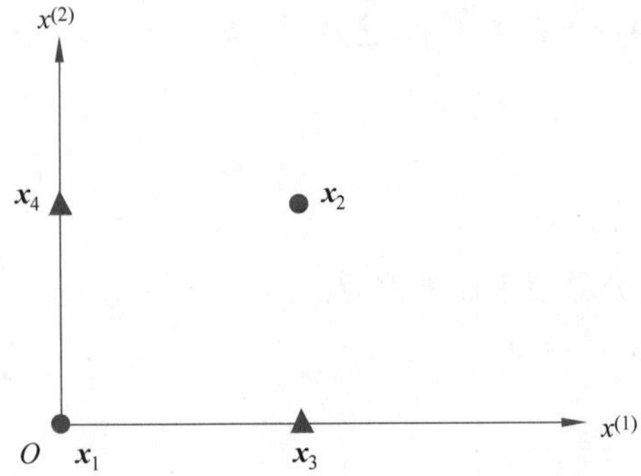


图 4.31　线性不可分样本示意图

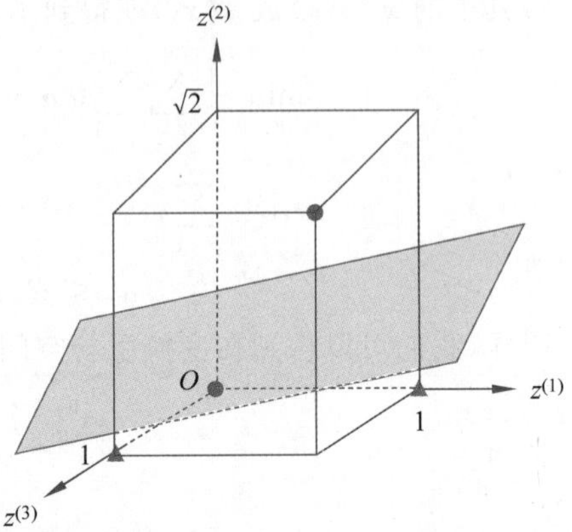


图 4.32　变换后在三维空间的示意图(见彩插)

理论上可以证明，对于分布在 $n$ 维空间上的两类样本点，总可以找到一个更高维的空间，在该高维空间上两类是线性可分的。不过这个更高维的空间其维度可能比原空间高很多维，甚至可能是无穷维的。

虽然可以通过升维的办法实现线性可分，但是如何定义变换函数 $\phi(\boldsymbol{x})$是一个比较困难的问题，因为实际问题中样本的分布可能非常复杂，以至于很难定义一个变换函数 $\phi(\boldsymbol{x})$，使得变换后的训练集是线性可分的，或者训练集中的绝大部分样本是线性可分的。

**小明**：这样的话，非线性支持向量机不就没有任何实际意义了吗？

**艾博士**：小明你别着急，要相信科学家们的能力，他们经过不懈努力，终于提出了一种称作核方法的方法，非常完美地解决了这个问题。下面我们首先介绍一下什么是核方法。

### 4.5.5　核函数与核方法

**艾博士**：简单地说，如果函数 $K(\boldsymbol{x}_i,\boldsymbol{x}_j)=\phi(\boldsymbol{x}_i)\cdot\phi(\boldsymbol{x}_j)$，则称 $K(\boldsymbol{x}_i,\boldsymbol{x}_j)$为核函数。

注意核函数是在原空间计算的函数，而 $\phi(\boldsymbol{x}_i)\cdot\phi(\boldsymbol{x}_j)$是在变换后新空间的向量点积。我们看式(4.75)非线性支持向量机对应的最优化问题：

$$\min_{\boldsymbol{\alpha}}\left(\frac{1}{2}\sum_{i=1}^{N}\sum_{j=1}^{N}\alpha_i\alpha_jy_iy_j(\phi(\boldsymbol{x}_i)\cdot\phi(\boldsymbol{x}_j))-\sum_{i=1}^{N}\alpha_i\right)$$
$$\text{s.t.}\quad \sum_{i=1}^{N}\alpha_iy_i=0$$
$$0\leqslant\alpha_i\leqslant C,i=1,2,\cdots,N$$

这里主要是计算 $\phi(\boldsymbol{x}_i)\cdot\phi(\boldsymbol{x}_j)$，如果能直接计算出 $\phi(\boldsymbol{x}_i)\cdot\phi(\boldsymbol{x}_j)$的值，我们并不关心

具体的变换函数 $\phi(\boldsymbol{x}_i)$是什么。

**小明**：对啊，我们关心的是 $\phi(\boldsymbol{x}_i)\cdot\phi(\boldsymbol{x}_j)$而不是 $\phi(\boldsymbol{x}_i)$，如果知道了核函数 $K(\boldsymbol{x}_i,\boldsymbol{x}_j)$，利用核函数直接计算出 $\phi(\boldsymbol{x}_i)\cdot\phi(\boldsymbol{x}_j)$就可以了。但是，存在这样的核函数吗？即便存在，感觉核函数更复杂了，会比变换 $\phi(\boldsymbol{x}_i)$更容易定义吗？如果还是难于定义，那还是不解决问题啊。

**艾博士**：小明的担心是有道理的，如果不能更容易地获得核函数，那么这种通过核函数计算变换后的点积 $\phi(\boldsymbol{x}_i)\cdot\phi(\boldsymbol{x}_j)$的方法也就没有实际意义。

首先，核函数是存在的。比如对于刚才举例的式(4.80)这个变换：

$$\phi(\boldsymbol{x})=((x^{(1)})^2,\sqrt{2}x^{(1)}x^{(2)},(x^{(2)})^2)$$

其对应的核函数是：

$$K(\boldsymbol{x}_i,\boldsymbol{x}_j)=(\boldsymbol{x}_i\cdot\boldsymbol{x}_j)^2$$

很容易验证：

$$K(\boldsymbol{x}_i,\boldsymbol{x}_j)=\phi(\boldsymbol{x}_i)\cdot\phi(\boldsymbol{x}_j)$$

小明经过简单的验证后说：二者果然相等啊，但是怎么找到合适的核函数呢？

**艾博士**：首先核函数对应的变换并不是唯一的，容易验证与核函数 $K(\boldsymbol{x}_i,\boldsymbol{x}_j)=(\boldsymbol{x}_i\cdot\boldsymbol{x}_j)^2$ 对应的变换也可以是：

$$\phi(\boldsymbol{x})=((x^{(1)})^2,x^{(1)}x^{(2)},x^{(1)}x^{(2)},(x^{(2)})^2)$$

其次，科学家们已经为我们找好了一些常用的核函数，对于应用研究来说，拿过来用就可以了。

在定义了核函数之后，依照前面讲过的式(4.75)～式(4.79) 非线性支持向量机的结果，非线性支持向量机对应的最优化问题为：

$$\min_{\boldsymbol{\alpha}}\left(\frac{1}{2}\sum_{i=1}^{N}\sum_{j=1}^{N}\alpha_i\alpha_jy_iy_j(\phi(\boldsymbol{x}_i)\cdot\phi(\boldsymbol{x}_j))-\sum_{i=1}^{N}\alpha_i\right) \tag{4.81}$$

$$\text{s.t.}\quad \sum_{i=1}^{N}\alpha_iy_i=0$$

$$0\leqslant\alpha_i\leqslant C,i=1,2,\cdots,N$$

用核函数表示就是：

$$\min_{\boldsymbol{\alpha}}\left(\frac{1}{2}\sum_{i=1}^{N}\sum_{j=1}^{N}\alpha_i\alpha_jy_iy_jK(\boldsymbol{x}_i,\boldsymbol{x}_j)-\sum_{i=1}^{N}\alpha_i\right) \tag{4.82}$$

$$\text{s.t.}\ \sum_{i=1}^{N}\alpha_iy_i=0\quad 0\leqslant\alpha_i\leqslant C,i=1,2,\cdots,N$$

设该最小值问题的解：

$$\boldsymbol{\alpha}^*=(\alpha_1^*,\alpha_2^*,\cdots,\alpha_N^*)$$

在变换后的新空间得到最优分界超平面方程：

$$\boldsymbol{w}^*\cdot\phi(\boldsymbol{x})+b^*=0 \tag{4.83}$$

其中：

$$\boldsymbol{w}^*=\sum_{i=1}^{N}\alpha_i^*y_i\phi(\boldsymbol{x}_i) \tag{4.84}$$

$$b^*=y_j-\boldsymbol{w}^*\cdot\phi(\boldsymbol{x}_j)=y_j-\sum_{i=1}^{N}\alpha_i^*y_i(\phi(\boldsymbol{x}_i)\cdot\phi(\boldsymbol{x}_j))$$

用核函数表示就是：

$$b^*=y_j-\sum_{i=1}^{N}\alpha_i^* y_i K(\boldsymbol{x}_i,\boldsymbol{x}_j) \tag{4.85}$$

其中，$\boldsymbol{x}_j$、$y_j$ 为 $0<\alpha_j^*<C$ 对应的样本及其类别标记。

由于我们并不知道变换函数 $\phi(\boldsymbol{x})$，所以并不能显式地得到 $\boldsymbol{w}^*$，将 $\boldsymbol{w}^*$ 代入最优超平面方程式(4.83)中，有：

$$\sum_{i=1}^{N}\alpha_i^* y_i(\phi(\boldsymbol{x})\cdot\phi(\boldsymbol{x}_i))+b^*=0 \tag{4.86}$$

将上式中涉及变换后的点积部分 $\phi(\boldsymbol{x})\cdot\phi(\boldsymbol{y})$ 用核函数 $K(\boldsymbol{x},\boldsymbol{y})$ 代替有：

$$\sum_{i=1}^{N}\alpha_i^* y_i K(\boldsymbol{x},\boldsymbol{x}_i)+b^*=0 \tag{4.87}$$

这就是在原空间中用核函数表示的非线性支持向量机对应的最优分界超曲面方程。

由此得到非线性支持向量机的分类决策函数：

$$f(\boldsymbol{x})=\operatorname{sign}\left(\sum_{i=1}^{N}\alpha_i^* y_i K(\boldsymbol{x},\boldsymbol{x}_i)+b^*\right) \tag{4.88}$$

**小明**：在变换后的新空间中，最优分界面是个超平面，式(4.87)给出的是在原空间用核函数表示的分界超曲面，不再是一个超平面。

**艾博士**：下面我们就介绍几个常用的核函数以及相应的最优分界超曲面方程。

**1. 线性核函数**

$$K(\boldsymbol{x},\boldsymbol{y})=\boldsymbol{x}\cdot\boldsymbol{y}$$

线性核函数其实就是不做任何变换，直接在原空间求解线性支持向量机问题。线性核函数的引入是为了将支持向量机问题统一在核函数框架之下。

**2. 多项式核函数**

$$K(\boldsymbol{x},\boldsymbol{y})=(\boldsymbol{x}\cdot\boldsymbol{y}+1)^d \tag{4.89}$$

其中，$d$ 是正整数。

代入式(4.87)中，有最优分界超曲面方程为：

$$\sum_{i=1}^{N}\alpha_i^* y_i(\boldsymbol{x}\cdot\boldsymbol{x}_i+1)^d+b^*=0 \tag{4.90}$$

其中：

$$b^*=y_j-\sum_{i=1}^{N}\alpha_i^* y_i(\boldsymbol{x}\cdot\boldsymbol{x}_i+1)^d$$

分类决策函数为：

$$f(\boldsymbol{x})=\operatorname{sign}\left(\sum_{i=1}^{N}\alpha_i^* y_i(\boldsymbol{x}\cdot\boldsymbol{x}_i+1)^d+b^*\right) \tag{4.91}$$

**3. 高斯核函数**

$$K(\boldsymbol{x},\boldsymbol{y})=\mathrm{e}^{\left(-\frac{\|\boldsymbol{x}-\boldsymbol{y}\|^2}{2\sigma^2}\right)} \tag{4.92}$$

其中，$\sigma$ 为常量。

代入式(4.87)中，有最优分界超曲面方程为：

$$\sum_{i=1}^{N} \alpha_i^* y_i \mathrm{e}^{\left(-\frac{\| x - x_i \|^2}{2\sigma^2}\right)} + b^* = 0 \tag{4.93}$$

其中：

$$b^* = y_j - \sum_{i=1}^{N} \alpha_i^* y_i \mathrm{e}^{\left(-\frac{\| x_i - x_j \|^2}{2\sigma^2}\right)}$$

分类决策函数为：

$$f(\boldsymbol{x}) = \mathrm{sign}\left(\sum_{i=1}^{N} \alpha_i^* y_i \mathrm{e}^{\left(-\frac{\| x - x_i \|^2}{2\sigma^2}\right)} + b^*\right) \tag{4.94}$$

**4. sigmoid 核函数**

$$K(\boldsymbol{x}, \boldsymbol{y}) = \tanh(\gamma(\boldsymbol{x} \cdot \boldsymbol{y}) + r) \tag{4.95}$$

其中，tanh 为双曲正切函数；$\gamma$、$r$ 为常量。

代入式(4.87)中，有最优分界超曲面方程为：

$$\sum_{i=1}^{N} \alpha_i^* y_i \tanh(\gamma(\boldsymbol{x} \cdot \boldsymbol{x}_i) + r) + b^* = 0 \tag{4.96}$$

$$b^* = y_j - \sum_{i=1}^{N} \alpha_i^* y_i \tanh(\gamma(\boldsymbol{x}_i \cdot \boldsymbol{x}_j) + r)$$

分类决策函数为：

$$f(\boldsymbol{x}) = \mathrm{sign}\left(\sum_{i=1}^{N} \alpha_i^* y_i \tanh(\gamma(\boldsymbol{x} \cdot \boldsymbol{x}_i) + r) + b^*\right) \tag{4.97}$$

值得注意的是，这里的两个超参数 $\gamma$、$r$ 并不是在任意取值下都能使得 sigmoid 核函数满足核函数的条件。也就是说，当 $\gamma$、$r$ 取值不当时，式(4.95)并不构成一个核函数，不满足非线性支持向量机的优化条件，这样构成的支持向量机也就不会有一个好的分类结果。

**小明**：艾博士您介绍了几个常用的核函数，那么在实际使用时，如何选择合适的核函数呢？

**艾博士**：如何选择核函数是一个经验性的技能。一般来说，如果样本分布是线性可分或者接近线性可分的，则采用线性核函数。多项式核函数也是在样本分布比较接近线性可分时效果比较好，不太适用于样本分布非线性比较严重的场合。高斯核函数是一个比较万能的核函数，多数情况下具有比较好的表现，当对样本分布缺乏了解时，可以首先考虑使用高斯核函数，如果效果不理想再考虑其他的核函数。对于高斯核函数来说，超参数 $\sigma$ 如何取值也是值得考虑的因素，$\sigma$ 取值过大容易造成欠拟合，而取值过小又容易造成过拟合，选择一个好的 $\sigma$ 值，才会有最好的性能。图 4.33 给出了 $\sigma$ 不同大小情况下最优分界超曲面示意图。图 4.33(a)是 $\sigma$ 值过大的情况，分界超曲面比较平缓，属于欠拟合。图 4.33(b)$\sigma$ 值比较合适，分界超曲面比较好地将两类分开，是我们希望得到的恰拟合。图 4.33(c)$\sigma$ 值过小，将一个类别圈成了若干小的圈圈，圈圈内为一个类别，圈圈外为另一个类别，造成了过拟合。欠拟合、过拟合都不是我们希望的结果。另外，样本 $\boldsymbol{x}$ 是由多个特征的取值构成的向量，有的特征取值范围可能比较大，有的特征取值可能比较小，这种情况下无论对哪种核函数都是不利的，会造成支持向量机分类性能下降。解决办法是对训练集中的样本做归一化处理，尽可能消除因特征取值范围不同造成的影响。这种情况下一定要记住，当使用支持向量机做分类时，对待分类样本也要做同样的归一化处理。总的来说，如何选择核函数并没有什么一定之规，在实际使用时，可以采用不同的核函数，多做些实验验证，哪种方法效果好就采用哪种方法，因为我们毕竟是为了获得一个性能更好的分类器。

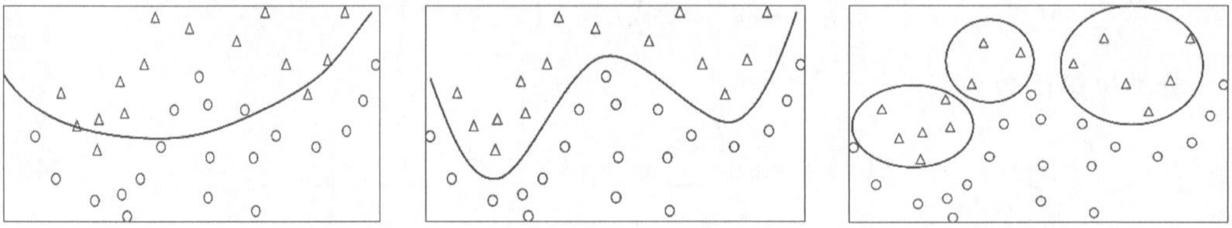


图 4.33 不同 $\sigma$ 值下的分界超曲面示意图

**小明**：我了解了，性能为王，能提高分类性能的就是好方法，而不拘泥于使用哪种方法。

**艾博士**：下面我们给一个非线性支持向量机的求解例子。

设 $\boldsymbol{x}_1=(0,0)$ 为负类，$y_1=-1$，$\boldsymbol{x}_2=(1,1)$、$\boldsymbol{x}_3=(-1,-1)$ 为正类，$y_2=1$、$y_3=1$。用如下核函数求解非线性支持向量机问题，并判定 $\boldsymbol{x}=(0,1)$的分类结果。

$$K(\boldsymbol{x},\boldsymbol{y})=(\boldsymbol{x}\cdot\boldsymbol{y}+1)^2$$

先计算出几个样本点间的核函数值：

$$K(\boldsymbol{x}_1,\boldsymbol{x}_1)=(0\times0+0\times0+1)^2=1$$
$$K(\boldsymbol{x}_2,\boldsymbol{x}_2)=(1\times1+1\times1+1)^2=9$$
$$K(\boldsymbol{x}_3,\boldsymbol{x}_3)=((-1)\times(-1)+(-1)\times(-1)+1)^2=9$$
$$K(\boldsymbol{x}_1,\boldsymbol{x}_2)=(0\times1+0\times1+1)^2=1$$
$$K(\boldsymbol{x}_1,\boldsymbol{x}_3)=(0\times(-1)+0\times(-1)+1)^2=1$$
$$K(\boldsymbol{x}_2,\boldsymbol{x}_3)=(1\times(-1)+1\times(-1)+1)^2=1$$

根据式(4.82)，令 $S$：

$$S=\frac{1}{2}\sum_{i=1}^{3}\sum_{j=1}^{3}\alpha_i\alpha_j y_i y_j K(\boldsymbol{x}_i,\boldsymbol{x}_j)-\sum_{i=1}^{3}\alpha_i$$

将核函数 $K(\boldsymbol{x},\boldsymbol{y})=(\boldsymbol{x}\cdot\boldsymbol{y}+1)^2$ 代入上式：

$$\begin{aligned}S&=\frac{1}{2}\sum_{i=1}^{3}\sum_{j=1}^{3}\alpha_i\alpha_j y_i y_j K(\boldsymbol{x}_i,\boldsymbol{x}_j)-\sum_{i=1}^{3}\alpha_i\\&=\frac{1}{2}\sum_{i=1}^{3}\sum_{j=1}^{3}\alpha_i\alpha_j y_i y_j(\boldsymbol{x}_i\cdot\boldsymbol{x}_j+1)^2-\sum_{i=1}^{3}\alpha_i\end{aligned}$$

根据式(4.82)中的限制条件：

$$\sum_{i=1}^{3}\alpha_i y_i=0$$

有：

$$\alpha_1=\alpha_2+\alpha_3$$

代入 $S$ 中，化简后有：

$$S = -2(\alpha_2+\alpha_3)+0.5\cdot(\alpha_2+\alpha_3)^2\cdot 1+0.5\cdot\alpha_2^2\cdot 9+0.5\cdot\alpha_3^2\cdot 9-(\alpha_2+\alpha_3)\cdot\alpha_2\cdot 1-(\alpha_2+\alpha_3)\cdot\alpha_3\cdot 1+\alpha_2\cdot\alpha_3\cdot 1$$
$$= -2(\alpha_2+\alpha_3)+4\alpha_2^2+4\alpha_3^2$$

为了求$\min\limits_{\alpha_i} S$，分别求 $S$ 对 $\alpha_2$、$\alpha_3$ 的偏导，并令其为 0，有方程组：

$$\begin{cases}-2+8\alpha_2=0\\-2+8\alpha_3=0\end{cases}$$

求解有：

$$\alpha_2^*=\frac{1}{4}$$

$$\alpha_3^*=\frac{1}{4}$$

$$\alpha_1^*=\alpha_2^*+\alpha_3^*=\frac{1}{2}$$

选不为 0 的 $\alpha_1^*$，代入式(4.85)，有：

$$b^*=y_1-\sum_{i=1}^{3}\alpha_i^* y_i K(\boldsymbol{x}_i,\boldsymbol{x}_1)=-1-\left(-\frac{1}{2}+\frac{1}{4}+\frac{1}{4}\right)=-1$$

由式(4.87)得到该例题的最优分界超曲面方程：

$$\sum_{i=1}^{3}\alpha_i^* y_i K(\boldsymbol{x},\boldsymbol{x}_i)+b^*=0$$

代入核函数和 $b^*=-1$ 有：

$$\sum_{i=1}^{3}\alpha_i^* y_i\,(\boldsymbol{x}\cdot\boldsymbol{x}_i+1)^2-1=0$$

代入具体的 $\alpha_i^*$、$\boldsymbol{x}_i$ 并化简后得到在原空间的最优分界超曲面方程为：

$$\frac{1}{2}(x^{(1)}+x^{(2)})^2-1=0$$

从而得到决策函数：

$$f(\boldsymbol{x})=\mathrm{sign}\left(\frac{1}{2}(x^{(1)}+x^{(2)})^2-1\right)$$

将待分类样本 $\boldsymbol{x}=(0,1)$ 代入决策函数：

$$f(\boldsymbol{x})=\mathrm{sign}\left(\frac{1}{2}\times(0+1)^2-1\right)=\mathrm{sign}\left(-\frac{1}{2}\right)=-1$$

从而得到待分类样本 $\boldsymbol{x}=(0,1)$的类别为负类。

图 4.34 给出了该问题的示意图，在原空间中，最优分界超曲面实际上是两条红色的直线，处于两条直线之间的样本点为负类，两条直线之外的样本点为正类。

**小明**：从前面给的两个支持向量机的例子可以看出，虽然通过对偶问题的求解已经大大简化了支持向量机的求解，但无论是线性支持向量机还是非线性支持向量机求解起来还是比较麻烦的，尤其是当训练样本比较多的时候更是如此。在实际问题中，支持向量机是如何求解的呢？

**艾博士**：小明你提到了一个很重要的问题，如果没有一个高效的求解算法，则支持向量机很难在实际中得到应用。

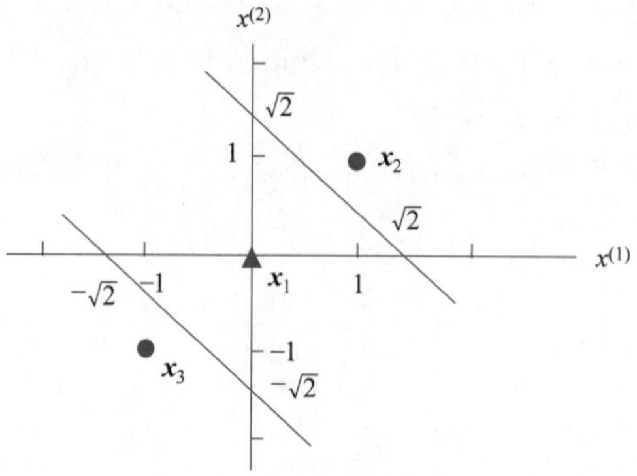


图 4.34　例题的最优分界超曲面示意图(见彩插)

支持向量机问题，无论是线性的还是非线性的，最终都转换为了一个满足一定约束条件下关于 $\alpha_i$ 的二次函数求最小值问题。由于是一个二次的凸函数，具有唯一的最小极值点，有很多算法可以求解该问题。但是当训练样本比较多时，求解效率是一个问题。事实上在支持向量机提出来的一段时间内，由于缺乏高效的求解算法，支持向量机方法应用的并不多，直到有了快速有效的方法提出来之后，才得到了广泛的应用。

序列最小最优化算法(sequential minimal optimization，SMO)是一个典型的求解支持向量机问题的算法。SMO 算法采用启发式方法，每次选择两个变量进行优化，迭代地一步步逐步逼近问题的最优解。

### 4.5.6　支持向量机用于多分类问题

**小明**：艾博士，前面我们讲解的支持向量机都是针对二分类问题的，也就是说只有两个类别，如何用支持向量机求解多分类问题呢？

**艾博士**：支持向量机也可以求解多分类问题，但不是直接求解，而是通过多个二分类支持向量机组合起来求解多分类问题。也有多种不同的组合方法，为了简单起见，下面我们以线性支持向量机为例介绍几个常用的组合方法，也同样适用于非线性支持向量机。

#### 1. 一对一法

设共有 $K$ 个类别，则任意两个类别建立一个支持向量机，对于一个待识别样本 $\boldsymbol{x}$，送入到每个支持向量机中做分类。这样每个支持向量机都会有一个结果，该结果可以看作是对 $\boldsymbol{x}$ 所属类别的一次投票，哪个类别获得的票数最多，$\boldsymbol{x}$ 就属于哪个类别。比如说想识别猫、狗、兔 3 种动物，则分别用猫和狗、猫和兔、狗和兔建立 3 个支持向量机，对于一个待分类的动物样本 $\boldsymbol{x}$，分别送到这 3 个支持向量机中做分类。假定第一个支持向量机输出为猫，第二个支持向量机也输出为猫，第三个支持向量机输出为兔，则猫获得 2 票，兔获得 1 票，狗获得 0 票，根据投票结果，猫获得的票数最多，则 $\boldsymbol{x}$ 被分类为猫。

**小明**：如果 $K$ 个类别中任意两个类别都要建立支持向量机，当 $K$ 比较大时岂不是要建立很多个支持向量机？

**艾博士**：一对一法的优点是识别性能比较好，分类准确率高，但不足就是需要的支持向量机比较多，当类别数为 $K$ 时，需要建立 $K(K-1)/2$ 个支持向量机，约等于 $K^2/2$ 个。比如对于0～9数字识别问题，类别数$K$为10，需要建立的支持向量机数量为$10\times(10-1)/2=45$个；当类别数为100时，需要建立的支持向量机数量约为5000个；而当类别数为1000时，需要建立的支持向量机数量则要达到约500 000个。

图4.35给出了一对一法做三分类时的示意图。图中绿、红、蓝3种颜色分别代表类1、类2和类3，任意两类之间共建立了3个支持向量机，其最优分界线分别为$d_{12}$、$d_{13}$和$d_{23}$。

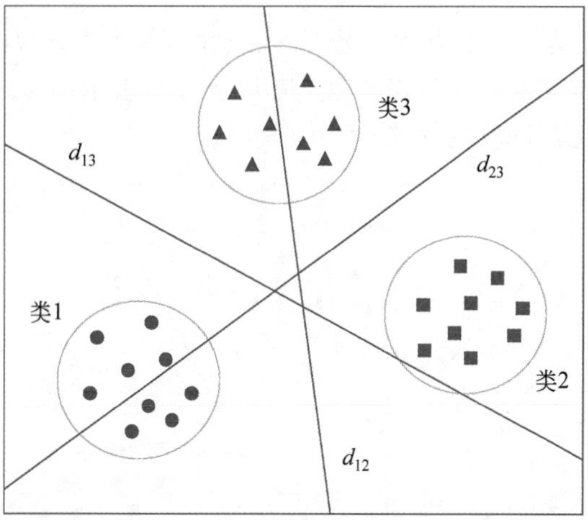


图4.35　一对一法三分类方法示意图(见彩插)

图4.36给出了3个类别最优决策边界示意图，其中浅绿色区域为类1，浅红色区域为类2，浅蓝色区域为类3，待识别样本落入了哪个区域，就被分类为哪个类别。图中央的黄色三角区域为“三不管地带”，因为落入这个区域的样本每个类别都会获得一票，从而导致不能分类。这时可以去掉决策函数$f(\boldsymbol{x})=\text{sign}(\boldsymbol{w}^*\cdot\boldsymbol{x}+b^*)$中的符号函数sign，以$f(\boldsymbol{x})=\boldsymbol{w}^*\cdot\boldsymbol{x}+b^*$作为带符号的函数间隔，按照待识别样本$\boldsymbol{x}$到3个支持向量机最优分界线的带符号函数间隔判别其所属类别，距离哪个分界面的带符号函数间隔越大，就分类到哪个类别。

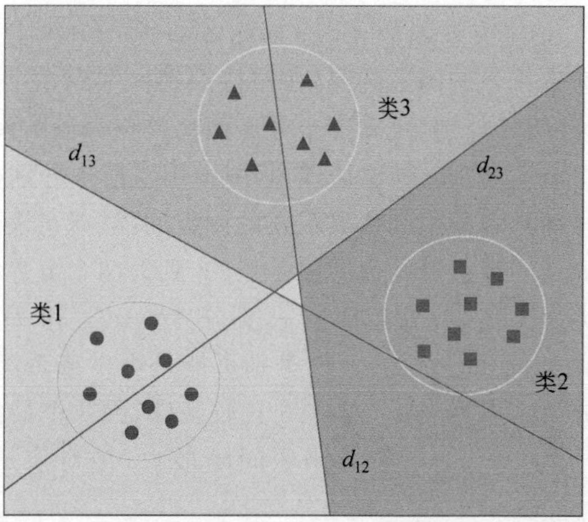


图4.36　3个类别最优决策边界示意图(1)(见彩插)

**2. 一对多法**

对于具有 $K$ 个类别的分类问题，一对多法就是分别用每个类别做正类，其余 $K-1$ 个类别合并在一起做负类，共构建 $K$ 个支持向量机。还是以识别猫、狗、兔 3 种动物为例，需要分别以"猫为正类，狗和兔为负类""狗为正类，猫和兔子为负类""兔为正类，猫和狗为负类"构建 3 个支持向量机。

图 4.37 给出了一个具有 3 个类别情况下的示意图，其中直线 $d_{1\text{-}23}$ 表示"类 1 为正类，类 23 为负类"构建的支持向量机的最优分界线，其中"类 23"表示类 2、类 3 两个类别合并后的类别。直线 $d_{2\text{-}13}$、$d_{3\text{-}12}$ 也是同样的含义，不再多述。

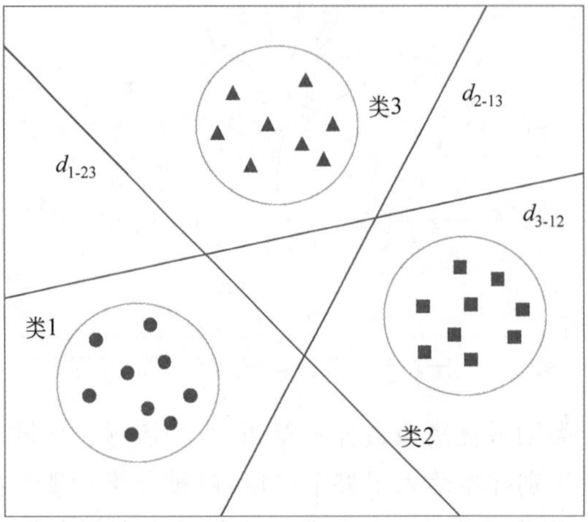


图 4.37　一对多法三分类方法示意图

**小明**：这种情况如何用于分类呢？感觉不能采用投票法了，因为在 $K$ 个支持向量机中，每个分类结果只有一个正类，而且 $K$ 个结果没有重复，每个类别最多会得到一票，并且会有多个类别得到一票。

**艾博士**：小明的分析是对的，对于一对多法不能采用投票法做决策。像在一对一法中处理"三不管地带"一样，去掉决策函数 $f(\boldsymbol{x})=\text{sign}(\boldsymbol{w}^*\cdot\boldsymbol{x}+b^*)$ 中的符号函数 sign，以 $f(\boldsymbol{x})=\boldsymbol{w}^*\cdot\boldsymbol{x}+b^*$ 作为带符号的函数间隔，按照待识别样本到 3 个支持向量机最优分界线的带符号函数间隔判别其所属类别，距离哪个分界面的带符号函数间隔越大，就分类到哪个类别。图 4.38 中给出了 $\boldsymbol{x}$、$\boldsymbol{y}$、$\boldsymbol{z}$ 3 个待识别样本，图中用双箭头分别标出了 3 个样本到 3 个最优分界线的带符号函数间隔，其中红色表示正的函数间隔，蓝色表示负的函数间隔。对于样本 $\boldsymbol{x}$，只有到分界线 $d_{3\text{-}12}$ 的带符号函数间隔是正的，到另两个分界线的带符号函数间隔均是负的，所以自然被分类为类别 3。对于样本 $y$，到分界线 $d_{1\text{-}23}$ 和 $d_{2\text{-}13}$ 的带符号函数间隔是正的，到 $d_{3\text{-}12}$ 的带符号函数间隔是负的，所以类别可能是类 1 或者类 2，由于到 $d_{1\text{-}23}$ 的带符号函数间隔更大，所以分类结果为类 1。样本 $z$ 比较特殊，到 3 个最优分界线的带符号函数间隔都是负的，但是由于到 $d_{2\text{-}13}$ 的带符号函数间隔最大(绝对值最小)，所以分类结果为类 2。

图 4.39 给出了 3 个类别最优决策边界示意图，其中浅绿色区域为类 1、浅红色区域为类 2、浅蓝色区域为类 3，待识别样本落入了哪个区域，就被分类为哪个类别。

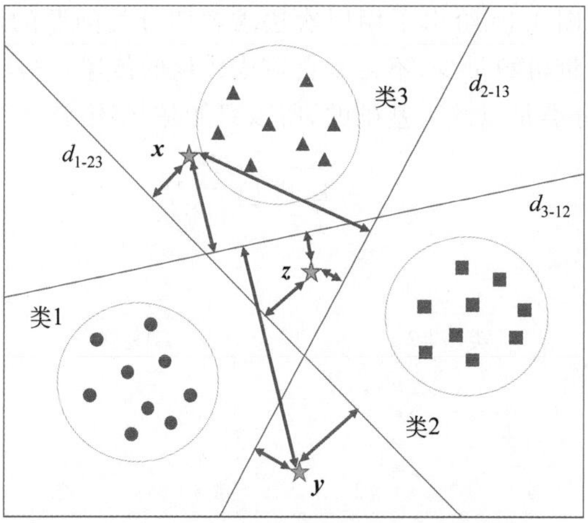


图 4.38　3 个待识别样本到 3 条分界线的函数间隔示意图(见彩插)

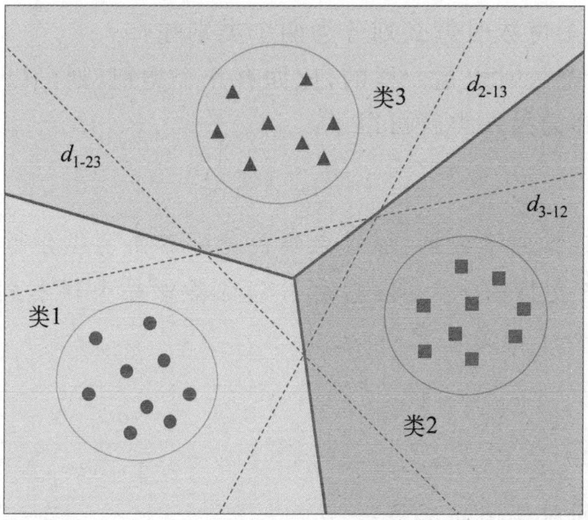


图 4.39　3 个类别最优决策边界示意图(2)(见彩插)

一对多法的特点是支持向量机数量比较少,效果也不错。不足是需要处理样本不均衡问题。因为正类只有一个类别,而负类有 $K-1$ 个类别,在训练支持向量机时往往负类样本数量远多于正类样本数量。这样得到的支持向量机一般会偏向于负类,影响分类效果。一种解决办法是在求解支持向量机过程中,对正负两类样本设置不同的参数 $C$,对于正类样本对应的 $\alpha_i$ 用 $\alpha_i^+$ 表示,对于负类样本对应的 $\alpha_i$ 用 $\alpha_i^-$ 表示,则限制条件中要求满足:

$$0 \leqslant \alpha_i^+ \leqslant C^+$$

$$0 \leqslant \alpha_i^- \leqslant C^-$$

取一个比较大的 $C^+$ 值可以一定程度上缓解训练样本不均衡所带来的问题。

### 3. 层次法

对于 $K$ 个类别的分类问题,先将其合并成两大类构建支持向量机,然后再将每个类别分别合并成两类构建支持向量机,以此类推,直到最后能区分出每个类别。对于待分类样本,按次序输入到每个支持向量机做分类,由前一次分类结果决定下一步采用哪个支持向量机,直到最后得到分类结果。这种方法有点像一棵二叉决策树,从根节点开始用支持向量机决策所选择的子节点。图 4.40 给出了用层次法求解四分类问题的示意图。层次法的最大特点就是构建的支持向量机数量少，不足是会造成错误的传递，一旦前面的支持向量机出现分类错误，由于后面的分类是以此为基础的，所以只能是“将错就错”，没有任何补救的机会。

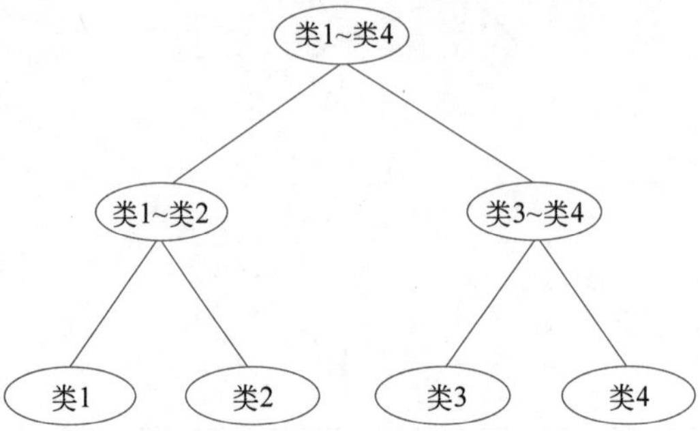


图 4.40 层次法求解四分类问题的示意图

**小明**：如果类别数是奇数时怎么划分为两个类别呢？

**艾博士**：类别数为奇数时也是一样的，比如有 5 个类别，则可以按照其中 2 个类别合并为一类，另 3 个类别合并为另一类就可以了。

## 小明读书笔记

支持向量机是一种二分类方法，通过求解最优分界面实现分类。

(1) 对于线性可分支持向量机问题，要求训练集中每个样本到最优分界面的函数间隔大于或等于 1，对应如下的最优化问题：

$$\min_{\boldsymbol{w},b} \frac{1}{2}\|\boldsymbol{w}\|^2$$

$$\text{s.t. } y_i \cdot (\boldsymbol{w} \cdot \boldsymbol{x}_i + b) \geqslant 1 \quad i=1,2,\cdots,N$$

可以转换为如下的对偶问题求解：

$$\min_{\boldsymbol{\alpha}} \left( \frac{1}{2} \sum_{i=1}^{N} \sum_{j=1}^{N} \alpha_i \alpha_j y_i y_j (\boldsymbol{x}_i \cdot \boldsymbol{x}_j) - \sum_{i=1}^{N} \alpha_i \right)$$

$$\text{s.t.} \quad \sum_{i=1}^{N} \alpha_i y_i = 0$$

$$\alpha_i \geqslant 0, i=1,2,\cdots,N$$

设最优解为：

$$\boldsymbol{\alpha}^* = (\alpha_1^*, \alpha_2^*, \cdots, \alpha_N^*)$$

最优分界超平面方程为：

$$\boldsymbol{w}^* \cdot \boldsymbol{x} + b^* = 0$$

其中：

$$\boldsymbol{w}^* = \sum_{i=1}^{N} \alpha_i^* y_i \boldsymbol{x}_i$$

$$b^* = y_j - \sum_{i=1}^{N} \alpha_i^* y_i (\boldsymbol{x}_i \cdot \boldsymbol{x}_j)$$

$\boldsymbol{x}_j$、$y_j$ 是任意一个不等于 0 的 $\alpha_j^*$ 对应的样本及其标注。

代入 $\boldsymbol{w}^*$ 得到超平面方程：

$$\sum_{i=1}^{N}\alpha_i^* y_i(\boldsymbol{x}\cdot\boldsymbol{x}_i)+b^*=0$$

分类决策函数为：

$$f(\boldsymbol{x})=\operatorname{sign}\left(\sum_{i=1}^{N}\alpha_i^* y_i(\boldsymbol{x}\cdot\boldsymbol{x}_i)+b^*\right)$$

每个不为0的 $\alpha_j^*$ 对应的 $x_j$ 均为支持向量，支持向量到分界超平面的函数间隔为1，其他样本到分界超平面的函数间隔大于1。

(2) 对于线性支持向量机问题，允许训练集中少数样本到分解超平面的函数间隔小于1，但是要求大于或等于 $1-\xi_i$，希望 $\xi_i$ 尽可能地小。所以线性支持向量机对应如下的优化问题：

$$\min_{w,b}\left(\frac{1}{2}\|\boldsymbol{w}\|^2+C\cdot\sum_{i=1}^{N}\xi_i\right)$$

$$\text{s.t.}\quad y_i\cdot(\boldsymbol{w}\cdot\boldsymbol{x}_i+b)\geqslant 1-\xi_i\quad i=1,2,\cdots,N$$

$$\xi_i\geqslant 0\quad i=1,2,\cdots,N$$

同样可以通过如下的对偶问题求解：

$$\min_{\boldsymbol{\alpha}}\left(\frac{1}{2}\sum_{i=1}^{N}\sum_{j=1}^{N}\alpha_i\alpha_j y_i y_j(\boldsymbol{x}_i\cdot\boldsymbol{x}_j)-\sum_{i=1}^{N}\alpha_i\right)$$

$$\text{s.t.}\quad \sum_{i=1}^{N}\alpha_i y_i=0$$

$$0\leqslant\alpha_i\leqslant C,\quad i=1,2,\cdots,N$$

与前面线性可分支持向量机的唯一区别，就是对 $\alpha_i$ 的限制不同，线性可分支持向量机是当 $C$ 趋于无穷时线性支持向量机的特例。

设最优解为：

$$\boldsymbol{\alpha}^*=(\alpha_1^*,\alpha_2^*,\cdots,\alpha_N^*)$$

最优分界超平面方程为：

$$\boldsymbol{w}^*\cdot\boldsymbol{x}+b^*=0$$

其中：

$$\boldsymbol{w}^*=\sum_{i=1}^{N}\alpha_i^* y_i\boldsymbol{x}_i$$

$$b^*=y_j-\sum_{i=1}^{N}\alpha_i^* y_i(\boldsymbol{x}_i\cdot\boldsymbol{x}_j)$$

$\boldsymbol{x}_j$、$y_j$ 是任意一个不等于0也不等于 $C$ 的 $\alpha_j^*$ 对应的样本及其标注。

代入 $\boldsymbol{w}^*$ 得到超平面方程：

$$\sum_{i=1}^{N}\alpha_i^* y_i(\boldsymbol{x}\cdot\boldsymbol{x}_i)+b^*=0$$

分类决策函数为：

$$f(\boldsymbol{x})=\operatorname{sign}\left(\sum_{i=1}^{N}\alpha_i^* y_i(\boldsymbol{x}\cdot\boldsymbol{x}_i)+b^*\right)$$

每个不为0的$\alpha_j^*$对应的$\boldsymbol{x}_j$均为支持向量，对于$0<\alpha_j^*<C$对应的支持向量到分界超平面的函数间隔为1，对于$\alpha_j^*=C$对应的支持向量，到分界超平面的函数间隔大于或等于$1-\xi_i$，当$\xi_i<1$时，对应的样本分类正确；当$\xi_i>1$时，对应的样本分类错误，其他样本到分界超平面的函数间隔大于1。

(3) 非线性支持向量机通过一个变换，将在原空间不能线性可分的数据，映射到新的空间中，在新空间中构造支持向量机。核函数提供了一种在原空间计算新空间向量点积的方法，这样就可以在不知道变换函数的情况下，直接在原空间求解新空间中最优超平面。新空间的超平面对应原空间的一个超曲面。

非线性支持向量机问题对应的就是用核函数表示的如下最优化问题：

$$\min_{\boldsymbol{\alpha}}\left(\frac{1}{2}\sum_{i=1}^{N}\sum_{j=1}^{N}\alpha_i\alpha_j y_i y_j K(\boldsymbol{x}_i,\boldsymbol{x}_j)-\sum_{i=1}^{N}\alpha_i\right)$$

$$\text{s.t.}\quad \sum_{i=1}^{N}\alpha_i y_i=0$$

$$0\leqslant\alpha_i\leqslant C,\quad i=1,2,\cdots,N$$

其中，$K(\boldsymbol{x}_i,\boldsymbol{x}_j)$表示核函数。

在原空间用核函数表示的最优分界超曲面方程为：

$$\sum_{i=1}^{N}\alpha_i^* y_i K(\boldsymbol{x},\boldsymbol{x}_i)+b^*=0$$

其中：

$$b^*=y_j-\sum_{i=1}^{N}\alpha_i^* y_i K(\boldsymbol{x}_i,\boldsymbol{x}_j)$$

$\boldsymbol{x}_j$、$y_j$为$0<\alpha_j^*<C$对应的样本及其类别标记。

分类决策函数为：

$$f(\boldsymbol{x})=\operatorname{sign}\left(\sum_{i=1}^{N}\alpha_i^* y_i K(\boldsymbol{x},\boldsymbol{x}_i)+b^*\right)$$

(4) 常用的核函数如下。

① 线性核函数：

$$K(\boldsymbol{x},\boldsymbol{y})=\boldsymbol{x}\cdot\boldsymbol{y}$$

② 多项式核函数：

$$K(\boldsymbol{x},\boldsymbol{y})=(\boldsymbol{x}\cdot\boldsymbol{y}+1)^d$$

③ 高斯核函数：

$$K(\boldsymbol{x},\boldsymbol{y})=\mathrm{e}^{\left(-\frac{\|x-y\|^2}{2\sigma^2}\right)}$$

④ sigmoid 核函数：

$$K(\boldsymbol{x},\boldsymbol{y})=\tanh(\gamma(\boldsymbol{x}\cdot\boldsymbol{y})+r)$$

(5) 组合多个二分类支持向量机可以构建多分类支持向量机。主要的方法有：

① 一对一法。任意两个类构建一个支持向量机，通过投票法，得票最多的类为分类结果。

② 一对多法。对于 $k$ 分类问题，选择其中一类为正类、其余 $k-1$ 类为负类，构建 $k$ 个支持向量机，计算待分类样本到每个支持向量机最优分界曲面的带符号函数间隔，取其中带符号函数间隔最大的类别为分类结果。

③ 层次法。通过将训练样本逐步分成两类的方式构建具有二叉树结构的多个支持向量机，一步一步自顶向下完成分类。

## 4.6　k 均值聚类算法

**小明**：艾博士，您介绍了几个常用的分类算法，那么有哪些聚类算法呢？

**艾博士**：前面我们介绍的几种方法都属于分类方法，属于有监督学习，其特点是训练集中每个样本均给出了类别的标注信息，统计学习方法根据样本的特征取值以及标注信息进行学习，然后利用学习到的分类器实现对待分类样本的分类。而聚类问题面对的是只有特征取值而无标注信息的样本，目的是按照样本的特征取值将最相近的样本聚集在一起，成为一个类别。由于聚类问题缺乏标注信息，不同的相似性评价标准会造成不同的结果。

俗话说：物以类聚，人以群分。什么是“类”？什么是“群”？反映的是具有某种相同特征的物或者人聚集在一起，但是什么是相同特征？角度不同也可能会有不同的结果。比如图 4.41 所示的 6 个样本，如果按照形状聚类，a 和 d、b 和 e、c 和 f 分别为一类；如果按照大小聚类，则 a、b、c 为一类，d、e、f 为另一类；如果按照颜色聚类，则有 a 和 e、b 和 f、c 和 d 各为一类。按照哪种标注聚类都有其一定的道理。

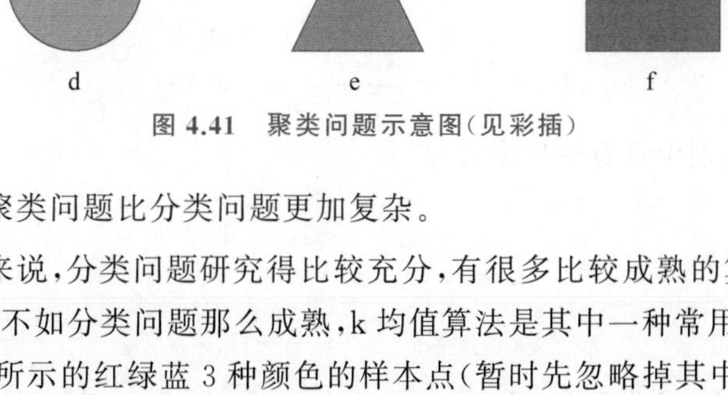

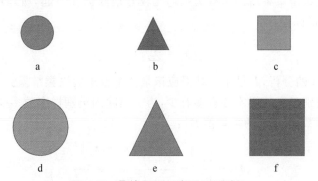

图 4.41　聚类问题示意图(见彩插)

**小明**：看起来聚类问题比分类问题更加复杂。

**艾博士**：相对来说，分类问题研究得比较充分，有很多比较成熟的算法，而聚类问题则研究得还比较欠缺，不如分类问题那么成熟，k 均值算法是其中一种常用的聚类算法。

我们看图 4.42 所示的红绿蓝 3 种颜色的样本点(暂时先忽略掉其中的 3 个黄色五角星☆)，小明如果你看到这样的样本分布，你会把它们聚集成几个类别呢？

小明不假思索地回答说：从图中的样本分布情况看，结果是很显然的，每种颜色的样本点聚集在一起，聚集成 3 个类别就可以了。

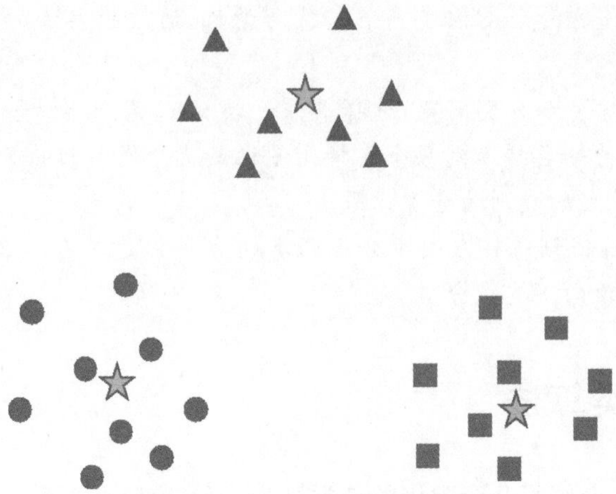

图 4.42 聚类问题举例（见彩插）

**艾博士**：是的，我们一看就明白，相同颜色的样本应该聚集在一起，因为这些样本彼此之间都比较密集，距离比较近，相互簇拥在一起，而与其他颜色的样本距离比较远。因此，我们可以很容易想到，可以采用聚集后相同类别中样本之间的距离之和，也就是簇拥程度来评价聚类结果的性能。类内样本越是紧密地簇拥在一起，说明聚类效果越好。

如果用 $c_k$ 表示第 $k$ 个类别，则类别 $c_k$ 的簇拥程度可以用类中任意两个样本间的距离平方和 $D_k$ 做评价：

$$D_k = \sum_{x_i, x_j \in c_k} \| \boldsymbol{x}_i - \boldsymbol{x}_j \|^2 \tag{4.98}$$

其中，$\boldsymbol{x}_i (i=1,2,\cdots,N)$ 为训练样本；$\boldsymbol{x}_i, \boldsymbol{x}_j \in c_k$ 表示被归到 $c_k$ 类的任意两个样本。

我们的目的是希望聚集后的所有类别均比较好地簇拥在一起，所以可以用所有类别的 $D_k$ 之和 $J$ 做评价指标：

$$J = \sum_{k=1}^{K} D_k \tag{4.99}$$

因此，按照前面的分析，$J$ 最小的结果应该是一个合理的聚类结果。

考虑到不同类别包含的样本数有多有少，为了消除因类别样本数多少带来的影响，我们除以类别中的样本数，求 $D_k$ 的平均值 $D'_k$：

$$D'_k = \frac{D_k}{n_k} = \frac{\sum\limits_{x_i, x_j \in c_k} \| \boldsymbol{x}_i - \boldsymbol{x}_j \|^2}{n_k} \tag{4.100}$$

其中，$n_k$ 为第 $k$ 个类别中含有的样本数。

容易证明[①]：

---

① 证明如下：$\sum\limits_{x_i, x_j \in c_k} \| \boldsymbol{x}_i - \boldsymbol{x}_j \|^2 = \sum\limits_{x_i \in c_k} \sum\limits_{x_j \in c_k} \| \boldsymbol{x}_i - \boldsymbol{x}_j \|^2 = \sum\limits_{x_i \in c_k} \sum\limits_{x_j \in c_k} (\boldsymbol{x}_i - \boldsymbol{x}_j)^2 = \sum\limits_{x_i \in c_k} \sum\limits_{x_j \in c_k} (\boldsymbol{x}_i - \overline{\boldsymbol{x}_k} + \overline{\boldsymbol{x}_k} - \boldsymbol{x}_j)^2 = \sum\limits_{x_i \in c_k} \sum\limits_{x_j \in c_k} ((\boldsymbol{x}_i - \overline{\boldsymbol{x}_k})^2 + (\boldsymbol{x}_j - \overline{\boldsymbol{x}_k})^2 - 2(\boldsymbol{x}_i - \overline{\boldsymbol{x}_k})(\boldsymbol{x}_j - \overline{\boldsymbol{x}_k})) = n_k \sum\limits_{x_i \in c_k} (\boldsymbol{x}_i - \overline{\boldsymbol{x}_k})^2 + n_k \sum\limits_{x_j \in c_k} (\boldsymbol{x}_j - \overline{\boldsymbol{x}_k})^2 = 2n_k \sum\limits_{x_i \in c_k} (\boldsymbol{x}_i - \overline{\boldsymbol{x}_k})^2 = 2n_k \sum\limits_{x_i \in c_k} \| \boldsymbol{x}_i - \overline{\boldsymbol{x}_k} \|^2$，所以有：$\frac{\sum\limits_{x_i, x_j \in c_k} \| \boldsymbol{x}_i - \boldsymbol{x}_j \|^2}{n_k} = 2 \sum\limits_{x_i \in c_k} \| \boldsymbol{x}_i - \overline{\boldsymbol{x}_k} \|^2$，得证。

$$D'_k = \frac{\sum\limits_{x_i, x_j \in c_k} \| \boldsymbol{x}_i - \boldsymbol{x}_j \|^2}{n_k} = 2 \sum_{x_i \in c_k} \| \boldsymbol{x}_i - \overline{\boldsymbol{x}_k} \|^2 \tag{4.101}$$

其中，$\overline{\boldsymbol{x}_k}$为类别 $k$ 中所有样本点的平均值，也就是类别中心：

$$\overline{\boldsymbol{x}_k} = \frac{\sum\limits_{x_i \in c_k} \boldsymbol{x}_i}{n_k}$$

由此得知，反映类别簇拥程度的 $D'_k$ 与类内每个样本到类别中心距离的平方和等价。

这样，我们用 $D'_k$ 重新定义 $J$：

$$J = \sum_{k=1}^{K} \frac{1}{2} D'_k = \sum_{k=1}^{K} \sum_{x_i, x_j \in c_k} \| \boldsymbol{x}_i - \overline{\boldsymbol{x}_k} \|^2 \tag{4.102}$$

所以我们得到聚类目标就是在给定类别数 $K$ 的情况下，寻找一个 $J$ 最小的聚类结果。

对于 $N$ 个样本数、$K$ 个类别的聚类问题，其所有可能的聚类结果数为(为了得到一个简单的表达式，这里假设了某个类别包含的样本数可能为 0 的情况)：

$$\frac{K^N}{K!}$$

即便类别数 $K$ 不大的情况下，随着样本数 $N$ 的增长，所有可能的聚类结果数将很快达到天文数字。比如当 $K=3$、$N=1000$ 时，所有可能的聚类结果数为 $2.20 \times 10^{476}$，即便在当今最快的计算机上，产生出所有可能聚类结果需要的时间可能比宇宙的年龄还要长。所以不可能采用先产生出所有的聚类结果，然后从中挑选出 $J$ 值最小结果的方法实现聚类。

**小明**：那么应该如何实现聚类呢？

**艾博士**：按照式(4.102)，为了使得 $J$ 最小，就应该是每个训练样本到其所在类的中心距离的平方最小。如果假设我们知道了 $K$ 个类别中心$\overline{\boldsymbol{x}_k}$的话，把每个样本归类到其距离类中心最近的类别就可以了。也就是分别计算每个样本到 $K$ 个类别中心的距离，到哪个类别中心的距离最近，就将该样本归类到哪个类别中。因为任何一个样本如果不按照该原则进行归类，都会导致 $J$ 值增加，所以这样得到的结果应该是 $J$ 值最小。

**小明**：这是一个很好的归类样本的方法，但是我们并不知道 $K$ 个类别中心$\overline{\boldsymbol{x}_k}$啊，在不知道类别中心的情况下，如何实现聚类呢？

**艾博士**：k 均值算法就是为解决该问题提出的一种聚类算法，该算法通过迭代的方法逐步确定每个类别的聚类中心。在开始的时候，先随机地从训练样本集中选择 $K$ 个样本作为类别中心，然后按照距离，将样本归类到距离类别中心最近的类别中，这样每个类别就有了一些样本。将同一个类别中的所有样本累加在一起，再除以该类别中的样本数，对类别中心进行更新。然后再按照新的类别中心对样本做聚类。重复以上操作，直到所有的类别中心不再有变化为止。这就是 k 均值聚类算法，通过一步步迭代的方式逐步确定类别中心，并实现对样本的聚类。

下面举一个例子，样本分布如图 4.43 所示，共有 6 个样本，分别为：

$$\boldsymbol{x}_1 = (2,2)$$

$$\boldsymbol{x}_2 = (2,3)$$

$$\boldsymbol{x}_3=(7,3)$$
$$\boldsymbol{x}_4=(8,2)$$
$$\boldsymbol{x}_5=(4,7)$$
$$\boldsymbol{x}_6=(5,7)$$

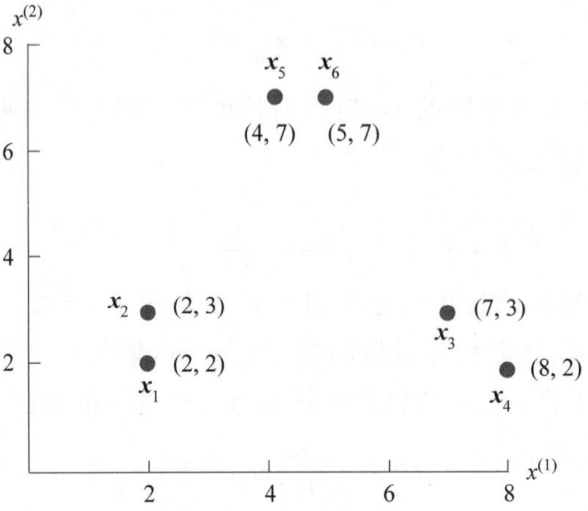


图 4.43　k 均值聚类举例

如何用 k 均值算法将这 6 个样本聚集成 3 个类别？

首先我们随机选择 3 个样本作为初始的类别中心。从图 4.43 中可以看出，6 个样本刚好组成了 3 个簇团，如果选择的 3 个样本刚好在 3 个不同的簇团中的话，比如说是 $\boldsymbol{x}_1$、$\boldsymbol{x}_3$、$\boldsymbol{x}_5$，则以这 3 个样本点作为 3 个类别的中心，很容易就将 $\boldsymbol{x}_1$ 和 $\boldsymbol{x}_2$ 归类到一个类别、$\boldsymbol{x}_3$ 和 $\boldsymbol{x}_4$、$\boldsymbol{x}_5$ 和 $\boldsymbol{x}_6$ 分别归类到另两个类别中，这也是我们希望得到的结果。

但是一般来说我们没有这么好的运气，这时就要通过迭代，一步步地逐步获得每个簇团的类别中心。比如说初选的 3 个样本是 $\boldsymbol{x}_1$、$\boldsymbol{x}_2$、$\boldsymbol{x}_3$，分别以这 3 个样本作为类 1、类 2、类 3 3 个类别的中心，计算所有样本到 3 个类别的距离，结果如表 4.6 所示。

表 4.6　样本点到类别中心的距离（1）

| 类别 | $\boldsymbol{x}_1$ | $\boldsymbol{x}_2$ | $\boldsymbol{x}_3$ | $\boldsymbol{x}_4$ | $\boldsymbol{x}_5$ | $\boldsymbol{x}_6$ |
|---|---|---|---|---|---|---|
| 类 1 | 0 | 1 | 26 | 36 | 29 | 34 |
| 类 2 | 1 | 0 | 25 | 37 | 20 | 25 |
| 类 3 | 26 | 25 | 0 | 2 | 25 | 20 |

由表 4.6 可以看出，样本 $\boldsymbol{x}_1$ 距离类 1 最近，样本 $\boldsymbol{x}_2$ 和 $\boldsymbol{x}_5$ 距离类 2 最近，样本 $\boldsymbol{x}_3$、$\boldsymbol{x}_4$、$\boldsymbol{x}_6$ 距离类 3 最近，由此得到聚类结果：$\boldsymbol{x}_1$ 在第一类、$\boldsymbol{x}_2$ 和 $\boldsymbol{x}_5$ 在第二类，$\boldsymbol{x}_3$、$\boldsymbol{x}_4$、$\boldsymbol{x}_6$ 在第三类，如图 4.44 所示。至此我们得到了第一次聚类结果。

根据第一次聚类结果，重新计算各类别中心，由于第一类只有 $\boldsymbol{x}_1$ 一个样本，所以类别中心还是 $\boldsymbol{x}_1$。第二类含有 $\boldsymbol{x}_2$、$\boldsymbol{x}_5$ 两个样本，类中心为两个样本的平均值(3,5)，图 4.44 中蓝色★所示。第三类含有 $\boldsymbol{x}_3$、$\boldsymbol{x}_4$、$\boldsymbol{x}_6$ 3 个样本，类中心为 3 个样本的平均值(6.7,4)，图 4.44 中绿色★所示。

以新的类别中心再次计算每个样本到 3 个类别中心的距离，如表 4.7 所示。

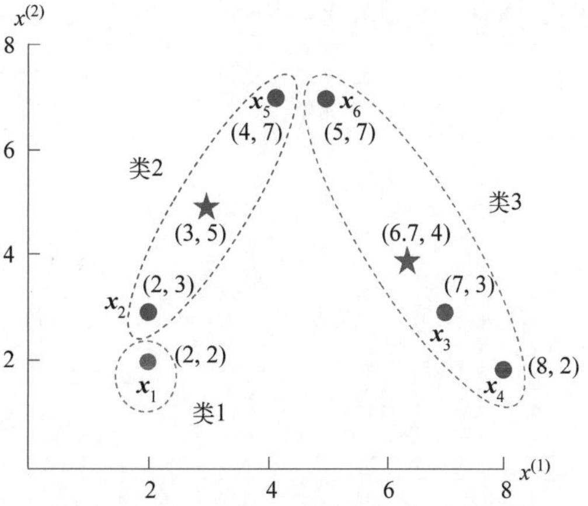


图 4.44　例题的第一次聚类结果(见彩插)

表 4.7　样本点到类别中心的距离(2)

| 类别 | $x_1$ | $x_2$ | $x_3$ | $x_4$ | $x_5$ | $x_6$ |
|---|---|---|---|---|---|---|
| 类 1 | 0 | 1 | 26 | 36 | 29 | 34 |
| 类 2 | 10 | 5 | 20 | 34 | 5 | 8 |
| 类 3 | 25.8 | 22.8 | 1.1 | 5.8 | 16.1 | 11.8 |

依据表 4.7,我们有样本 $\boldsymbol{x}_1$ 和 $\boldsymbol{x}_2$ 距离类 1 最近,被归类到类 1;样本 $\boldsymbol{x}_5$ 和 $\boldsymbol{x}_6$ 距离类 2 最近,被归类到类 2;样本 $\boldsymbol{x}_3$ 和 $\boldsymbol{x}_4$ 距离类 3 最近,被归类到类 3。

图 4.45 给出了这次的聚类结果。至此我们得到了第二次聚类结果。

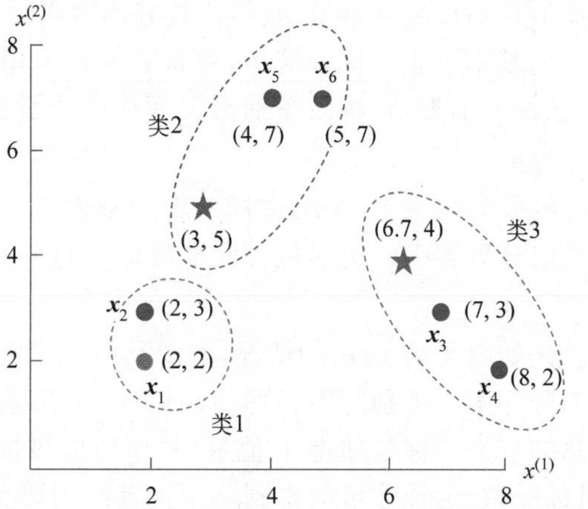


图 4.45　例题的第二次聚类结果

再次根据新的聚类结果更新 3 个类别中心,得到新的类别中心分别为(2,2.5)、(4.5,7)、(7.5,2.5),根据此结果再次对样本聚类,结果如图 4.46 所示,其中 3 个不同颜色的★代表了 3 个类别中心。该结果与上一次聚类结果一致,更新后的类别中心不再发生变化,k 均值算法结束。得到的最终聚类结果为:类 1 包含样本 $\boldsymbol{x}_1$、$\boldsymbol{x}_2$,类 2 包含样本 $\boldsymbol{x}_5$、$\boldsymbol{x}_6$,类 3 包含样本 $\boldsymbol{x}_3$、$\boldsymbol{x}_4$,与我们预想的结果一致。

**小明**:k 均值聚类算法看起来并不复杂,从例题看效果也很好。但是这样得到的类别

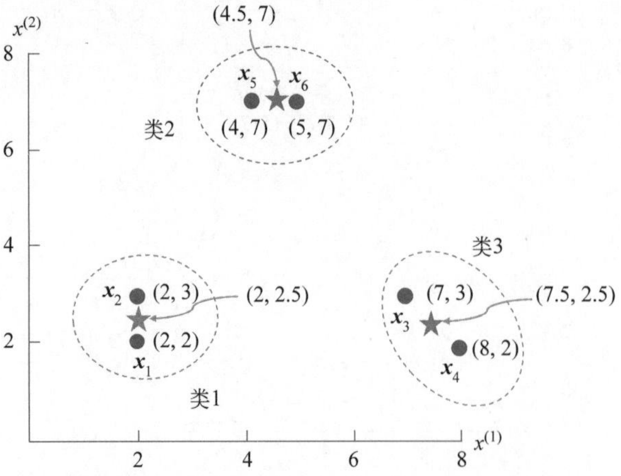


图 4.46 例题的第三次聚类结果(见彩插)

中心一定是实际的类别中心吗？

**艾博士**：小明提出的问题确实是 k 均值算法存在的一个问题,因为算法得到的类别中心与初始 $K$ 个样本点的选择有关。不同的选择结果,最终得到的聚类结果可能会不一样。为此一般是做若干次聚类,从中选择一个聚类效果好,也就是 $J$ 值(见式(4.102))最小的结果作为最终的聚类结果。

**小明**：除此以外是否还有其他的方法呢？总觉得做若干次聚类会影响聚类效率,做几次合适似乎也不明确。

**艾博士**：确实是这样的,原则上来说,做的聚类次数越多,找到最好的聚类结果的可能性也就越大,但是效率也就越低。为此也有学者提出了二分 k 均值聚类算法,该算法相对来说对初始类别中心的选择不是那么敏感,可以获得比较好的效果。

二分 k 均值聚类算法的基本思想也比较简单,先将原始样本用 k 均值算法聚类成两个类别,然后从聚类结果中选择一个类别,将该类别再聚类成两个类别,这样一次次“二分”下去,直到得到了 $K$ 个类别为止。

**小明**：就是说从已有的聚类结果中,每次选择一个类别做 $K$ 为 2 的 k 均值聚类,如何选择哪个已有类别做下次二分聚类呢？选择包含样本数最多的类别？或者按照式(4.98)选择 $D_k$ 最大的类别？

**艾博士**：也不尽然。比如图 4.47 所示的情况,类 1 是一个大类,$D_k$ 也比较大。但是这个例子中显然将类 1 再二分为两个类别是不合理的,而是应该选择类 2,将类 2 二分成两类才比较合理。由于我们总的聚类目标是使得 $J$ 值最小,所以应该选择二分后能最大降低 $J$ 值的类别,与聚类的总目标一致,这样才可能得到一个比较好的聚类结果。如何做到这一点呢？一种简单的办法就是对每个已有类别均做一次二分聚类,然后从中选择产生 $J$ 值最大降幅的类别作为结果。

**小明**：这不是又回到了穷举吗？

**艾博士**：一般来说类别数不是太大,而且聚类与类别数是线性关系,所以这种情况下穷举还是可以接受的。

**小明**：艾博士,您在前面的介绍中,无论是 k 均值算法还是二分 k 均值算法,都假定了聚类的类别数 $K$ 是已知的。那么如何确定类别数 $K$ 呢？

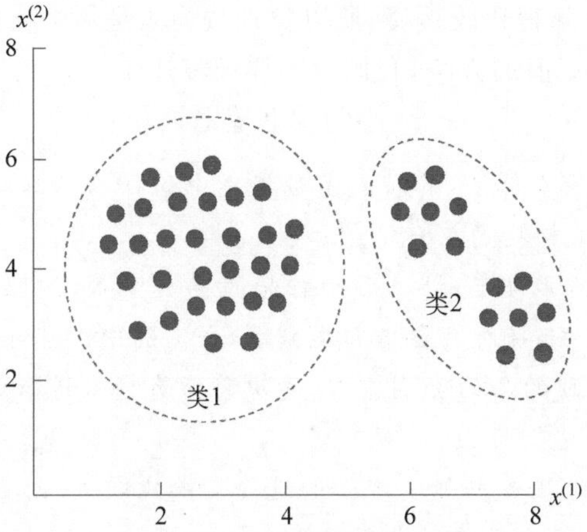


图 4.47　一种聚类分类图

**艾博士**：如何确定类别数 $K$ 确实是一个重要的问题，因为类别数对聚类结果会有比较大的影响。不只是 k 均值算法存在这个问题，很多其他的聚类算法也存在类似的问题，或者要求给出类别数，或者虽然不直接要求类别数，但也往往是转化为其他的指标。下面给出一个相对比较简单的确定类别数 $K$ 的方法。

因为我们希望的聚类结果是 $J$ 值最小，那么就可以在给定多个不同 $K$ 的情况下做聚类，观察 $J$ 值的变化情况。

小明听到这里马上回应说：给定多个不同的 $K$，选择一个 $J$ 值最小的结果是不是就可以了？

**艾博士**：一般情况下，$K$ 越大 $J$ 值就会越小，极限情况下，每个样本为一类时，$J$ 值达到最小值 0，而显然一个样本一个类别不是我们想要的结果，所以不能简单地以 $J$ 值最小作为选择 $K$ 值的原则。

小明不好意思地说：我又把问题想简单了。

**艾博士**：一般来说，当逐步增加 $K$ 值时，开始阶段 $J$ 值会随着 $K$ 值的增加下降得比较快，下降到一定程度之后，随着 $K$ 值的增加 $J$ 值的下降就开始变得比较缓慢了。因此，一种确定 $K$ 值的办法就是先做出 $K$ 值与 $J$ 值的关系曲线，在曲线上找到 $J$ 值下降变缓的拐点，以此处的 $K$ 值作为聚类的类别数。如图 4.48 所示，当 $K$ 从 1 增加到 4 时，$J$ 值一直下降得

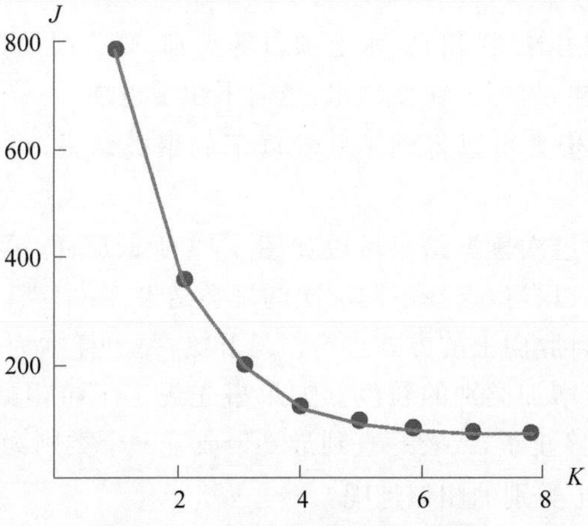


图 4.48　$J$ 值随 $K$ 值下降示意图

比较快，然后 $J$ 值开始下降得比较缓慢，所以类别数为 4 是一个比较合适的结果。

还有一些其他确定 $K$ 值的方法，我们就不详细叙述了。

**小明读书笔记**

k 均值算法是一种聚类算法，其特点是数据集中的样本不具有标签信息，根据每个样本的特征，将最相近的样本聚集在一起。

k 均值算法随机地选取 $K$ 个样本作为初始的类别中心，按照到哪个类别中心距离最近归类到哪个类别的方法，将所有样本归类到 $K$ 个类别中。然后用每个类别中所有样本特征的平均值作为该类别的新的类别中心，再次将所有样本进行归类。反复该过程，直到所有类别中心不再发生变化为止。

k 均值算法的聚类结果受初始类中心的选择影响比较大，可以通过多次聚类，从中选择一个 $J$ 值最小的结果作为最终的聚类结果。

相对来说二分 k 均值聚类受初始类中心的选择影响比较小。其方法是刚开始所有样本为一个大类别，采用 k 均值算法将其聚类为两个类别。然后从已有的类别中选择一个类别，再次将该类别聚集为两个类别，直到得到了 $K$ 个类别为止。每次选择使得 $J$ 值下降最大的类别做二分 k 均值聚类。

一般来说，随着 $K$ 值的增加，$J$ 值会逐渐下降。开始时 $J$ 值下降得比较快，然后下降得越来越缓慢。从 $K$-$J$ 变化图中选择一个 $K$ 值，当 $K$ 再增加时 $J$ 值下降开始变缓了，则以该 $K$ 值作为聚类的类别数。

## 4.7 层次聚类算法

**艾博士**：层次聚类算法假设数据具有一定的层次结构，按照分层聚类的方式进行聚类。

**小明**：什么是数据的层次结构呢？

**艾博士**：很多数据都有层次上的结构特性。比如在体育比赛中，100 米、200 米、400 米都属于短跑项目，800 米、1500 米属于中跑项目，3000 米、5000 米、10000 米属于长跑项目；跳高、跳远属于跳跃项目；标枪、铁饼属于投掷项目；而短跑、中跑和长跑又属于径赛项目；跳跃、投掷属于田赛项目；径赛项目和田赛项目又同属田径项目……如图 4.49 所示，第一层就是体育一个大类，第二层有球类、田径、水上项目等类别，第三层是田赛、径赛项目……不同层次类别粒度大小不一样，越向上粒度越粗，越向下粒度越细。

**小明**：看起来层次聚类可以得到不同粒度下的聚类结果，可以根据需要选择聚类结果了。

**艾博士**：是这样的，层次聚类结果可以如图 4.49 所示那样，采用树结构将所有聚类结果保存下来，根据需要可以自由选择不同层次的聚类结果。

层次聚类一般采取自底向上的方式进行。最开始，每个样本为一个类别，然后每次合并两个最相似的类别，逐步增加类别的粒度。如果事先规定了希望聚类的类别数 $K$，则聚成 $K$ 个类别后算法就可以停止了，或者一直到最终聚成了一个类别为止。

**小明**：如何判断两个类别的相似性呢？

**艾博士**：可以按照距离来计算相似性，距离最近的两个类别最相似；也可以采用相似度

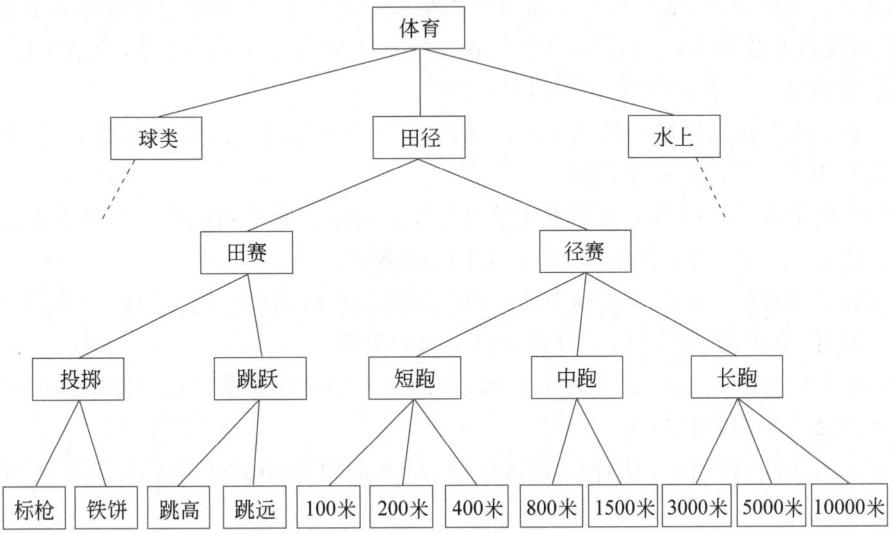


图 4.49　层次聚类举例

的计算方法，相似度最大的两个类别最相似。无论是距离还是相似度都有很多种不同的方法，每种方法都可以用来度量两个类别的相似性，我们不再多做介绍了。下面通过图 4.50 说明层次聚类算法的聚类过程。

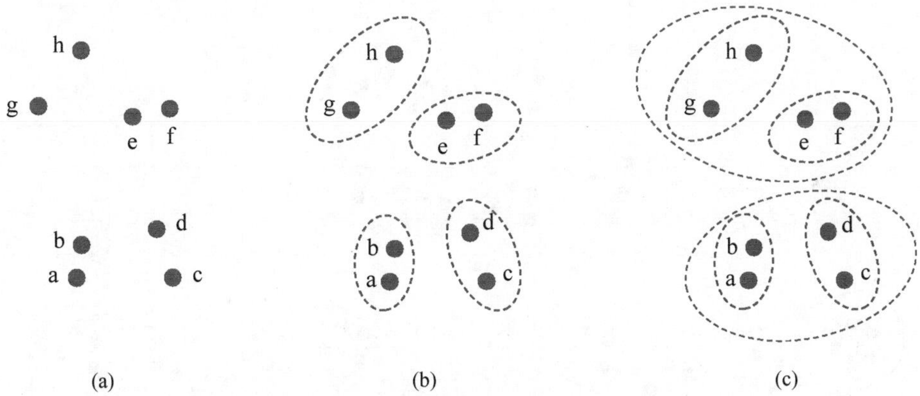


图 4.50　层次聚类示意图

图 4.50(a)给出的是原始 8 个样本，开始时每个样本为一个类别。按照距离计算任意两个样本的距离，选出距离最小的两个类别聚集为一类。假设 a、b 间距离最小，故将 a、b 合并为一类，称为 ab 类。按此方法依次分别得到 ef 类、dc 类和 gh 类共 4 个类别，如图 4.50(b)所示。如果我们希望的类别数为 4，那么聚类到此结束，否则继续聚类。分别计算 ab、ef、dc 和 gh 4 个类别相互之间的距离，选出距离最小的一对类别，假设是 ab 类和 cd 类距离最近，则将 ab 类和 cd 类合并为一个类别 abcd 类。如果我们希望的类别数是 3，则得到了 abcd 类、ef 类和 gh 类 3 个类别，否则继续聚类。再次计算 abcd 类、ef 类和 gh 类 3 个类别相互之间的距离，选出距离最小的一对类别，假设是 ef 类和 gh 类，将它们合并为一个类别 efgh。至此只有两个类别了，聚类结束，得到了图 4.50(c)所示的聚类结果。

小明：这是一个很形象的例子，通俗易懂地给出了层次聚类的具体过程。

**艾博士**：前面说过，度量两个类别的相似性从距离角度、从相似性角度都有很多不同的方法，即便度量方法确定后，如何具体计算两个类的距离也有不同的方法，方法不同，也会得到不同的聚类结果。下面介绍几种常用的方法。

(1) 中心距离法。以两个类别中心的距离作为两个类别之间距离的度量，其中类别中心为该类别中所有样本点的平均值。

(2) 平均距离法。以两个类别中任意两个样本间距离的平均值作为两个类别之间距离的度量。注意这里的"两个样本"分别来自不同的类别。

(3) 最小距离法。以两个类别中任意两个样本间距离的最小值作为两个类别之间距离的度量。同样，这里的"两个样本"分别来自不同的类别。

(4) 最大距离法。与方法(3)刚好相反，以两个类别中任意两个样本间距离的最大值作为两个类别之间距离的度量。

**小明**：这里的前两种方法比较容易理解，后面的最小距离法和最大距离法有什么特点呢？

**艾博士**：不同方法得到的聚类结果是不同的，最小距离法常常会使得类别边界靠的比较近的类别连接起来，可能会得到条状的聚类结果。而最大距离法则强调同一个类别中距离最大的样本点相聚的别太远。图 4.51 给出了这样的例子，其中图 4.51(a)是原始样本点，图 4.51(b)是采用最小距离法得到的聚类结果，图 4.51(c)是采用最大距离法得到的聚类结果。

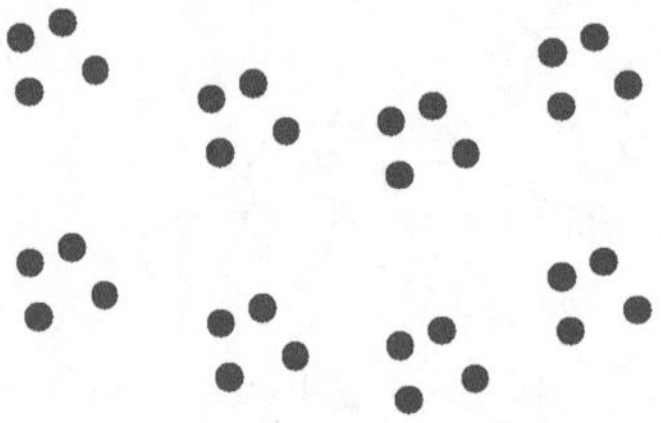

(a)

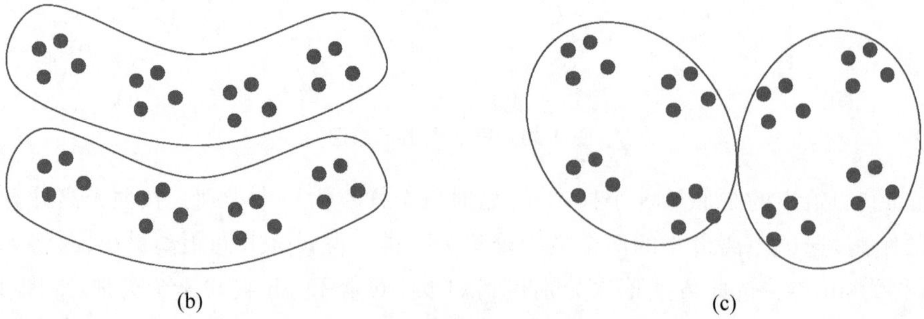

(b)　　　　(c)

图 4.51　不同方法的聚类效果示意图

**小明**：看来不同的距离计算方法确实可以得到不同的聚类结果，看起来也都有道理。

### 小明读书笔记

分层聚类方法假定数据具有一定的层次结构，按照自底向上的方法逐步实现聚类。最开始的时候，每个样本为一个类别。每次选择两个距离最近的类别合并为一个类别，直

到获得了指定的 $K$ 个类别，或者只剩下两个类别为止。层次聚类可以得到一个具有层次性结构的聚类结果，可以根据需要选择不同粒度的聚类结果。

有不同的方法计算两个类别的距离，包括中心距离法、平均距离法、最小距离法和最大距离法等，不同的计算方法可能会得到不同的聚类结果。

## 4.8　验证与测试问题

**艾博士**：在机器学习中经常会遇到超参数确定问题，比如在支持向量机中，高斯核函数的 $\sigma$ 就是一个超参数。如果 $\sigma$ 过大，容易造成欠拟合，反之如果 $\sigma$ 过小则容易造成过拟合，我们希望确定一个合适的 $\sigma$，以保证得到一个比较好的分类性能。这就是机器学习中的调参问题，参数确定的是否合理，可能对系统的性能有很大的影响。另外，一个训练好的系统具体的分类性能又能达到多少呢？这些都可以通过数据测试确定。

由于可能会存在过拟合问题，所以用于确定超参数的数据以及测试性能的数据最好是与训练数据分开的，以便得到一个相对客观的参数和系统性能。

为此我们一般将数据集划分成训练集、验证集和测试集 3 部分，以便将训练、调参和性能测试 3 部分独立出来。训练集只用于系统训练，这就不用多说了。验证集用于调参，一般是针对不同的超参数取值分别进行训练，然后在验证集上分别测试其性能，取一个性能最好的超参数值作为最终的结果。由于调参是在验证集上选取的最好结果，所以在验证集上获得的系统性能一般会偏高，一般在调节完参数之后，需要在测试集上测试，这个结果会更接近于真实情况，因为测试集中的样本既没有参与过训练，又没有参与调参，是完全独立的样本，测试结果更加可信。总之就是训练集用于训练，验证集用于调参，测试集用于测试分类性能。

**小明**：这种方法看起来既简单又方便。

**艾博士**：无论是训练、验证还是测试，每个数据集都需要比较多的数据，所以当数据量足够多时，通过将数据集划分为训练集、验证集和测试集的方法，确实是一种既简单又有效又可信的方法。但事实上我们往往面临数据量不足的问题。

**小明**：那么除了增加数据量外，还有其他的比较好的方法吗？

**艾博士**：为了充分利用已有的数据，研究者提出了交叉验证方法，又称作 $k$ 折交叉验证。

**小明**：这是一种什么方法呢？

**艾博士**：$k$ 折交叉验证将数据划分为 $k$ 等份，使用其中的 $k-1$ 份作为训练集，1 份作为验证集。

**小明**：这样做的结果验证集中的样本数是不是就太少了？

**艾博士**：如果只这样做一次，验证集确实有点小，但是如果每份数据轮流做验证集，剩余的 $k-1$ 份做训练集，我们就可以得到 $k$ 个结果，以 $k$ 个结果的平均值作为最终的性能测试结果。这样的话，虽然每次验证集并不大，但是综合后的效果相当于利用了整个数据集作为验证，充分利用了数据集中的每一个数据。一般情况下 $k$ 取 2～10 就可以了，$k$ 太大会造成训练次数过多，而 $k$ 太小则可能导致用于训练的数据不足，因为每次只能用 $k-1$ 份数据做训练。极限情况下，$k$ 最大取值可以为数据个数，每次验证集只剩余一个数据，故这种方法也被称作“余一法”。如果不考虑训练效率问题的话，余一法是最充分利用数据的方法。

**小明**：交叉验证方法挺巧妙的，相当于一份数据同时担当训练集和验证集的作用，又保持了两个数据集的相对独立性。

**艾博士**：在使用交叉验证方法时一定要注意数据划分的随机性，训练集中各个类别的比例与整个数据集中的比例最好基本一致，尽量避免训练集中某个类别过于集中的情况出现。

**小明**：通过交叉验证的方法解决了验证集的问题，但是测试集怎么解决呢？

**艾博士**：有两种方法，一种方法就是把验证集的测试性能当作最终的分类性能，当然这种方法得到的性能普遍偏高。另一种方法就是扩展一下交叉验证方法，每次取一份当作验证集，再取一份当作测试集，剩余的 $k-2$ 份用于训练，数据循环多次使用，最后用测试集上的平均性能作为最终的测试结果。

**小明**：我们一直在说系统的性能，那么如何评价系统的性能呢？

**艾博士**：对于分类系统来说常用的性能指标有准确率、召回率和 $F_1$ 值等，而每个指标又分宏平均和微平均两种。宏平均指的是先分别计算每个类别的各个指标，然后再计算各个类别的平均值，而微平均指的是按照每个样本分类正确与否计算各个指标。下面分别介绍一下各个性能指标是如何计算的，假设共有 $K$ 个类别，$N$ 个样本。

### 1. 准确率

类别 $i$ 的准确率 $P_i$ 定义为 $i$ 类中分类正确的样本数除以分类到 $i$ 类的样本总数：

$$P_i = \frac{i\text{ 类中分类正确的样本数}}{\text{分类到 }i\text{ 类的样本总数}} \tag{4.103}$$

则宏平均准确率 Macro_P 为所有类别准确率之和除以类别数：

$$\text{Macro\_P} = \frac{1}{K}\sum_{i=1}^{K} P_i \tag{4.104}$$

微平均准确率 Micro_P 是所有分类正确的样本数除以样本总数：

$$\text{Micro\_P} = \frac{\text{所有分类正确的样本数}}{\text{样本总数}} \tag{4.105}$$

准确率是从类别的角度考虑，被分类到这个类别中的样本，有多大程度确实属于这个类别。

### 2. 召回率

类别 $i$ 的召回率 $R_i$ 定义为 $i$ 类中分类正确的样本数除以所有样本中应该属于这个类别的样本数：

$$R_i = \frac{i\text{ 类中分类正确的样本数}}{\text{属于 }i\text{ 类的样本总数}} \tag{4.106}$$

则宏平均召回率 Macro_R 为所有类别召回率之和除以类别数：

$$\text{Macro\_R}=\frac{1}{K}\sum_{i=1}^{K}R_i \tag{4.107}$$

微平均召回率 Micro_R 是所有分类正确的样本数除以样本总数：

$$\text{Micro\_R}=\frac{\text{所有分类正确的样本数}}{\text{样本总数}} \tag{4.108}$$

在分类场景下，微平均召回率等于微平均准确率。

召回率是从样本的角度，有多大比例的样本被分类到了正确的类别。

**3. $F_1$ 值**

类别 $i$ 的 $F_1$ 值为该类别准确率与召回率的调和平均值：

$$F_{1i}=\frac{1}{\dfrac{1}{P_i}+\dfrac{1}{R_i}}=\frac{2P_iR_i}{P_i+R_i} \tag{4.109}$$

则宏平均 $F_1$ 值为所有类别 $F_1$ 值之和除以类别数：

$$\text{Macro\_F}_1=\frac{1}{K}\sum_{i=1}^{K}F_{1i} \tag{4.110}$$

宏平均 $F_1$ 值也有用宏平均准确率与宏平均召回率的调和平均值计算的，即

$$\text{Macro\_F}_1=\frac{2\text{Macro\_P}\cdot\text{Macro\_R}}{\text{Macro\_P}+\text{Macro\_R}} \tag{4.111}$$

但是前者用得更多一些。

微平均 $F_1$ 值是微平均准确率和微平均召回率的调和平均值：

$$\text{Micro\_F}_1=\frac{2\text{Micro\_P}\cdot\text{Micro\_R}}{\text{Micro\_P}+\text{Micro\_R}} \tag{4.112}$$

对于分类问题，由于微平均准确率等于微平均召回率，所以微平均 $F_1$ 值也与它们相等，即有：

$$\text{Micro\_F}_1=\text{Micro\_P}=\text{Micro\_R}$$

准确率和召回率从两个不同的角度分别考察了分类系统的性能，$F_1$ 值是准确率和召回率的调和平均值，是这两个指标的综合体现。由于宏平均指标受测试样本中不同类别样本的比例影响比较小，所以宏平均指标比微平均指标用得更多一些，如果没有具体说明时，大多指的是宏平均指标。

**小明读书笔记**

为了选择确定且合适的超参数并测试分类模型的性能指标，当数据集比较充足时，常常将数据集划分为 3 部分：训练集用于训练，验证集用于确定超参数，测试集用于测试分类模型的性能。

一般来说数据集总是不足的，为了充分利用数据集，提出了 $k$ 折交叉验证方法。该方法将数据集划分为 $k$ 等份，1 份用于验证，其余 $k-1$ 份用于训练，循环使用数据，得到 $k$ 个结果，$k$ 个结果的平均值为分类模型在验证集上的性能，利用该结果确定合适的超参数。

也可以1份作为验证，1份作为测试，其余 $k-2$ 份用于训练，同样通过取平均值的方法得到分类模型的测试性能。注意在确定超参数时，不能利用测试结果调整超参数，否则就失去了测试的意义。

常用的性能指标包括准确率、召回率和 $F_1$ 值，根据不同的计算方法这3个指标又分别有宏平均和微平均指标，一般宏平均指标用得比较多，当没有明确说明时，往往指的是宏平均指标。

## 4.9 总结

本篇主要结合一些典型的分类、聚类算法介绍统计机器学习方法。

(1) 统计机器学习是依据统计学原理而提出的机器学习方法，其特点是，从以特征表示的数据出发，抽象出问题的模型，发现数据中隐含的规律和知识，再用获得的模型对新的数据做出分析和预测。

一般来说，统计机器学习方法，都事先假定了所要学习的模型的“样子”，不同的“样子”就决定了不同的学习方法，最终通过数据训练得到模型所需要的参数。比如支持向量机就假定了模型的“样子”是个超平面，学习的目的就是依据训练数据找到一个最优的分界超平面。

(2) 贝叶斯方法按照特征的概率分布，依据所属类别的概率大小，将待识别样本分类到概率最大的类别。由于存在特征组合爆炸的问题，假设特征间具有独立性，这样特征的联合分布就可以用每个特征分布的乘积代替，简化了问题的求解。这种引入独立性假设的贝叶斯方法称作朴素贝叶斯方法。

(3) 决策树是一种用于分类的特殊树结构，叶节点代表类别，非叶节点表示特征。依据特征的取值逐步细化，实现分类。构建决策树的关键问题就是如何依据训练数据选择特征问题，不同的选择原则就有了不同的决策树构建方法，也即决策树的训练方法。

按照信息增益选择特征的方法称作ID3方法。一个特征的信息增益定义为数据集的熵与该特征条件熵的差值，信息增益越大说明该特征分类能力越强，ID3方法选择信息增益最大的特征优先使用。

针对ID3算法存在的倾向于选择分值多的特征的问题，提出了C4.5方法。C4.5方法与ID3方法的主要区别是采用信息增益率选择特征。信息增益率定义为特征的信息增益与其分离信息之比。特征的分离信息是按照特征取值计算的熵，其最大值反映了特征取值的多少。同时C4.5还引入了连续特征，允许特征取连续值。

(4) 按照“近朱者赤近墨者黑”的原则，根据距离最近的样本类别对未知样本分类的方法称作最近邻方法。如果根据最近的 $k$ 个样本中含有最多样本的类别作为未知样本的类别，这种分类方法称作k近邻方法。k近邻方法最主要的问题就是如何选择 $k$ 值，恰当的 $k$ 值可以达到比较理想的分类效果。可以通过实验测试的方法获取一个比较合理的 $k$ 值，在多个不同的 $k$ 值中，选取错误率最小的 $k$ 值。

(5) 支持向量机是以两个类别间隔最大化为原则的二分类方法，按照训练样本的分布情况，分为线性可分支持向量机、线性支持向量机和非线性支持向量机3种情况。

线性可分支持向量机要求最优分界面到两类样本的函数间隔大于或等于1，到最优分界面函数间隔等于1的样本就是支持向量。通过求解对偶问题最优解 $\alpha_i^*$ 的方法可以得到原问题的最优分界面，其中 $\alpha_i^* \geqslant 0$，不等于0的 $\alpha_i^*$ 所对应的样本就是支持向量，其他样本为非支持向量。

线性支持向量机允许部分样本到最优分界面的函数间隔小于1，但要求大于 $1-\xi_i$，其中 $\xi_i \geqslant 0$。在满足间隔最大化的同时，线性支持向量机要求所有的 $\xi_i$ 之和尽可能地小。同样通过求解对偶问题最优解 $\alpha_i^*$ 的方法得到原问题的最优分界面，与线性可分支持向量机不同的是要求满足条件 $0 \leqslant \alpha_i^* \leqslant C$。

非线性支持向量机是通过一个变换函数将原问题变换到一个新空间中求解，要求在新空间中样本的分布可以用线性支持向量机求解。一般采用核函数的方法，在不需知道变换函数的情况下，在原空间通过核函数求得新空间的最优分界面，同样用核函数得到原空间的最优分界超曲面。

通过多个二分类支持向量机的组合可以得到多分类支持向量机。组合方法包括一对一法、一对多法、层次法等。

(6) k均值算法是一种聚类算法，在给定类别数的情况下，通过迭代的方式逐步实现聚类。一般来说，k均值方法对初始值比较敏感，不同的初始值可能会得到不同的聚类结果。二分k均值方法每次选定一个类别将其划分为两类，通过逐步划分的方法得到聚类结果，其特点是对初始值敏感性不强。

$K$ 值的选取对于k均值算法至关重要，通常是做出 $J$ 值随 $K$ 值的变化曲线，从比较小的 $K$ 值开始，逐步增加 $K$ 值，当 $K$ 值增加 $J$ 值变化不大时，就认为得到了一个比较好的 $K$ 值。

(7) 层次聚类采用自底向上的方法实现聚类，开始时每个训练样本为一个类别，然后逐步合并两个最相似的类别，直到总类别数为指定的类别为止，或者只剩下了两个类别。其特点是可以得到不同粒度下的聚类结果。

(8) 一个数据集可以划分为训练集、验证集和测试集。训练集用于训练分类器，验证集用于得到合适的超参数，测试集用于测试分类器的性能。这3个数据集是各自独立的，不包含重复样本，比较适用于数据量比较大的场合。为了充分利用数据集，可以采用 $k$ 折交叉验证的方法，其基本方法是将数据分为 $k$ 等份，然后1份作为验证集、$k-1$ 份作为训练集。循环使用这些数据，用 $k$ 个验证集的平均指标作为验证集上的结果，用于选择合适的超参数。进一步也可以扩展为用其中的1份做验证集、另取1份做测试集，剩余的 $k-2$ 份做训练集，同样采用循环使用数据的方法，用平均值作为验证集和测试集上的测试结果，选择超参数的同时，也测试得到了分类器的性能。

分类器常用的评价指标有准确率、召回率和 $F_1$ 值。准确率反映的是分类器得到的结果的可信性，召回率反映的是一个样本被分类到正确类别的可信性。$F_1$ 值是准确率、召回率的调和平均值，是二者的综合评价。

# 第 5 篇

# 专家系统是如何实现的

艾博士导读

在人工智能发展的初期，由于对人工智能面临的困难估计不足，很快陷入了困境。在总结经验教训的过程中，研究者认识到知识的重要性。一个专家之所以成为该领域的专家，是因为专家具备了该领域的知识，可以熟练地运用知识解决该领域的问题。如果将专家的知识整理出来，以一种计算机可以使用的形式存放到计算机中，是不是计算机就可以使用这些知识像专家那样解决相关领域的问题了？在这样的背景下，诞生了专家系统。

所谓的专家系统，斯坦福大学的费根鲍姆教授将其定义为"一种智能计算机程序，它运用知识和推理来解决只有专家才能解决的复杂问题"。本篇内容介绍专家系统是如何实现的，结合一些实例介绍专家系统的基本概念和实现方法。

这天是周末，小明来到动物园游玩。小明看到一只可爱的动物，但是一时想不起来是什么动物，就打电话询问万能的艾博士。于是在小明和艾博士之间就产生了如下对话。

**艾博士**：你看到的动物有羽毛吗？

**小明**：有羽毛。

**艾博士**：会飞吗？

**小明**：(经观察后)不会飞。

**艾博士**：有长腿吗？

**小明**：没有。

**艾博士**：会游泳吗？

**小明**：(看到该动物在水中)会。

**艾博士**：颜色是黑白的吗？

**小明**：是。

**艾博士**：这个动物是企鹅。

小明觉得这个问题挺有意思的，在从动物园回来的路上，就开始反复思考这个问题：艾博士怎么就想到了询问这几个问题？为什么最后就确认是企鹅？小明想在现实生活中也有很多类似的问题，比如识别花草、医生看病等，似乎都是差不多的过程。就拿医生看病为例，医生往往先问病人几个问题，根据病人的回答再问一些新的问题，经过一番诊断之后，会建议病人去做 B 超、CT 等检查，再根据检查结果确认病人得的是什么病，从而给病人医疗建议。医生给病人看病的过程跟上面认识企鹅的过程基本差不多，虽然可能要复杂得多。小明就想这个过程是否可以用人工智能方法实现呢？带着这样的问题，小明一回到家就又来请教艾博士。

## 5.1　什么是专家系统

明白小明的来意之后，艾博士解释说：这样的系统在人工智能中叫作专家系统，是人工智能研究的一个重要方向，在人工智能历史上起到过举足轻重的作用，人工智能技术应用于解决实际问题，就是从专家系统开始的。

**小明**：什么是专家系统呢？

**艾博士**：在人工智能发展初期，由于对实现人工智能的难度估计不足，人工智能的研究很快就陷入困境。在总结经验教训时，研究者逐渐认识到知识的重要性。一个专家之所以是专家，之所以能求解本领域的问题，重要的是具有该领域的专门知识。如果将专家的知识总结出来，并以计算机可以使用的形式表示出来，那么计算机不就可以像专家那样利用这些知识求解问题了吗？这就是专家系统的由来。

**小明**：专家系统原来是这么来的。

**艾博士**：在这样的思想指导下，1965 年，斯坦福大学的费根鲍姆教授和化学家勒德贝格教授合作，研发了世界上第一个专家系统 DENDRAL，用于帮助化学家判断某待定物质的分子结构。之后，费根鲍姆教授领导的小组又研制了著名的专家系统 MYCIN，该系统可以帮助医生对住院的血液感染患者进行诊断和选用抗生素类药物进行治疗。可以说 MYCIN 确定了专家系统的基本结构，为后来的专家系统研究奠定了基础。XCON 是最早投入实际使用的专家系统，是由 R1 专家系统发展而来，该系统可以按照用户的需求，帮助 DEC 公司为其生产的 VAX 型计算机系统自动选择组件。

作者也曾经多年从事专家系统的研究工作，先后研制过火车编组站专家系统、货物轮船积载系统、雷达故障诊断专家系统和市场报告自动生成专家系统等，并在一些企业得到了应用。

**小明**：专家系统都有哪些特点呢？

**艾博士**：专家系统研究的先驱、图灵奖获得者费根鲍姆教授将专家系统定义为：一种智能的计算机程序，它运用知识和推理来解决只有专家才能解决的复杂问题。这里的知识和问题，都属于同一个特定领域。

从该定义可以看出，首先专家系统是一个计算机程序，但又不同于一般的计算机程序，专家系统以知识库和推理机为核心，可以处理非确定性问题，不追求问题的最佳解，利用知识得到一个满意解是系统的求解目标。专家系统强调知识库与包括推理机在内的其他子系统的分离，一般来说知识库是与领域强相关的，而推理机等子系统具有一定的通用性。

一个专家系统的基本结构如图 5.1 所示。

**小明**：请艾博士具体解释一下这个专家系统的基本结构，各个组成部分都是什么含义。

**艾博士**：我们先简单介绍一下这个基本结构，让大家对专家系统有一个基本了解，后面还会结合具体内容做详细说明。

知识库用于存储求解问题所需要的领域知识和事实等，知识一般以如下形式的规则

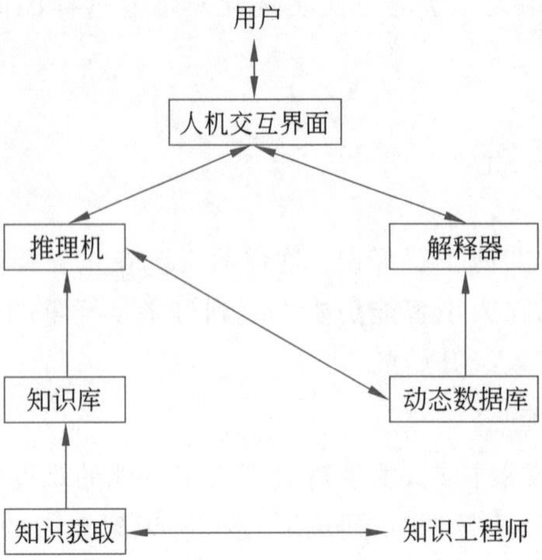


图 5.1 一个专家系统的基本结构

表示：

```
if  <前提> then  <结论>
```

表示当<前提>被满足时，可以得到<结论>。例如：

```
if 阴天 且 湿度大 then 下雨
```

这里的"阴天 and 湿度大"就是前提，"下雨"就是结论，表示"如果阴天 and 湿度大，则会下雨"这样一条知识。

当然这是一条确定性的规则，实际问题中规则往往不是确定性的，而是具有一定的非确定性，关于非确定性的规则表示问题，我们将在后面叙述。

规则的<结论>可以是类似上例中的"下雨"这样的结果，也可能是一个"动作"，例如：

```
if 下雨  then  带上雨伞
```

表示的是"如果下雨了出门要带上雨伞"。

也可能是其他的类型，比如删除某个数据、替换某个数据等。比如一个老年人健康护理专家系统，早上的时候可能记录的是老人没有吃药，一旦老人吃药后，就要从记录中删除"没有吃药"这条信息，并增加"已吃药"信息。

推理机是一个执行机构，它负责对知识库中的知识进行解释，利用知识进行推理，相当于人的大脑。例如，假设知识以规则的形式表示，推理机会根据某种策略，对知识库中的规则进行检测，选择一个<前提>可以满足的规则，得到该规则的<结论>，并根据<结论>的不同类型执行不同的操作。

动态数据库是一个工作存储区，用于存放初始已知条件、已知事实和推理过程中得到的中间结果，以及最终结果等。知识库中的知识在推理过程中所用到的数据以及得到的结果，均存放在动态数据库中。

人机交互界面是系统与用户的交互接口，系统在运行过程中需要用户输入的数据，用户通过该交互接口输入到系统中，系统需要显示给用户的信息通过该交互接口显示给用户。

讲解到这里艾博士问小明：小明如果去看医生，你会信任医生的诊断结果吗？为什么信任他？

小明回答说：首先医生是看病的专家，对于医生的诊断结果我还是比较信任的，但是也会向医生提出一些问题，请医生解释说明。

**艾博士**：对，医生不仅会诊断你有什么病，还会向你解释为什么得的是这种病，病人之所以会信任医生的诊断结果，与医生的解释是分不开的。所以具有解释能力也是专家系统的重要特征。解释器是专家系统特有的负责解释的模块，也是与一般的计算机软件系统的区别之一。在专家系统与用户的交互过程中，如果用户有需要系统解释的内容，专家系统通过解释器对用户进行解释。解释一般分为 Why 解释和 How 解释两种，Why 解释回答“为什么”这样的解释，How 解释回答“如何得到的”这样的解释。例如，在一个医疗专家系统中，系统给出让病人验血的建议，如果病人想知道为什么让自己去验血，用户只要通过交互接口输入 Why，则系统会根据推理过程，给出为什么会让病人去验血，让用户明白验血的意义。如果专家系统最终诊断病人患有某种疾病，病人想了解专家系统是如何得出这个结果的，只要通过交互接口输入 How，则专家系统会根据推理过程，对用户做出解释，根据什么症状判断用户患有的是这种疾病。这样可以让用户对专家系统的推理结果有所了解，而不是盲目信任。“可解释”是专家系统中非常重要的组成部分。现在很多数据驱动的人工智能系统，大多是黑箱模型，对结果缺乏可解释性，可解释性也是目前人工智能领域一个重要的研究课题。

听艾博士这样讲解后小明点点头说：具有解释能力确实是专家系统的重要特征，不能盲目信任专家系统的结论，必须给出合理的解释才可以获得信任。

**艾博士**：知识获取模块是专家系统与知识工程师的交互接口，知识工程师通过知识获取模块将整理的领域知识加入到知识库中，也通过知识获取模块对知识进行管理和维护。专家系统主要是依靠人工整理获取知识。

**小明**：那么专家系统是怎样一个工作流程呢？

**艾博士**：专家系统一般都是某个领域的专用系统，即便是医疗领域的专家系统，也会像医生看病一样，划分为几个专科，每个专科看专门的疾病。比如我国曾经建造过一个“关幼波肝病诊疗程序”的专家系统，就是根据著名肝病诊疗专家关幼波大夫的经验建造的一个专家系统。

对于一个已经建造好的专家系统，因应用领域的不同其工作流程可能会有一些差别，一个基本流程是这样的。

用户根据自己的需要选定一个专家系统，输入一些基本情况。比如以看病为例，可能要先告知自己身体哪里不舒服，有哪些症状等，专家系统会根据用户提供的基本信息做出一些判断，询问用户一些更详细的问题，或者让用户做些必要的检查。经过几轮交互之后，最终专家系统会给出一个结果，确诊是什么疾病，给出治疗方案。如果在这个过程中用户有哪些疑问，均可以通过解释器与系统做交互，得到专家系统的解答。其他的应用场景也是类似的过程。

**小明**：这个流程确实跟我们看病过程差不多。

**艾博士**：是这样的，专家系统就是某种程度上对人类专家的模仿。前面咱们两个关于识别动物的那个对话过程，就是一个典型的专家系统工作流程，你完全可以把我当作一个动物识别专家系统看待。

**小明**：谢谢艾博士的耐心解答，我对专家系统有了初步的认识。

**艾博士**：下面详细地介绍每个部分的具体实现方法，由于有很多不同的实现方法，我们选择一些相对简单又有代表性的方法加以介绍。

**小明读书笔记**

一个领域的专家，之所以能成为该领域的专家，是因为掌握了该领域的相关知识，可以利用这些知识解决该领域的问题。如果能将专家的知识整理出来，以计算机可以使用的形式存储到计算机中，那么计算机也可以使用这些知识像专家一样解决该领域的问题。这就是专家系统。

一个专家系统基本由知识库、推理机、动态数据库、解释器、人机交互界面等几部分组成。

知识库用于存储知识，最常用的知识表示形式是规则。规则具有如下形式：

```
if <前提> then <结论>
```

表示当<前提>成立时，<结论>成立。

例如：

```
if 阴天 and 湿度大 then 下雨
```

表示的是“如果阴天并且湿度大，则会下雨”这样的一条规则。

推理机是专家系统的执行机构，负责对知识库中的知识进行解释，利用知识进行推理。

动态数据库是一个工作存储区，专家系统工作中获得的数据，包括初始的已知条件、已知事实、用户的输入、推理过程中获得的结论等，均存放在动态数据库中。

人机交互界面负责人与计算机的交互，系统运行过程中需要用户输入的数据通过人机交互界面输入，系统需要显示给用户的信息也通过人机交互界面显示给用户。

解释器是专家系统特有的组成部分，可以对专家系统获得的结论进行解释。一般至少有 Why 解释和 How 解释两种解释功能。Why 解释负责回答类似于“为什么这样做”这样的问题，How 解释负责回答类似于“如何得到的”这样的问题。

## 5.2 推理方法

**艾博士**：专家系统的推理机就相当于我们的大脑，具有一定的通用性，与具体的任务领域无关。就像我们人类一样，具有了哪个领域的知识就可以求解哪个领域的问题，也就成为了哪个领域的专家，但是大脑都是一样的，具有通用性；只是应用的知识不一样。

**小明**：专家系统中的推理机是如何利用知识库进行推理的呢？

**艾博士**：推理机制与具体的知识表示方法有关，根据知识表示方法的不同推理方法也会有所不同。在专家系统中，规则是最常用的一种知识表示方法，下面以规则为例展开说明。

小明：规则就是前面提到过的如下这种形式吗？

```
if <前提> then <结论>
```

艾博士：是的，规则就是这种形式，其中<前提>是一些条件的逻辑组合，包括"与""或""非"等，而<结论>是某种可能的结果或者某些动作等。

按照推理的方向，推理方法可以分为正向推理和逆向推理。

正向推理，就是正向地使用规则，从已知条件出发，向目标进行推理。其基本思想是，检验是否有规则的前提被动态数据库中的已知事实满足，如果被满足，则将该规则的结论放入到动态数据库中，再检查其他的规则是否有前提被满足，反复该过程，直到目标被某个规则推出结束，或者再也没有新结论被推出为止。由于这种推理方法是从规则的前提向结论进行推理，是规则的一种正向使用形式，所以称为正向推理。由于正向推理是通过动态数据库中的数据来"触发"规则进行推理的，所以又称为数据驱动的推理。

例如，设有规则：

```
r1: if A and B then C
r2: if C and D then E
r3: if E then F
```

并且已知 A、B、D 成立，求证 F 成立。

其中 r1、r2 等是规则名，"A and B""C and D"等是规则的前提，"A and B"表示"A 与 B 同时成立"，"C and D"表示"C 与 D 同时成立"。

我们看看，如果采用正向推理的方法，如何根据这些规则，从已知条件推导出目标 F 成立。

初始时 A、B、D 在动态数据库中，由于 A 与 B 均成立，规则 r1 的前提成立，所以由规则 r1 推导出 C 成立，并将 C 加入动态数据库中。由于 D 是已知成立的，刚刚又由规则 r1 推导出了 C 成立，所以规则 r2 的前提成立，根据规则 r2，推出 E 成立，将 E 加入动态数据库中。这样规则 r3 的前提也是成立的，根据规则 r3，推出 F 成立，将 F 加入动态数据库中。由于 F 就是求证的目标，所以结论成立，推理结束。这就是正向推理过程，图 5.2 给出了该过程的示意图。

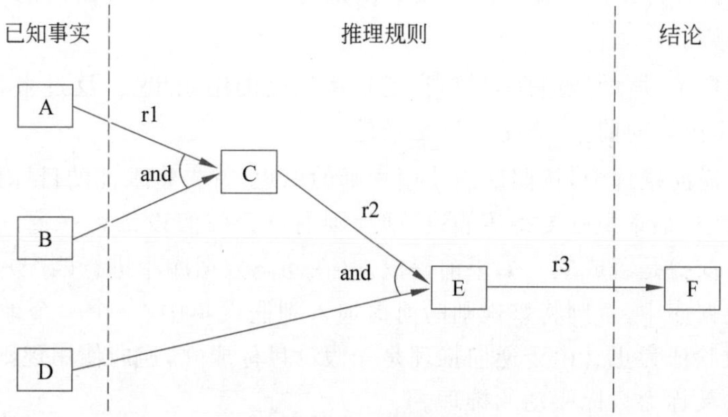


图 5.2　正向推理示意图

**小明**：我有一个问题，如果在推理过程中，同时有多个规则的前提都成立，这时如何选择规则呢？

**艾博士**：如果在推理过程中，有多个规则的前提同时成立，如何选择规则称为冲突消解问题。最简单的办法是按照规则的自然顺序，选择第一个前提被满足的规则执行。也可以对多个满足条件的规则进行评估，优先选择前提条件多的规制执行。

**小明**：这是为什么呢？

**艾博士**：由于这样的规则涉及的前提条件比较多，不容易被满足，一旦前提条件被满足，其结论可能是一个比较重要的结果。

也可以从规则的结论距离要推导的结论的远近来考虑，这里说的"远近"是指一旦有了该结果，还需要应用多少条规则才能推导出最终结论。距离目标越近的规则越是要优先执行。也可以人为地对每条规则的重要程度做出规定，重要的规则具有较高的优先级。比如说有如下3个规则：

```
r1: if 生病 then 休息
r2: if 病重 then 去看医生
r3: if 昏厥 then 打电话叫 120
```

这3条规则的重要性程度显然是不一样的，当3条规则的前提均被满足时，应该优先执行规则r3，打电话叫120抢救。这种情况下，可以在构建知识库时，对规则的重要性进行评价，给出优先级，当发生冲突时按照优先级执行规则。

**小明**：有正向推理，是不是也有逆向推理呢？

**艾博士**：与正向推理对应的就是逆向推理。逆向推理又被称为反向推理，这种推理方法的特点是逆向使用规则。

**小明**：我不是太明白，逆向使用规则是什么意思呢？

**艾博士**：我们举例说明。假设有规则：

```
if A and B then C
```

我们想知道C是否成立，就看该规则的前提是否成立，为此就要看A、B是否成立。为了知道A是否成立，就要看是否某个规则的结论为A，然后看该规则的前提是否成立。这就是逆向使用规则。

**小明**：我明白了，所谓逆向使用规则，就是从规则的结论出发，反过来看规则的前提是否成立，一步一步由后向前推，看是否满足条件。

**艾博士**：在逆向推理中，按照逆向使用规则的思想，首先将求证的目标作为假设放入假设集中，查看是否有某条规则支持该假设，即规则的结论与假设是否一致，然后看结论与假设一致的规则其前提是否成立。如果前提成立(在动态数据库中进行匹配)，则假设被验证，结论放入动态数据库中，否则将该规则的前提加入到假设集中，一个一个地验证这些假设，直到目标假设被验证为止。由于逆向推理是先假设目标成立，逆向使用规则进行推理的，所以这种推理方法又称为目标驱动的推理。

例如，在前面正向推理的例子中，如何使用逆向推理推导出目标F成立呢？小明我们看一下推导过程。

首先将 F 作为假设，发现规则 r3 的结论可以推导出 F，然后检验 r3 的前提 E 是否成立。目前动态数据库中还没有记录 E 是否成立，由于规则 r2 的结论可以推出 E，依次检验 r2 的前提 C 和 D 是否成立。首先检验 C，由于 C 也没有在动态数据库中，再次找结论含有 C 的规则，找到规则 r1，发现其前提 A、B 均成立（在动态数据库中），从而推出 C 成立，将 C 放入动态数据库中。再检验规则 r2 的另一个前提条件 D，由于 D 在动态数据库中，所以 D 成立，从而 r2 的前提条件全部被满足，推出 E 成立，并将 E 放入动态数据库中。由于 E 已经被推出成立，所以规则 r3 的前提也成立了，从而最终推出目标 F 成立。这就是逆向推理过程，图 5.3 给出了该过程的示意图。

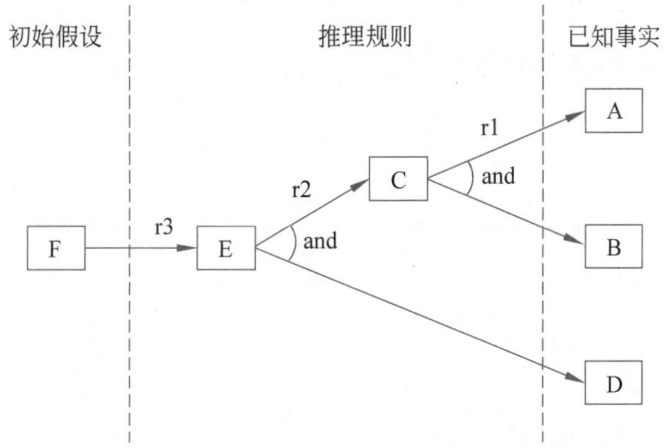


**图 5.3　逆向推理示意图**

**小明**：逆向推理是不是也和正向推理一样，存在冲突消解问题呢？

**艾博士**：在逆向推理中也同样存在冲突消解问题，想验证某个假设是否成立时，可能有多个规则的结论与该假设有关，优先选择哪个规则呢？可采用与正向推理一样的方法解决。

在具体实现时，正向推理一般采用类似宽度优先搜索的方式，一步一步由已知条件向目标结论推进，而逆向推理则一般采用类似深度优先搜索的方式，一步一步产生假设，从目标结论开始反向使用规则，对假设进行验证。这里的宽度优先、深度优先搜索与第 3 篇介绍的方法会有些不同，因为规则的前提中会有“与”“或”等逻辑运算，在搜索过程中需要考虑这些因素，但基本思想是一样的，很容易扩展过来。

一般的逻辑推理都是确定性的，也就是说前提成立结论一定成立，比如在几何定理证明中，如果两个同位角相等，则两条直线一定是平行的。但是在很多实际问题中，推理往往具有模糊性、非确定性。比如，如果阴天则可能下雨，阴天了不一定就肯定下雨。这就属于非确定性推理问题。关于非确定性推理问题，我们将在后面做详细介绍。

## 小明读书笔记

最基本的推理方法包括正向推理和逆向推理两种。所谓的正向推理是从事实出发，正向使用规则，一步一步地推出结论。正向推理又称作是数据驱动的推理。

逆向推理是先提出假设，逆向使用规则验证能得出该假设的规则前提是否成立。如果不能直接验证相关规则的前提是否成立，则进一步将相关规则的前提作为新的假设添加到假设集中，直到所有的假设被验证得出结论，或者一些假设被否定得不出结论为止。

逆向推理又被称作目标驱动的推理。

无论是正向推理还是逆向推理均存在冲突消解问题。所谓的冲突消解，就是当同时有多个规则满足触发条件时，如何选择一个规则执行。可以有多个冲突消解解决策略，比如按照规则的排列顺序、按照规则前件已经满足的程度，按照规则优先级等。

## 5.3 一个简单的专家系统

**艾博士**：下面通过一个简单的实例，说明一下专家系统是如何构建和工作的。

我们再来看看本篇开始时有关动物识别的一段对话。

**艾博士**：你看到的动物有羽毛吗？

**小明**：有羽毛。

**艾博士**：会飞吗？

**小明**：(经观察后)不会飞。

**艾博士**：有长腿吗？

**小明**：没有。

**艾博士**：会游泳吗？

**小明**：(看到该动物在水中)会。

**艾博士**：颜色是黑白的吗？

**小明**：是。

**艾博士**：这个动物是企鹅。

在以上对话中，当小明告诉我动物有羽毛后，依据所掌握的知识，我就知道了该动物是鸟类，于是我就向小明提问该动物是否会飞，当小明回答说不会飞后，我最先猜到的是这个动物可能是鸵鸟，于是再次问小明该动物是否有长腿，因为如果有长腿的话，很大可能就是鸵鸟了。在得到小明的否定回答后，我马上意识到鸵鸟这个猜测是错的，于是就想到了可能是企鹅。就接着询问小明动物是否会游泳，在得到小明的肯定答复后，我已经感觉到这个动物大概率是企鹅了。为了进一步确认是否是企鹅，又继续问小明动物的颜色是否是黑白的。小明回答是黑白颜色后，我马上就确认了该动物是企鹅。

在我和小明的这个对话过程中，我首先提问是否有羽毛，目的是先区分出是否鸟类。是否有羽毛这个问题既容易观察，又可以比较大规模地缩小猜测范围，因为无论小明回答是否有羽毛，都可以排除掉很多不相关的动物。如果一上来就提问是否是长腿，就很难达到这样的效果。然后再一步步地，根据小明已有的回答，猜测可能是什么动物，再逐一确认或者否定。这个过程就是一个"猜测—提问—回答—再猜测—再回答"的循环过程。

一个动物识别专家系统，我们也希望能像上面的对话一样，系统通过与用户的交互，回答用户有关动物的问题。

**小明**：如何实现这样的专家系统呢？

**艾博士**：为了实现这样的专家系统，首先要把有关识别动物的知识总结出来，并以计算机可以使用的方式存放在计算机中。这些知识包括我们自己掌握的、书本上学来的以及向动物专家请教来的等。可以用规则表示这些知识，为此，我们设计一些表达式，以便方便地表达知识。

小明不解地问道：表达式？这是什么意思呢？

**艾博士**：为了方便表达规则的前提和结论而设计的一些表达式，一般具有如下三元组的形式：

```
(<名称> <属性> <值>)
```

在实际表达规则时，其中的＜＞部分要用具体的内容代替。下面给出几个表达式的例子就容易明白了。

首先是 same，表示动物具有某种属性，比如，可以用(same 羽毛 有)表示是否具有羽毛，当动物有羽毛时为真，否则为假。而 notsame 与 same 相反，当动物不具有某种属性时为真，比如(notsame 飞翔 会)，当动物不会飞翔时为真。

一条规则，一般表达为如下形式：

```
(rule  <规则名>
  (if  <前提>)
  (then  <结论>))
```

其中的＜前提＞、＜结论＞均可以用表达式表示。

比如“如果有羽毛则是鸟类”，可以表示为：

```
(rule r3
  (if (same 羽毛 有))
  (then (动物 类别 鸟类)))
```

其中 r3 是规则名，(same 羽毛 有)是规则的前提，(动物 类别 鸟类)是规则的结论。这里用到的“same”“动物”等是表达式的名称，“羽毛”“类别”等是表达式的属性，而“有”“鸟类”等则是属性的值。

如果前提有多个条件，则可以通过多个表达式的逻辑组合表示。

比如“如果是鸟类且不会飞且会游泳且是黑白色则是企鹅”，可以表示为：

```
(rule r12
  (if (same 类别 鸟类)
      (notsame 飞翔 会)
      (same 游泳 会)
      (same 黑白色 是))
  (then (动物 是 企鹅)))
```

也可以用(or ＜表达式＞ ＜表达式＞)表示“或”的关系，比如：

```
(rule r6
  (if (same 类别 哺乳类)
      (or (same 蹄 有) (same 反刍 是)))
  (then (动物 子类 偶蹄类)))
```

表示"如果是哺乳类且(有蹄或者反刍)则属于偶蹄子类"。

**小明**：那么需要多少个表达式呢？

**艾博士**：需要多少个表达式依据求解的任务确定，包括其中的属性、值等，都是根据需要由专家系统建造者确定，并没有统一的定义。

为了建造一个专家系统，首先要确定知识的表达形式，然后就是收集知识。由于知识收集的复杂性，在开始阶段，可以先收集少量的比较典型的知识，先把专家系统建造出来，然后再逐步完善知识。对于动物识别专家系统，我们可以先总结出如下规则组成知识库，当然这里为了举例，简化了一些知识的表达。

```
(rule r1
  (if  (same 毛发 有))
  (then (动物 类别 哺乳类)))
(rule r2
  (if  (same 乳房 有))
  (then (动物 类别 哺乳类)))
(rule r3
  (if  (same 羽毛 有))
  (then (动物 类别 鸟类)))
(rule r4
  (if  (same 飞翔 会)
       (same 下蛋 是))
  (then (动物 类别 鸟类)))
(rule r5
  (if  (same 类别 哺乳类)
       (or (same 吃肉 是) (same 犬齿 有))
       (same 眼睛前视 是)
       (same 爪子 有))
  (then (动物 子类 食肉类)))
(rule r6
  (if  (same 类别 哺乳类)
       (or (same 蹄子 有) (same 反刍 是)))
  (then (动物 子类 偶蹄类)))
(rule r7
  (if  (same 子类 食肉类)
       (same 黄褐色 是)
       (same 暗斑点 有))
  (then (动物 是 豹)))
(rule r8
  (if  (same 子类 食肉类)
       (same 黄褐色 是)
       (same 黑条纹 有))
  (then (动物 是 虎)))
(rule r9
  (if  (same 子类 偶蹄类)
       (same 长腿 是)
       (same 长颈 是)
       (same 黄褐色 是)
       (same 暗斑点 有))
```

```
    (then (动物 是 长颈鹿)))
(rule r10
    (if (same 子类 偶蹄类)
        (same 白色 是)
        (same 黑条纹 有))
    (then (动物 是 斑马)))
(rule r11
    (if (same 类别 鸟类)
        (notsame 飞翔 会)
        (same 长腿 是)
        (same 长颈 是)
        (same 黑白色 是))
    (then (动物 是 鸵鸟)))
(rule r12
    (if (same 类别 鸟类)
        (notsame 飞翔 会)
        (same 游泳 会)
        (same 黑白色 是))
    (then (动物 是 企鹅)))
(rule r13
    (if (same 类别 鸟类)
        (same 善飞 是))
    (then (动物 是 信天翁)))
```

**小明**：有了知识库，推理机如何利用这些知识进行推理呢？

**艾博士**：推理机有多种工作方式，我们假设采用逆向推理进行求解。

在逆向推理中，首先要提出假设，因为我们的目的是识别出一个具体的动物，所以需要先假设是某个动物。由于一开始我们并没有任何信息，系统只能把规则的结论部分含有(动物 是 x)的内容作为假设，按照一定的顺序进行验证。在验证的过程中，如果一个事实是已知的，比如已经在动态数据库中有记录，则直接使用该事实。动态数据库中的事实是在推理的过程中，用户输入的或者是某个规则得出的结论。如果动态数据库中对该事实没有记录，则查看是否是某个规则的结论，如果是某个规则的结论，则检验该规则的前提是否成立，实际上就是把该规则的前提当作子假设进行验证，是一个递归调用的过程。如果不是某个规则的结论，则向用户询问，由用户通过人机交互接口获得。在以上过程中，一旦某个结论得到了验证——由用户输入或者是规则的前提成立推出——就将该结果加入动态数据库中，直到在动态数据库中得到最终的结果动物是什么结束，或者推导不出任何结果结束。

假定系统首先提出的假设是“(动物 是 鸵鸟)”，图5.4给出了验证该假设的推理过程，下面详细说一下这个过程。

规则r11的结论是“(动物 是 鸵鸟)”，为了验证该假设是否成立，需要对规则r11的前提做验证。规则r11为：

```
(rule r11
    (if (same 类别 鸟类)
        (notsame 飞翔 会)
        (same 长腿 是)
        (same 长颈 是)
        (same 黑白色 是))
    (then (动物 是 鸵鸟)))
```

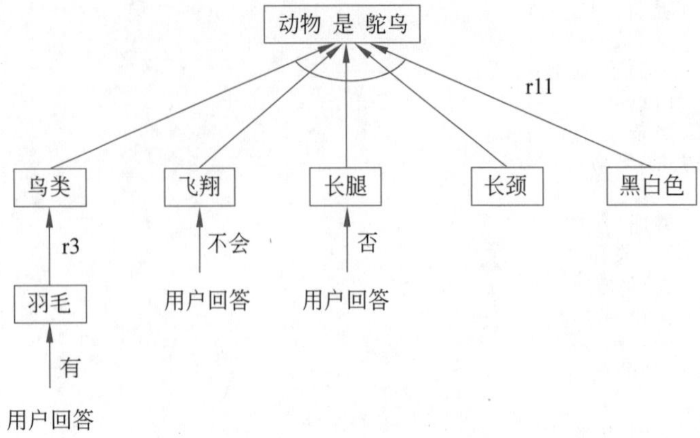


图 5.4 假定“动物 是 鸵鸟”时的推理过程

首先验证“(same 类别 鸟类)”，即该动物是否为鸟类。动态数据库中还没有相关信息，所以查找结论含有“(动物 类别 鸟类)”的规则，找到规则 r3：

```
(rule r3
   (if  (same 羽毛 有))
   (then (动物 类别 鸟类)))
```

规则 r3 的前提是“(same 羽毛 有)”，即该动物是否有羽毛。该结果在动态数据库中还没有相关信息，也没有哪个规则的结论含有该结果，所以向用户提出询问该动物是否有羽毛，用户回答“有”，得到该动物有羽毛的结论，“(same 羽毛 有)”为真。由于规则 r3 的前提只有这一个条件，所以由规则 r3 得出“(动物 类别 鸟类)”，说明该动物属于鸟类，并将“(动物 类别 鸟类)”这个结果加入动态数据库中。至此规则 r11 前提的第一个条件得到满足，再验证第二个条件“(notsame 飞翔 会)”，也就是是否会飞翔。同样，动态数据库中没有记载，也没有哪个规则可以得到该结论，向用户询问该动物是否会飞翔，得到回答“不会”后，将“(notsame 飞翔 会)”加入动态数据库中，规则 r11 的第二个条件被满足，再验证规则 r11 的第三个条件“(same 长腿 是)”，也就是是否是长腿。这时由于用户回答的是“否”，“(same 长腿 是)”为假，表示该动物不是长腿，“(same 长腿 是)”为假的结果也被放入动态数据库中。由于“(same 长腿 是)”得到了否定回答，不被满足，所以规则 r11 的前提不被满足，故假设“(动物 是 鸵鸟)”不成立。

由于没有得到结果，系统再次提出新的假设“(动物 是 企鹅)”，得到如图 5.5 所示的推理过程。我们再看一下对该假设的推理过程。

规则 r12 的结论是“(动物 是 企鹅)”，为了验证该假设是否成立，需要对规则 r12 的前提做验证。规则 r12 为：

```
(rule r12
   (if  (same 类别 鸟类)
        (notsame 飞翔 会)
        (same 游泳 会)
        (same 黑白色 是))
   (then (动物 是 企鹅)))
```

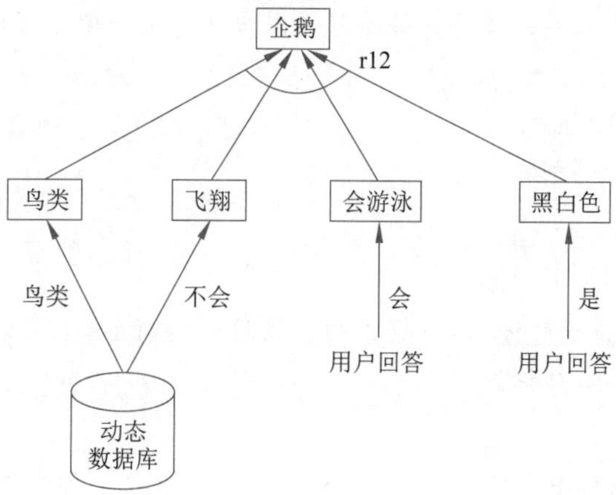


图 5.5　假定“企鹅”时的推理过程

由于在前面的推理中,动态数据库中已经记录了“(动物 类别 鸟类)”“(notsame 飞翔 会)”两个条件成立,所以规则 r12 的前两个条件成立,直接验证第三个条件“(same 游泳 会)”和第四个条件“(same 黑白色 是)”,这两个条件都需要用户回答,在得到肯定的答案后,规则 r12 的前提条件全部被满足,故系统得出结论:“(动物 是 企鹅)”,也就是这个动物是企鹅。

至此系统推理结束,并得到了动物是企鹅的结论。

**小明**:艾博士,通过这个简单的动物识别专家系统我了解了专家系统是如何实现的,以及专家系统的推理过程,那么专家系统如何进行解释呢?

**艾博士**:由于专家系统的结论是通过规则一步步推导出来的,如果在推理过程中记录下其推导过程,则专家系统的解释器就可以根据推理过程对结果进行解释。比如用户可能会问为什么这个动物不是“鸵鸟”?解释器根据规则和推理过程可以回答:根据规则 r11,鸵鸟具有长腿,而你回答该动物没有长腿,所以不是鸵鸟。如果问为什么是“企鹅”?解释器可以回答:根据你的回答,该动物有羽毛,根据规则 r3 可以得出该动物属于鸟类,根据你的回答该动物不会飞、会游泳、黑白色,则根据规则 r12,可以得出该动物是企鹅。还可以在解释的过程中给出规则的具体内容,让用户更容易理解这个解释以及为什么会得到这样的结果。

讲到这里艾博士总结说:以上我们给出了一个简单的专家系统示例,以及它是如何工作的。实际的系统中,为了提高效率,可能要比这复杂得多,如何提高匹配速度以提高系统的工作效率?如何提出假设,以便系统尽快地得出答案?这都是需要解决的问题。还有一点是更重要的,现实的问题和知识往往是不确定的,如何解决非确定性推理问题,将在 5.4 节介绍。

**小明读书笔记**

以动物识别为例介绍了一个简单的专家系统是如何实现的。

规则的表示格式如下:

```
(rule  <规则名>
  (if   <前提>)
  (then <结论>))
```

比如“如果是鸟类且不会飞且会游泳且是黑白色则是企鹅”，可以表示为：

```
(rule r12
   (if   (same 类别 鸟类)
         (notsame 飞翔 会)
         (same 游泳 会)
         (same 黑白色 是))
   (then (动物 是 企鹅)))
```

该系统使用逆向推理的方法，对提出的假设逐一进行验证，直到得到某个结论，或者假设得不到验证，推不出结论。

## 5.4 非确定性推理

**小明**：在讲解过程中，您多次提到非确定性推理问题，什么是非确定性推理呢？为什么会存在非确定性推理问题呢？

**艾博士**：数学上的推理都是确定性的，比如“如果角 1 和角 2 是同位角，并且角 1 等于角 2，则两条直线平行”就是确定性的，这里的“同位角”是确定的、“两个角相等”是确定的，最终的结论“两条直线平行”也是确定的。但是在现实的实际问题中，往往具有模糊性、非确定性。比如“如果阴天则下雨”，“阴天”就是一个非确定性的东西，是有些云彩就算阴天呢？还是乌云密布算阴天？即便是乌云密布也不确定就一定下雨，只是天阴得越厉害，下雨的可能性就越大，但不能说阴天就一定下雨。这些都是非确定性问题，需要非确定性推理方法才能解决。人类专家在解决实际问题时，往往通过多个非确定性的事实和知识，逐步验证或者否定某个结论。比如还是以“如果阴天则下雨”为例，如果是在夏天、湿度又比较大，则增加了下雨的可能性。

**小明**：都有哪些因素会导致非确定性呢？

**艾博士**：随机性、模糊性和不完全性均可导致非确定性，要解决非确定性推理问题，至少要解决以下几个问题。

(1) 事实的表示。

(2) 规则的表示。

(3) 逻辑运算。

(4) 规则运算。

(5) 规则合成。

目前有不少非确定性表示及推理方法，各有优缺点，下面我们以著名的专家系统 MYCIN 中使用的置信度方法(Certainty Factor，CF)为例进行说明。

### 5.4.1 事实的表示

所谓事实，就是一个事情的真实情况。在确定性推理中，事实是否存在只有“真”和“假”两种可能，“真”或者“假”是确定的。而在非确定性推理中，事实的真假并不是确定的，而是存在一定的非确定性因素。比如前面提到过的“阴天”就有一定的非确定性，因为有个阴天的程度问题。为此在非确定性推理中，首先要给出非确定性事实的表示方法，对一个事实的真假程度给出适当的描述。

为了描述非确定性事实的真假程度，我们用 CF(A)表示事实 A 为真的置信度，取值范围为[−1,1]。当 CF(A)=1 时，表示 A 肯定为真，当 CF(A)=−1 时，表示 A 为真的置信度为−1，也就是 A 肯定为假，CF(A)>0 表示 A 以一定的置信度为真，CF(A)<0 表示 A 为真的置信度为负，也就是以一定的置信度为假，其为假的置信度为−CF(A)。CF(A)=0 表示对 A 一无所知。在实际使用时，一般会给出一个绝对值比较小的区间，只要在这个区间就表示对 A 一无所知，该区间一般取[−0.2,0.2]。

例如：

CF(阴天)=0.7，表示阴天的置信度为 0.7。

CF(阴天)=−0.7，表示阴天的置信度为−0.7，也就是晴天的置信度为 0.7。

**小明**：什么情况表示对事实 A 一无所知呢？

艾博士解释说："一无所知"就是对事实 A 没有任何证据为真或者为假。比如早上起来，同屋的同学问你今天是否阴天，由于房间挂着窗帘，看不到外边的天气情况，没有任何证据说明目前是阴天还是晴天，则这时是否阴天的置信度就为 0。

**小明**：明白了，如果不知道某个事情，其置信度就是 0。

### 5.4.2　规则的表示

**艾博士**：前面曾经提到，数学上的推理是确定性的，比如如果两个同位角相等，则两条直线必然平行，没有任何疑问。但是对于实际问题，往往没有这种确定性，而是非确定性的。比如"如果阴天并且湿度大则会下雨"就不是确定性的，这里除了"阴天""湿度大"具有非确定性外，是否会下雨也具有非确定性，哪怕是在确定知道"阴天""湿度大"的情况下也是如此。这就需要对于规则的非确定性给出合适的表示方法。

具有置信度的规则，可以表示为如下形式：

```
if A then B CF(B,A)
```

其中 A 是规则的前提，B 是规则的结论，CF(B,A)是规则的置信度，又称为规则的强度，表示当前提 100%为真时，也就是 CF(A)=1 时，结论 B 为真的置信度。同样，规则的置信度 CF(B,A)取值范围也是[−1, 1]，取值大于 0 表示规则的前提和结论是正相关的，即前提越成立则结论也越成立。取值小于 0 表示规则的前提和结论是负相关的，即前提越成立则结论越不成立。

**小明**：请艾博士详细解释一下这里的"正相关""负相关"是什么含义。

**艾博士**：所谓的正相关就是规则前提的置信度越大，规则的结论成立的置信度也就越大。比如"如果阴天则会下雨"，"阴天"和"下雨"之间就是正相关，这条规则的置信度应该大于 0。如果规则前提的置信度越大，规则的结论成立的置信度越小，就是负相关。比如对于规则"如果晴天则会下雨"，"晴天"和"下雨"之间就是负相关的，这条规则的置信度应该是小于 0。

简单地说，一条规则的置信度可以理解为当前提条件的置信度为 1 时结论为真的置信度。

例如：

```
if 阴天 then 下雨   0.7
```

表示"如果阴天的置信度为 1 时下雨的置信度为 0.7"。

```
if 晴天 then 下雨 -0.8
```

表示"如果晴天的置信度为 1 时下雨的置信度为－0.8"，实际上说的是"如果晴天则不下雨"的置信度为 0.8。

而规则的置信度 CF(B，A)等于 0，表示规则的前提和结论之间没有任何相关性。例如：

```
if 上班 then 下雨   0
```

表示上班和下雨之间没有任何联系。

规则的前提也可以是复合条件，例如：

```
if 阴天 and 湿度大 then 下雨   0.8
```

表示"如果阴天且湿度大，则下雨"的置信度为 0.8。

**小明**：明白了具有非确定性的规则是如何表示的以及其含义，但是具体应该如何使用呢？

**艾博士**：后面我们会一一介绍。

### 5.4.3 逻辑运算

**艾博士**：在前面的规则表示介绍中，提到了规则的前提可以具有复合关系，也就是通过"与""或""非"逻辑运算，将多个事实复合在一起。这就需要确定在具有逻辑运算情况下如何计算置信度的问题。

常用的逻辑运算有"与""或""非"，在规则中可以分别用 and、or、not 表示。在置信度方法中，具有置信度的逻辑运算定义如下：

$$CF(A \text{ and } B) = \min\{CF(A),\ CF(B)\}$$

$$CF(A \text{ or } B) = \max\{CF(A),\ CF(B)\}$$

$$CF(\text{not } A) = -CF(A)$$

分别表示"A and B"的置信度等于 CF(A)和 CF(B)中最小的一个；"A or B"的置信度，等于 CF(A)和 CF(B)中最大的一个；"not A"的置信度等于 A 的置信度前面取负号。

例如，已知：

$$CF(\text{阴天}) = 0.7$$

$$CF(\text{湿度大}) = 0.5$$

则：

CF(阴天 and 湿度大)＝min{CF(阴天),CF(湿度大)}
＝min{0.7,0.5}
＝0.5

CF(阴天 or 湿度大)＝max{CF(阴天),CF(湿度大)}
＝max{0.7,0.5}
＝0.7

CF(not 阴天)＝－CF(阴天)
＝－0.7

**小明**：这几个例子都是两个的逻辑组合，多个情况应该如何计算呢？

**艾博士**：对于多个逻辑组合的情况也是一样的，可以先两两组合，再与其他的进行组合，或者按照括号进行组合。

比如对于多个"与"的关系，计算 CF(A and B and C)时，可以先计算 CF(A and B)的结果，为方便说明记作 AB，再计算 CF(AB and C)的结果。也就是：

CF(A and B and C)＝min(min(CF(A),CF(B)),CF(C))

或者按照加括号的方法：

CF(A and B and C)＝CF((A and B) and C)

同样对于多个"或"的关系时也是类似的：

CF(A or B or C)＝max(max(CF(A),CF(B)),CF(C))

或者按照加括号的方法：

CF(A or B or C)＝CF((A or B) or C)

**小明**：对于更复杂的情况呢？比如"与""或""非"都出现时，应该怎么计算呢？

**艾博士**：这并不复杂，按照优先级一点点两两组合就可以了，遇到"非"的情况，先计算"非"内部的情况，再加负号就可以了。比如对于下面这个例子：

CF((not (A and B or C and D)) or (E and F)) (5.1)

看起来有些复杂，但只要我们一点点拆开计算的话，并不难计算。

按照优先级，"非"的优先级最高，"或"的优先级最低，"与"的优先级居中。所以上式我们应该首先计算"非"部分：

CF(not (A and B or C and D))

但是由于"非"的内部是"(A and B or C and D)"，所以要先计算其内部。按照优先级加上括号就是：

((A and B) or (C and D))

所以，应该先计算 CF(A and B)，设为 AB，再计算 CF(C and D)，设为 CD，最后再计算：

CF(AB or CD)

这样"非"的内部就计算好了，按照"非"的计算原则，－CF(AB or CD)就是 CF(not (A and B or C and D))的计算结果，我们记作 not1。

在"非"部分计算完之后，接下来计算式(5.1)中的 CF(E and F)部分，记作 EF。

最后式(5.1)的结果为：

CF((not (A and B or C and D)) or (E and F))=CF(not1 or EF)
=max(not1,EF)

**小明**：我了解了，这就跟四则运算差不多，按照优先级计算就可以了。

### 5.4.4 规则运算

**小明**：在前面讲解非确定性规则表示时，规则的置信度是"当前提条件的置信度为 1 时，结论为真的置信度"。但是规则前提条件的置信度一般不等于 1，那么如何通过一条规则推导出结果的置信度呢？

**艾博士**：小明提了一个非常好的问题。到目前为止，我们讲的还基本是具有非确定性的事实和规则的表示，以及逻辑运算，还没有涉及非确定性推理问题。非确定性推理就是要解决小明你刚才提到的问题。

这里涉及两个问题，一个问题就是小明刚才提到的，当已知规则前提条件的置信度时，如何通过规则计算出结论的置信度。该问题称作规则运算。另一个问题是，当多个规则支持同一个结论时，也就是有多个规则的结论是一样的，如何得到结论最终的置信度。该问题称作规则合成。我们首先讲解第一个规则运算问题，后面再讲解规则合成问题。

前面提到过，规则的置信度可以理解为是当规则的前提肯定为真时结论的置信度。如果已知的事实不是肯定为真，也就是事实的置信度不是 1 时，如何从规则得到结论的置信度呢？规则运算就是要解决这个问题。

在置信度方法中，规则运算按照如下方式计算。

已知：

if A then B CF(B,A)

CF(A)

则：

CF(B)=max{0,CF(A)}×CF(B,A)

也就是说，当规则前提条件的置信度大于 0 时，则规则结论的置信度为前提条件的置信度乘以规则的置信度。

**小明**：这里规则前提条件的置信度为什么要求大于 0 呢？

**艾博士**：由于只有当规则的前提条件为真时，才有可能推出规则的结论，而前提条件为真意味着 CF(A)必须大于 0，CF(A)小于 0 的规则意味着规则的前提条件不成立，不能从该规则推导出任何与结论 B 有关的信息。所以在置信度的规则运算中，通过 max{0,CF(A)}筛选出前提条件为真的规则，并通过规则前提条件的置信度 CF(A)与规则的置信度 CF(B,A)相乘的方式，得出规则的结论 B 的置信度 CF(B)。如果一条规则的前提不为真，即 CF(A)小于 0，则通过该规则得到 CF(B)等于 0，表示该规则得不出任何与结论 B 有关的信息。注意，这里 CF(B)等于 0，只是表示通过该规则得不到任何与 B 有关的信息，并不表示对 B 就一定是一无所知，因为还有可能通过其他的规则推导出与 B 有关的信息。

**小明**：明白了，原来是这个意思，这里的 max{0,CF(A)}用得比较巧妙。

**艾博士**：这里的 max{0,CF(A)}只是为了表达简便，实际上一旦得出规则前提条件的置信度小于或等于 0，该规则就被暂时"抛弃"了，不再进行与该规则相关的规则运算。对于前提条件的置信度大于 0 的规则，我们称其为可触发规则，规则运算只在可触发规则中进行。

下面再通过例子说明规则运算的计算方法。

例如，已知：

if 阴天 then 下雨　0.7

CF(阴天)=0.5

则有：

CF(下雨)=max(0,0.5)×0.7=0.5×0.7=0.35

即从该规则得到下雨的置信度 CF(下雨)为 0.35。

已知：

if 湿度大 then 下雨　0.8

CF(湿度大)=−0.5

则有：

CF(下雨)=max(0,−0.5)×0.8=0×0.8=0

即通过该规则得不到下雨的信息。其实当得知规则前提条件为负时，就不需要后面的乘 0 运算了。

**小明**：如果规则的前提条件是多个事实的复合关系时怎么计算呢？

**艾博士**：前面我们介绍过具有置信度的逻辑运算，当规则前提条件是多个事实的复合关系时，按照逻辑运算的方法先获得规则前提条件的置信度，然后再按照规则运算方法计算规则结论的置信度就可以了。

比如，对于规则和事实：

if 阴天 and 湿度大 then 下雨　0.8

CF(阴天)=0.5

CF(湿度大)=0.6

首先计算规则前提条件的置信度，按照逻辑运算有：

CF(阴天 and 湿度大)=min(CF(阴天),CF(湿度大))=min(0.5,0.6)=0.5

然后再按照规则运算计算出结论"下雨"的置信度就可以了，即

CF(下雨)=max(0,CF(阴天 and 湿度大))×0.8=max(0,0.5)×0.8=0.4

讲到这里艾博士强调说：就像前面我们曾经提到过的一样，在实际使用时，只有当规则前提条件的置信度大于 0.2 时，规则前提条件才认为为真，这样可以过滤掉大量的小置信度的结果，提高了求解效率。

例如规则为：

if 阴天 and 湿度大 then 下雨　0.8

并已知：

CF(阴天)=0.1

由于该规则前提条件的置信度小于 0.2，其结果与阴天的置信度 CF(阴天)小于 0 是一样的，该规则并不会被触发。

### 5.4.5 规则合成

**小明**：前面关于下雨的例子有两条规则，从规则和事实：

if 阴天 then 下雨  0.7

CF(阴天)=0.5

得出下雨的置信度 CF(下雨)为 0.35。

而从规则和事实：

if 湿度大 then 下雨  0.8

CF(湿度大)=0.4

得出下雨的置信度 CF(下雨)为 0.32。那么下雨的置信度究竟是多少呢？

**艾博士**：小明你这个问题问得好。

通常情况下，得到同一个结论的规则会不止一条。在确定性推理中，由于不存在不确定因素，一般只要有一个规则推出了某个结论，则该结论就一定为真。但是在非确定性推理中，当有多个规则得出同一个结论时，因为从不同规则得到的同一个结论的置信度可能是不相同的，所以需要将这些不相同的置信度融合在一起。

例如就小明刚才说的例子，有以下两条规则：

if 阴天  then 下雨  0.7

if 湿度大 then 下雨  0.8

且已知：

CF(阴天)=0.5

CF(湿度大)=0.4

则从第一条规则，可以得到：

CF(下雨)=0.5×0.7=0.35

从第二条规则，可以得到：

CF(下雨)=0.4×0.8=0.32

那么究竟下雨的置信度 CF(下雨)应该是多少呢？这就是规则合成问题。

在这个例子中，从第一条规则得出下雨的置信度为 0.35，就已经知道可能会下雨了，而从第二条规则又推出了下雨的置信度为 0.32，显然这个时候应该是加强了下雨的置信度，规则合成后得到的下雨的置信度，应该比每条规则单独得出的下雨的置信度要大。两条规则相互起到一个加强的作用。

**小明**：是不是应该把两条规则得出的下雨的置信度相加？这样就起到了相互加强的作用。

**艾博士**：小明你的基本思想是对的，但是在置信度方法中，任何事实的置信度取值范围为[-1,1]，直接相加的话，得到的置信度可能会超出这个范围，不能简单地相加。所以对于两条规则得出的结论均大于 0 时，融合后的置信度按照如下方法计算：

CF(下雨)=CF1(下雨)+CF2(下雨)-CF1(下雨)×CF2(下雨)

其中，CF1(下雨)、CF2(下雨)分别表示从第一条规则得到的下雨的置信度和从第二条规则得到的下雨的置信度。

对于前面这个例子，可以得出最终下雨的置信度CF(下雨)为：

$$CF(下雨)=0.35+0.32-0.35\times0.32=0.558$$

**小明**：原来规则合成是这么运算的。艾博士，刚才您强调了当两个规则得到的结论的置信度均大于0时，规则合成是这样运算的，为什么要强调"均大于0"呢？

**艾博士**：因为置信度的表示范围为[-1,1]，不同规则得到结论的置信度可能大于0，也可能小于0。两个结论均大于0时，说明这两个规则的结论是相互加强的。但如何两个结论的置信度一个为大于0，另一个为小于0时，说明两个规则得出的结论并不一致，既有证据支持这个结论，也有证据否定这个结论，相互之间是削弱的关系，这个时候结论的置信度就要看哪个结论的置信度更强了。就如同法庭上原告律师与被告律师的辩论一样，最终法庭采用更具说服力一方的意见。

所以当两个规则结论的置信度一个大于0、一个小于0时，融合后的置信度为两个置信度相加：

$$CF(下雨)=CF1(下雨)+CF2(下雨)$$

其中，CF1(下雨)、CF2(下雨)分别表示从第一条规则得到的下雨的置信度和从第二条规则得到的下雨的置信度。

由于两个置信度不同号，一个大于0一个小于0，所以具有相互抵消的作用，最终结论如何，与两个置信度绝对值的大小有关。

例如，有以下两条规则：

if 湿度大 then 下雨　0.8

if 晴天　 then 下雨　-0.9

且已知：

$$CF(湿度大)=0.5$$

$$CF(晴天)=0.3$$

则从第一条规则，可以得到：

$$CF(下雨)=0.5\times0.8=0.4$$

从第二条规则，可以得到：

$$CF(下雨)=0.3\times(-0.9)=-0.27$$

两条规则的结论合成后有：

$$CF(下雨)=CF1(下雨)+CF2(下雨)=0.4+(-0.27)=0.13$$

说明以0.13的置信度支持下雨这个结论。

**小明**：如果两个规则结论的置信度都小于0，应该如何计算呢？

**艾博士**：这种情况下与两个结论的置信度均大于0的情况类似。在两个结论的置信度都是大于0的情况下，说明两个规则是相互加强结论的，合成的结果将加大结论的置信度。对于两个结论的置信度都是小于0的情况，则是相互加强否定这个结论，合成的结果是最终的置信度取值更小(负数)。所以对于两条规则得出的结论均小于0时，融合后的置信度为：

$$CF(下雨)=CF1(下雨)+CF2(下雨)+CF1(下雨)\times CF2(下雨)$$

小明看着上式有些不解地问道：为什么这里全是相加呢？

艾博士笑了一下说：虽然表面上是相加，但是由于 CF1(下雨)、CF2(下雨)均是负数，所以 CF1(下雨)乘以 CF2(下雨)就是正的，从绝对值的角度就是：

$$|CF(下雨)|=|CF1(下雨)|+|CF2(下雨)|-|CF1(下雨)\times CF2(下雨)|$$

实际上与两个结论的置信度都是大于 0 的情况下，结果是一样的，只是最终结论的置信度是小于 0。

**小明**：我明白了，实际上当两个结论的置信度是同符号时，也就是均大于 0，或者均小于 0 时，二者的计算是一样的。只有两个结论的置信度不同号时计算才有所不同。

**艾博士**：我们再举一个两个结论的置信度都是小于 0 的例子。

例如，有以下两条规则：

if 有彩虹 then 下雨 −0.8

if 晴天 then 下雨 −0.9

且已知：

$$CF(有彩虹)=0.8$$

$$CF(晴天)=0.5$$

则从第一条规则，可以得到：

$$CF(下雨)=0.8\times(-0.8)=-0.64$$

从第二条规则，可以得到：

$$CF(下雨)=0.5\times(-0.9)=-0.45$$

两条规则的结论合成后有：

$$\begin{aligned}CF(下雨)&=CF1(下雨)+CF2(下雨)+CF1(下雨)\times CF2(下雨)\\&=(-0.64)+(-0.45)+(-0.64)\times(-0.45)\\&=-0.802\end{aligned}$$

说明以 −0.802 的置信度支持下雨这个结论，也就是以 0.802 的置信度支持不下雨。

将以上的规则合成方法综合在一起有：

$$CF(B)=\begin{cases}CF1(B)+CF2(B)-CF1(B)\times CF2(B), & 当\ CF1(B)、CF2(B)均大于\ 0\ 时\\CF1(B)+CF2(B)+CF1(B)\times CF2(B), & 当\ CF1(B)、CF2(B)均小于\ 0\ 时\\CF1(B)+CF2(B), & 其他\end{cases}$$

**小明**：以上列举的规则合成方法都是两个规则支持同一个结论的情况，如果是有更多的规则支持同一个结论时，应该如何计算呢？

**艾博士**：当有 3 个规则同时支持同一个结论时，可以采用先将两个规则合成，其结果再与第三个规则合成的方法。如果有更多的规则支持同一个结论，按照这样的原则逐渐合成就可以了。

例如，假设有以下规则和事实的置信度，如何计算 D 的置信度 CF(D)？

if A the D 0.5

if B the D 0.6

if C the D 0.7

$$CF(A)=0.2$$

$$CF(B)=0.3$$

$$CF(C)=0.4$$

首先计算每条规则单独得到 D 的置信度，分别用 CF1(D)、CF2(D)、CF3(D)表示：

$$CF1(D)=0.2\times0.5=0.1$$

$$CF2(D)=0.3\times0.6=0.18$$

$$CF3(D)=0.4\times0.7=0.28$$

然后用 CF1(D)和 CF2(D)合成，合成结果用 CF12(D)表示。由于两个均为大于 0，所以有：

$$CF12(D)=CF1+CF2-CF1\times CF2=0.1+0.18-0.1\times0.18=0.262$$

再用 CF12 与 CF3 合成，得到 D 的置信度 CF(D)：

$$CF(D)=CF12+CF3-CF12\times CF3=0.262+0.28-0.262\times0.28=0.469$$

所以有 D 的置信度为 0.469。

艾博士接着说：下面给出一个用置信度方法实现非确定性推理的例子。

已知：

r1：if A1　then B1　0.8

r2：if A2　then B1　0.5

r3：if B1　and A3　then B2　0.8

CF(A1)=1

CF(A2)=1

CF(A3)=1

分别计算 CF(B1)、CF(B2)。

由规则 r1 有：

$$CF1(B1)=1\times0.8=0.8$$

由规则 r2 有：

$$CF2(B1)=1\times0.5=0.5$$

规则 r1 和 r2 的合成得到：

$$\begin{aligned}CF(B1)&=CF1(B1)+CF2(B1)-CF1(B1)\times CF2(B1)\\&=0.8+0.5-0.8\times0.5=0.9\end{aligned}$$

由规则 r3 有：

$$CF(B2)=\min(CF(B1),CF(A3))\times0.8=0.9\times0.8=0.72$$

所以得到 B1 的置信度 CF(B1)为 0.9，B2 的置信度 CF(B2)为 0.72。

听完艾博士的讲解，小明思考了一会儿提问道：艾博士，当多个规则进行合成时，两个两个依次合成，其合成结果会不会与合成次序有关呢？比如说有 3 个规则支持结论 D，由 3 个规则得到的 D 的置信度分别为：

$$CF1(D)=0.2$$

$$CF2(D)=0.5$$

$$CF3(D)=-0.4$$

合成后的 D 的置信度 CF(D)理应与规则的排列顺序无关，既可以先合成前两个，然后再与第三个合成，也可以先合成后两个，再与第一个合成。

对于第一种合成方法，先计算 CF1(D)与 CF2(D)的合成，由于两个均大于 0，所以：

$$CF12(D)=CF1(D)+CF2(D)-CF1(D)\times CF1(D)=0.2+0.5-0.2\times0.5=0.6$$

再与 CF3(D)合成，由于 CF12(D)为正、CF3(D)为负，所以：

$$CF(D)=CF12(D)+CF3(D)=0.6-0.4=0.2$$

而对于第二种合成方法，先计算 CF2(D)与 CF3(D)的合成，由于二者一个为正、另一个为负，所以有：

$$CF23(D)=CF2(D)+CF3(D)=0.5-0.4=0.1$$

再与 CF1(D)合成，由于二者均大于 0，所以有：

$$CF(D)=CF1(D)+CF23(D)-CF1(D)\times CF23(D)=0.2+0.1-0.2\times 0.1=0.28$$

两种合成方法，一个结果为 0.2，另一个结果为 0.28，二者并不一致。这是为什么呢？难道是我计算有误？

**艾博士**：小明提出了一个非常好的问题。你并没有计算错误，最初的置信度方法确实存在这样的问题，虽然在实际应用中并没有太大的影响。

置信度方法除了存在这种与合成次序有关的不足外，还存在一个不太合理的地方。比如如果：

$$CF1=0.3$$
$$CF2=-0.2$$

则合成结果 CF 为：

$$CF=CF1+CF2=0.3-0.2=0.1$$

但是如果：

$$CF1=0.9$$
$$CF2=-0.8$$

则合成结果 CF 为：

$$CF=CF1+CF2=0.9-0.8=0.1$$

两个结果是一样的，这也存在不合理性，因为 CF1 等于 0.9 这个置信度已经很大了，即便有否定的置信度为−0.8，合成后的结果也应该相对比较大才合理。为此，当两个不同号的置信度进行合成时，置信度方法可以修改为如下的计算方法：

$$CF12=\frac{CF1+CF2}{1-\min(|CF1|,|CF2|)}$$

所以就有了改进后的置信度合成方法：

$$CF(B)=\begin{cases}CF1(B)+CF2(B)-CF1(B)\times CF2(B), & \text{当 CF1(B)、CF2(B)均大于 0 时}\\ CF1(B)+CF2(B)+CF1(B)\times CF2(B), & \text{当 CF1(B)、CF2(B)均小于 0 时}\\ \dfrac{CF1(B)+CF2(B)}{1-\min(|CF1|,|CF2|)}, & \text{其他}\end{cases}$$

这样修改之后的意外之喜是，合成结果与合成顺序无关了。小明，你可以再计算一下前面你说的那个例子，验证一下合成结果是否与合成顺序无关。

**小明**：改进后的合成方法竟然还带来了这样的好处？我验证一下前面那个例子，看是否真的与合成顺序无关了。

$$CF1(D)=0.2$$
$$CF2(D)=0.5$$
$$CF3(D)=-0.4$$

按照先合成前两个再合成第三个的方法：

$$CF12(D)=CF1(D)+CF2(D)-CF1(D)\times CF2(D)=0.2+0.5-0.2\times 0.5=0.6$$

$$CF(D)=\frac{CF12(D)+CF3(D)}{1-\min(|CF12(D)|,|CF3(D)|)}=\frac{0.6-0.4}{1-0.4}=0.333$$

按照先合成后两个再合成第三个的方法：

$$CF23(D)=\frac{CF2(D)+CF3(D)}{1-\min(|CF2(D)|,|CF3(D)|)}=\frac{0.5-0.4}{1-0.4}=0.167$$

$$CF(D)=CF1(D)+CF23(D)-CF1(D)\times CF23(D)=0.2+0.167-0.2\times 0.167=0.333$$

两个结果果然是一样的，验证了修改后的合成方法确实与合成顺序无关，这个修改真棒！

**小明**：在确定性推理中存在冲突消解问题，也就是当多个规则同时被满足条件时，优先选择哪个规则的问题。在非确定性推理中是否也存在同样的问题呢？

**艾博士**：在确定性推理中，由于无论事实还是规则都是确定的，只要一个规则推出某个结论，那么这个结论就为真。所以存在优先选择哪个规则问题。但是在基于置信度的非确定性推理中，即便有多个规则同时支持某个结论，由于存在非确定性，需要通过规则合成逐步修改结论的置信度，这样就需要触发所有与该结论有关的规则，所以也就不存在冲突消解问题了。但是这与具体的非确定性推理方法有关。

## 5.5 专家系统工具

**小明**：通过您的介绍对专家系统有了一些了解，如果我想建造一个专家系统，具体应该如何实现呢？有什么工具可以使用吗？

**艾博士**：早期的专家系统是用通用的程序设计语言实现的，像早期著名的专家系统 DENDRAL、MYCIN 等都是用 LISP 语言实现的。由于 LISP 语言的特点，曾经长期占据人工智能程序设计的主导地位，也被称作人工智能程序设计语言。PROLOG 语言因其具有一定的自动推理能力也曾经被广泛关注，用于建造专家系统等人工智能系统。也有用 FORTRAN、C 语言等建造专家系统的。由于专家系统的复杂性，虽然可以用通用程序设计语言构建专家系统，但是存在费事费力、不容易修改等问题。

专家系统的一个特点是知识库与系统其他部分的分离，知识库是与求解的问题领域密切相关的，而推理机等则与具体领域独立，具有通用性。为此，人们就开发了一些专家系统工具，用于快速建造专家系统。

借助之前开发好的专家系统，将描述领域知识的规则等从原系统中“挖掉”，只保留其知识表示方法和与领域无关的推理机等部分，就得到了一个专家系统工具，这样的工具称为骨架型工具，因为它保留了原有系统的主要架构和知识表示方法。

最早的专家系统工具 EMYCIN(Empty MYCIN)就是一个典型的骨架型专家系统工具，从其名称就可以看出，它是来自著名的专家系统 MYCIN。EMYCIN 的适用对象是那些需要提供基本情况数据，并能提供解释和分析的咨询系统，尤其适合于诊断这一类演绎问题。这类问题有一个共同的特点是输入数据比较多，其可能的解空间是事先可列举的。

在 EMYCIN 中，采用的是逆向深度优先的控制策略，它提供了专门的规则语言来表示

领域知识,基本的规则形式是

```
(if <前提>then <行为>[else <行为>])
```

当规则前提为真时,该规则将前提与一个行为结合起来,否则与另一个行为结合起来,并且可以用一个−1～+1 的数字来表示在该前提下行为的可信程度,也就是规则的置信度。如一条判断细菌类别的规则可表示如下:

```
PREMISE: [$ AND (SAME CNTXT SITE BLOOD)
                (NOTDEFINITE CNTXT IDENT)
                (SAME CNTXT STAIN GRAMNEG)
                (SAME CNTXT MORPH ROD)
                (SAME CNNTXT BURN T)]
ACTION: (CONCLUDE CNTXT IDENT PSEUDOMONAS TALLY 0.4)
```

其含意如下:

```
如果  培养物的部位是血液
      细菌的类别不确定
      细菌的染色是革兰氏阴性
      细菌的外形是杆状
      病人被严重地烧伤
那么  以不太充分的证据(可信程度 0.4) 说明细菌的类别是假单菌
```

**小明**:这些内容看起来有些复杂。

**艾博士**:主要是涉及很多医疗诊断知识,大概了解其含义就可以了,这条规则选自MYCIN 的知识库。

在 EMYCIN 中,还提供了良好的用户接口,当用户对系统的某个提问感到不解时,可以通过 Why 命令向系统询问为什么会提出这样的问题,并且对于系统所作出的结论,可以通过 How 命令向系统询问它是如何得出这个结论的。这一点对于诊断系统是极为重要的,用户可以避免盲目地按照系统所提供的策略去执行。

此外,EMYCIN 还提供了很有价值的跟踪及调试程序,并附有一个测试例子库,这些特征为用户开发系统提供了极大的帮助。

骨架型专家系统工具使用起来具有简单方便的特点,只需将具体的领域知识,按照工具规定的格式表达出来就可以了,可以有效提高专家系统的构建效率,但是灵活性不够,除了知识库外,使用者很难改变系统其他的任何东西。这是骨架型专家系统工具存在的不足之处。

另一种专家系统工具是语言型工具,提供给用户的是构建专家系统需要的基本机制,除了知识库外,使用者还可以使用系统提供的基本机制,根据需要构建具体的推理机等,使用起来更加灵活方便,使用范围也更广泛。著名的 OPS5 就是这样的工具系统,它以产生式系统为基础,综合了通用的控制和表示机制,为用户提供建立专家系统所需要的基本功能。在OPS5 中,预先没有设定任何符号的含义以及符号之间的关系,所有符号的含义以及它们的关系,均可以由用户定义,其推理机制、控制策略也作为一种知识对待,用户可以通过规则的形式影响推理过程。这样做的好处是构建系统更加灵活方便,但也增加了构建专家系统的难度，但是比起直接用程序设计语言从头构建专家系统要方便得多。

OPS5 通过如下的循环执行其操作。

(1) 匹配。确定哪些规定满足前提。

(2) 冲突消解。选出一个满足前提的规则，若没有一个满足前提的规则则停止执行。

(3) 执行。执行选定的规则的动作部分。

(4) 循环。转向第一步。

这只是一个简单的控制结构轮廓，具体的求解策略，取决于用户使用 OPS5 定义的产生式系统本身。

在 OPS5 中，有一个称为工作存储器的综合数据库，它是由一组不变的符号结构组成的，如为了表示“名字叫 H2SO4 的物质是无色的并且属于酸性”，则可以写为

```
(MATERIAL 'NAME H2SO4 'COLOR COLORLESS 'CLASS ACID)
```

OPS5 中的规则可以表示领域知识，也可以表示控制知识，其规则的一般形式为：

```
(P <规则名> <前提> → <结果>)
```

例如，一条用于协调整体行动的规则可以如下表示，其具体含义在右边的分号后面加以说明，分号及其后面的文字属于注释。

```
(P  COORDINATE- A                  ;如果有一个目标
    (GOAL
        'NAME  COORDINATE          ;协调系统的任务
        'STATUS  ACTIVE            ;处于激活状态
        - (TASK- ORDER))           ;还没有选定顺序
    →
    (MAKE  GOAL                    ;则制造子目标
        'NAME  ORDER—TASKS         ;确定要求的顺序
        'STATUS  ACTIVE)           ;使其为激活状态
    (MODIFY1                       ;并修改协调目标
        'STATUS  PENDING))         ;改变其状态为挂起
```

**小明**：这个比前面的 EMYCIN 看起来更复杂了。

**艾博士**：OPS5 确实更复杂一些，只要能通过分号后面的注释部分，大概了解就可以了。

OPS5 提供了一个常规的交互式程序设计环境，很类似于一个典型的 LISP 系统，它允许用户跟踪或中断程序的运行来检查系统运行状态，或在运行中改变系统等。为了在建立一些较大的系统时调试上的方便，OPS5 允许通过规则名调用相应的函数，以便检查某个应该被调用的规则为什么没有被调用，并可以通过命令函数来查看数据库中的某些指定元素，当系统进入不正确的状态时，用户可以让系统后退一步，以便查找出何处出错，如果是因不正确的规则引起的，可以在对规则进行修改后，接着继续运行。

OPS5 是用 LISP 语言实现的，后来为了提高系统的运行速度，又推出了 C 语言版 OPS83。

艾博士最后总结说：前面我们简单介绍了两种典型的专家系统工具，EMYCIN 属于骨

架型专家系统工具，OPS5属于语言型专家系统工具，两种工具各有特点。骨架型工具的优点是使用方便，但不足是通用性不够，使用起来不够灵活。语言型工具则刚好相反，使用起来要复杂一些，但是更加灵活，具有一定的通用性。功能上的通用性与使用上的方便性是一对矛盾，语言型工具为维护其广泛的应用范围，不得不考虑众多的开发专家系统中可能会遇到的各种问题，因而使用起来比较困难，用户不易掌握，对于具体领域知识的表示也比骨架型工具困难一些，而且在与用户的对话方面和对结果的解释方面也往往不如骨架型工具。

**小明读书笔记**

为了更方便地构建专家系统，研发了一些专家系统构建工具。常用的专家系统构建工具分为两种类型。一种是骨架型工具，由成熟的专家系统，“挖掉”其与具体任务相关的部分，保留其推理机制和知识表示方法而得到。EMYCIN就是一个典型的骨架型工具，由专家系统MYCIN得到。这类专家系统工具的特点是简单易用，只需要按照要求提供相关任务的知识就可以了，不足是缺乏灵活性。另一种是语言型工具，提供给用户的是构建专家系统需要的基本机制，除了知识库以外，使用者还可以使用系统提供的基本机制，根据需要构建具体的推理机等。特点是使用灵活，使用范围广，不足是使用起来比较复杂，对使用者要求比较高。OPS5是一个典型的语言型工具。

## 5.6 专家系统的应用

**艾博士**：专家系统是最早走向实用的人工智能技术，世界上第一个实现商用并带来经济效益的专家系统是DEC公司的XCON系统。该系统拥有1000多条人工整理的规则，根据用户需求为新计算机系统配置订单。1982年开始正式在DEC公司使用，据估计它为公司每年节省4000万美元。在1991年的海湾危机中，美国军队使用专家系统用于自动制定后勤保障规划和运输日程安排。这是一个同时涉及50 000个车辆、货物和人，而且必须考虑到起点、目的地、路径，并解决参数间冲突的复杂规划问题。该专家系统使用人工智能规划技术，在几小时之内就可以产生一个满足条件的规划方案，而以前完成此类规划任务则往往需要花费几个星期。

专家系统在很多领域具有应用，医学领域是比较早应用专家系统的领域，像著名的专家系统MYCIN就是一个帮助医生对血液感染患者进行诊断和治疗的专家系统。我国也开发过一些中医诊断专家系统，像总结著名中医专家关幼波先生的学术思想和临床经验研制的“关幼波肝病诊疗程序”等。在农业方面专家系统也有很好的应用，在国家“863”计划的支持下，有针对性地开发出来一系列适合我国不同地区生产条件的实用经济型农业专家系统，为农技工作者和农民提供全面、实用的农业生产技术咨询和决策服务，包括蔬菜生产、果树管理、作物栽培、花卉栽培、畜禽饲养、水产养殖、牧草种植等多种不同类型的专家系统。

我们从20世纪80年代开始先后参与了多个专家系统的研发工作，包括杂货船积载专家系统、火车编组站调度专家系统、电子设备故障诊断专家系统等。这些专家系统虽然功能上已经达到了实用水平，但是受当时各种客观条件的限制，并没能投入实际应用。

**小明**：都受哪些客观条件限制呢？

**艾博士**：比如说在杂货船积载专家系统中，需要把货运单全部输入到计算机系统中，而当时的货运单是手写的，或者是打字机打印的，工作人员并不愿意把货单再输入一遍。如果在收货时就直接把货运单输入计算机中，就解决了这个问题。但是在 20 世纪 80 年代我国计算机应用并不普及，还难以做到这一点。再比如在火车编组站专家系统中，当时 PC 机还没有图形界面，操作起来很不方便，需要培训才能胜任相关工作，而调度人员工作相当紧张，对计算机操作又不是太熟悉，这些均影响到实际运用。

**小明**：那么您是否建造过实际应用的专家系统呢？

**艾博士**：专家系统就是面向应用的，能实际使用是对专家系统的最高评价。我们曾经于 1996 年开发了一个市场调查报告自动生成专家系统在某企业得到应用，该系统根据采集的市场数据，自动生成一份相关内容的市场调查分析报告。该专家系统知识库由两部分知识组成，一部分知识是有关市场数据分析的，来自企业的专业人员，根据这些知识对市场上相关产品的市场形势进行分析，包括市场行情、竞争态势、动态，预测发展趋势等；另一部分知识是有关报告自动生成的，根据分析出的不同的市场形势，撰写出不同内容的图、文、表并茂的市场报告，生成丰富多彩的市场分析报告，并可以根据需要在计算机上显示、朗读出来。在使用该系统之前，即便是比较熟悉市场分析的专业人士也需要大约一周多的时间才能完成一份报告，而利用该专家系统在一小时以内就可以自动完成，在保证报告质量的同时，大大提高了效率。

**小明读书笔记**

专家系统具有很多应用，为人工智能技术的发展和走向实用化起到了推动作用。XCON 是最早使用并带来经济效益的专家系统，该系统根据用户订单自动配置计算机系统。在 1991 年的海湾战争中，专家系统也得到了很多的应用，将原来需要几个星期才能完成的日程规划等缩短到几小时就可以完成。艾博士也构建过多个不同的专家系统，其中的市场分析报告自动生成专家系统得到了实际应用，该系统可以根据市场数据自动完成市场分析报告，将原来需要一到两周才能完成的市场分析报告，缩短到一小时就可以自动完成。

## 5.7 专家系统的局限性

**艾博士**：专家系统虽然得到了很多不同程度的应用，但是仍然存在一些局限性，影响到了专家系统的研制和使用。

首先知识获取的瓶颈问题一直没有得到很好的解决，基本上是依靠人工总结专家经验，获取知识。但是由于专家是非常稀有的，专家知识很难获取。另外即便专家愿意帮助获取知识，但由于实际情况的多种多样，专家很难总结出有效的知识，虽然专家自己可以很好地开展工作、解决问题。举一个简单的例子，很多同学都会骑自行车，假如有人不会骑自行车，一骑上去就会摔倒，看到你骑车技术很好，就好奇地向你咨询：你为什么就可以灵活自由地骑车而不摔倒呢？估计你也总结不出什么知识出来供他使用，虽然你可以很好地骑自行车。这就是专家系统构建中遇到的知识获取的瓶颈问题，这也是困扰专家系统使用的主要障碍之一。

其次知识库总是有限的，它不能包含所有的信息。人类的智能体现在可以从有限的知识中学习到模式和特征，规则是死的但人是活的，可以灵活运用知识解决新问题。知识驱动的专家系统模型只能运用已有知识库进行推理，无法学习到新的知识。在知识库涵盖的范围内，专家系统可能会很好地求解问题，而一点偏离哪怕只是偏离一点点，性能就可能急剧下降甚至不能求解，体现出系统的脆弱性。

另外，知识驱动的专家系统只能描述特定的领域，不具有通用性，难于处理常识问题。然而，知识是动态变化的，特别是在如今的大数据时代，面对多源异构的海量数据，人工或者半自动化建立规则系统的效率太低了，难以适应知识的变化和更新。

**小明读书笔记**

专家系统最重要的就是知识。很多知识非常难于整理和更新，遇到了所谓的知识获取的瓶颈问题，这为专家系统的推广应用带来了极大的困难。

## 5.8 总结

**艾博士**：专家系统在人工智能历史上曾经具有很高的地位，是符号主义人工智能的典型代表，也是最早得到实用的人工智能系统。专家系统强调知识的作用，通过整理人类专家知识，让计算机像专家一样求解专业领域的问题。不同于一般的计算机软件系统，专家系统强调知识库与推理机等系统其他部分的分离，在系统建造完之后，只需通过强化知识库就可以提升系统的性能。推理机一般具有非确定性推理能力，这样就为求解现实问题打下了基础，因为现实中的问题绝大多数具有非确定性的特性。对结果的可解释性也是专家系统的一大特色，可以为用户详细解释得出结论的根据。如何方便地获取知识，成为了专家系统使用的瓶颈问题。

下面请小明总结一下本篇所讲的内容。

**小明**：好的，我试着总结一下。

(1) 首先介绍了什么是专家系统，专家系统的开创者费根鲍姆教授将专家系统定义为：一种智能的计算机程序，它运用知识和推理来解决只有专家才能解决的复杂问题。

(2) 给出了一个专家系统的基本组成结构，一个专家系统主要由知识库、推理机、动态数据库、解释器和人机交互界面组成。

知识库一般由如下形式的规则组成：

```
if <前提> then <结论>
```

表示当＜前提＞被满足时，可以得到＜结论＞。

推理机是一个执行机构，它负责对知识库中的知识进行解释，利用知识进行推理。

动态数据库是一个工作存储区，用于存放初始的已知条件、已知事实和推理过程中得到的中间结果以及最终结果等。

解释器是专家系统特有的负责解释的模块，通过解释器专家系统可以回答用户关心的一些问题。解释一般分为 Why 解释和 How 解释，Why 解释回答类似于“为什么”这样的问题，How 解释回答类似于“如何得到的”这样的问题。

人机交互界面是专家系统与用户的交互接口，专家系统在运行过程中需要用户输入的数据，以及系统显示给用户的结果等，均通过人机交互界面完成。

(3) 基本的推理方法可以分为正向推理和逆向推理两大类。正向推理指从事实出发正向使用规则逐步推理出结论。逆向推理指从假设出发逆向使用规则，看规则的前提是否成立，从而验证假设是否成立。

(4) 以动物识别为例，介绍了一个简单的专家系统。给出了具体的规则表达方式和知识库，以及如何运用规则进行推理的具体过程。

(5) 介绍了非确定性推理问题。在现实世界中，绝大多数问题都具有非确定性，需要非确定性推理方法。任何一种非确定性推理方法都要解决以下问题。

① 事实的表示。

② 规则的表示。

③ 逻辑运算。

④ 规则运算。

⑤ 规则合成。

以置信度表示方法为例，给出了以上几个问题的实现方法，这是在 MYCIN 专家系统中提出的一种解决非确定性推理问题的方法。

(6) 为了更方便地构建专家系统，设计了一些专家系统建造工具。专家系统工具一般具有两种类型，一种是骨架型工具，另一种是语言型工具。骨架型工具是在原有具体专家系统的基础上，将与具体任务无关的部分抽取出来形成的一种专家系统工具。这类工具的特点是使用方便，只要根据求解的任务提供具体的知识就可以了，不足是灵活性不够。语言型工具的特点是使用灵活，除了知识库以外，使用者还可以借助系统提供的基本机制，构建具体的推理机等，不足是使用起来具有一定的难度，对使用者要求比较高。

(7) 专家系统是最早投入使用的人工智能系统，已经有了很多成功的应用实例。专家系统能否使用的关键是知识库建立的是否完备，而知识获取具有相当的难度，成为了构建专家系统的瓶颈问题。